第 7 版 序

本习题集与河海大学工程 CAD 与图学教研室编，苏静波、郑桂兰、殷佩生主编的《画法几何及水利工程制图》（第 7 版）教材配套使用。本套教材第 5 版是普通高等教育“十一五”国家级规划教材，第 6 版被教育部高等学校水利学科教学指导委员会、中国水利教育协会高等教育分会等组织评为全国水利学科专业“十二五”规划教材。

本习题集是在第 6 版的基础上修订而成的。本次修订对第 6 版的个别习题的文字和图作了修改，并纠正了一些错误；对第 6 版的内容编排顺序作了调整，使其与配套教材一致。为了便于学生自学，一些题目配有在线资源，以二维码链接的形式在题目中呈现。在线资源包括可以任意旋转和缩放的立体模型和习题解答。本习题集适用于高等工科院校本科水利类各专业图学课程的教学，也可供其他类型学校相关专业选用。本习题集配套有电子版习题解答，可供选用。

本习题集在选题上力求符合学生的认识规律，由浅入深、循序渐进、逐步提高；为适应水利类各专业不同教学时数的需要，在选题的数量和难度方面有一定的选择余地，使用时教师可根据教学要求选择。

有关习题集内容的选用作如下几点说明：

1. 投影基础中根据三视图搭积木的作业，各院校可以制作积木，供学生完成作业时使用。每套积木总计有：20 mm × 20 mm × 20 mm 的立方体 12 个，底面等腰直角三角形直角边边长为 20 mm、高度为 20 mm 的直角三棱柱 8 个，半径为 30 mm、高度为 20 mm 的半圆柱 3 个。

2. 组合体和形体表达中由模型画视图的作业，已绘制了轴测图，有条件的院校可将各题制作成模型供学生画图时使用，直观性更好。当然，也可选用自己学校合适的模型画视图。

3. 带“*”号的习题为选作内容。

4. 习题集末附有方格纸 5 页（每小格 5 mm × 5 mm），供学生根据模型或轴测图画草图时使用。

参加本版修订工作的有郑桂兰（第 1、4 章），邹丽芳（第 2、5 章），钟春欣（第 3、6、11、13 章），李昂（第 7、16、17 章），苏静波（第 8、10、14 章），殷佩生（第 9、12、15 章）。本习题集由殷佩生、钟春欣、郑桂兰担任主编。

本次修订基于前六版的许多工作，值此机会向参加前六版工作的老师，特别向编写第一版的前辈表示衷心的感谢。

本习题集由高等教育出版社委托天津大学远方教授审阅，审阅人提出了很多建设性意见，在此深表感谢。

书中存在的不足和问题，恳请读者批评指正。

编　者

2021 年 6 月于南京

目　录

1-1 字体练习。

1. 汉字

一 丨 丿 乀 ㇀ ㇁ ㇇ ㇄ ㇅ ㇆ ㇂ ㇃ ㇚ 丶 ㇀

氵 土 木 亻 钅 纟 阝 礻 讠 刂 宀 辶 立 心 艹

码头船闸坝电厂站建筑物枢纽总体

水利电力工大学院正俯侧剖视面图

班级姓名比例单位制图审核毫厘米

2. 数字及字母

1 2 3 4 5 6 7 8 9 0 I V X Φ

A B C D E F G H I J K L M

N O P Q R S T U V W X Y Z

1 2 3 4 5 6 7 8 9 0 I V X

a b c d e f g h i j k l m n o p x y z

1-2 将下列图形抄绘在两张A4幅面图纸（或一张A3幅面图纸）上，根据所注尺寸按1：1的比例抄绘，未注尺寸的图线均匀布置，尺寸标注不要抄绘。要求作图准确，线型正确，接头整齐，图面工整、清晰。

1. 线型（一）

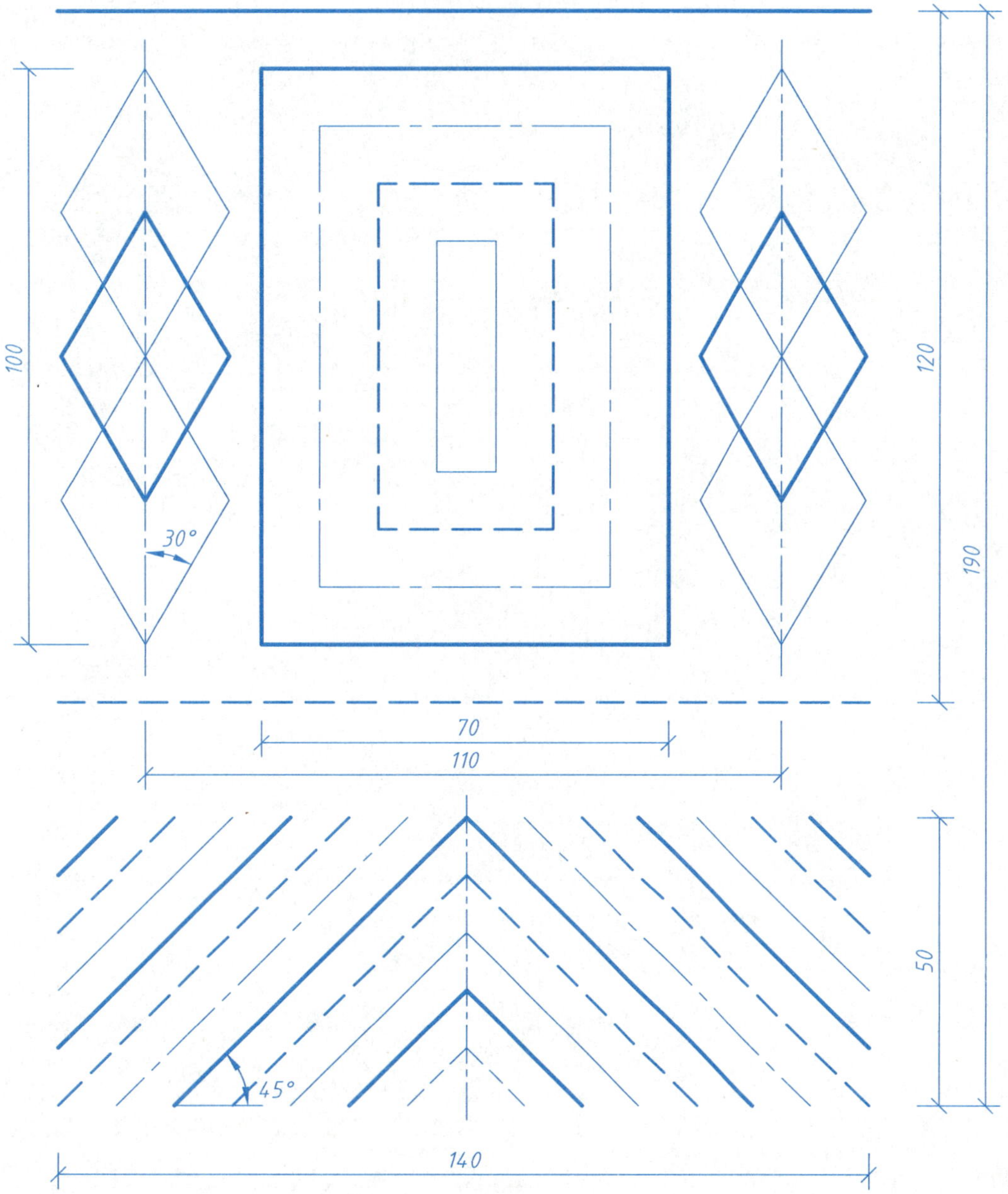

2. 线型（二）

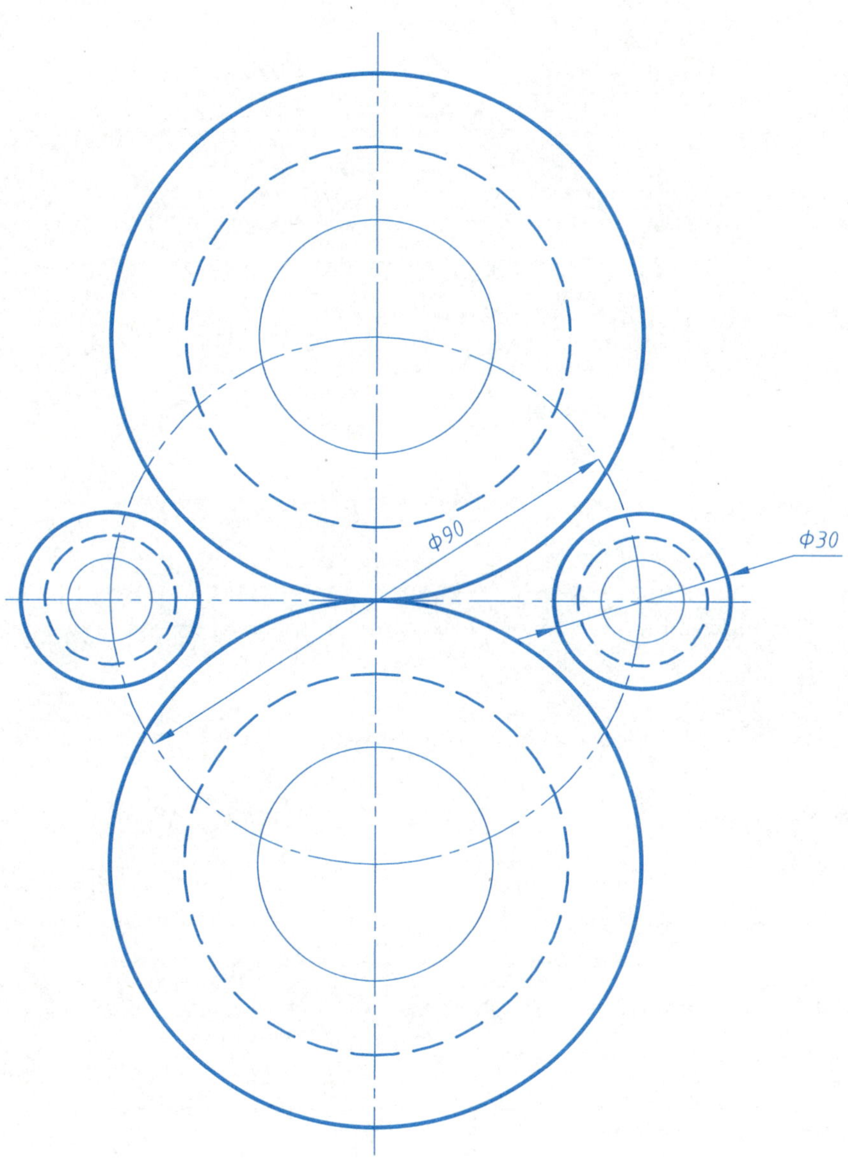

班级　　姓名　　学号

1-3 尺寸标注。

1.注出直径、半径和角度，尺寸数值在图上量取近似值，取整数。

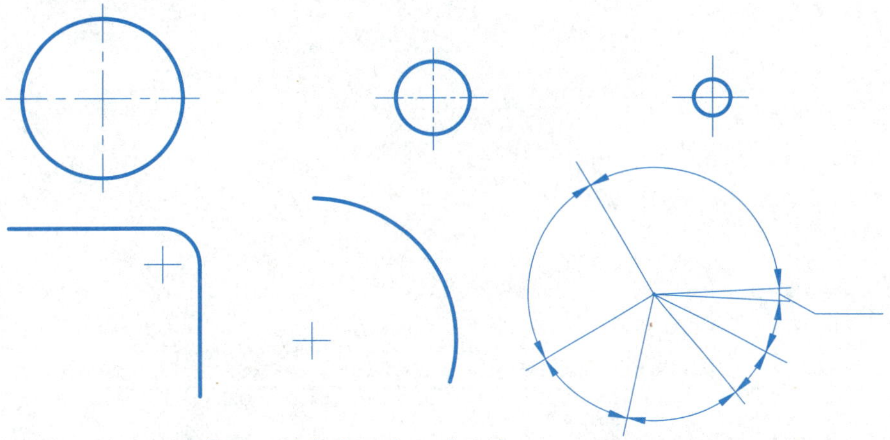

2.找出左图中尺寸注写的错误，并在右图中正确注出。

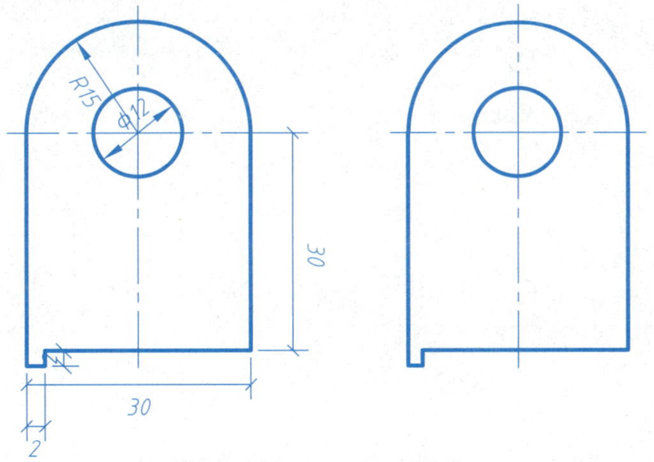

1-4 在下列平面图形上注写尺寸，尺寸数值在图上量取近似值，取整数。

1.

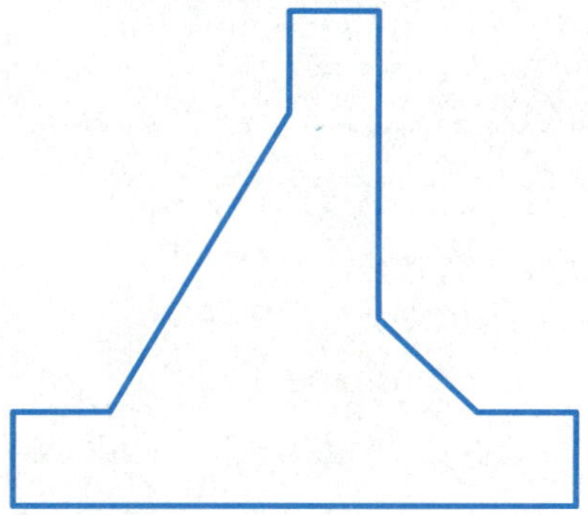

2.

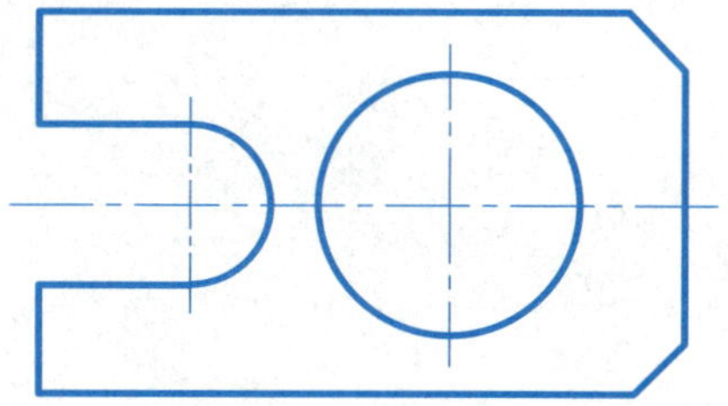

3.

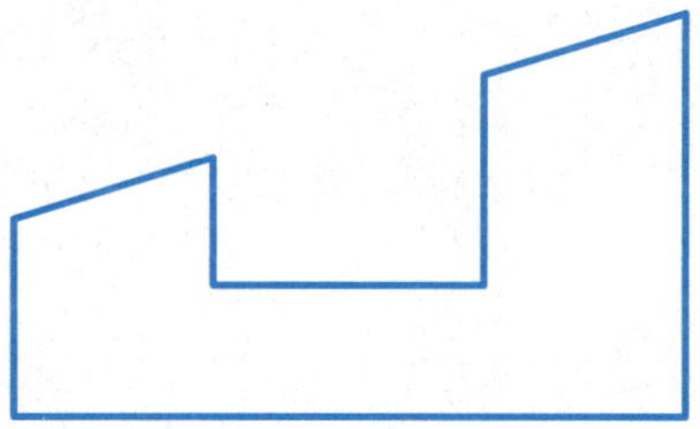

4.

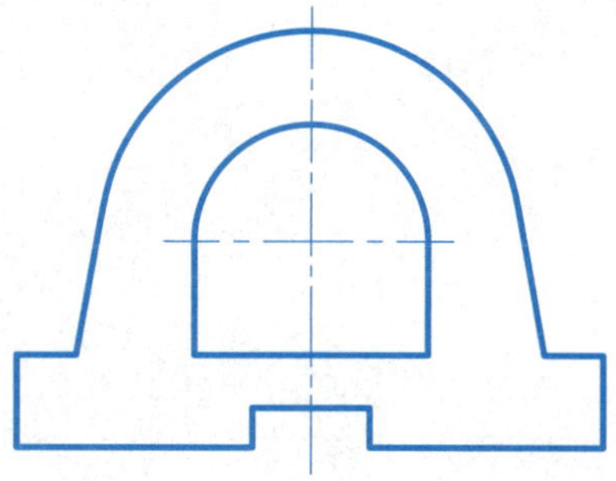

1-5 用两种方法画出长轴、短轴分别为60 mm、40 mm的椭圆。要求连接光滑。

1.同心圆法

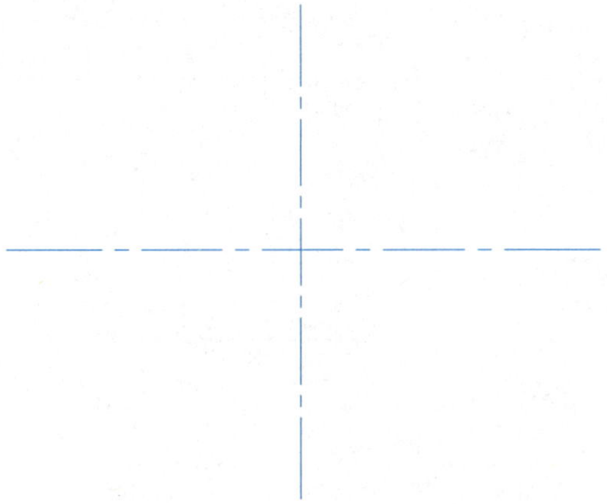

2.四圆心法

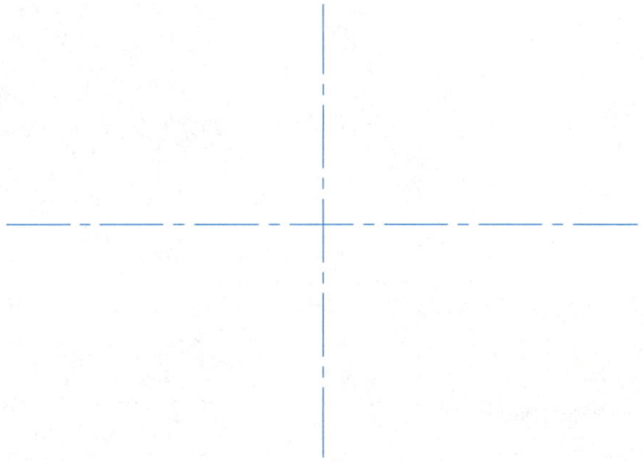

1-6 画出ϕ60 mm的圆的内接正六边形。

1-7 将下列两图形抄绘在一张A3幅面图纸上，系船钩绘图比例为1：2，涵洞绘图比例为1：50，图名为“曲线连接”。要求连接光滑，尺寸注写正确，图面布置匀称，图线、字体工整、清晰。

系船钩

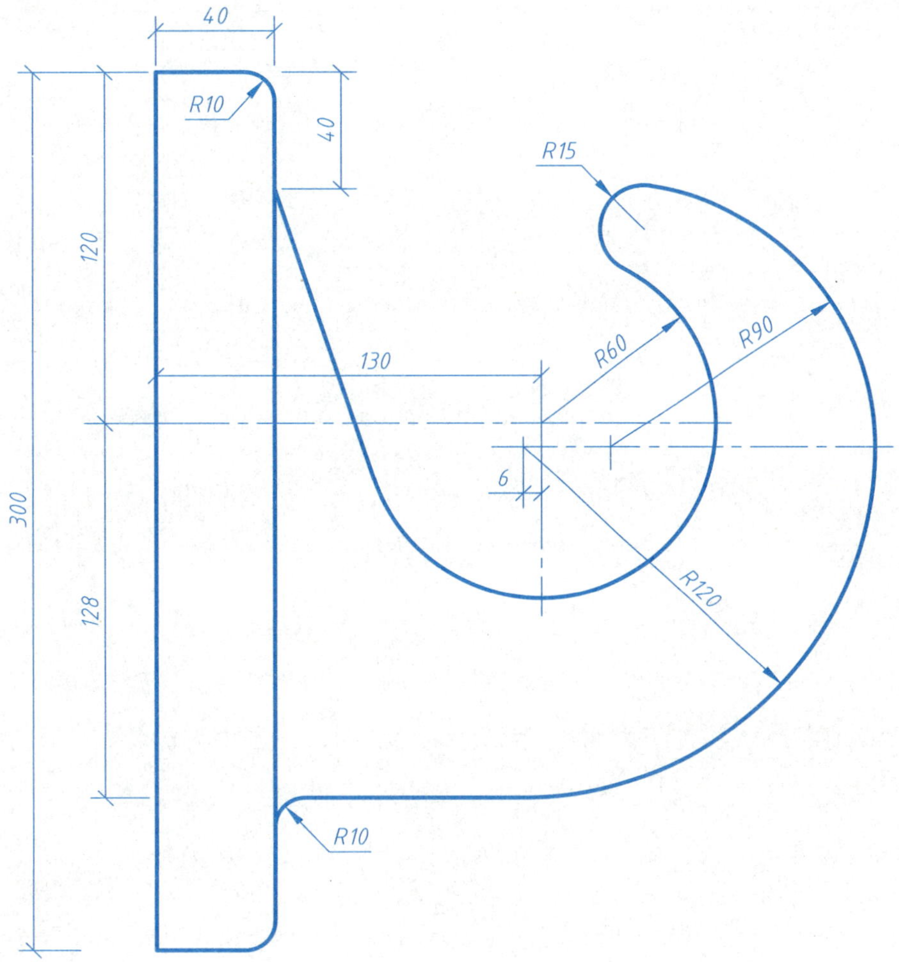

涵洞

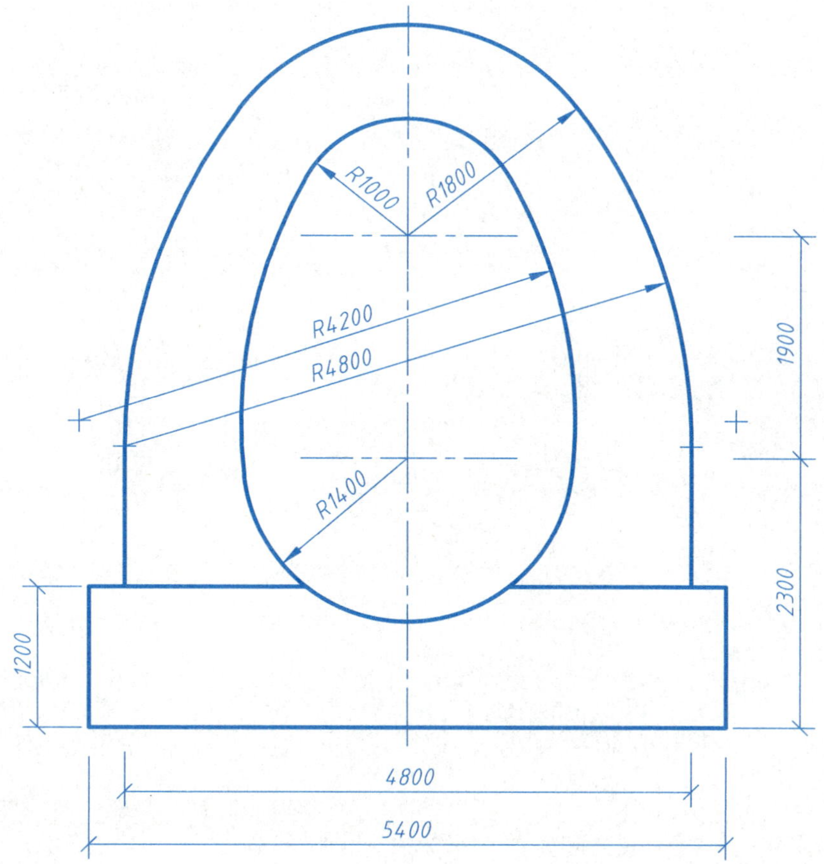

1-8 选用适当的绘图比例，将下列两图形中的一个抄绘在A3幅面图纸上。要求内容正确，作图准确，图面布置匀称，曲线连接光滑，图线、字体、材料符号工整、清晰、美观。

1.

闸室断面图

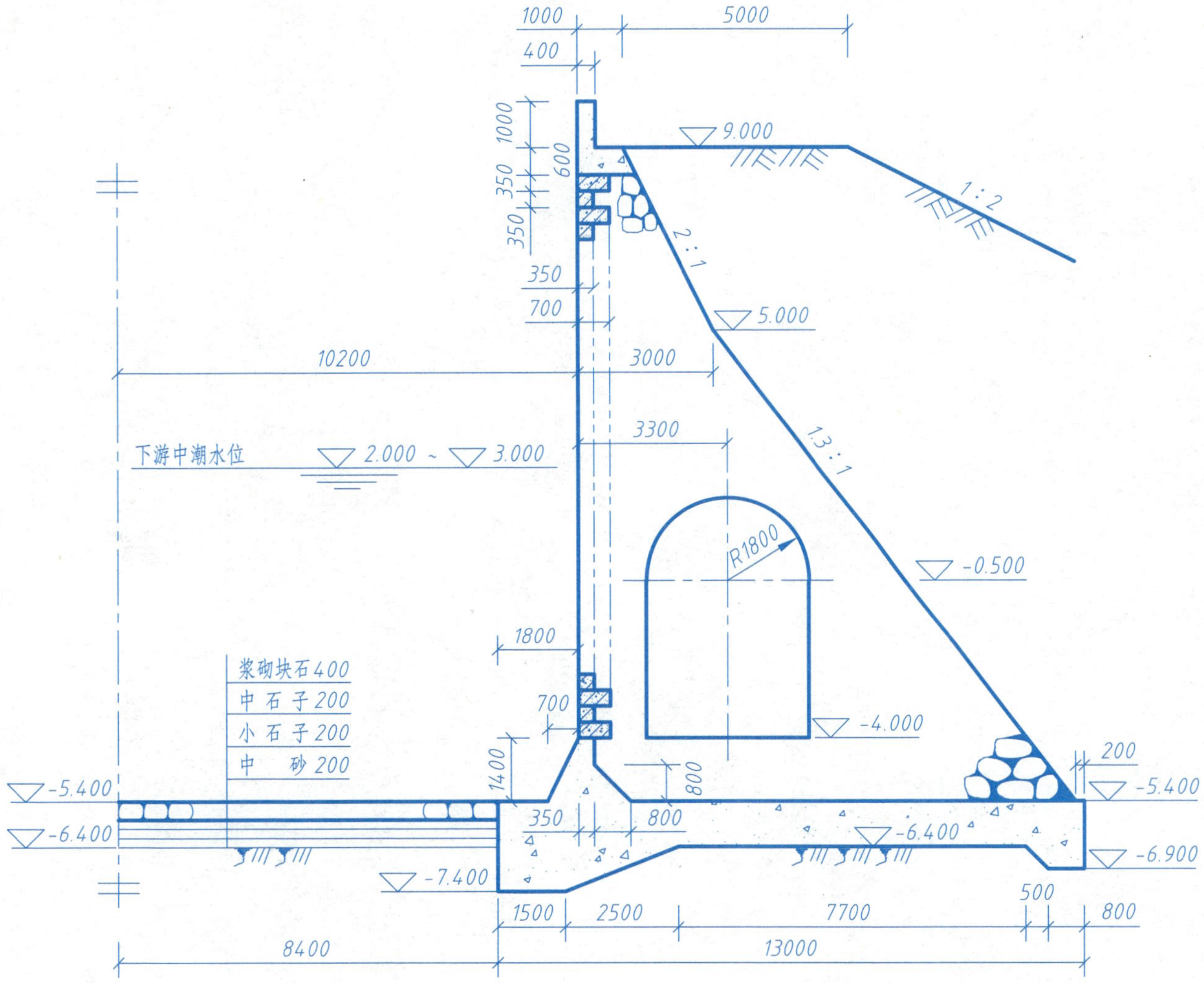

2.

溢流坝断面图

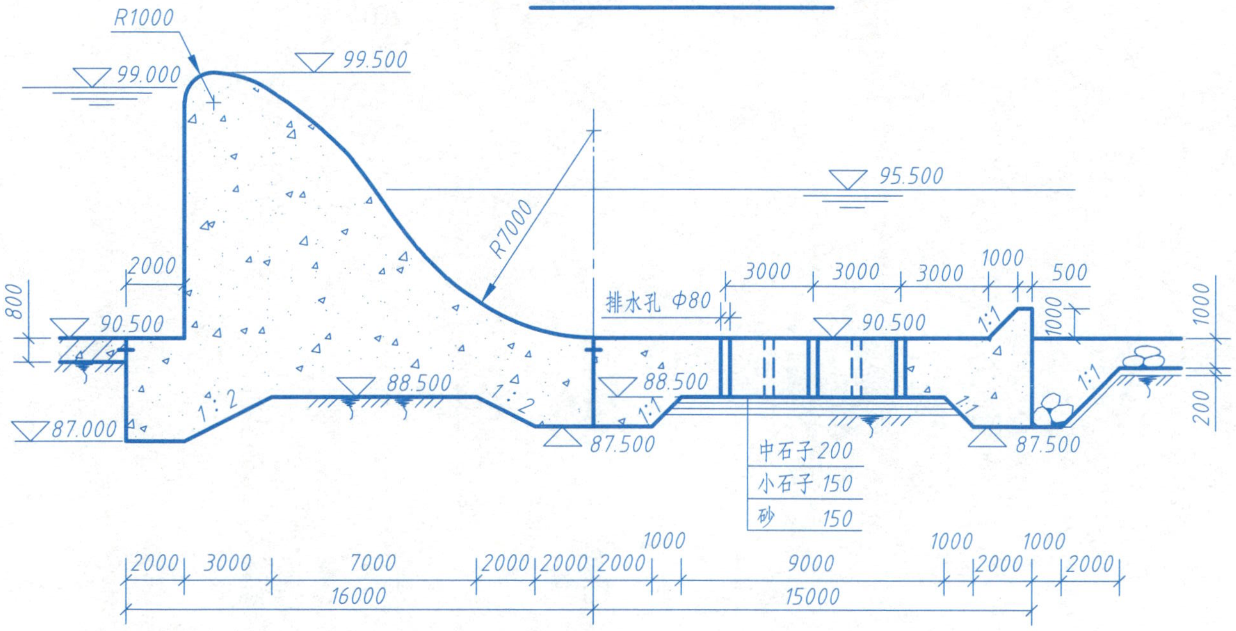

坝面曲线坐标　m

x	1	2.75	3.5	4.75	5.75	6.5	7.2	8.0	9.0
y	0	0.5	1.0	2.0	3.0	4.0	5.0	6.0	7.0

1-9 根据立体图徒手绘制物体的三面投影图。

1.

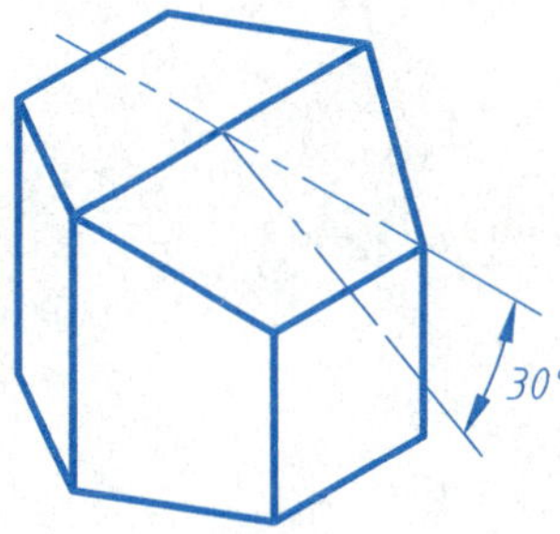

2.

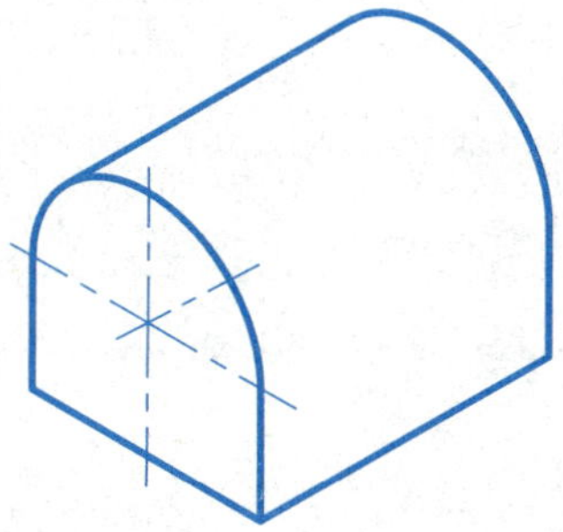

3.

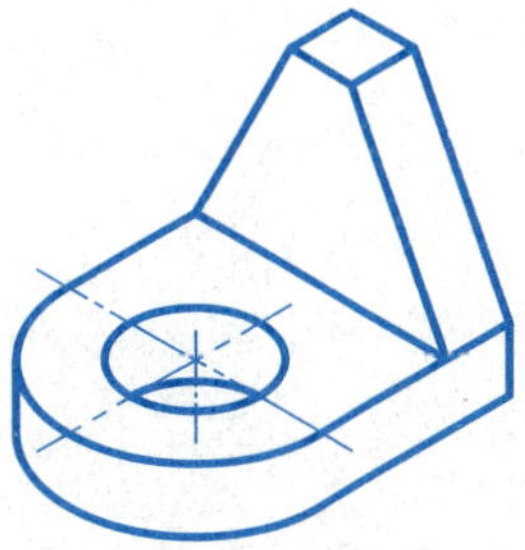

4.

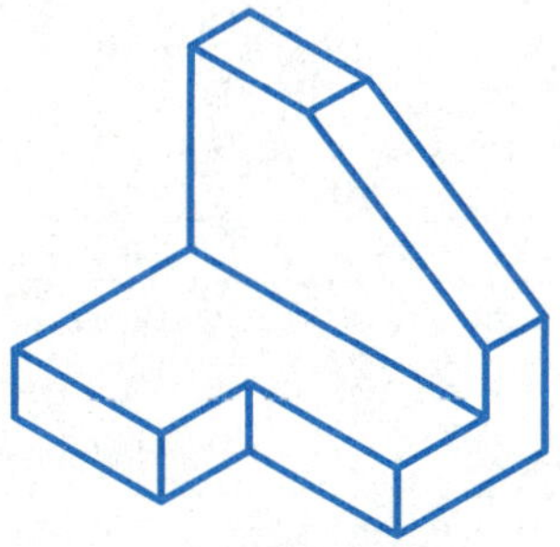

2-1 看懂下列三面投影图，并在圆圈内填写对应的直观图号码。

1.

2.

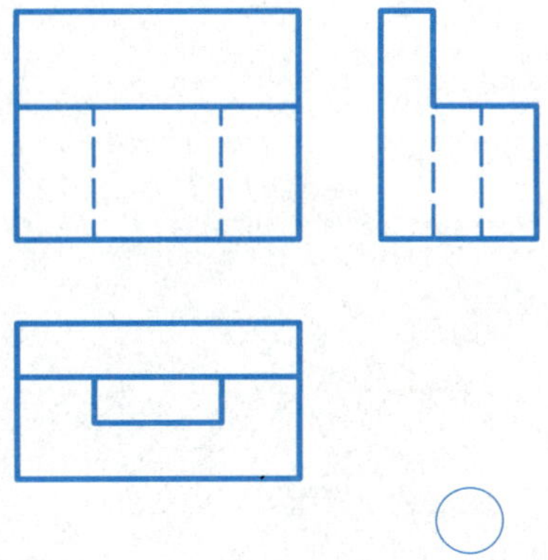

3.

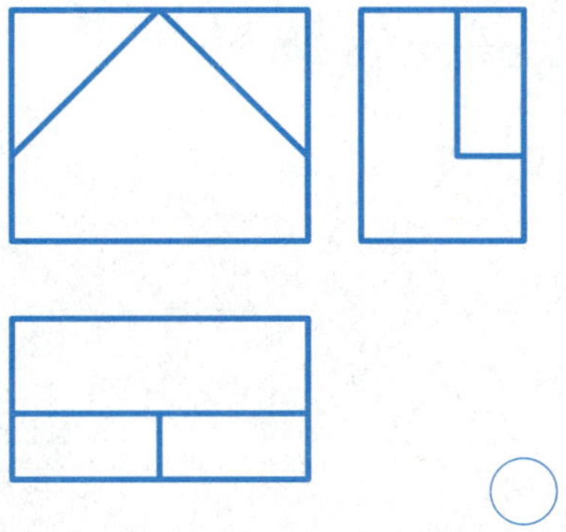

4.

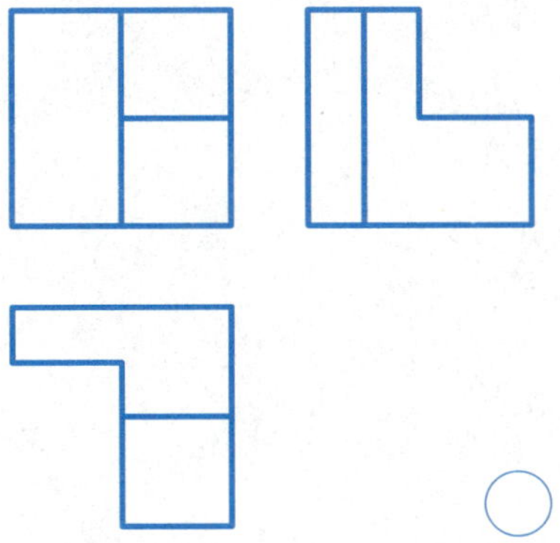

5.

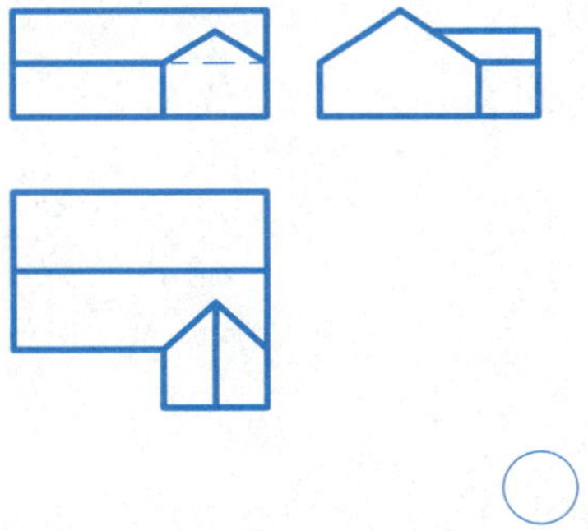

6.

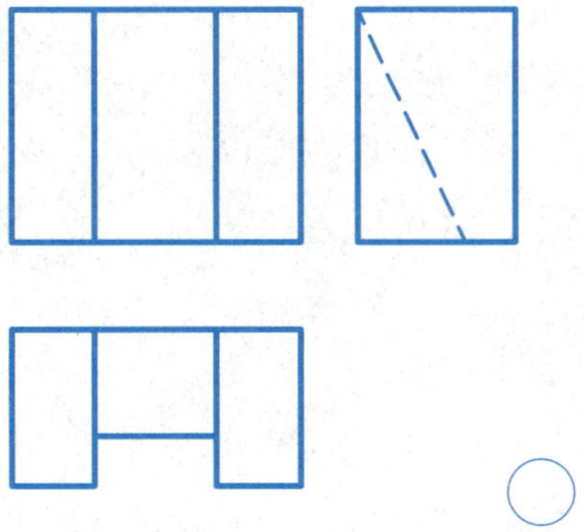

7.

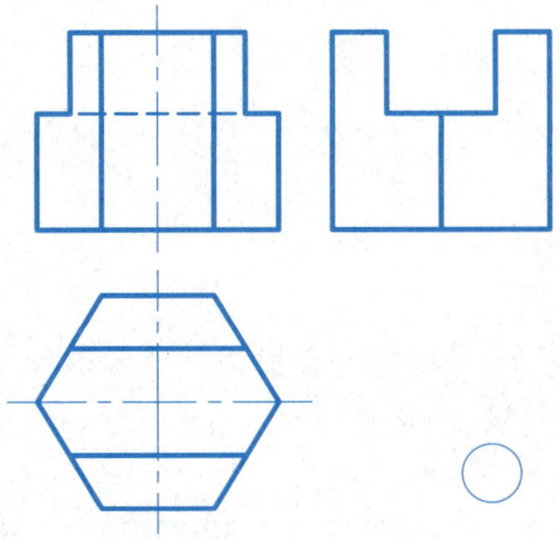

8.

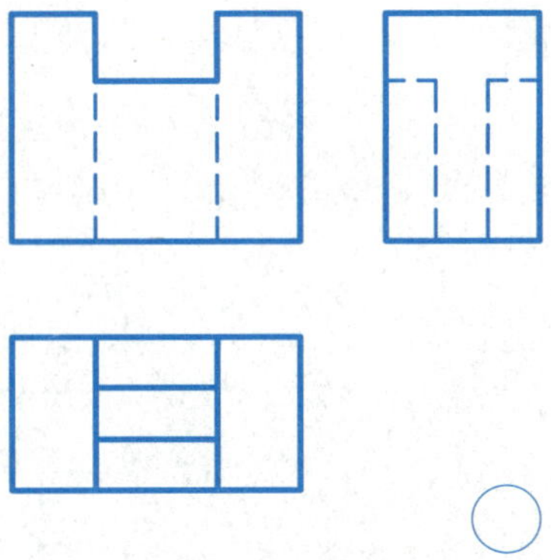

9.

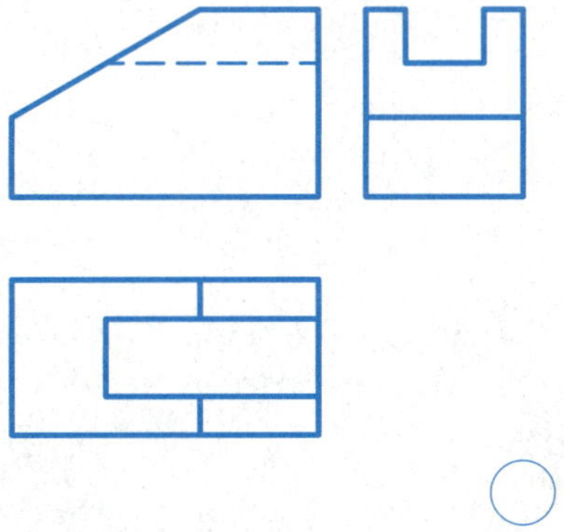

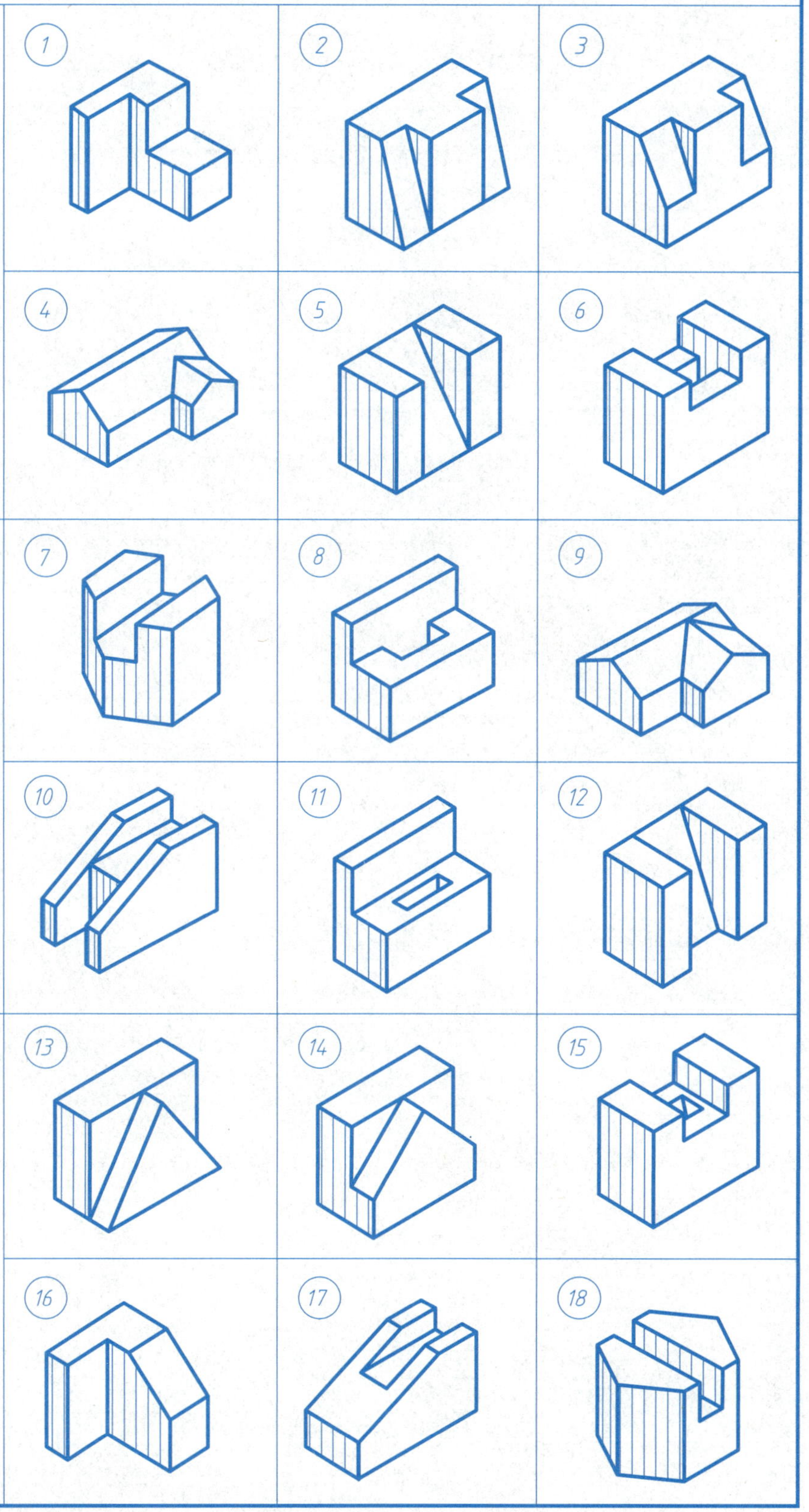

2-2 根据三视图想象物体，并用积木搭出物体或徒手勾画物体的立体草图。

1.

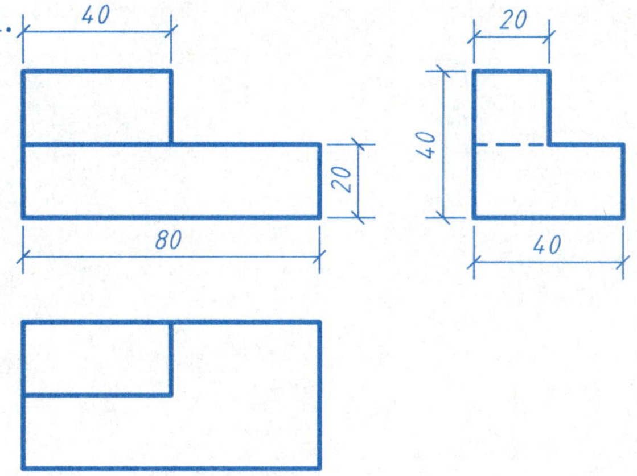

2.

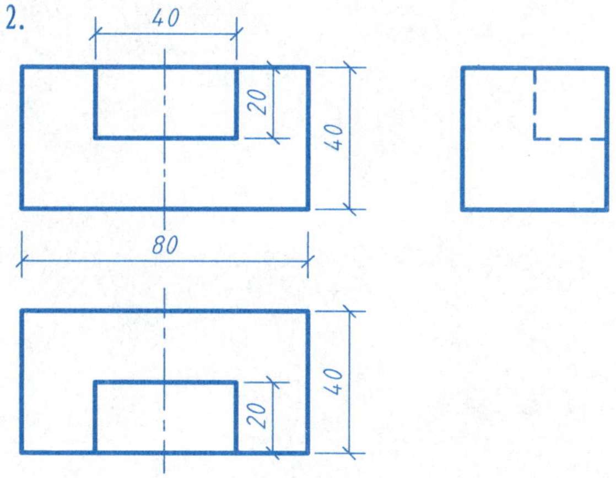

3.

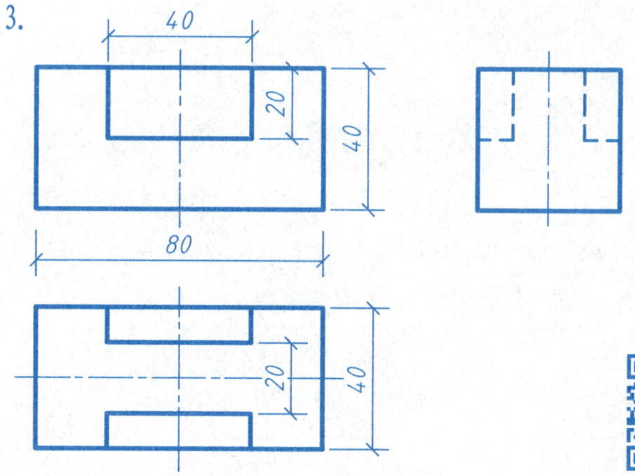

4.

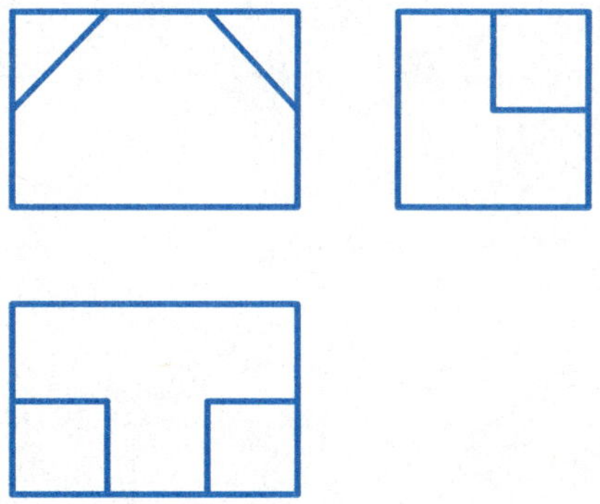

5.

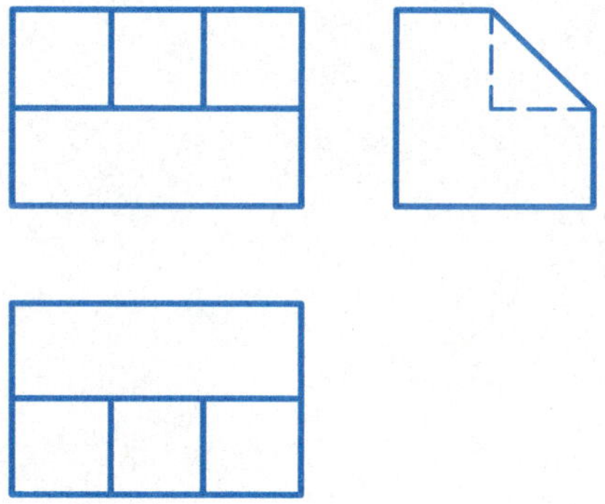

6.

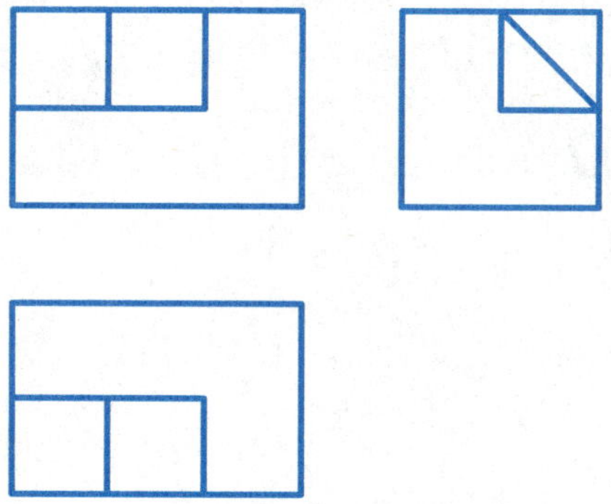

7.

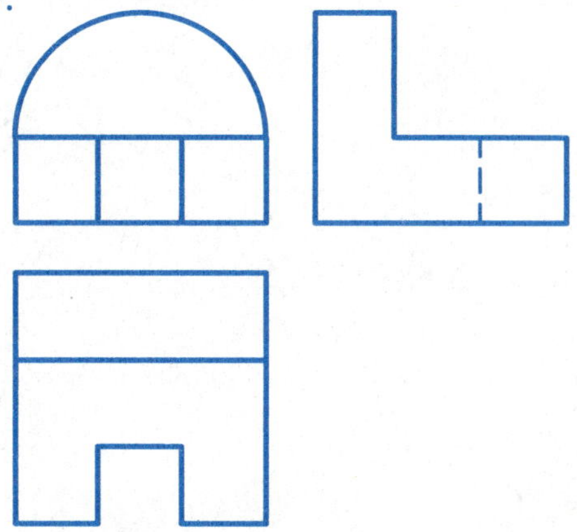

8.

9.

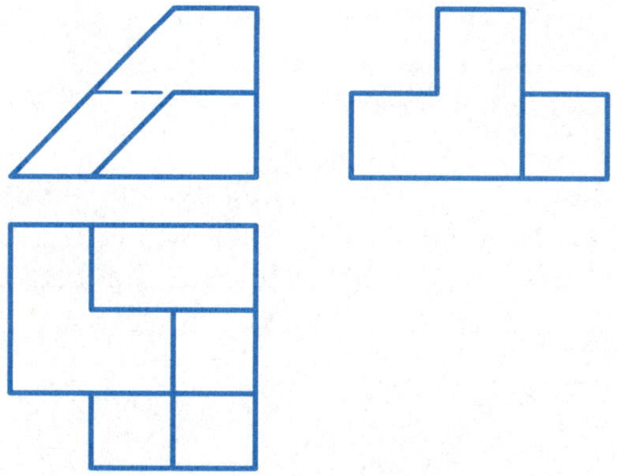

2-3 根据模型（或直观图）画三视图（箭头指向为正视图投射方向）。

1.

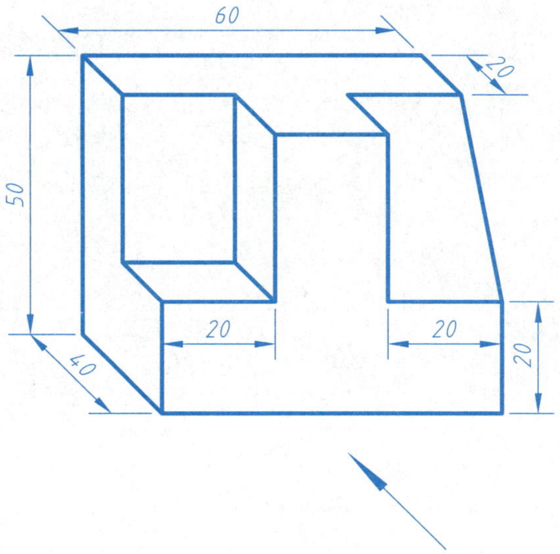

2.

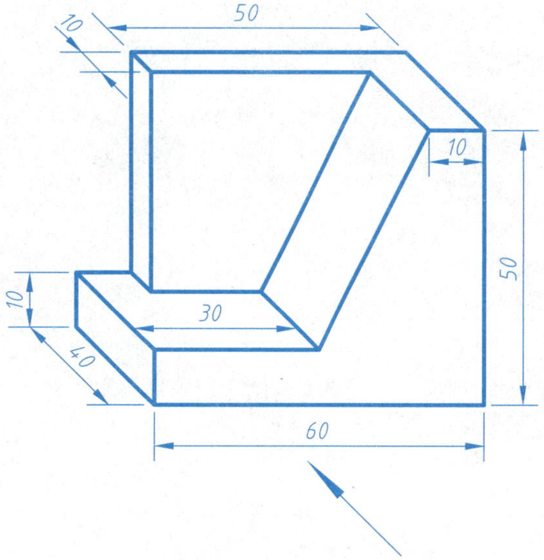

3.

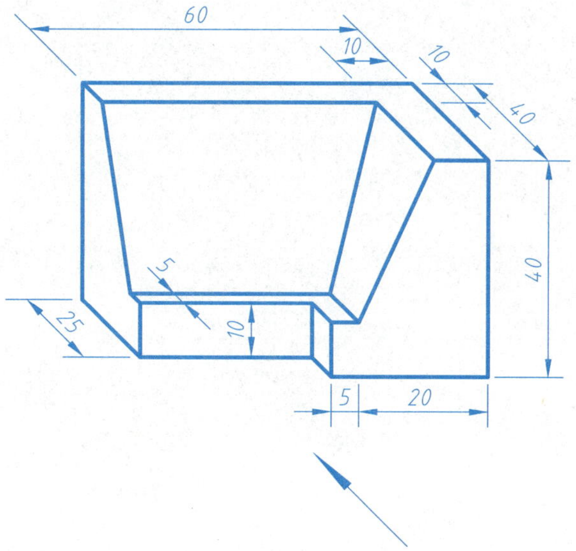

4.

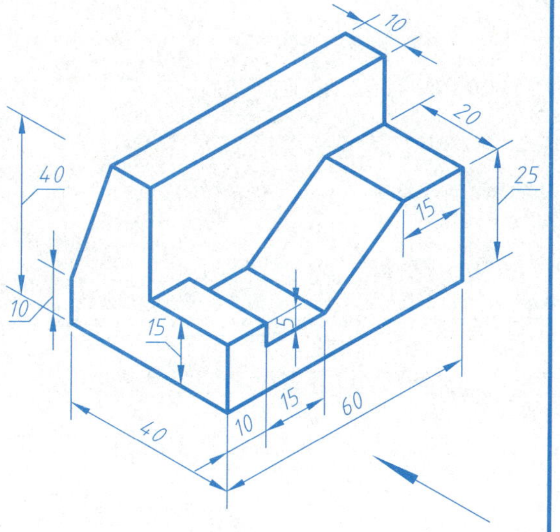

5.

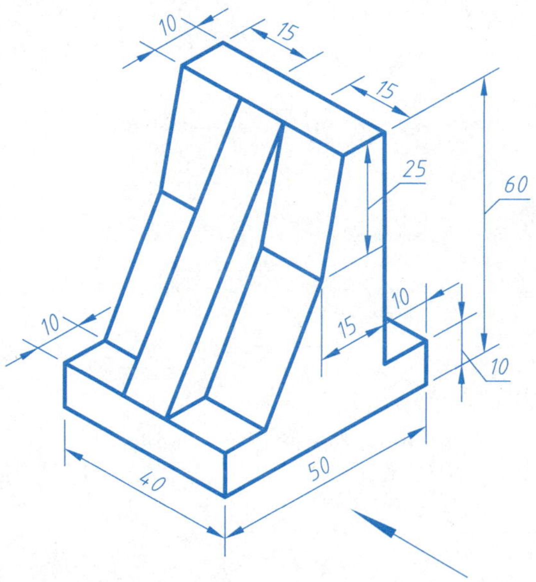

6.

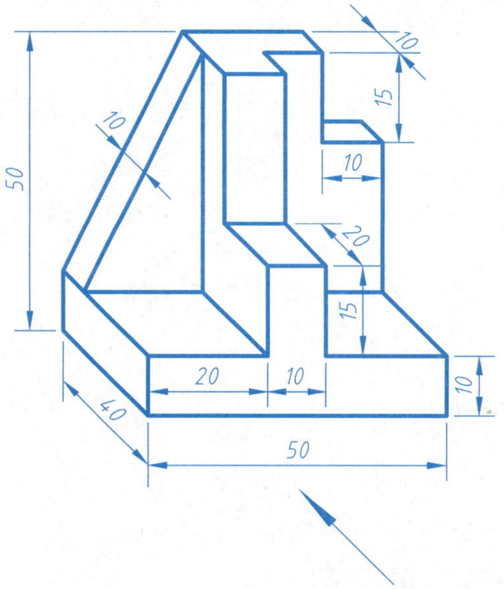

7.

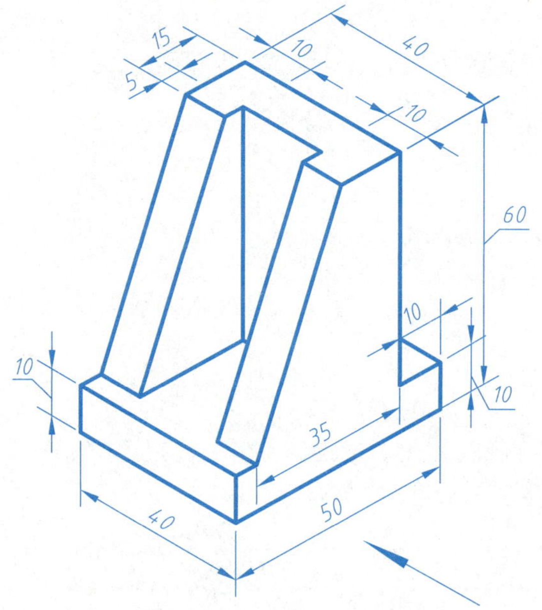

8.

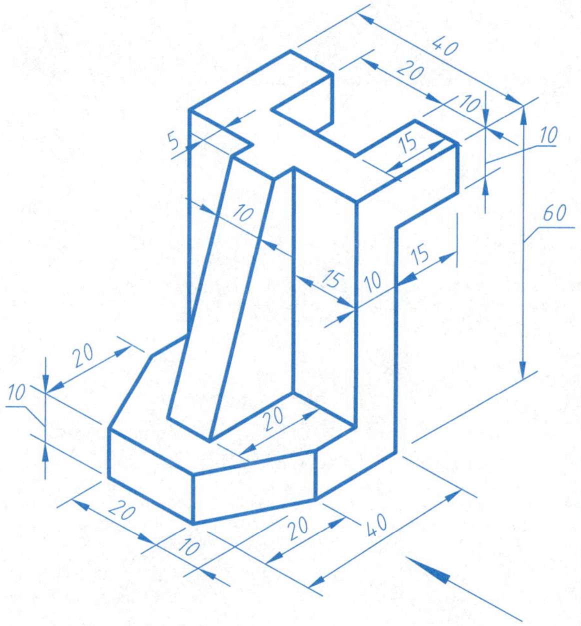

2-4　根据立体图补全三视图。

1.

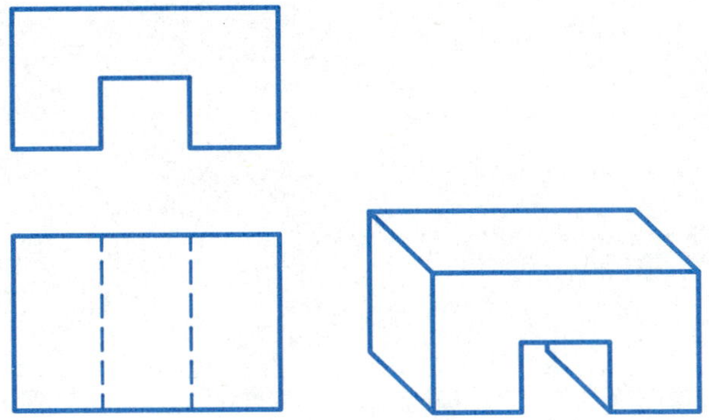

2.

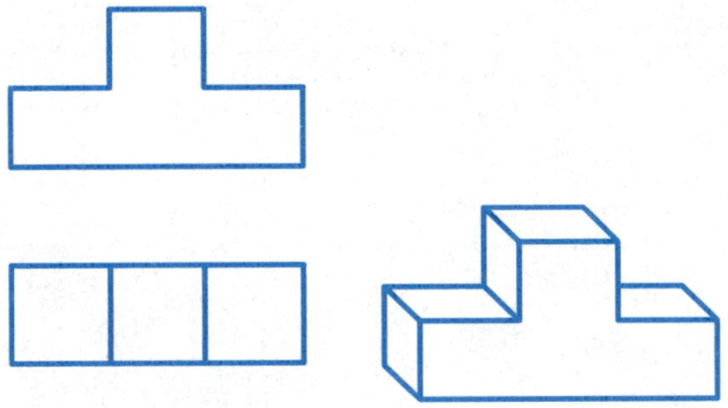

3.

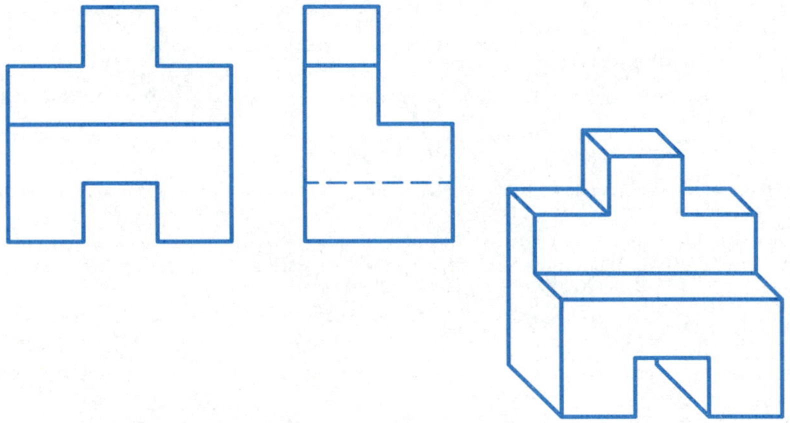

4.

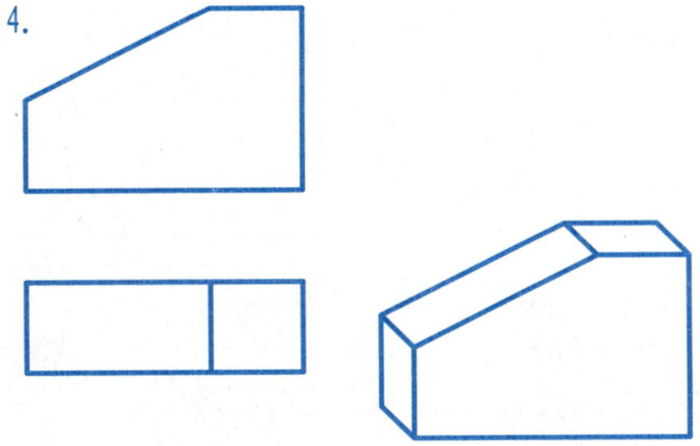

5.

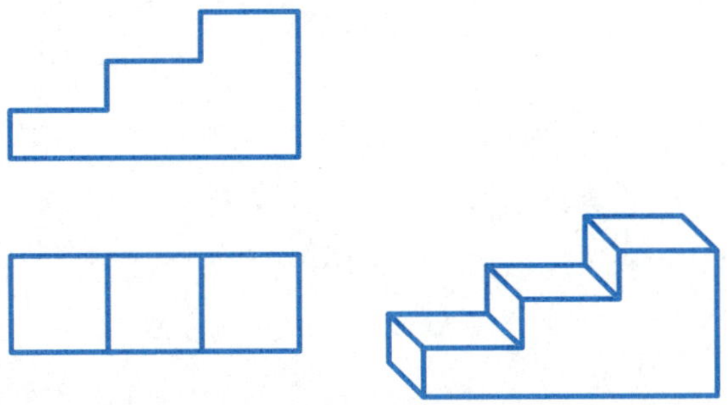

6.

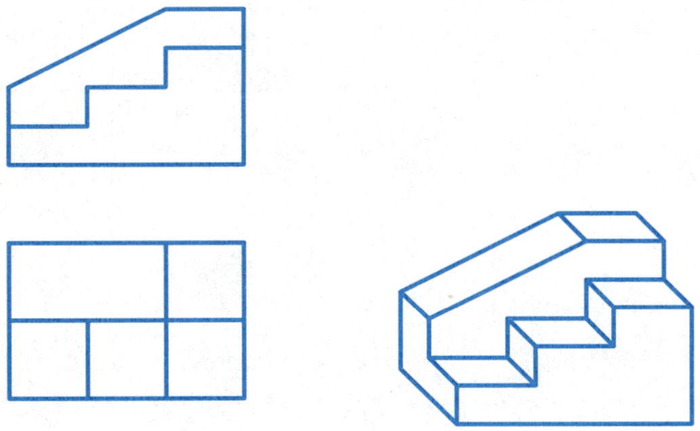

7.

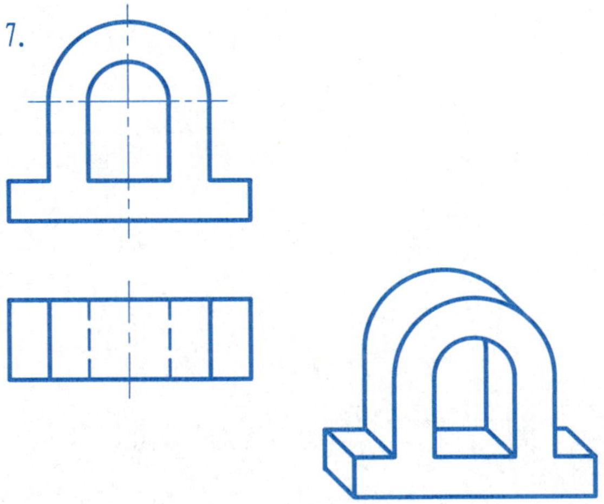

8.

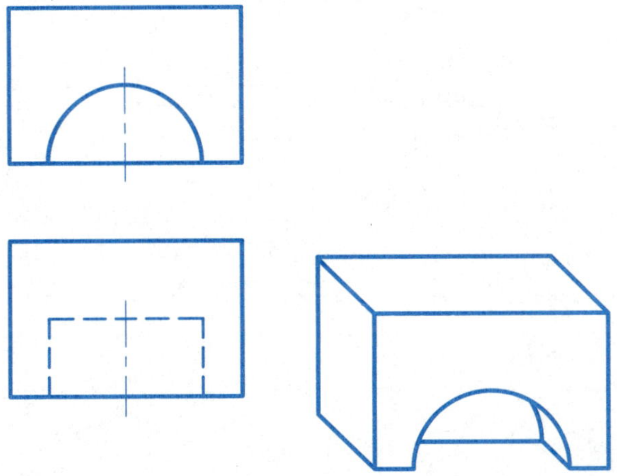

9.

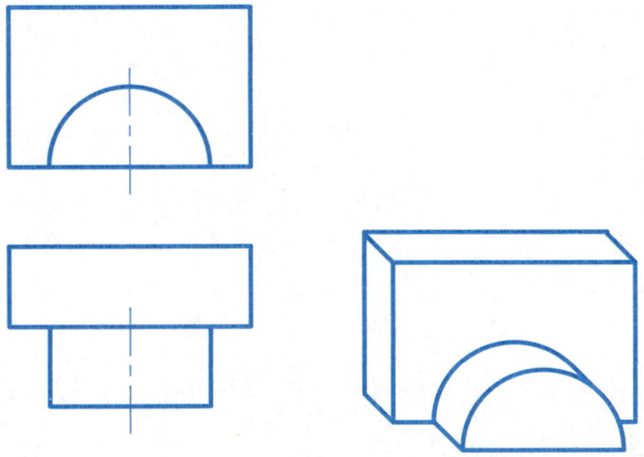

3-1 补画水平投影，并标出A、B、C各点的投影。

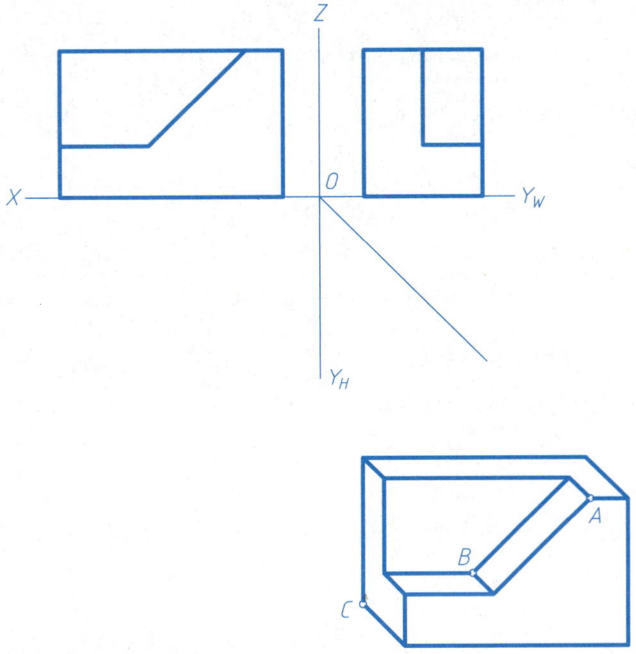

3-2 画出A（10，10，20）、B（20，0，10）两点的投影及直观图（坐标单位为mm，每一刻度为5 mm）。

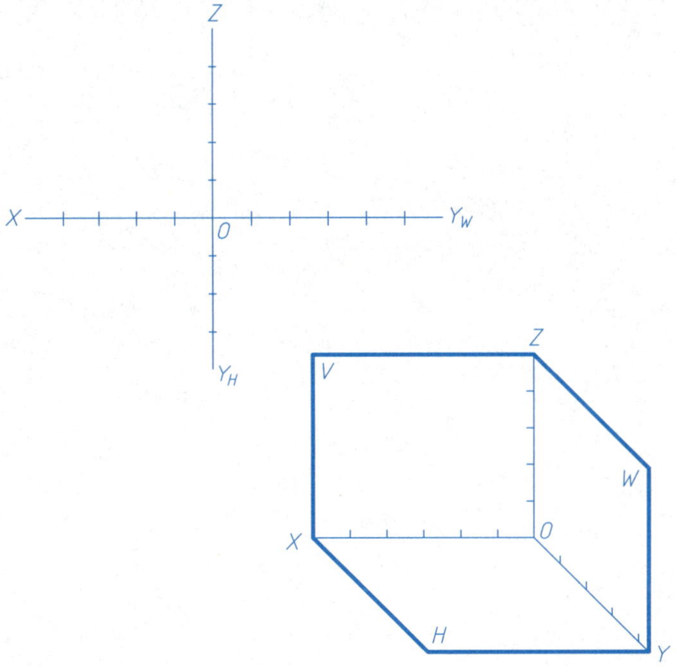

3-3 已知点B在点A的左方15 mm、下方10 mm、前方20 mm，求a''及点B的三面投影。

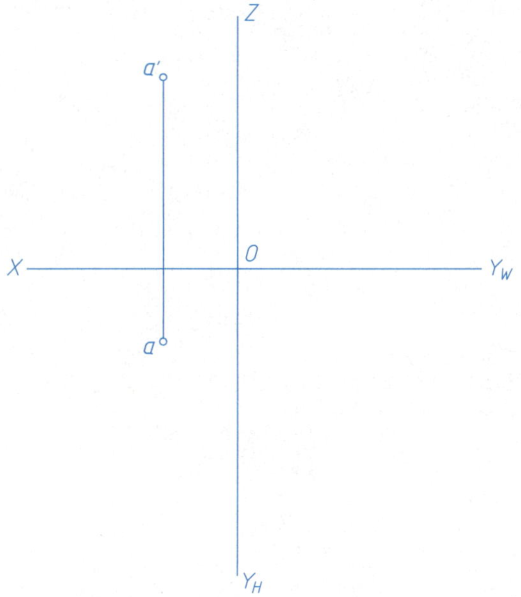

3-4 求出各点的侧面投影，并连线完成三棱锥的侧面投影。

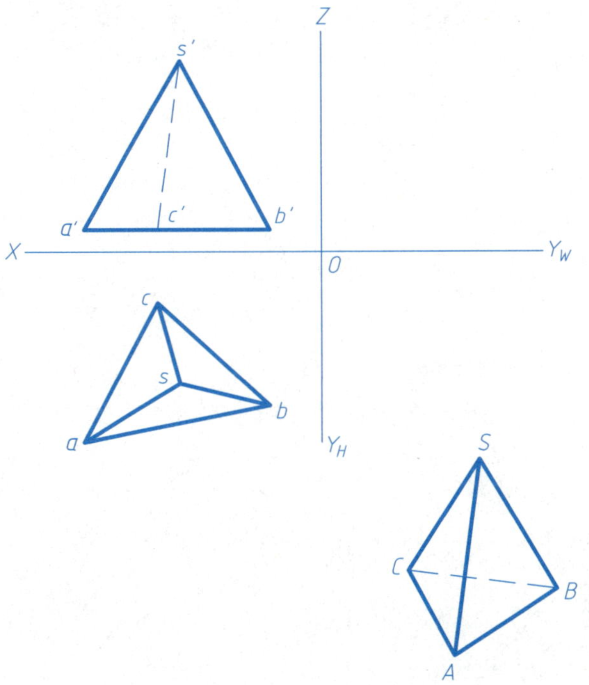

3-5 根据给出的新投影轴X_1，求点A、B的新投影。

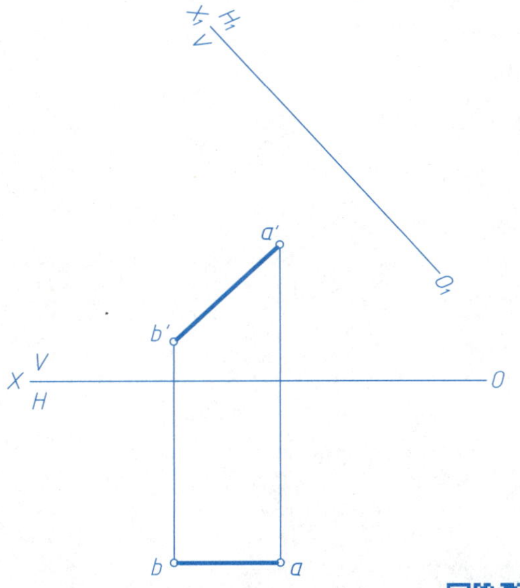

3-6 根据给出的新投影轴X_1和X_2，求点A、B的新投影。

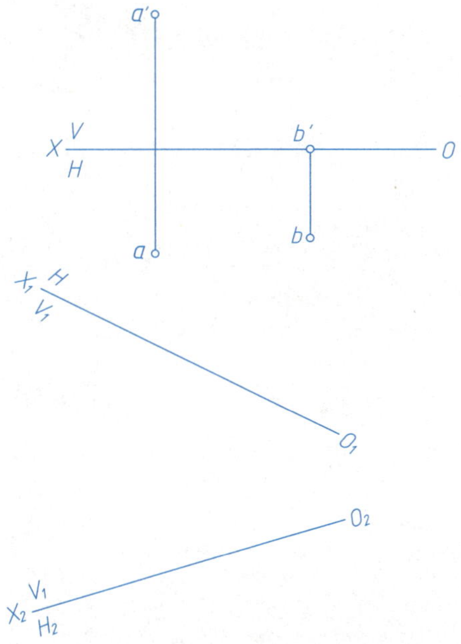

3-7 在下列线段投影中，找出线段的实长和倾角，并在图中标明，判断它们相对投影面的位置，在括号内填写是何种位置直线。

1.

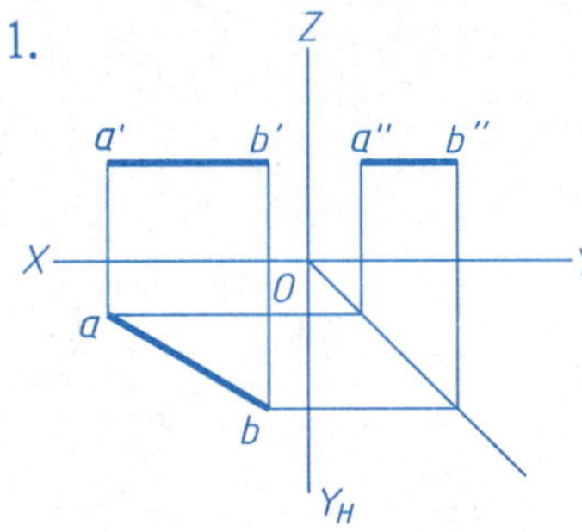

(　　　　　)

2.

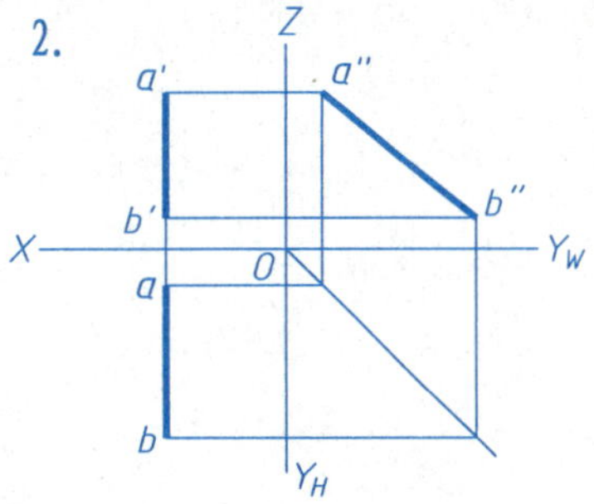

(　　　　　)

3.

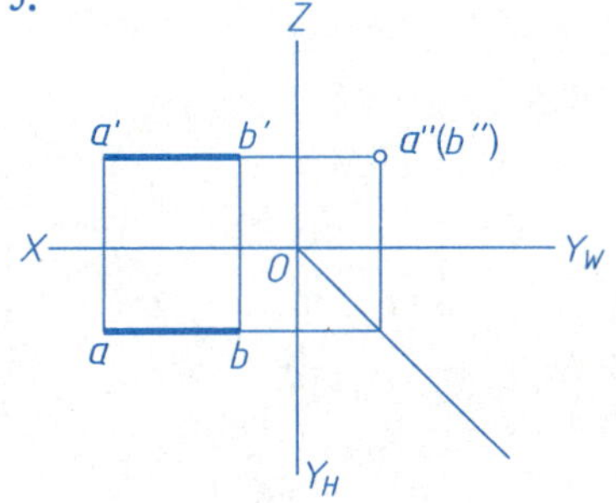

(　　　　　)

4.

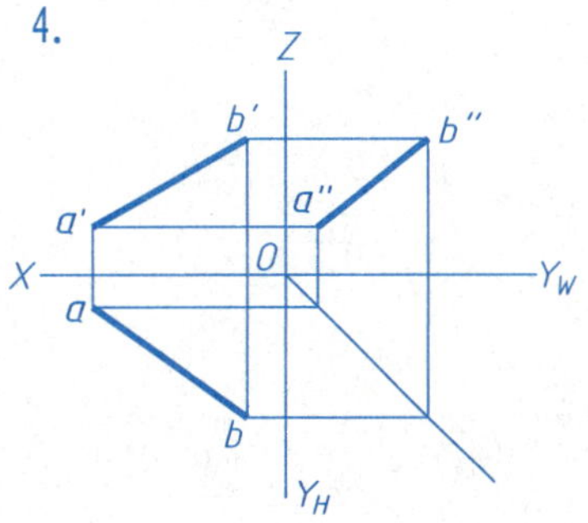

(　　　　　)

5.

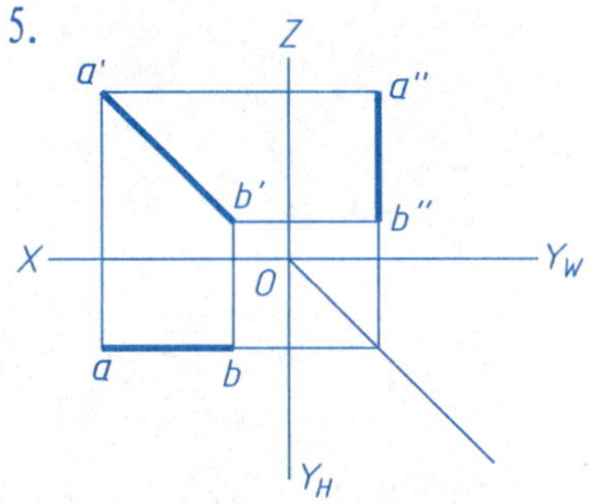

(　　　　　)

6.

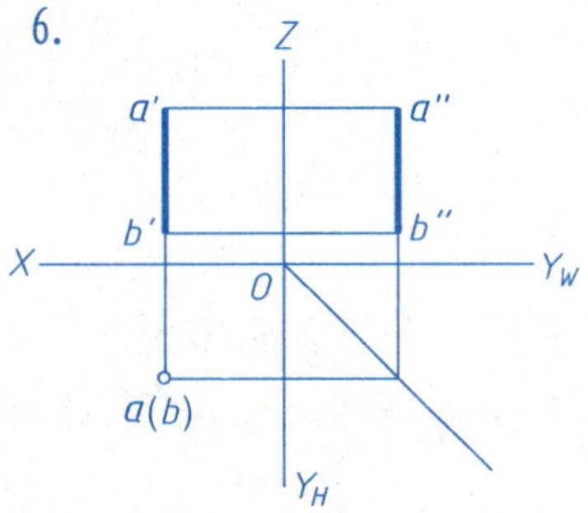

(　　　　　)

7.

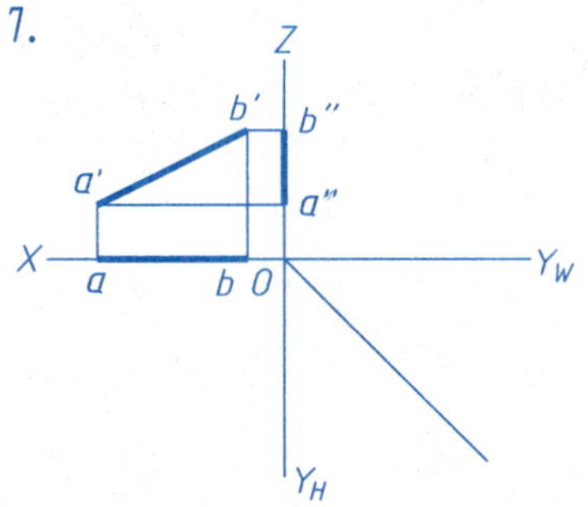

(　　　　　)

8.

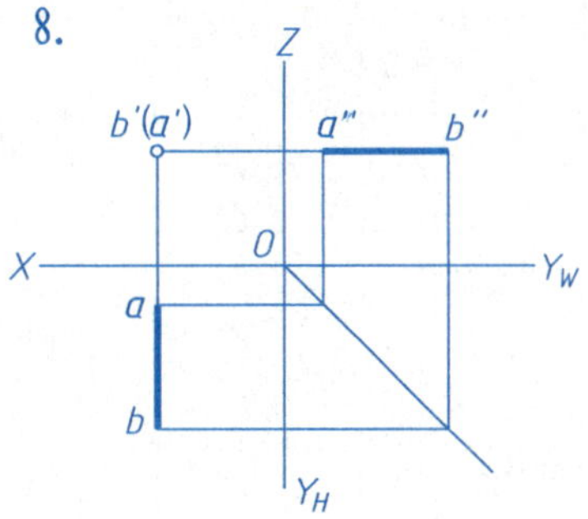

(　　　　　)

3-8 判断三棱锥上直线*AB*、*AC*、*SA*、*SB*是何种位置直线，并画出三棱锥的侧面投影。

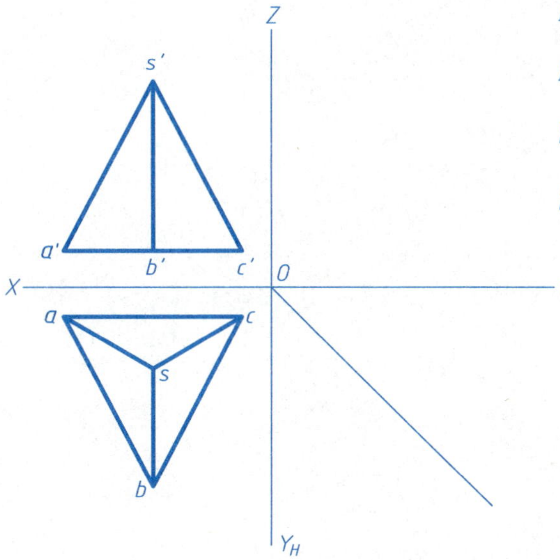

*AB*是__________线

*AC*是__________线

*SA*是__________线

*SB*是__________线

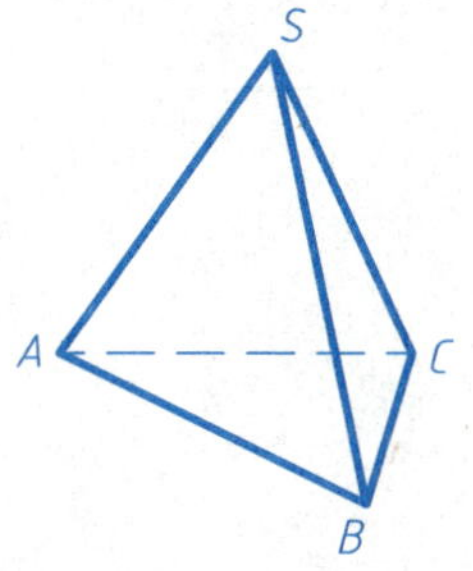

3-9 作出线段*AB*的实长及倾角α、β。

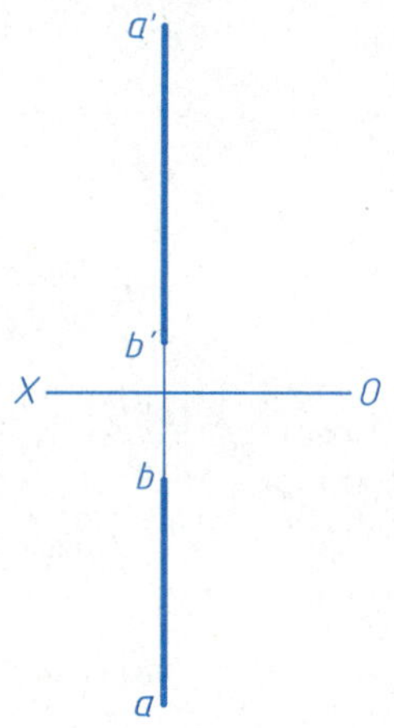

3-10 作线段*CD*的实长及倾角α、β。

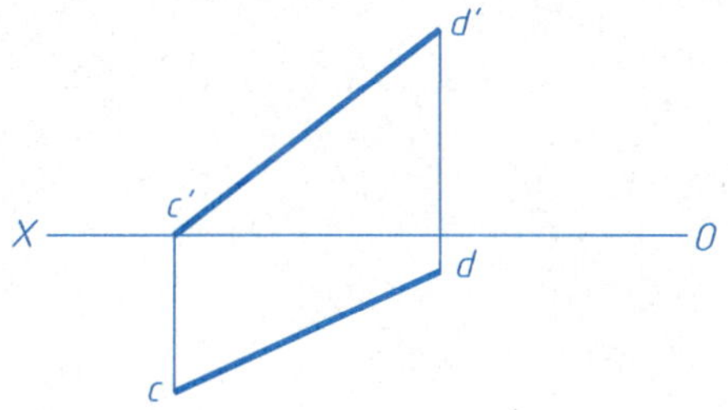

3-11 已知线段*AB*的实长为35 mm，点*A*距*V*面20 mm，作出*ab*。

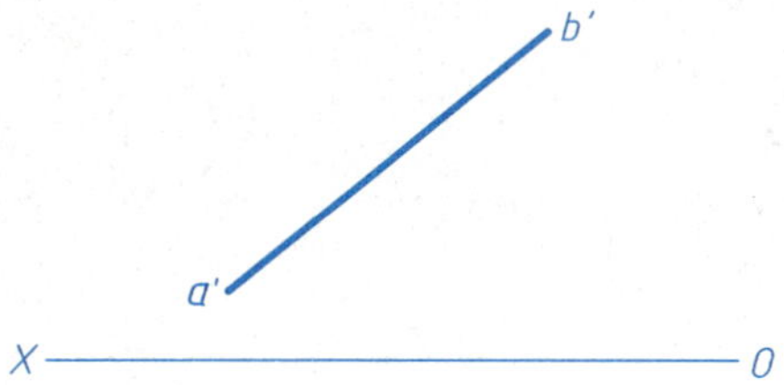

3-12 判别点C、D是否在直线AB上。

点C______直线AB上

点D______直线AB上

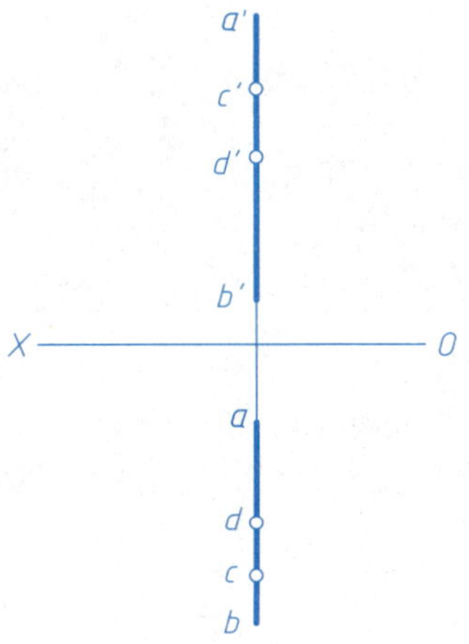

3-13 已知直线AB的倾角α=30°，直线AB上有点C，AC=25 mm，完成直线AB及点C的投影。

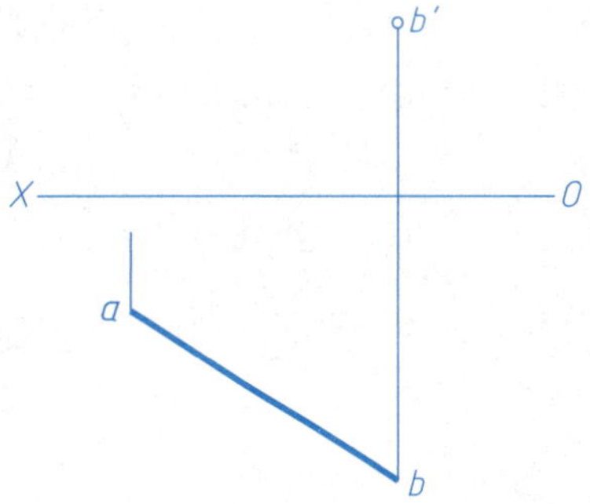

3-14 过点K作正平线KM与直线AB相交，作水平线KN与直线CD相交。

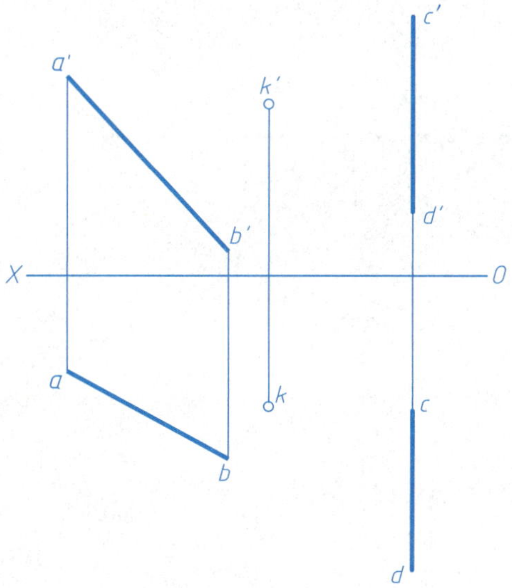

3-15 作直线MN与AB平行，与CD相交。

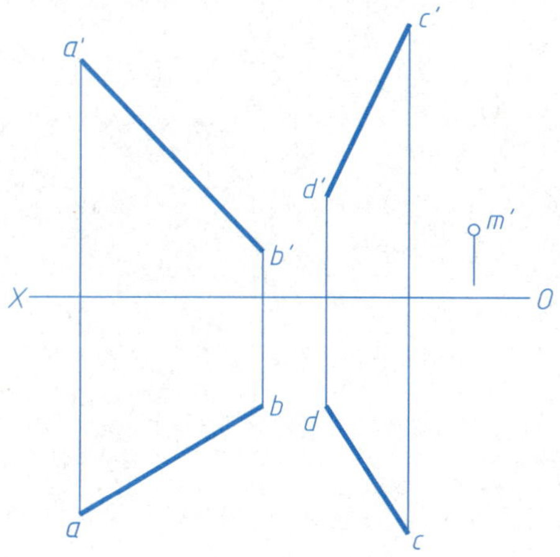

3-16 判别两直线的相对位置（平行、相交、垂直相交、交叉、垂直交叉）。

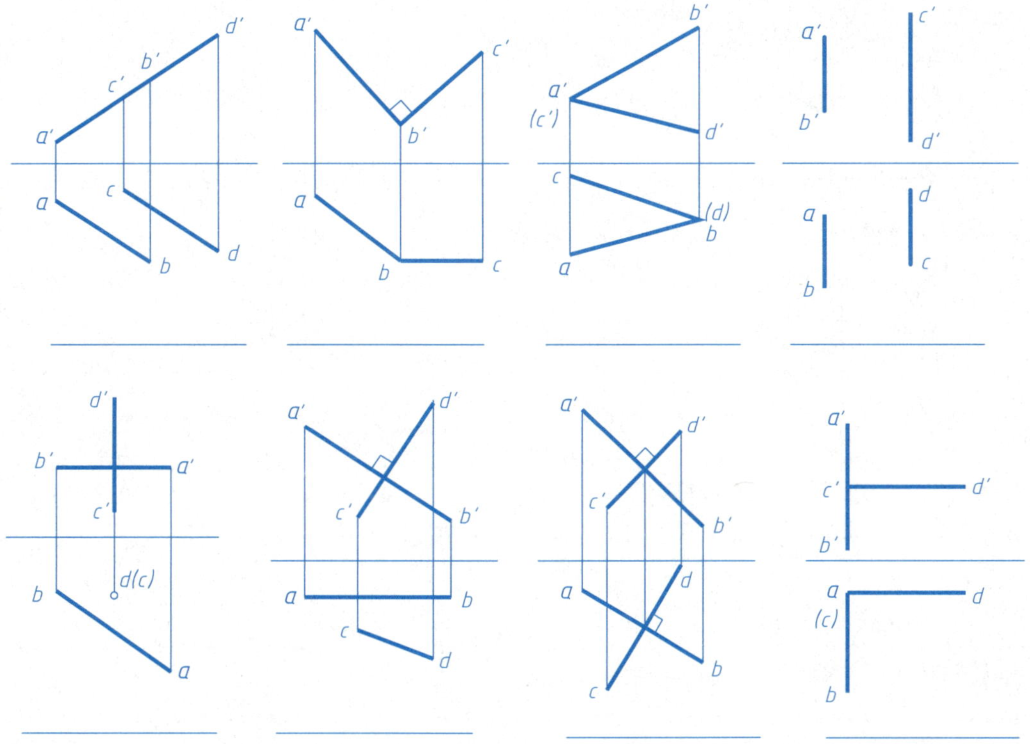

3-17 作两直线的公垂线，并标明两直线间的距离。

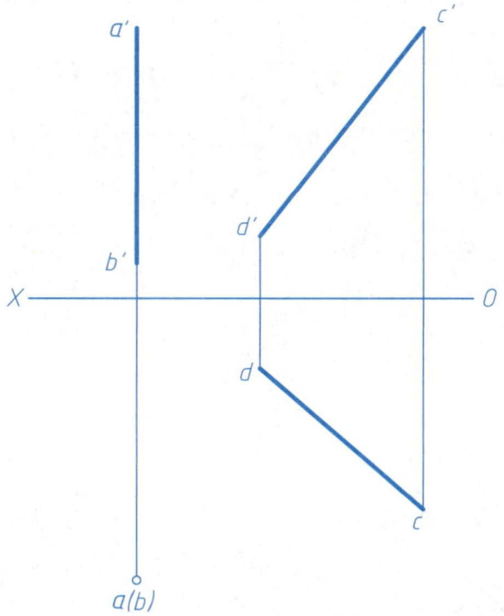

3-18 已知ABCD为一正方形，点C在直线BM上，完成正方形ABCD的两面投影。

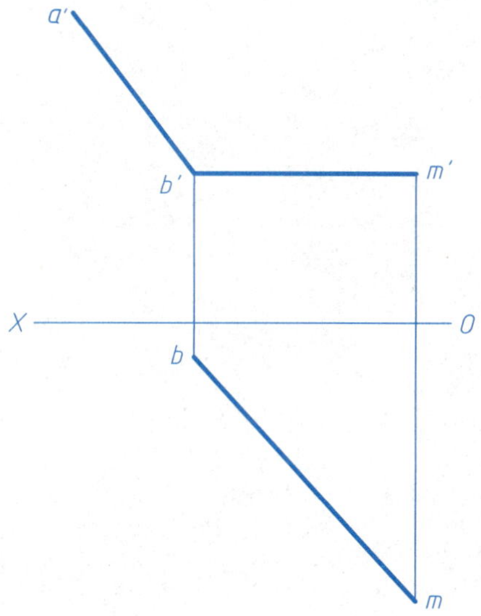

3-19 完成下列各题要求。

1. 按立体图的各平面标识，在投影图中标明各平面的三面投影。

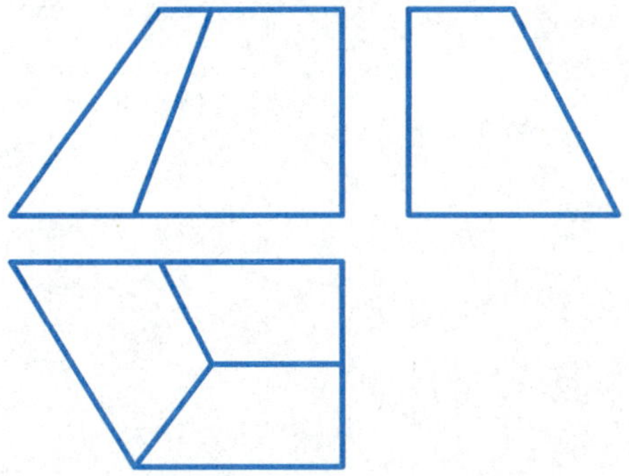
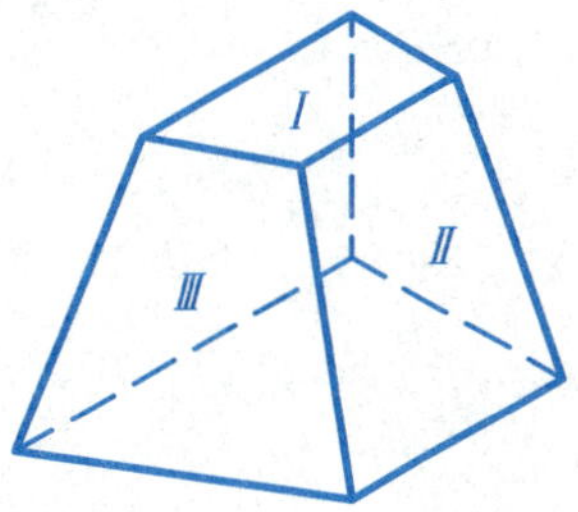

2. 分别画出各平面的侧面投影，并根据平面与投影面的相对位置填写平面是何种位置平面。

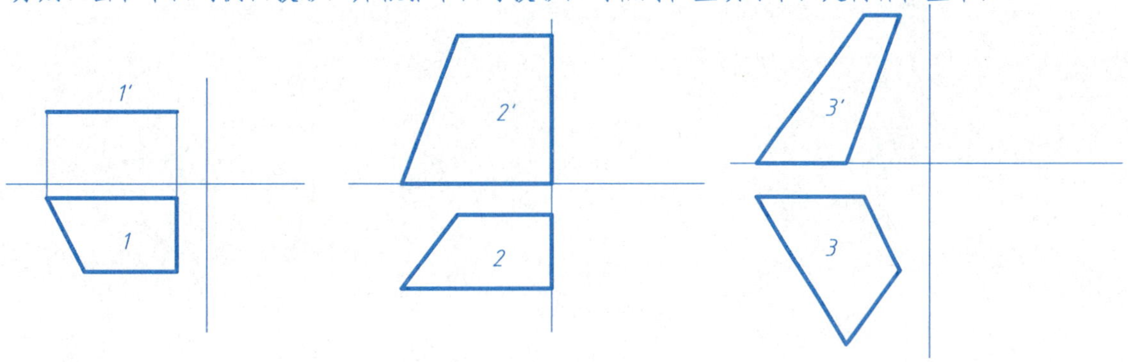

平面Ⅰ是________面　　平面Ⅱ是________面　　平面Ⅲ是________面

3-20 画出物体的第三面投影，判断平面Ⅰ是何种位置平面，并标明平面Ⅰ的第三面投影。

1.

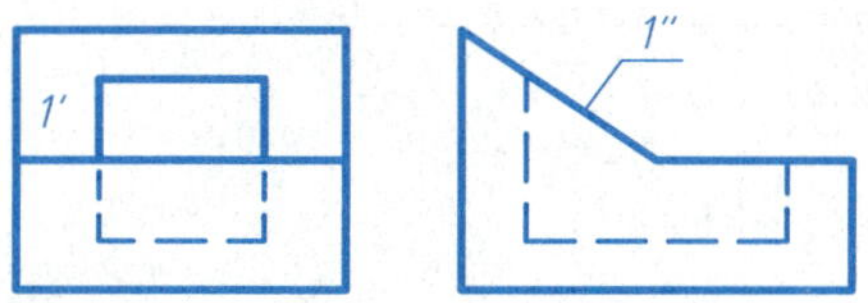

______面

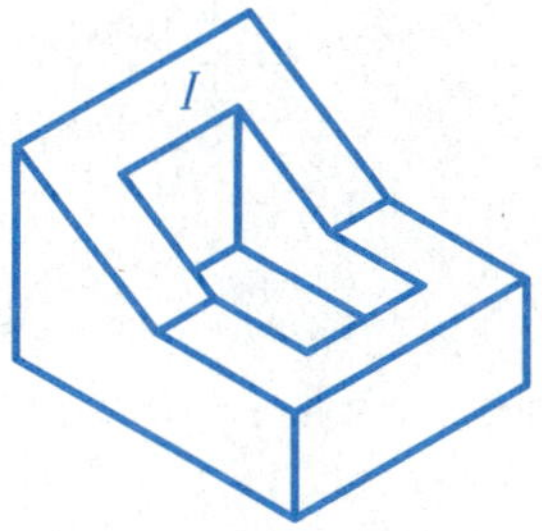

2.

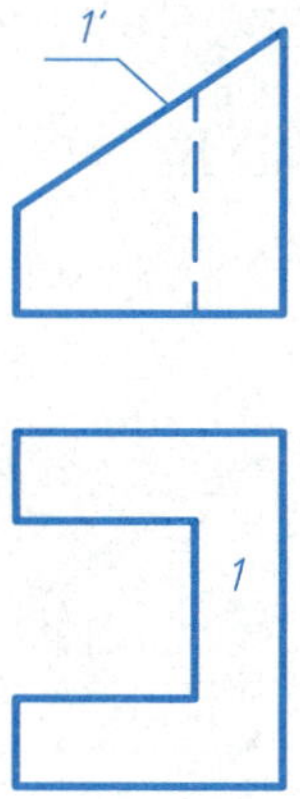

______面

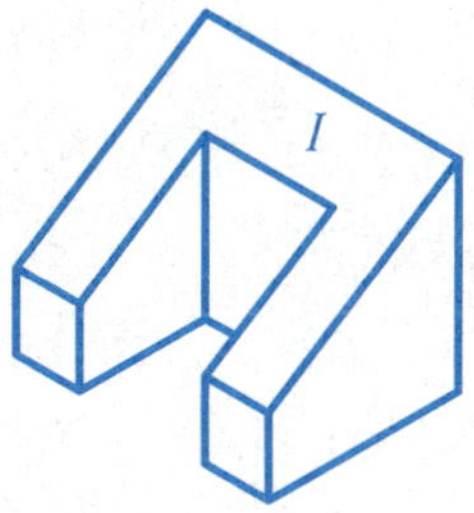

3-21 根据已知条件，包含直线AB作平面的三面投影。

1. 作等边三角形ABC平行于V面。　2. 作正方形ABCD垂直于H面。

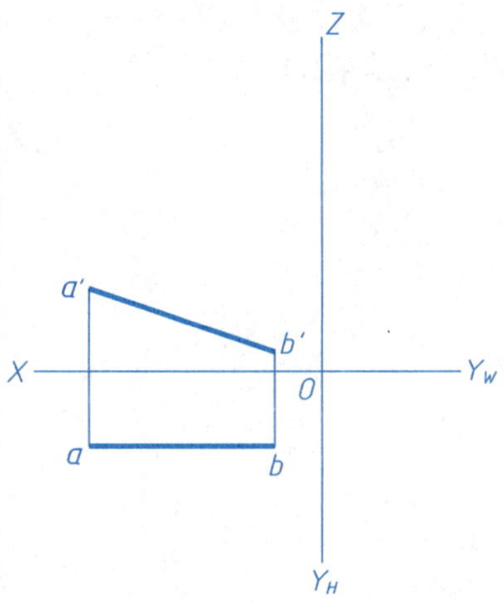

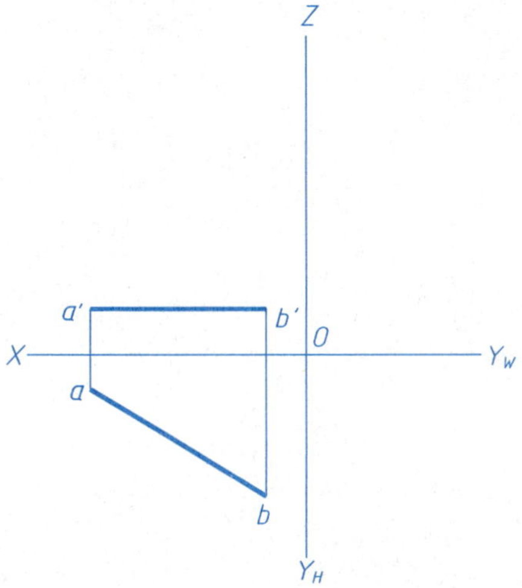

3-22 画出物体的第三面投影，并标明平面A的三面投影。

1.

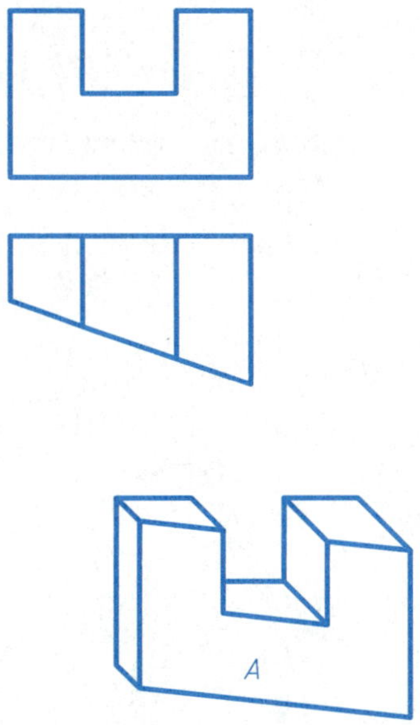

2.

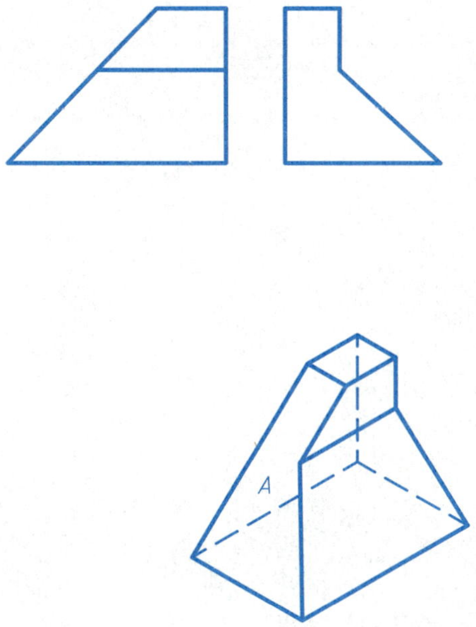

3.

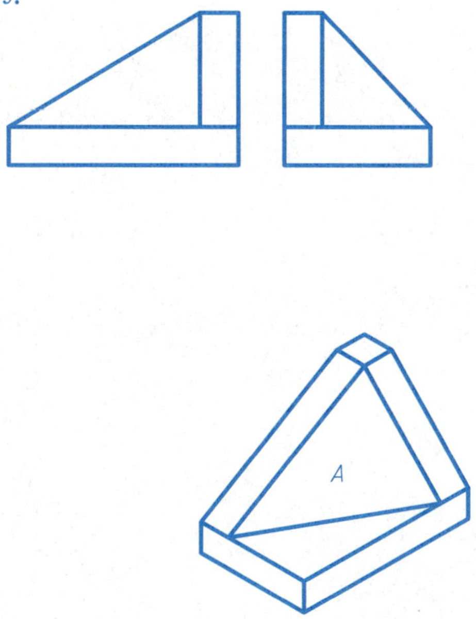

3-23 补全平面及平面上点K的三面投影。

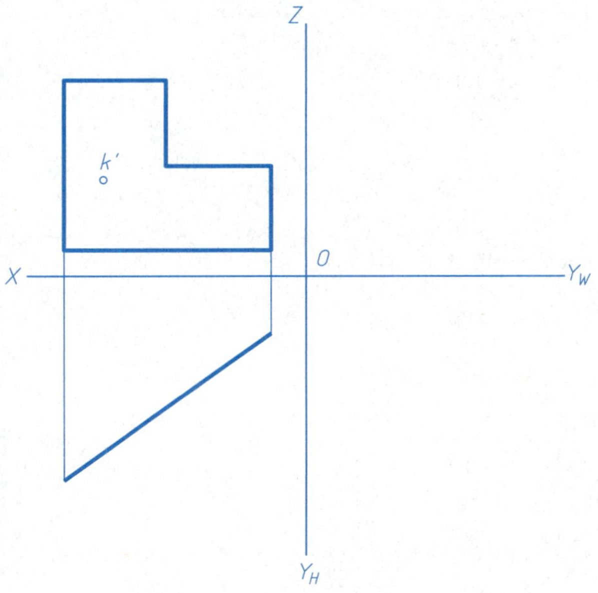

3-24 作图判别直线DE是否在平面内。

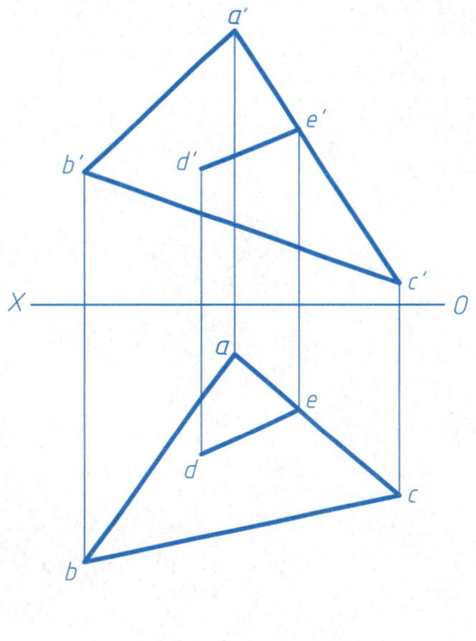

DE是______平面内

3-25 完成平面图形$ABCDE$的水平投影($AB // CD$)，并使作图线最少。

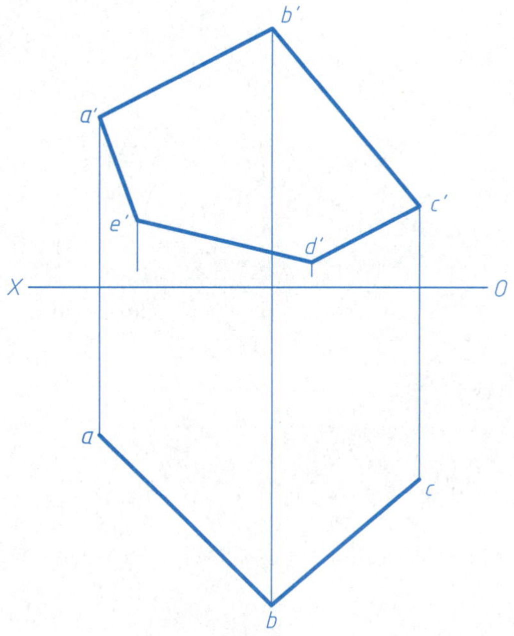

3-26 在平面ABC上取一点K，使其距H面15 mm，距V面20 mm。

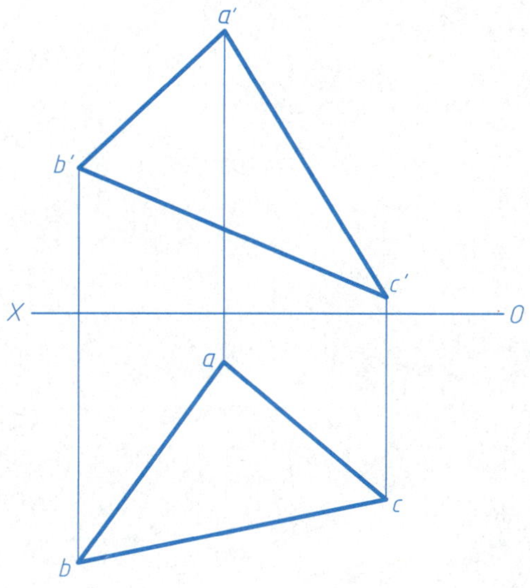

3-27 作已知平面的倾角α、β。

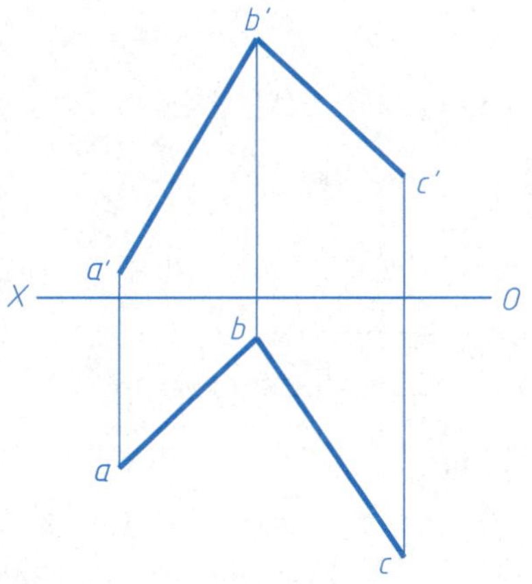

3-28 求平面图形的实形。

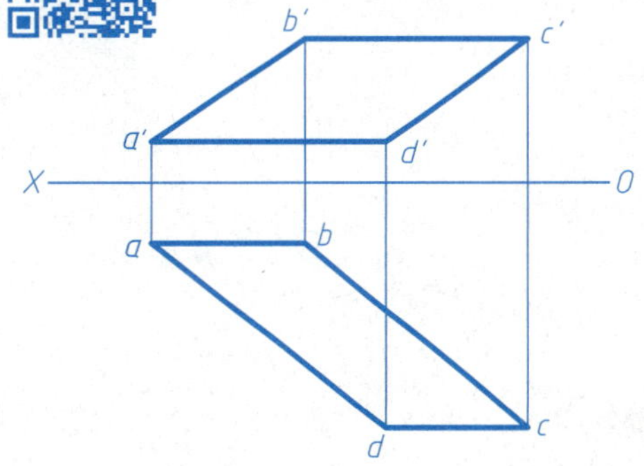

3-29 已知辅助投影三角形$a_1b_1c_1$是ABC的实形，作其H、V面投影。

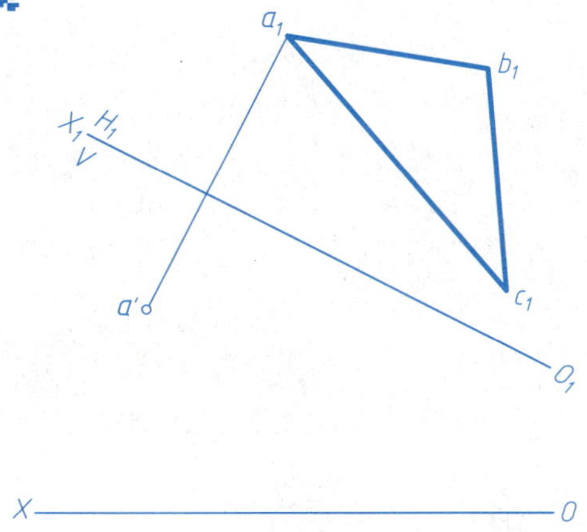

3-30 已知平面ABC的倾角α=30°，完成平面的V面投影。

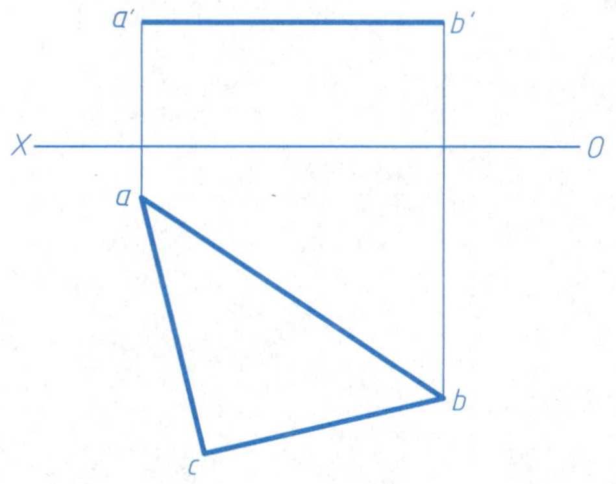

3-31 已知直线DE与平面ABC平行，作d′e′ 。

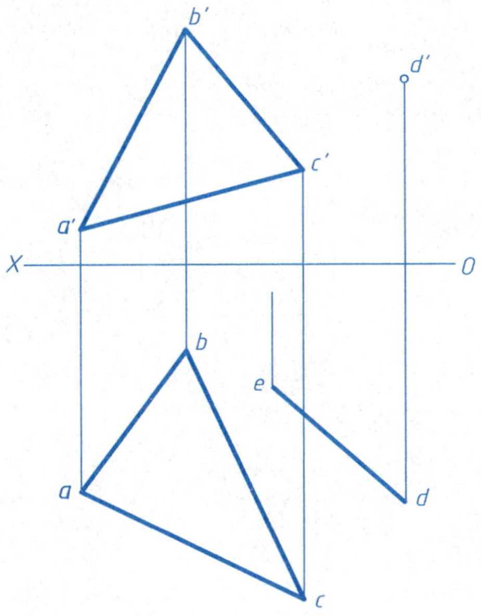

3-32 过点E作平面与平面ABCD平行。

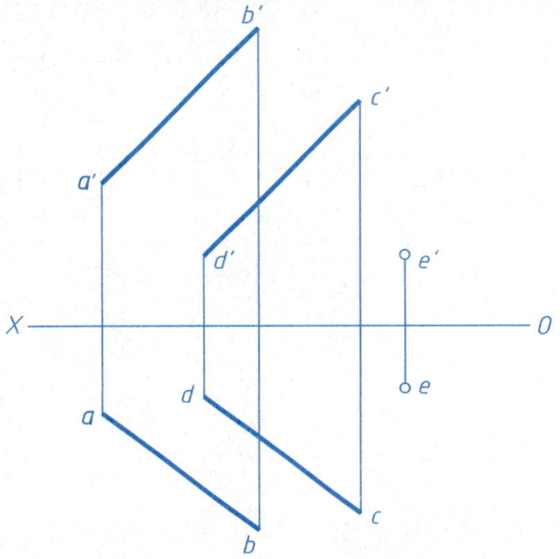

3-33 作直线与平面的交点，并判别线段的可见性。

1.

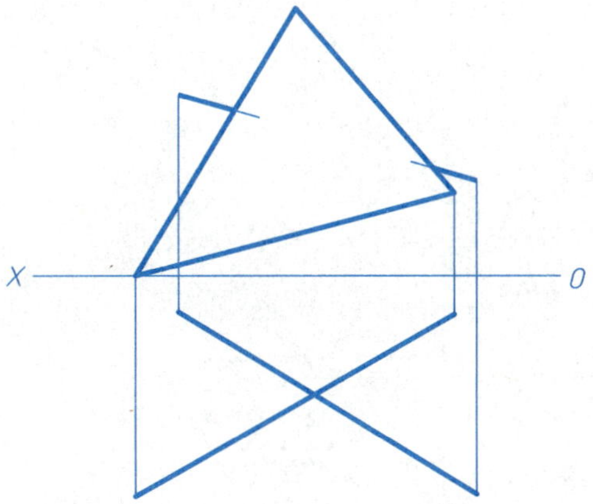

2.

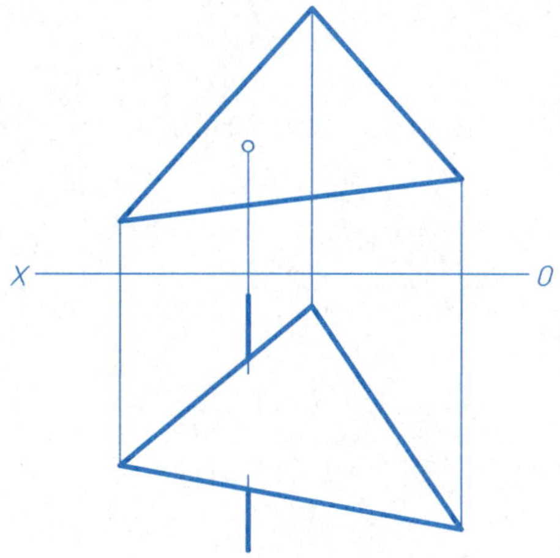

3-34 已知直线DE与平面P、平面ABC平行，作DE的两投影。

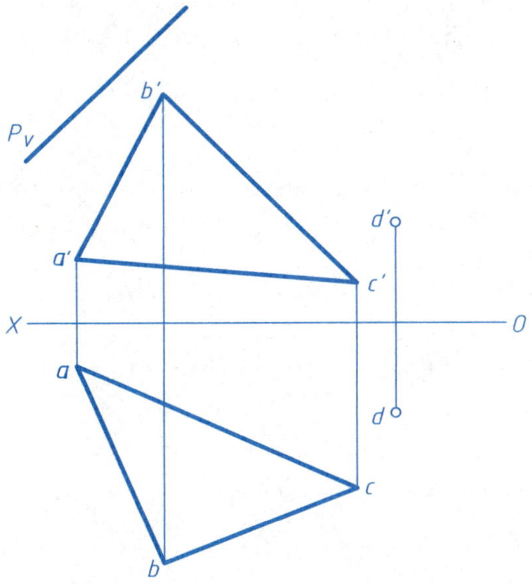

3-35 作直线与平面的交点，并判别线段的可见性。

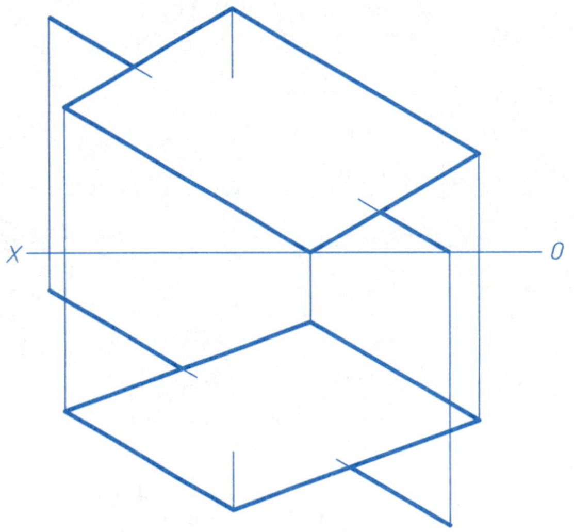

3-36 作平面与平面的交线，并判别可见性。

1.

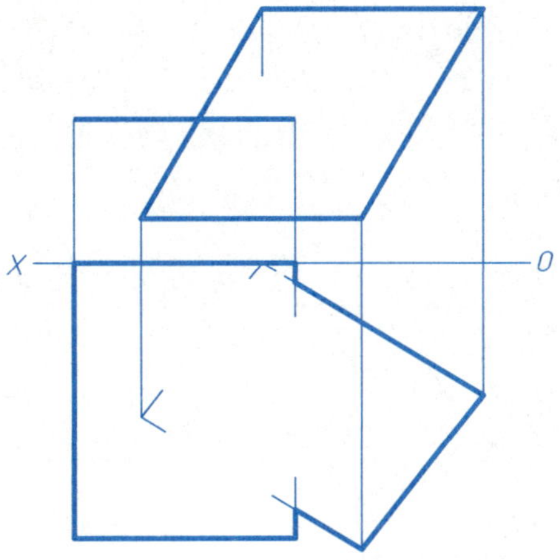

2.

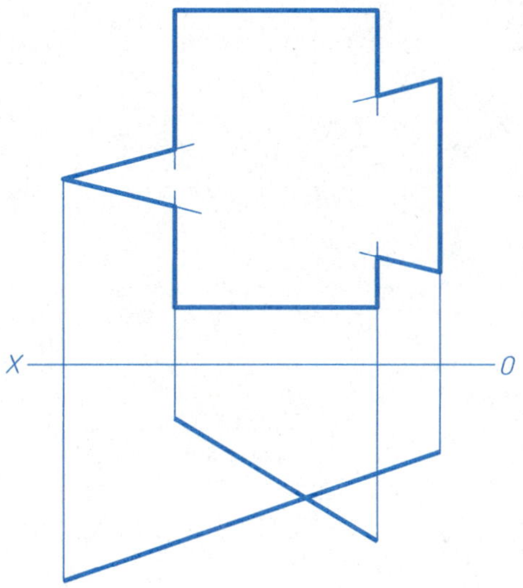

3-37 完成两屋面交线的水平投影。

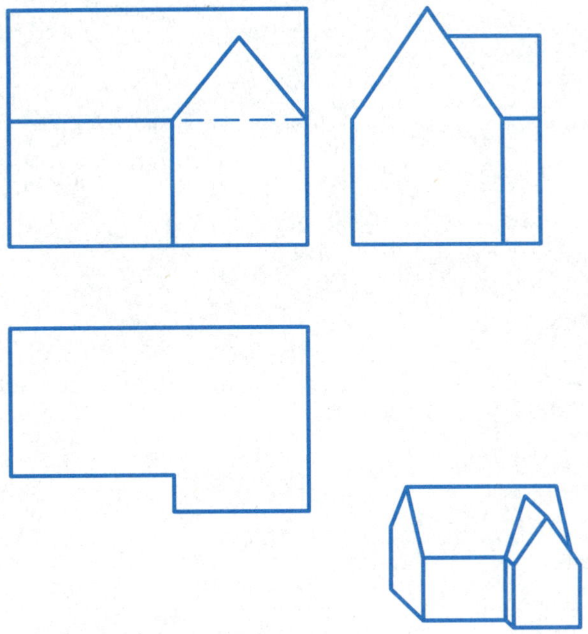

3-38 过点E作平面的垂线。

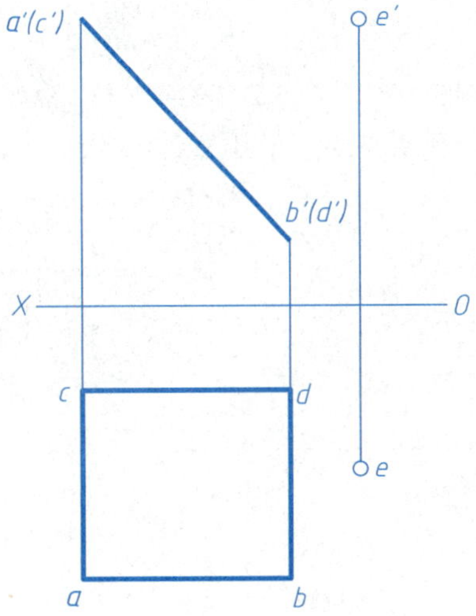

3-39 过直线AB作一平面垂直于平面CDE。

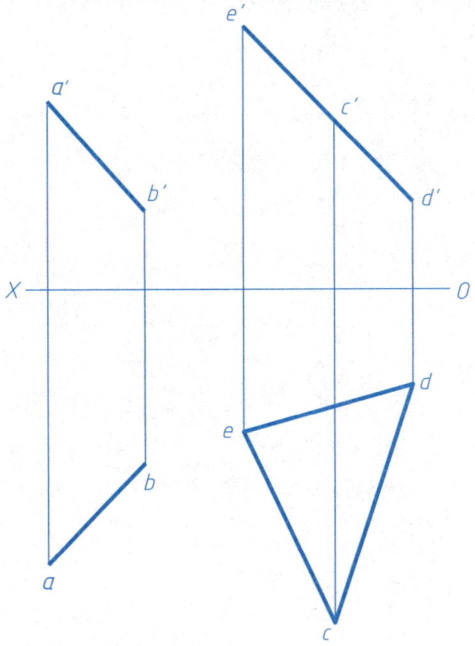

3-40 过直线AB 作一平面垂直于平面CDE。

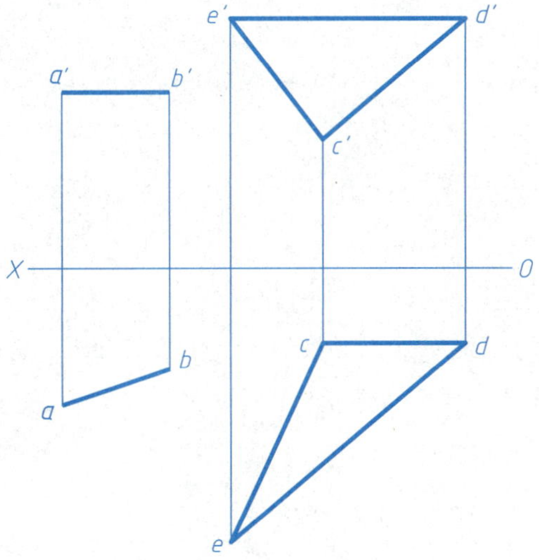

3-41 已知点D到平面ABC的距离为15 mm，作平面ABC的正面投影。

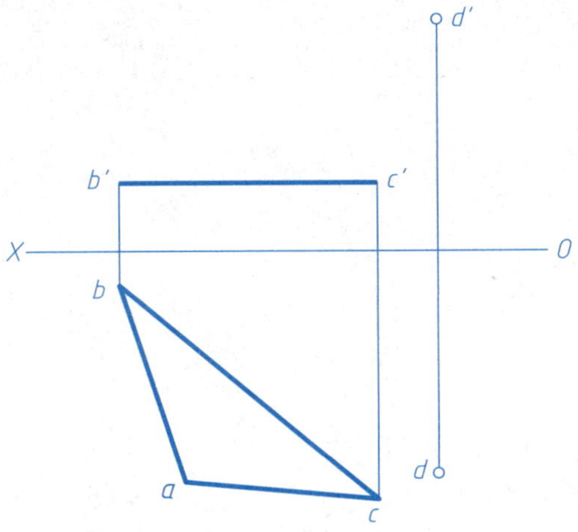

3-42 已知M、N两点对称于平面ABCD，求n、n′。

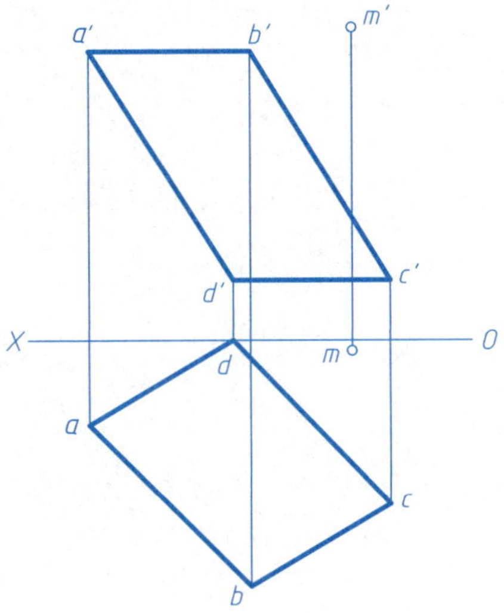

3-43 已知等腰三角形ABC的底边AB，且顶点C在直线EF上，完成三角形ABC的投影。

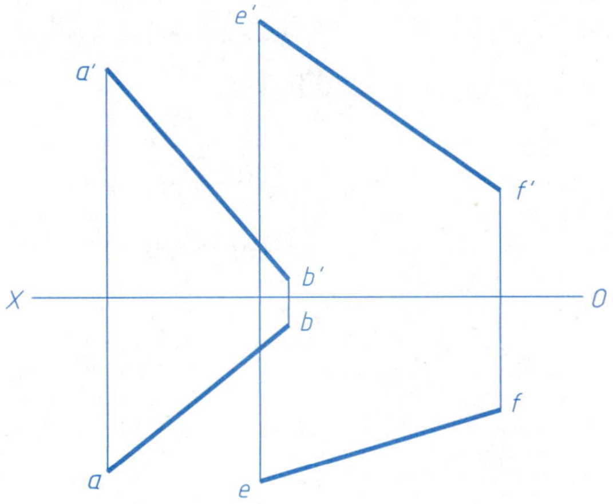

4-1 画出平面P与棱锥的截交线。

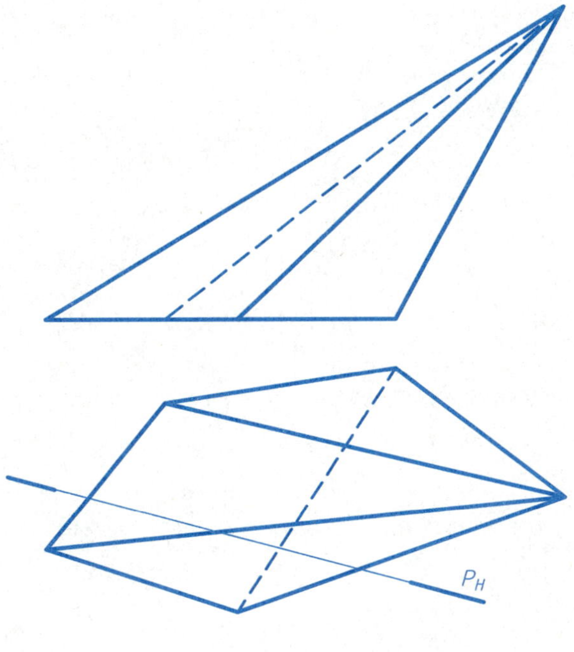

4-2 完成带缺口棱柱、棱锥的三面投影。

1.

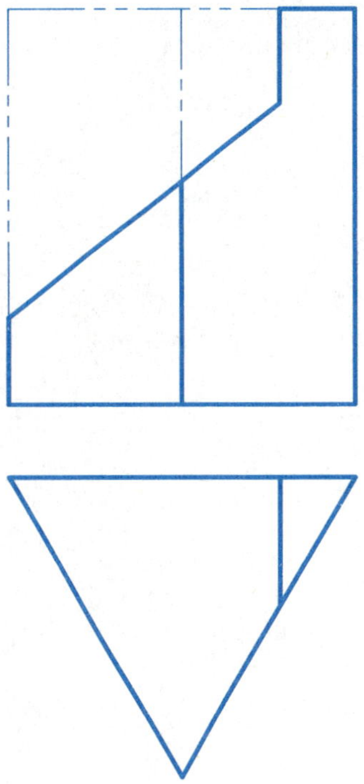

2.

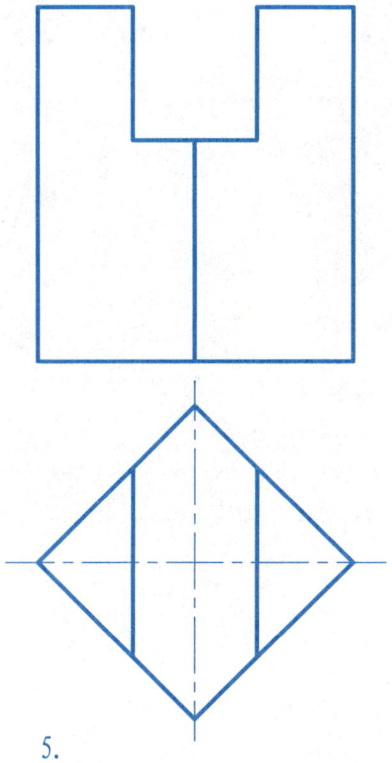

3.

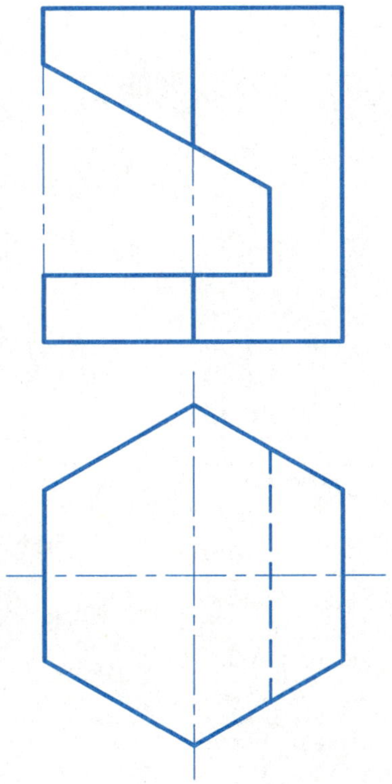

4.

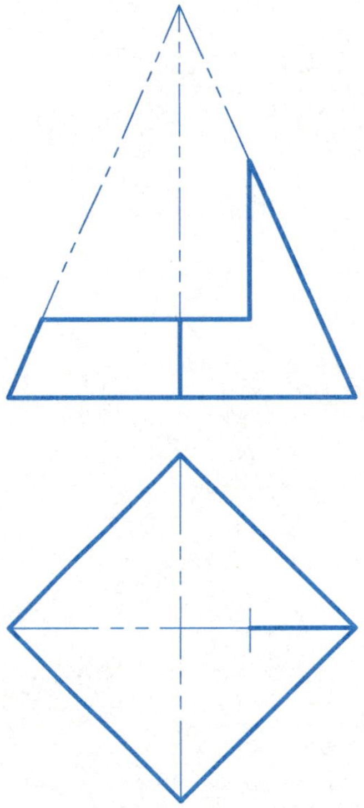

5.

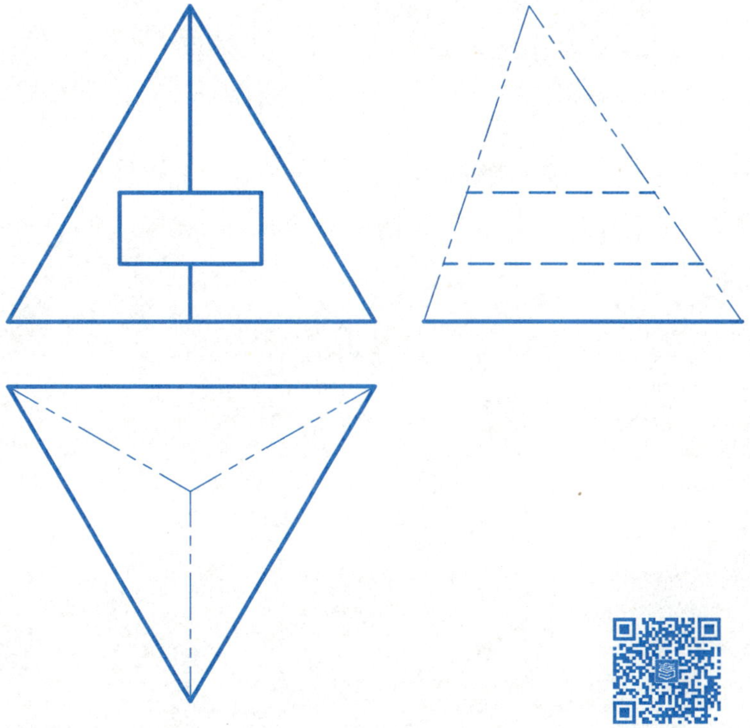

4-3 已知曲面体表面上点的一个投影，补出其他两投影。

1.

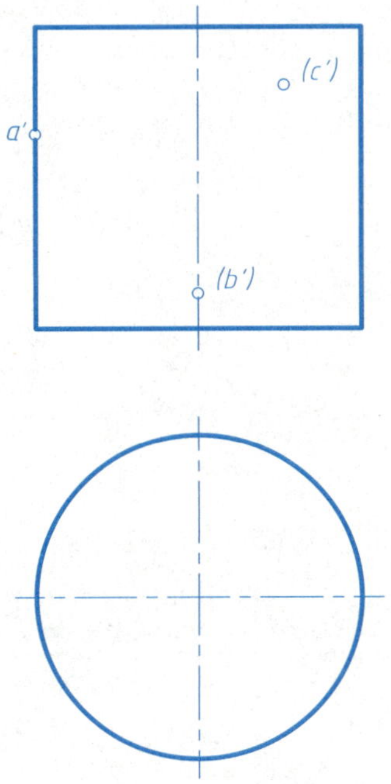

2.

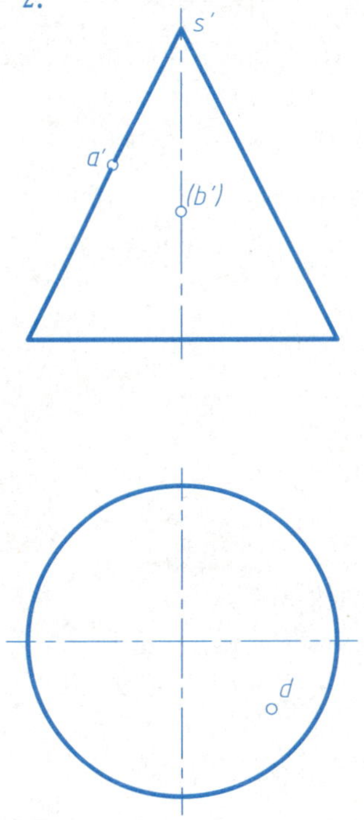

3.

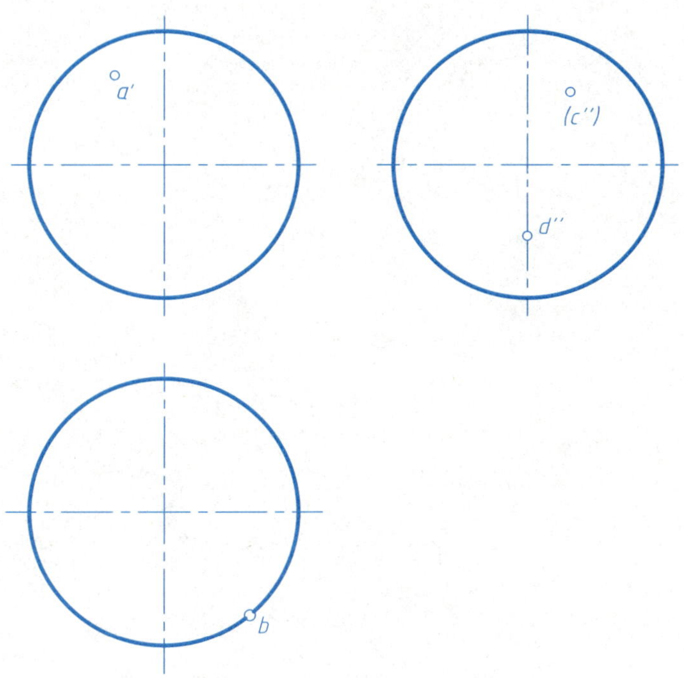

4-4 判别线段*LMN*是否在立体表面上，如果不在立体表面上，则调整*LMN*的水平投影，使得*LMN*在立体表面上。

1.

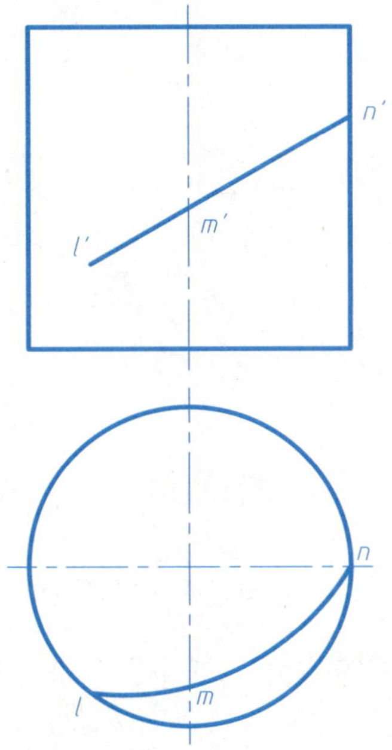

(　　)

2.

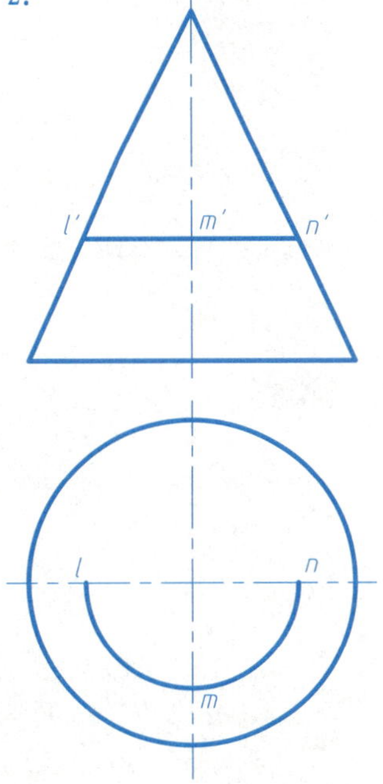

(　　)

3.

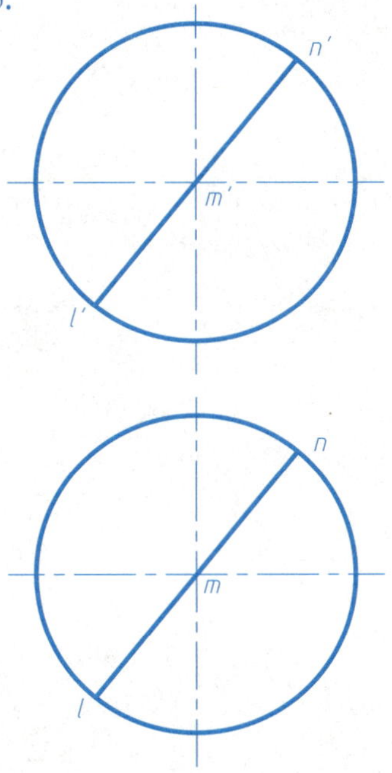

(　　)

4-5 作圆环面上线段*AB*和点*C*、*D*的另一投影。

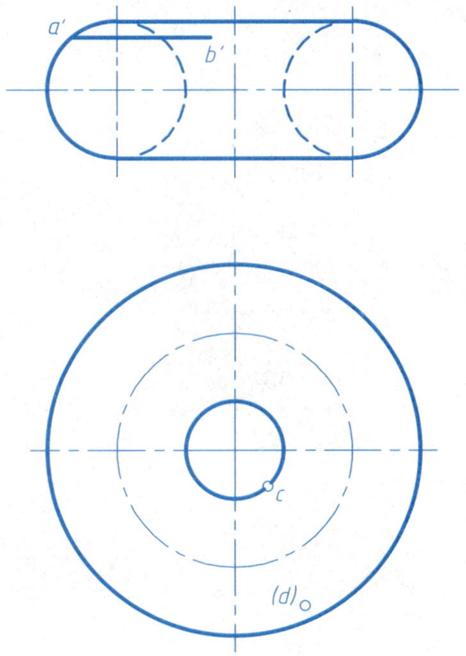

4-6 作平面P与立体的截交线。

1.

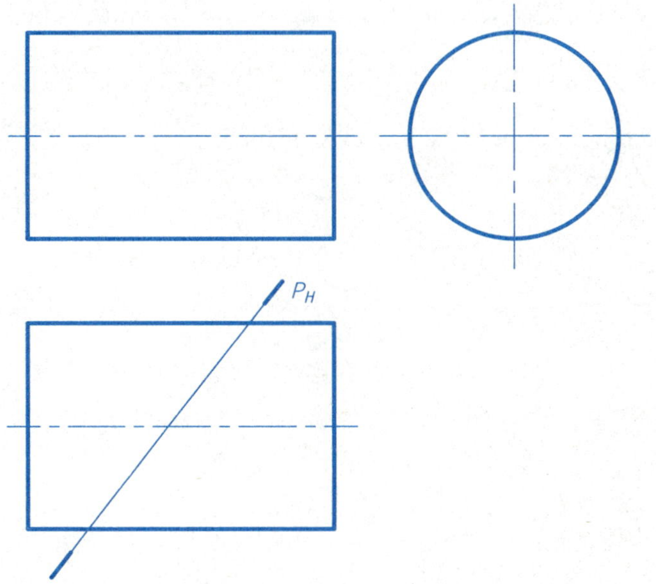

2.

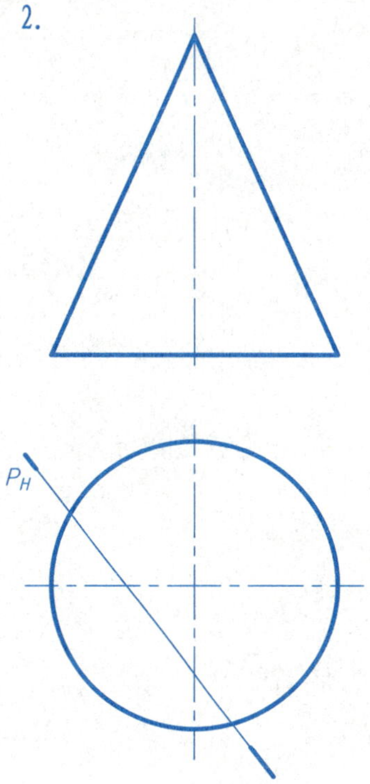

3.

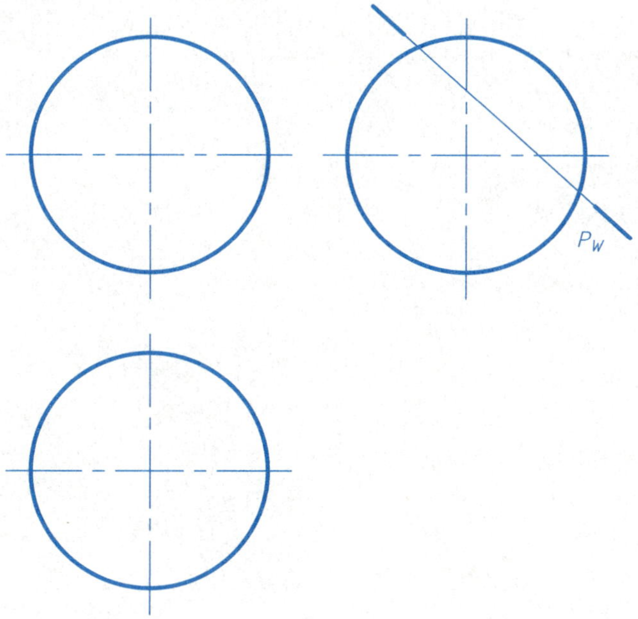

4.

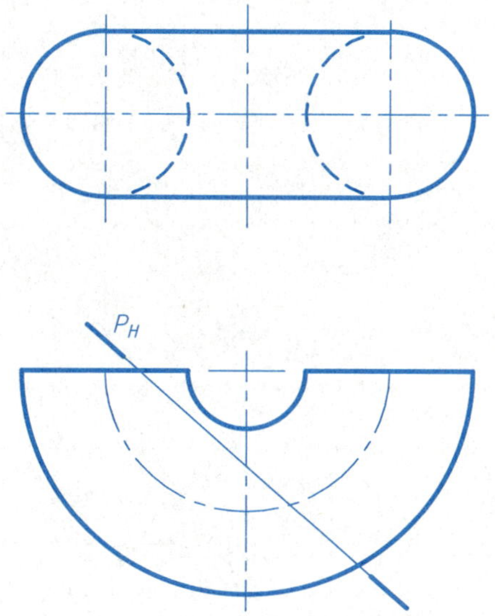

4-7 完成带缺口曲面体的各投影。

1.

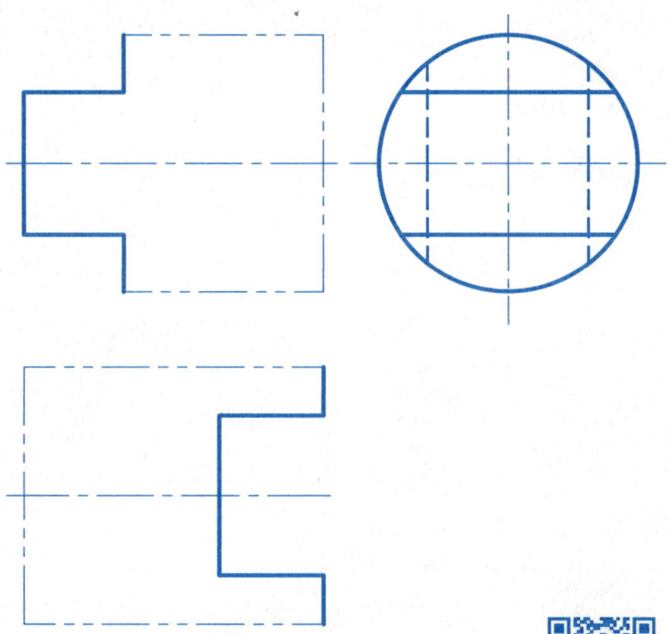

2.

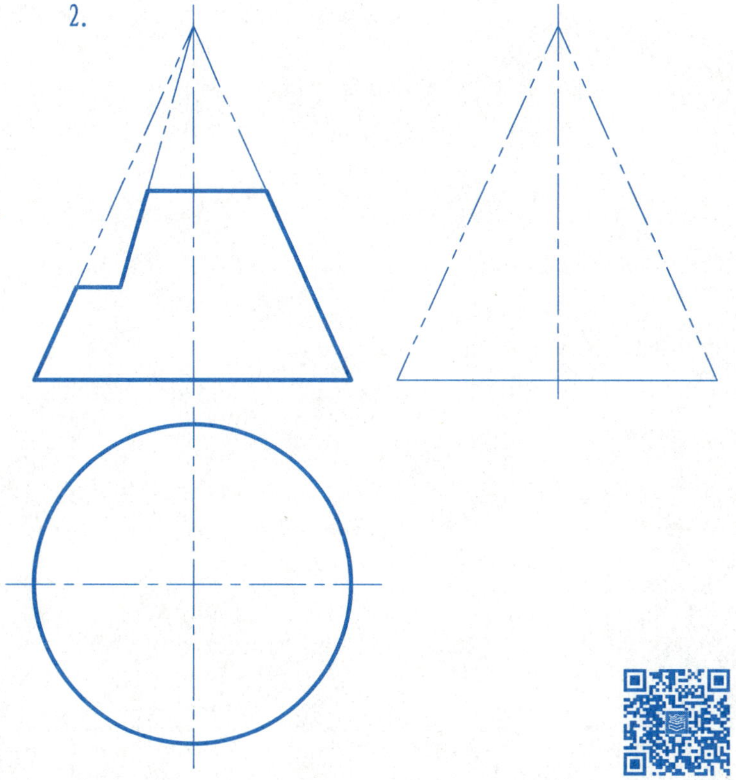

3.

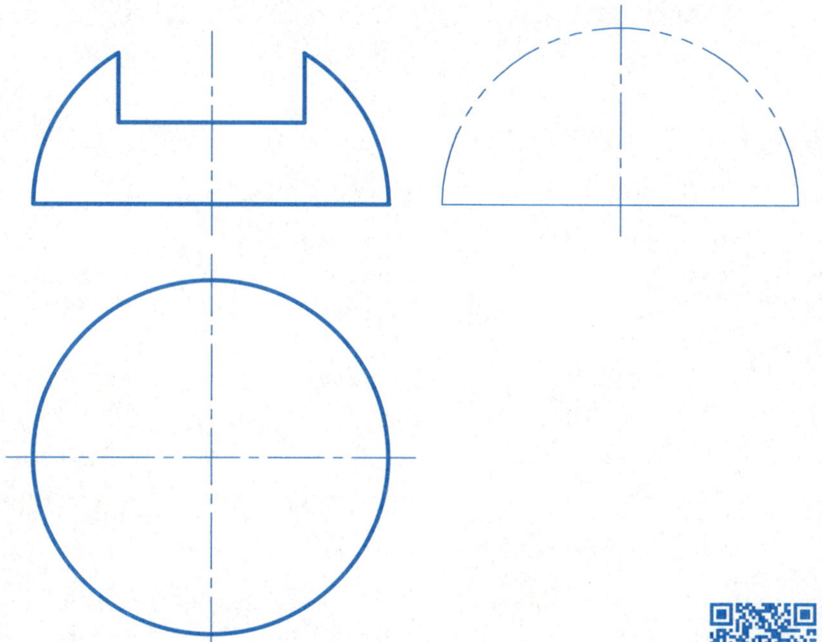

4.

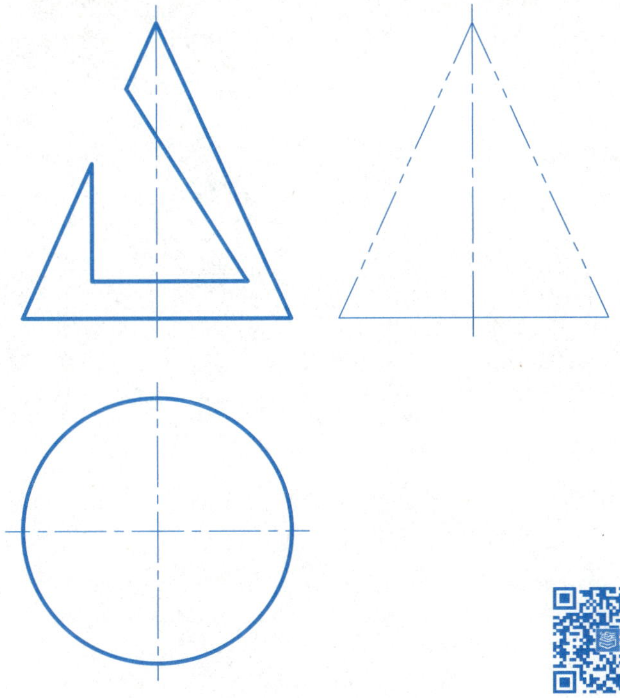

5.

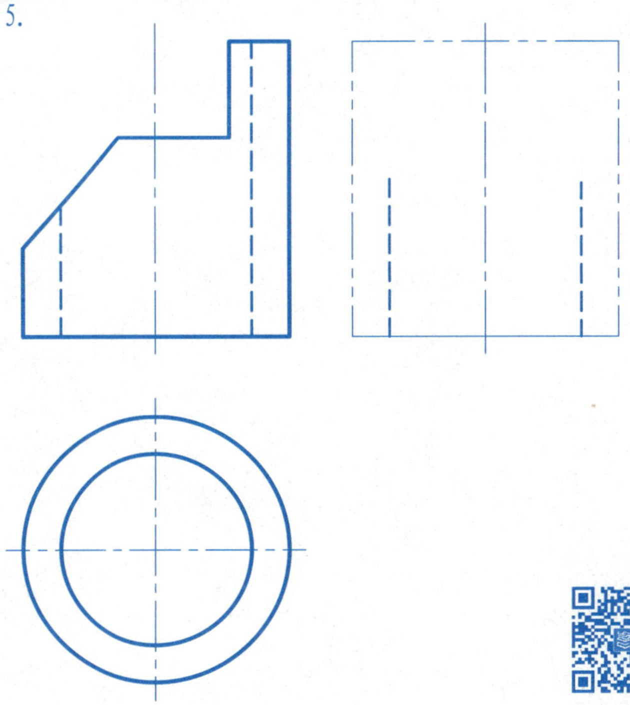

6.

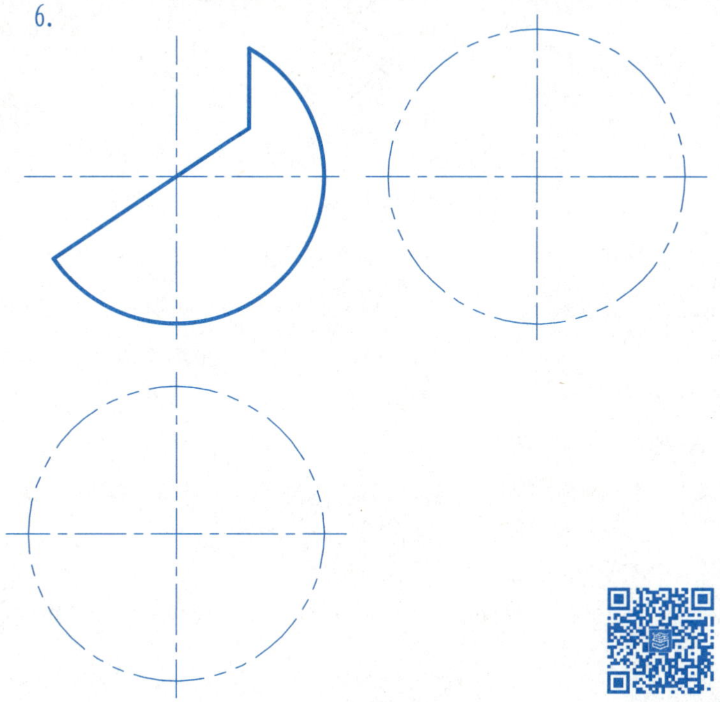

4-8 补画形体的第三面投影。

1.

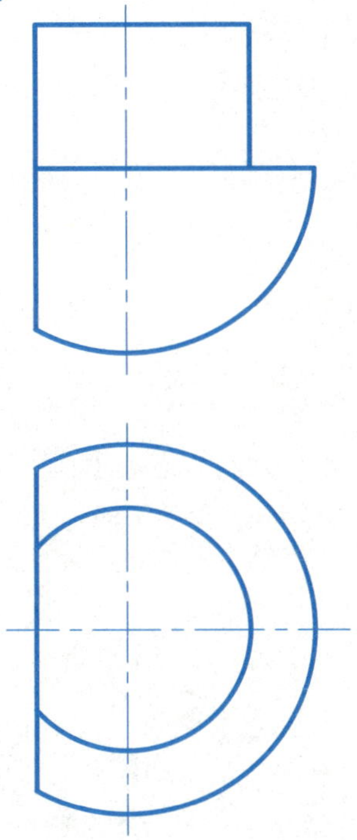

2.

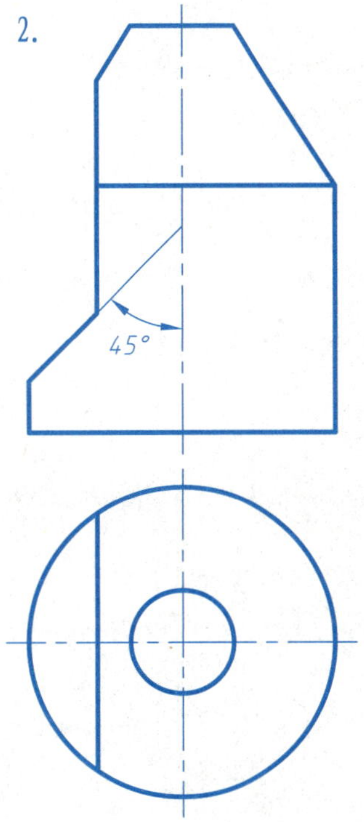

3.

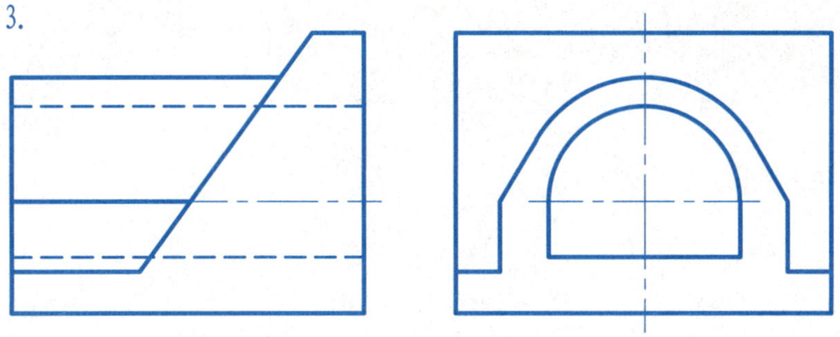

5-1 作两平面立体的相贯线。

1.

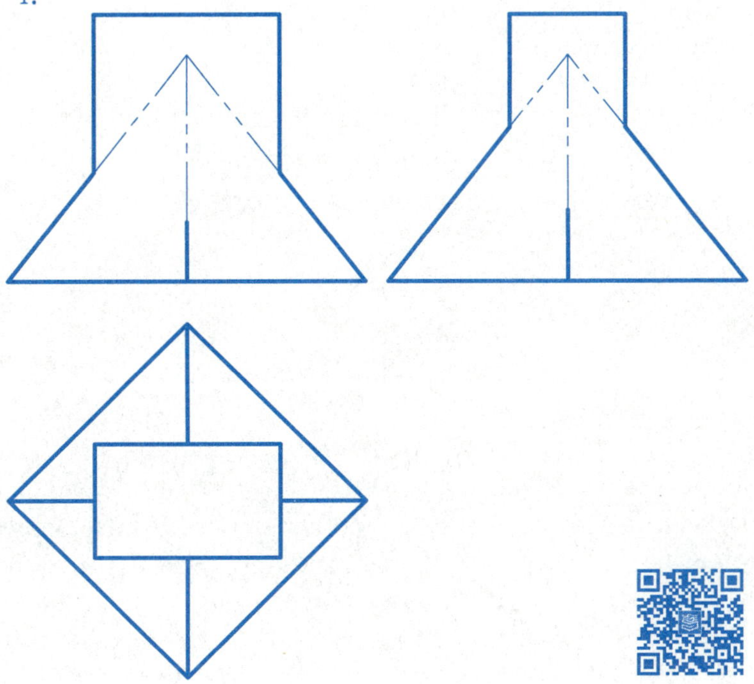

2.

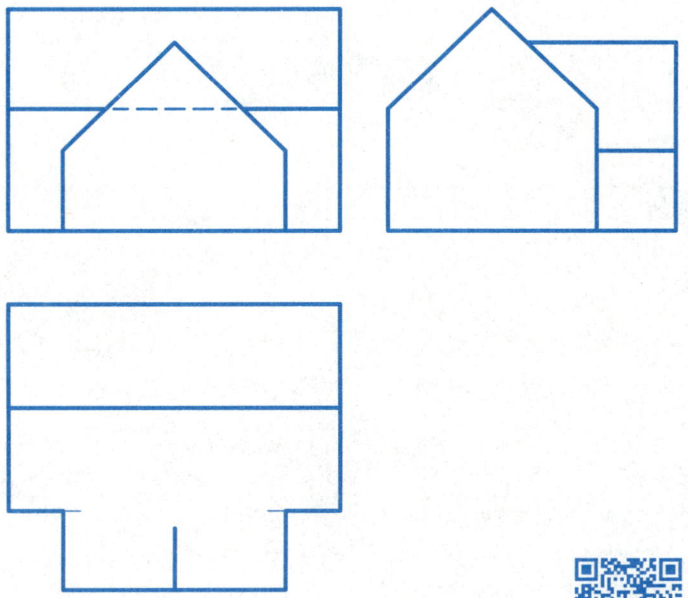

3.

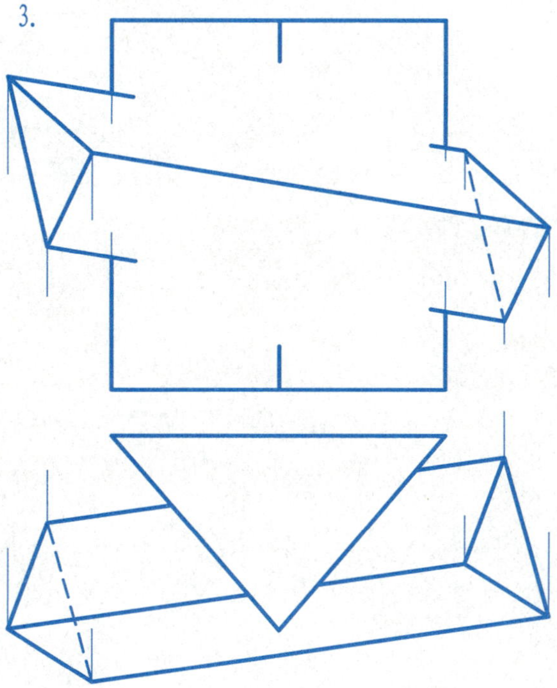

5-2 作平面立体与曲面立体的相贯线。

1. 三棱柱与半圆柱相交

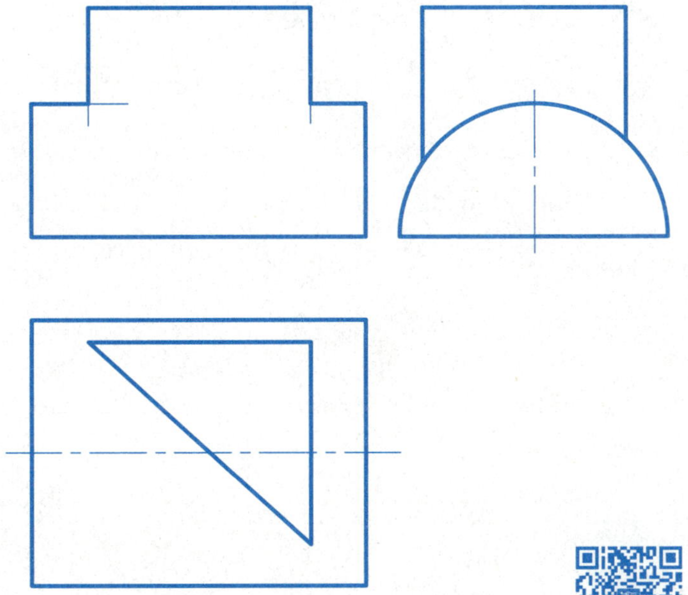

2. 四棱锥与圆柱相交

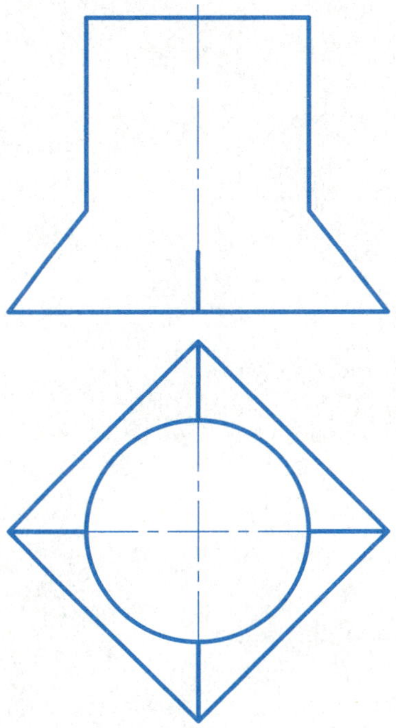

3. 四棱柱与圆台相交

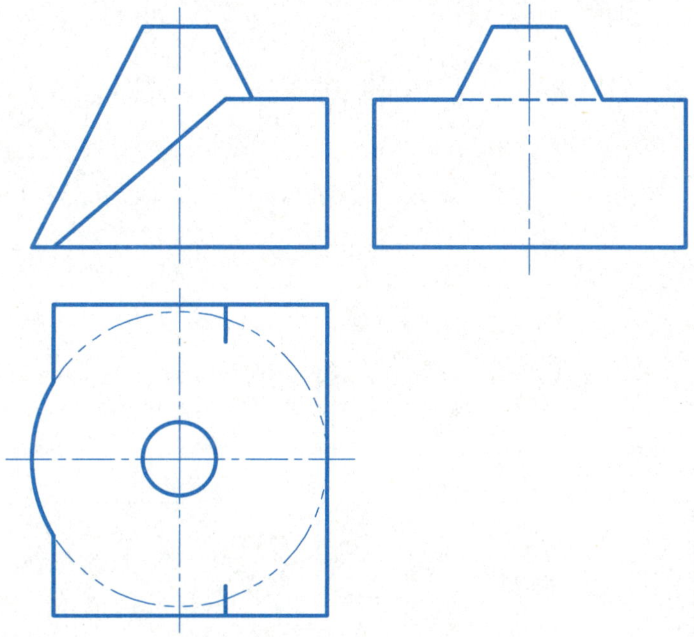

4. 三棱柱与球相交

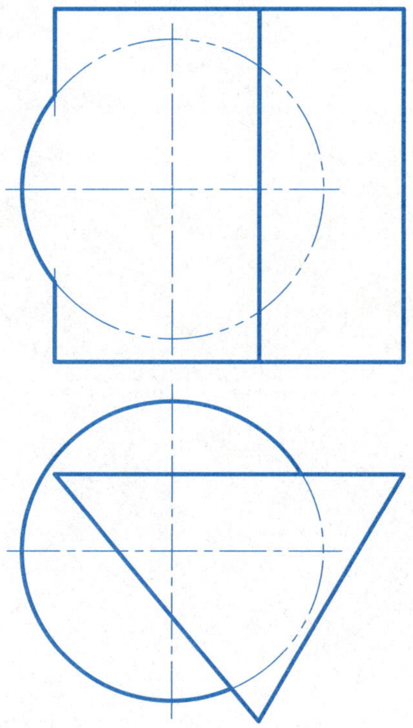

5. 台阶形斜面与1/4圆柱相交

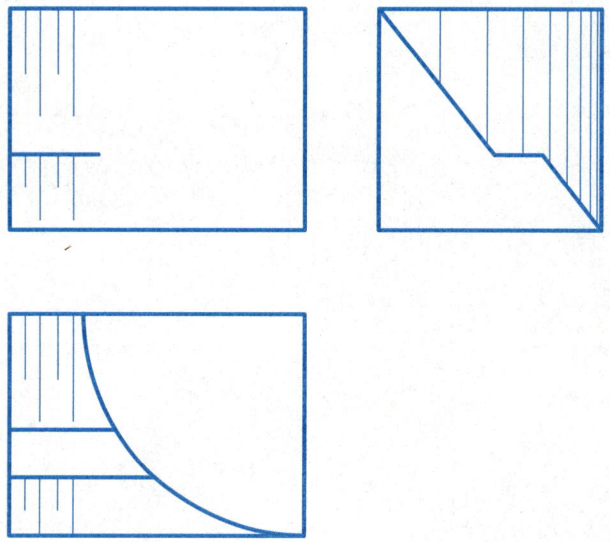

5-3 作两曲面立体的相贯线。

1.

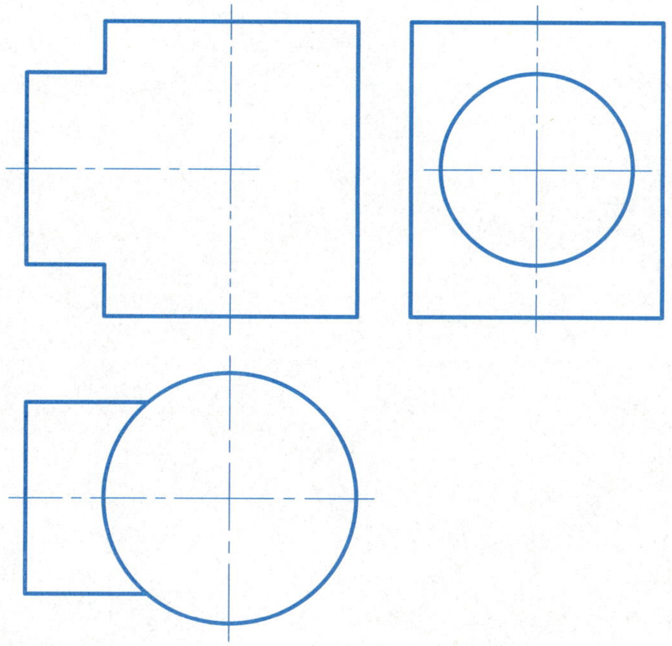

2.

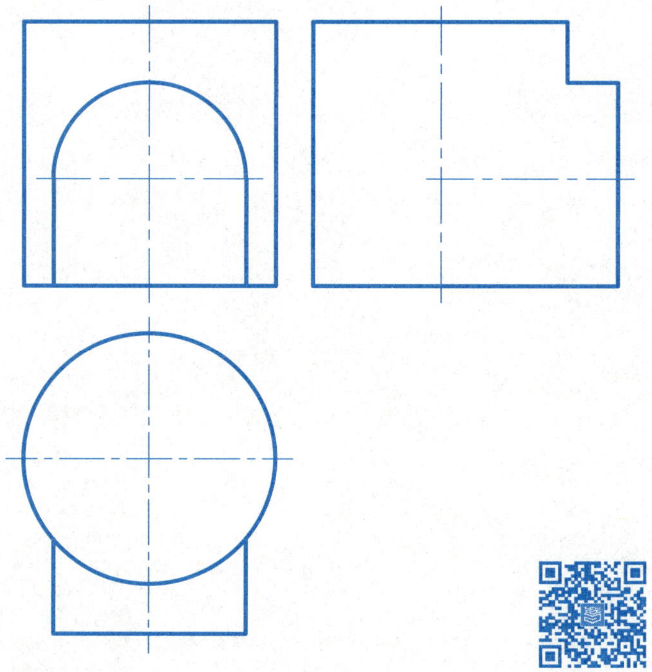

3.

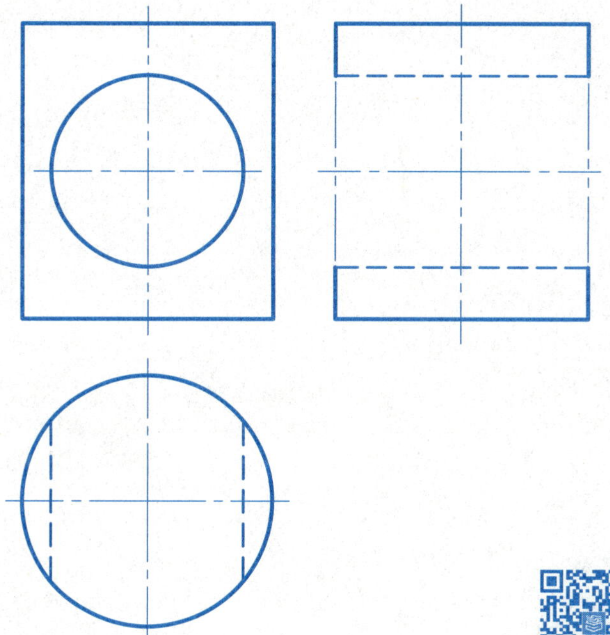

4.

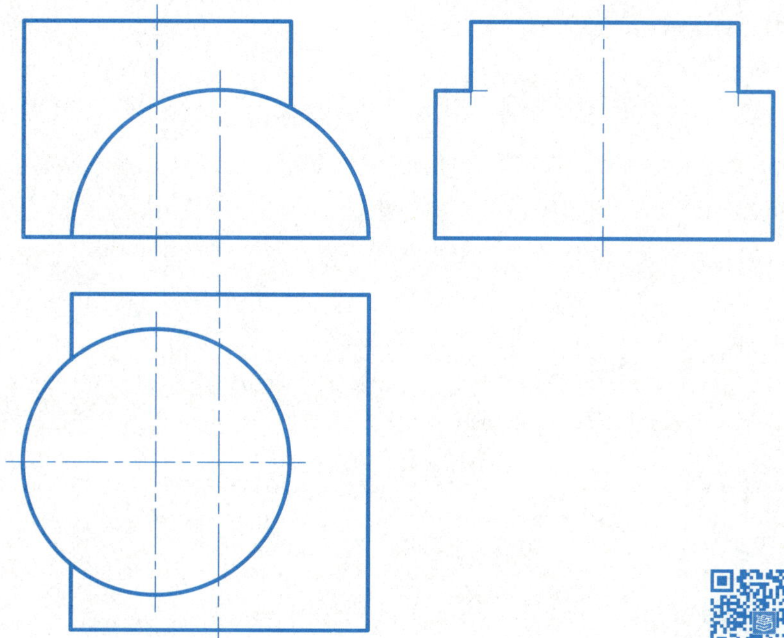

班级　　姓名　　学号

5.

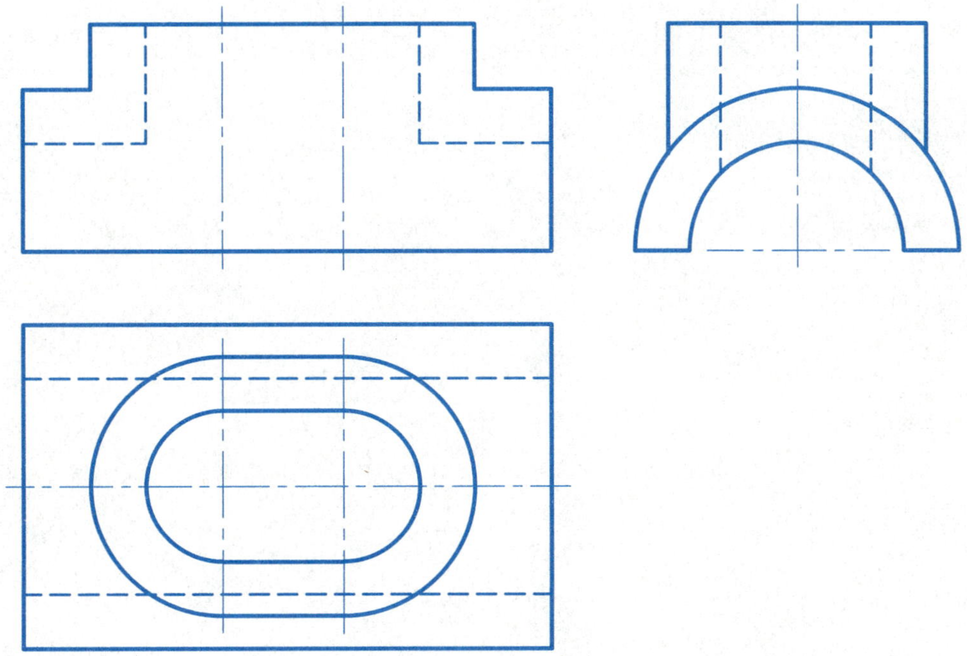

6.

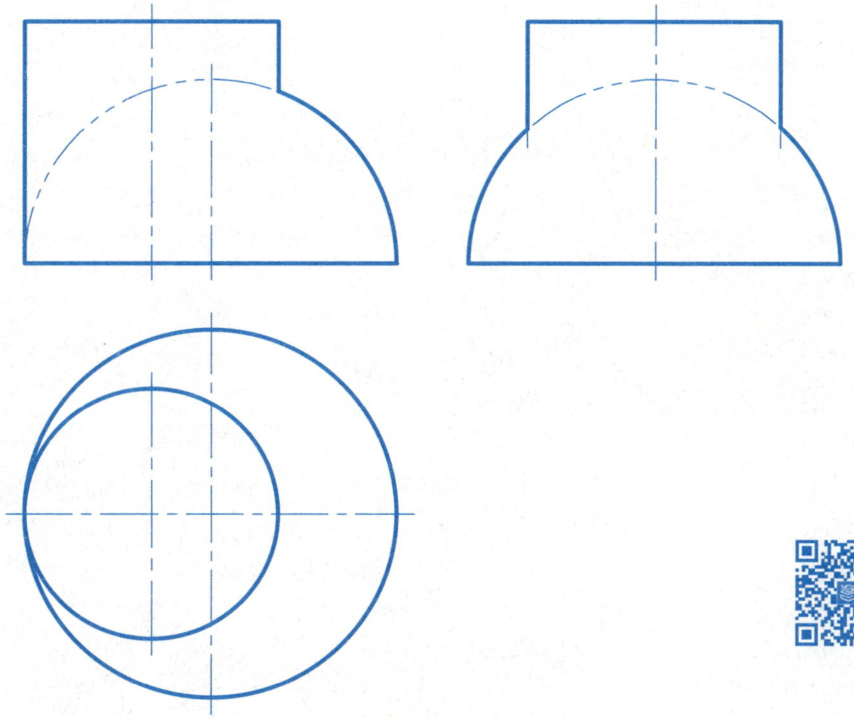

7.

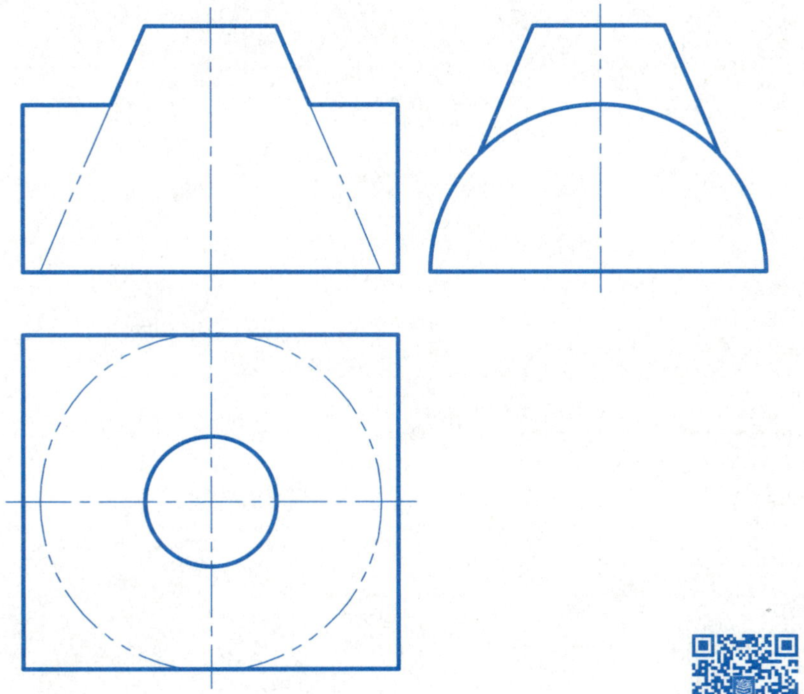

8.

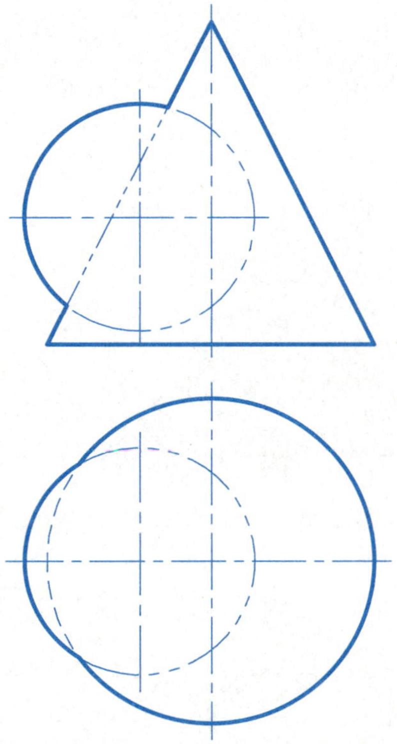

*5-4 作圆柱与圆台的相贯线。

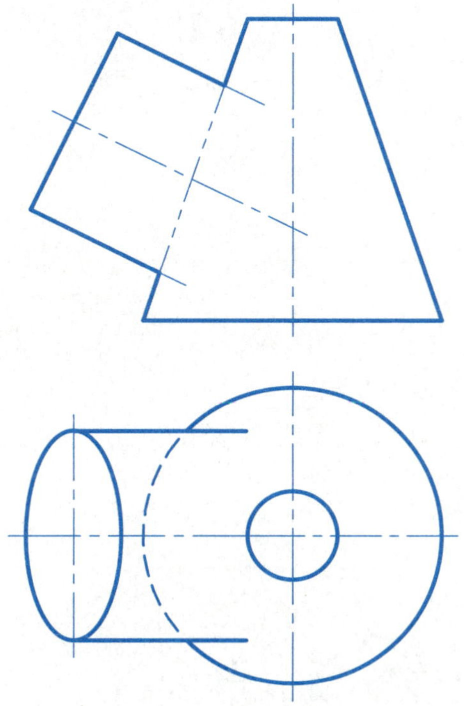

5-5 作下列两等直径圆柱的相贯线。

1.

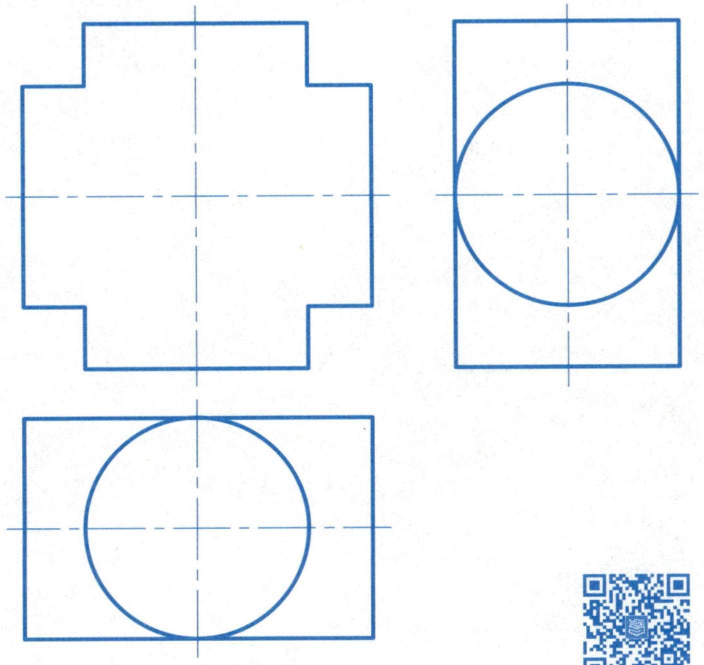

2.

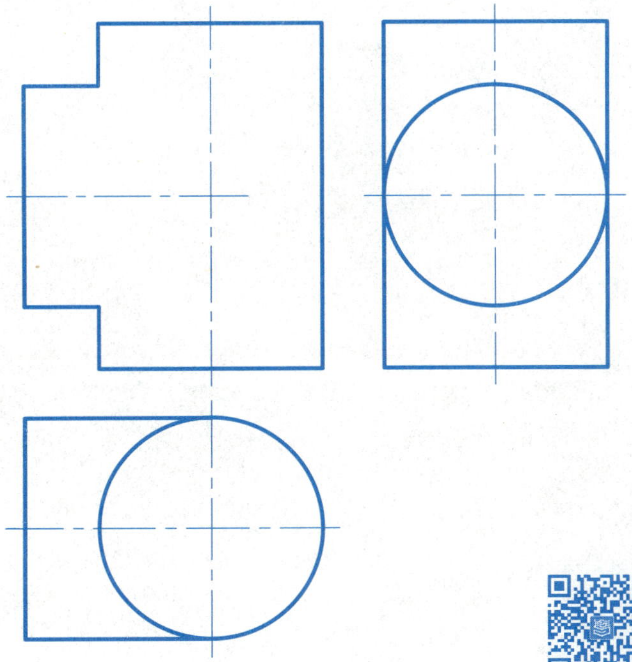

3.

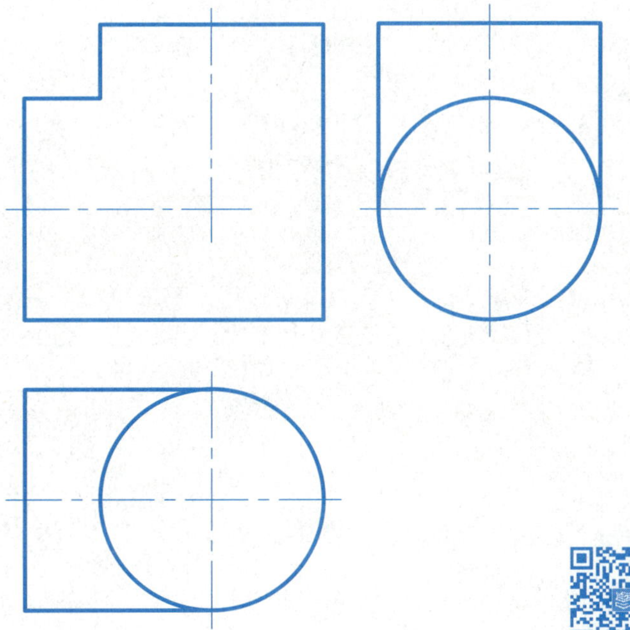

5-6 作下列形体内、外表面的相贯线。

1.

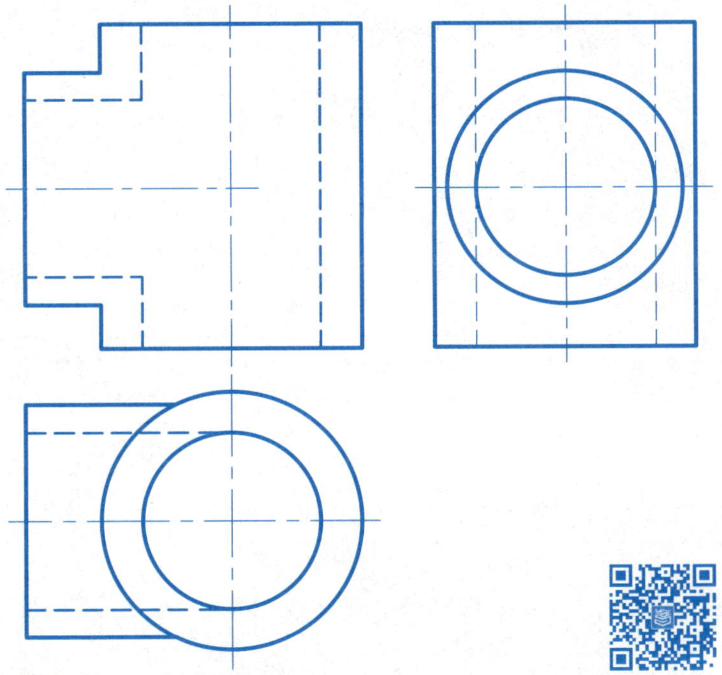

2.

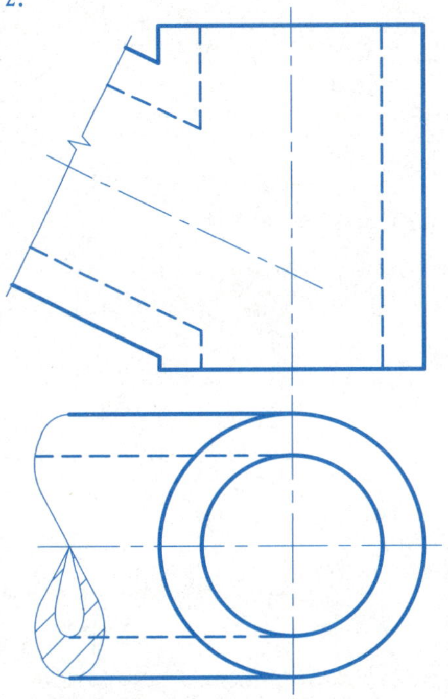

3.

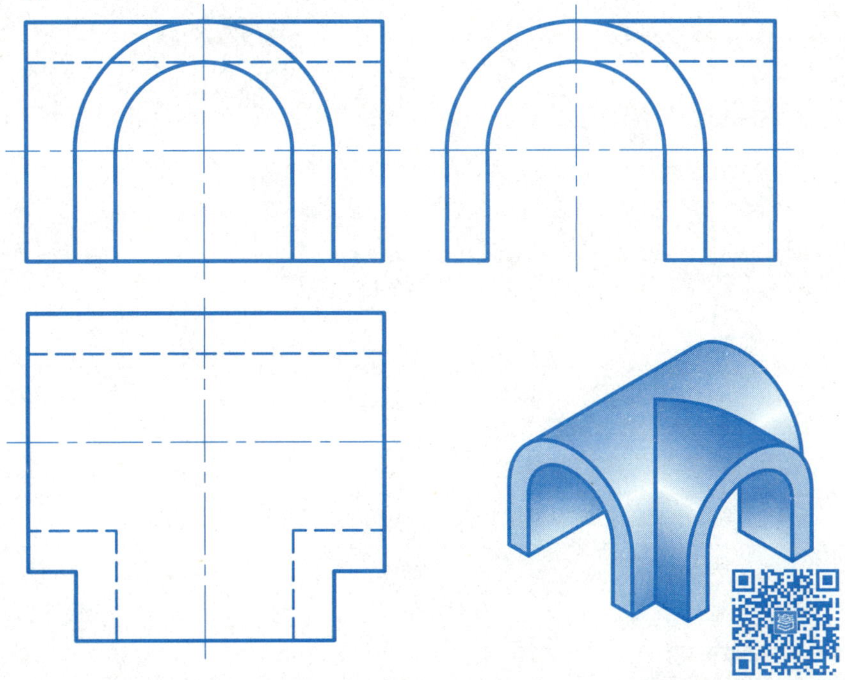

5-7 完成形体的正面和侧面投影。

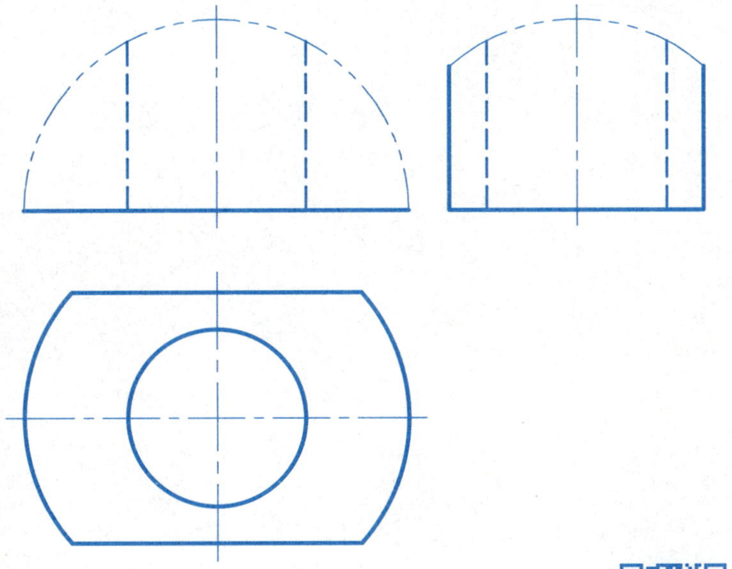

5-8 作形体表面的相贯线。

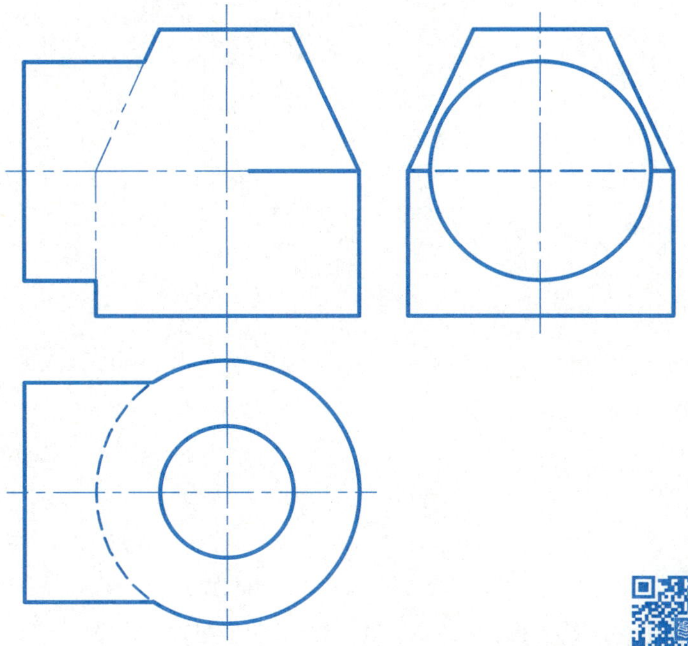

5-9 补画形体的侧面投影。

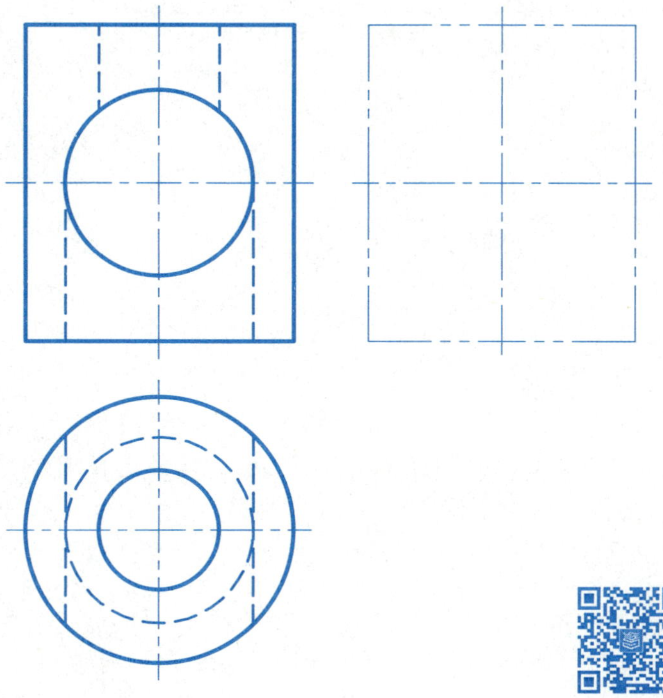

5-10 补全形体的正面投影。

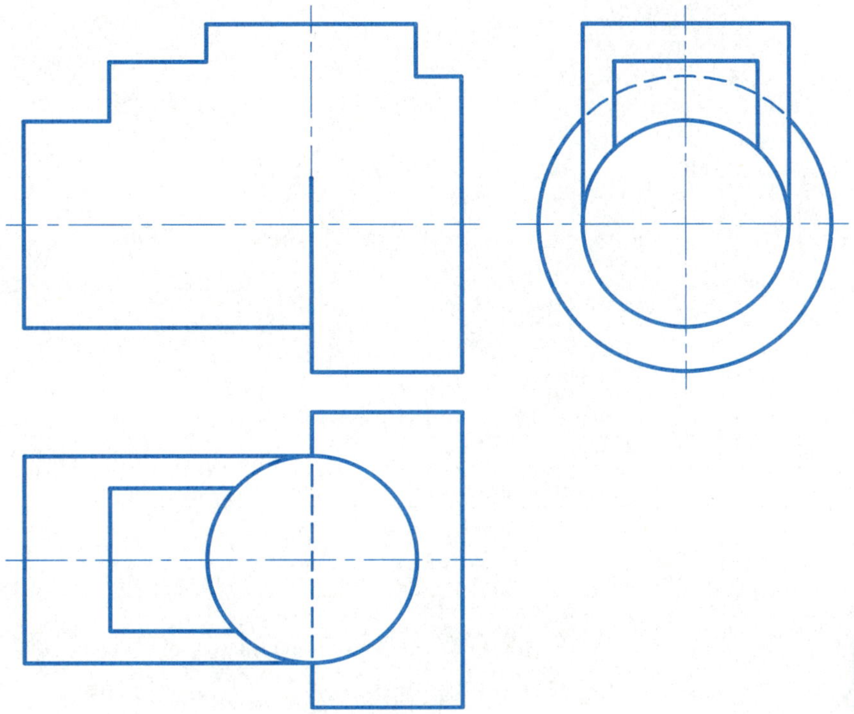

5-11 作形体表面的相贯线。

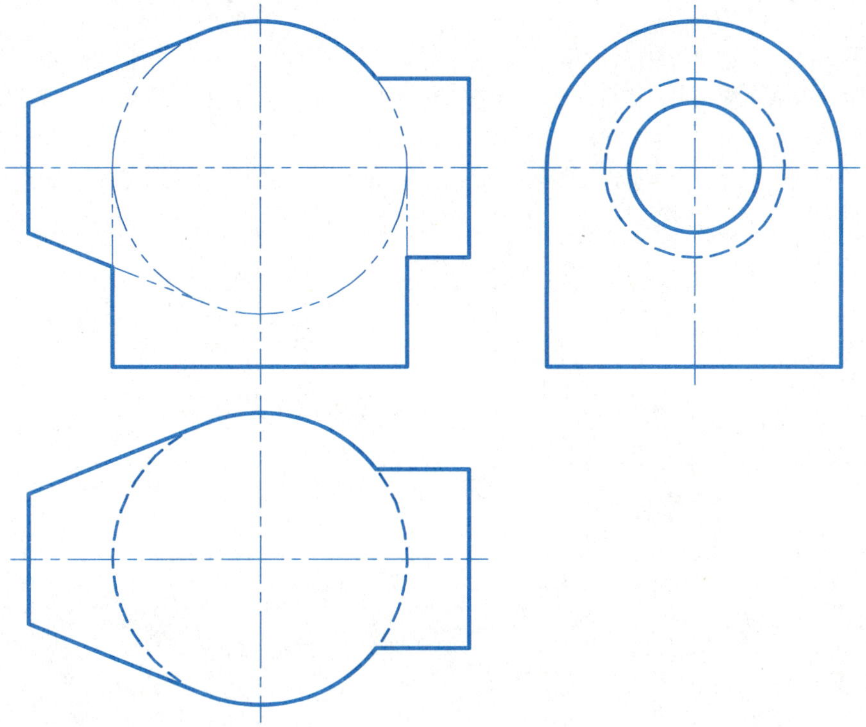

6-1 根据组合体的直观图画视图，标注尺寸，按1∶1的比例抄绘在A3幅面的图纸上。要求投影正确，尺寸齐全，图面工整、清晰。

1.

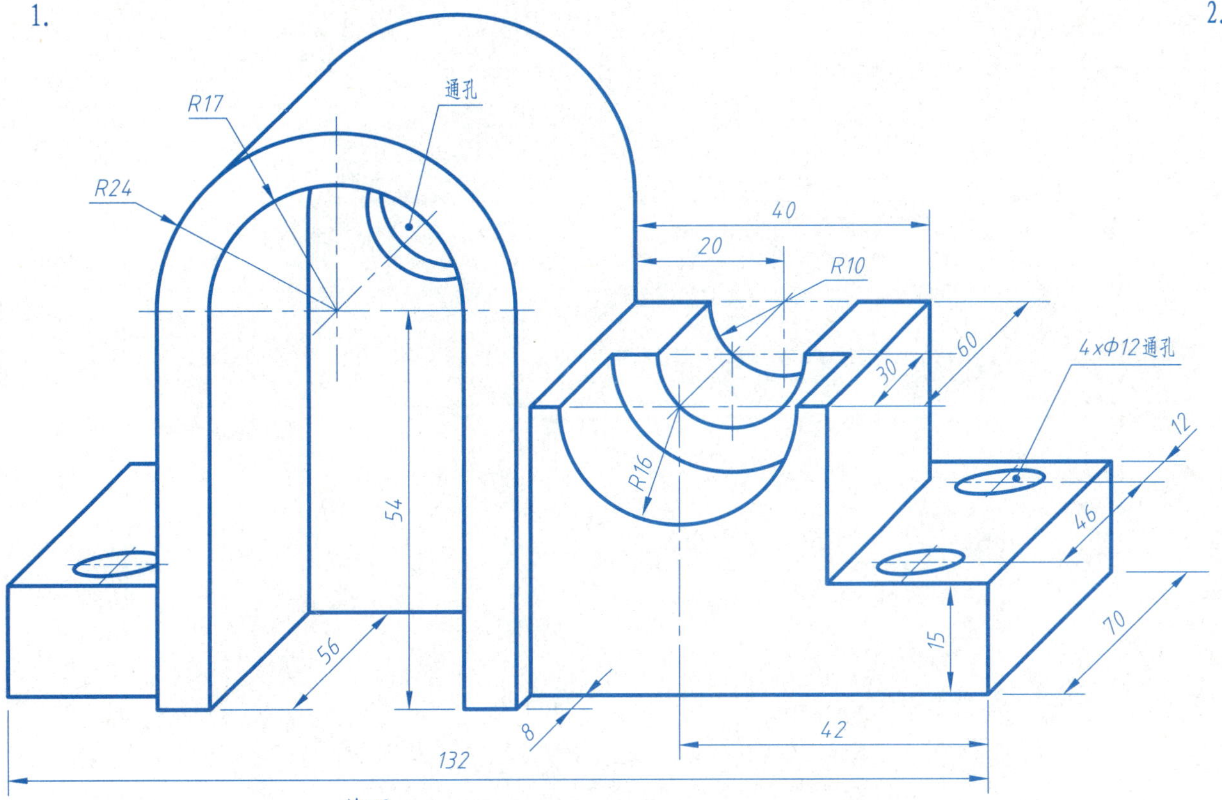

前面

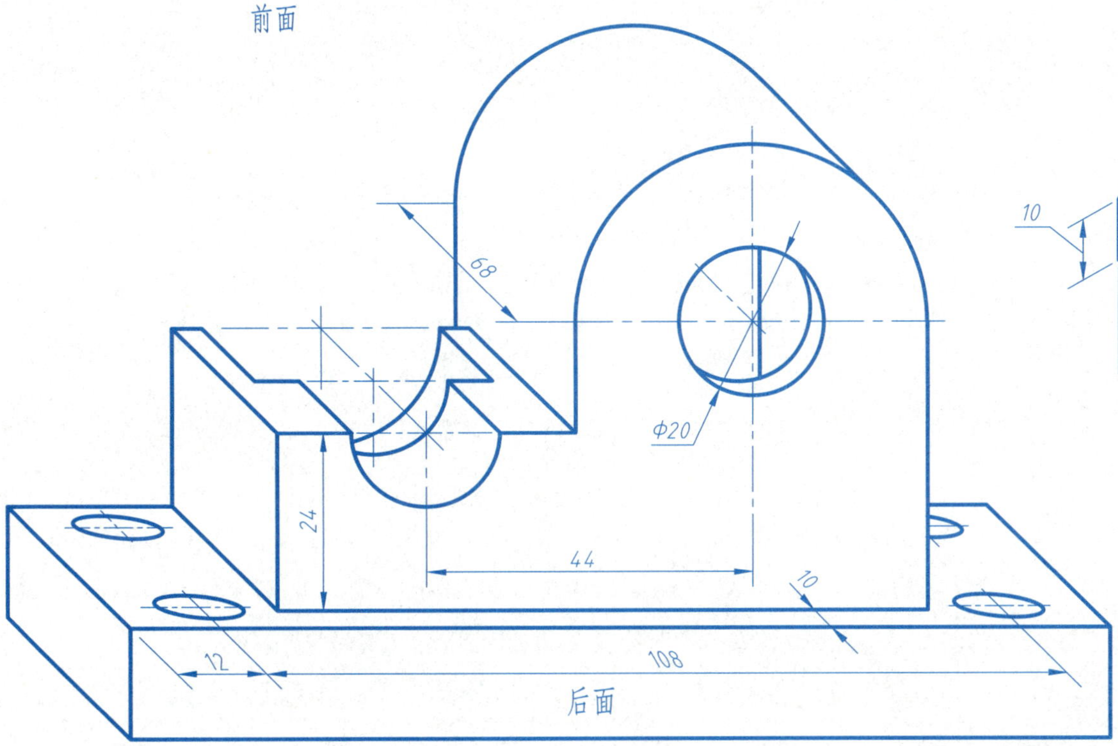

后面

2.

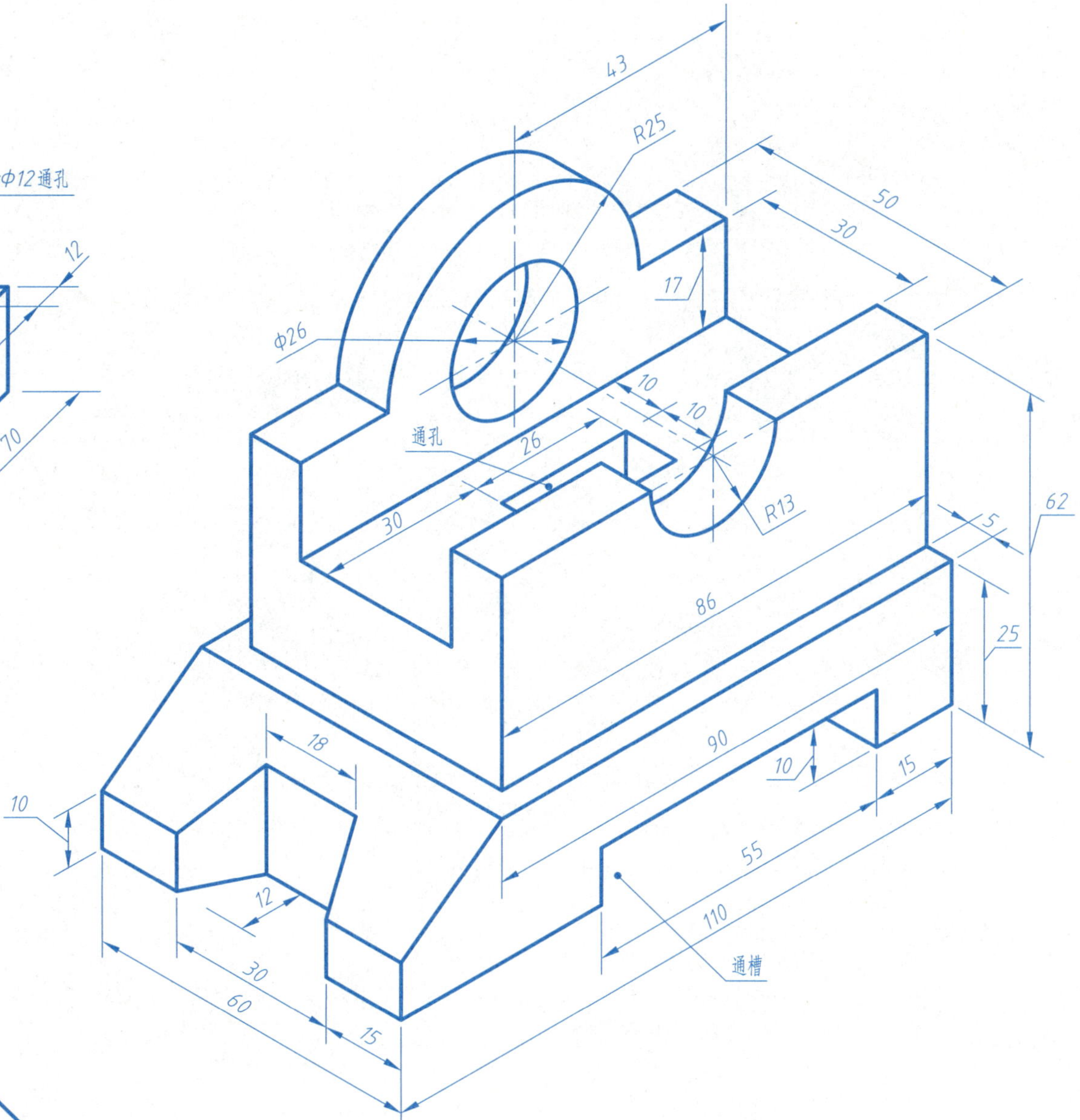

6-2 根据组合体的直观图画视图，标注尺寸，按1∶50的比例抄绘在A3幅面的图纸上。要求投影正确，尺寸齐全，图面工整、清晰。

1. 挡土墙

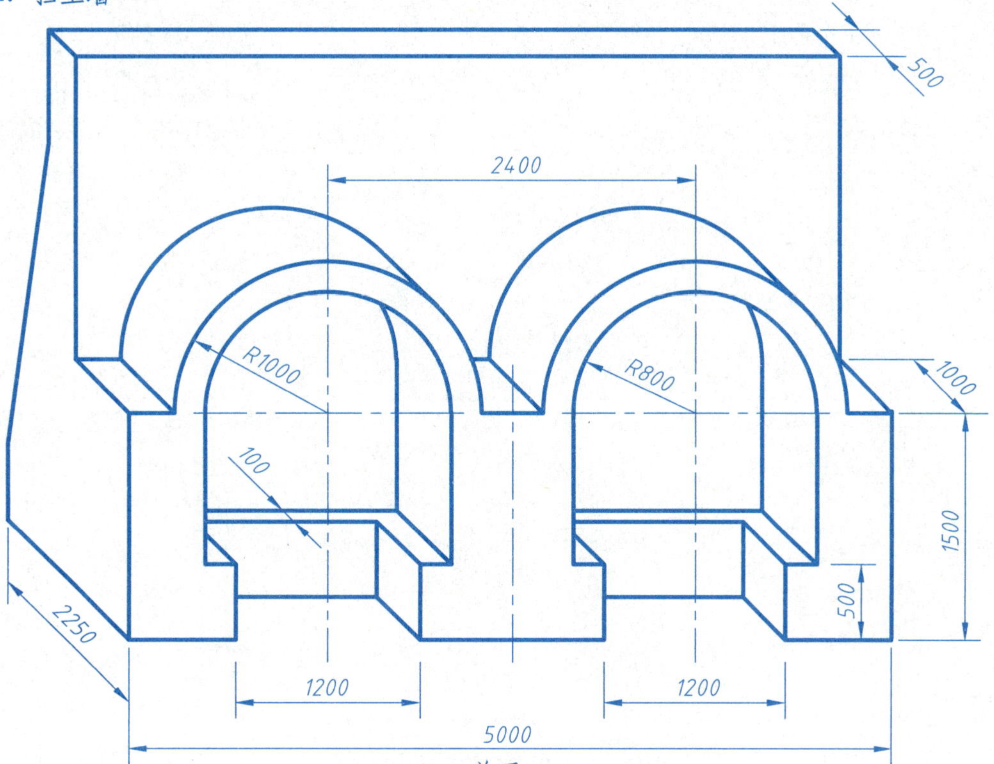

前面

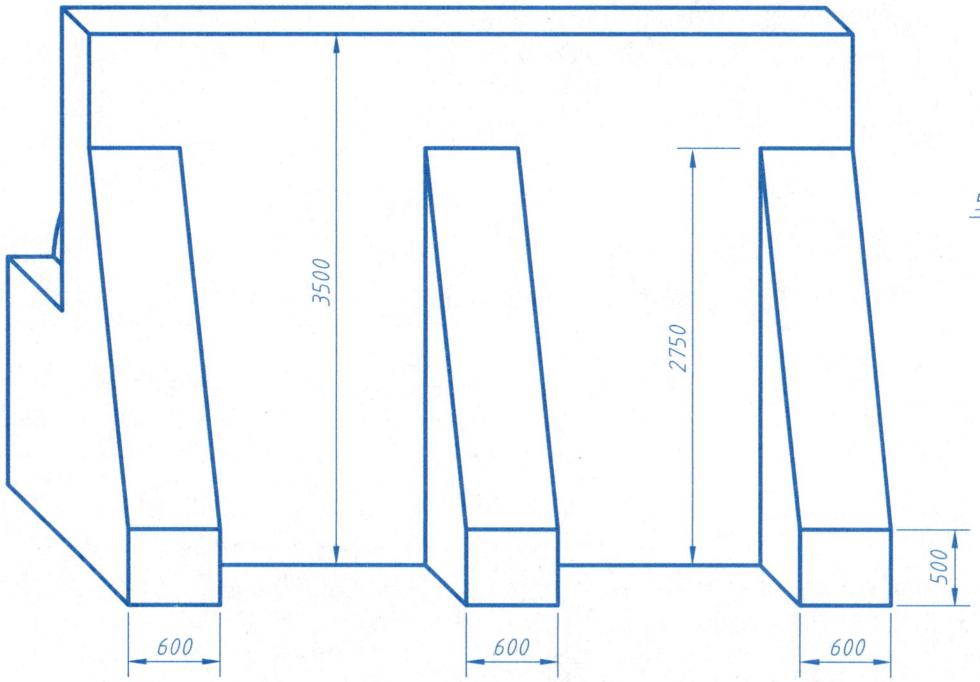

后面

2. 水闸

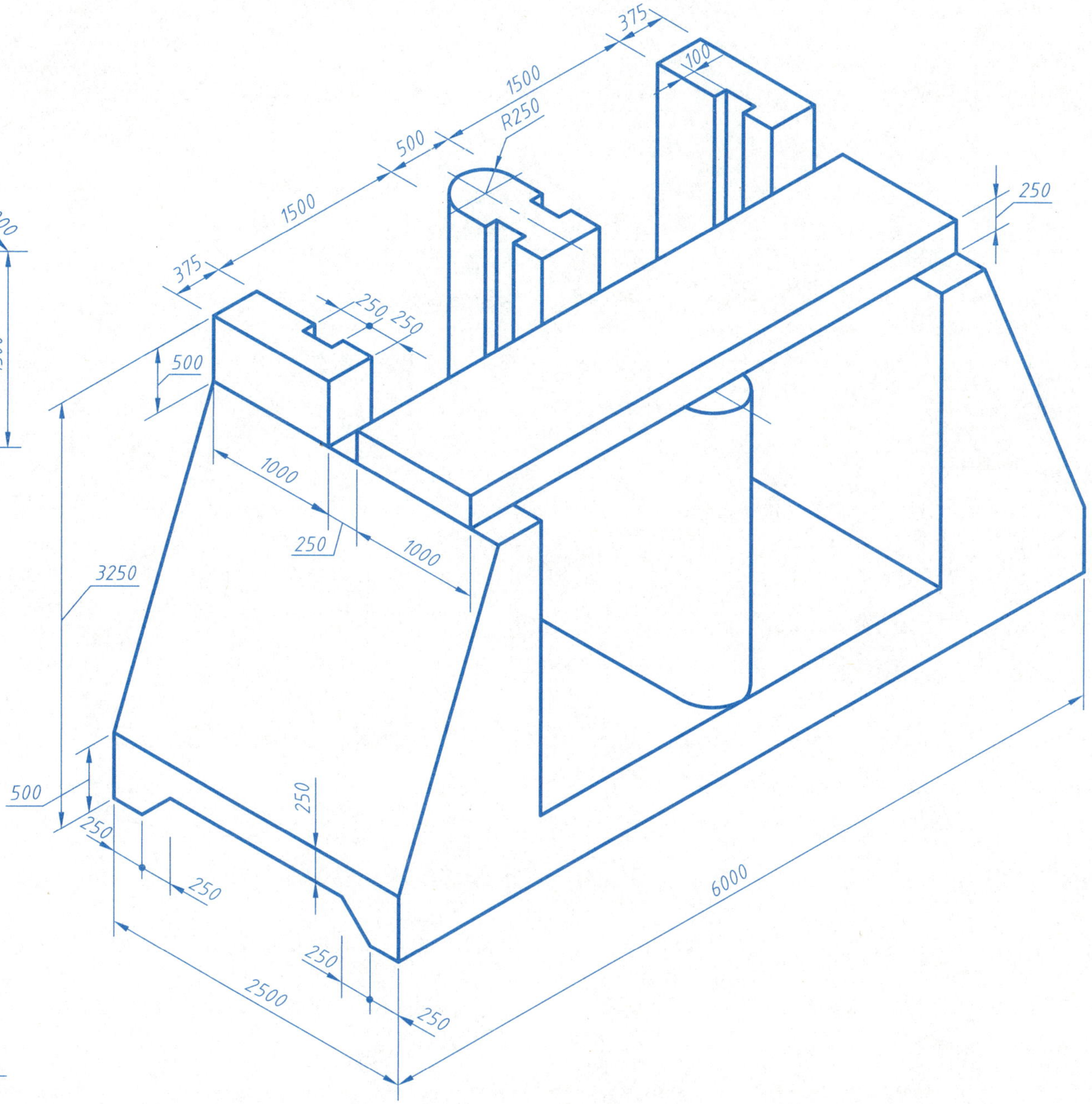

6-3 按顺序标注下列物体的尺寸，尺寸数值从图中按1∶1量取近似值，取整数。

1.

2.

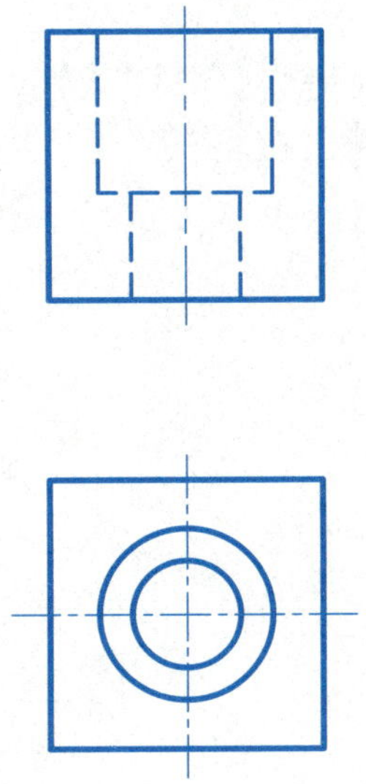

3.

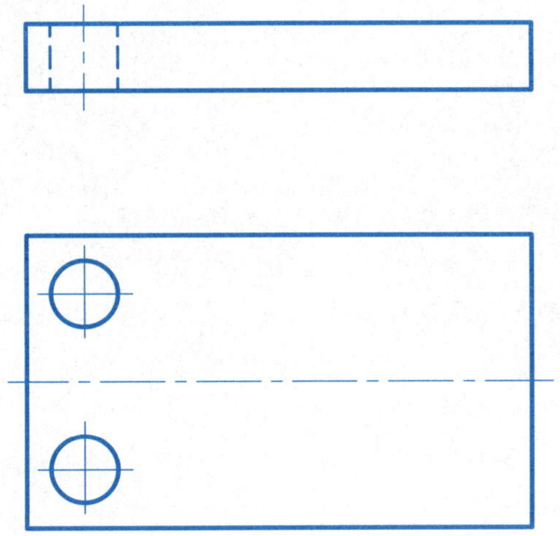

4.

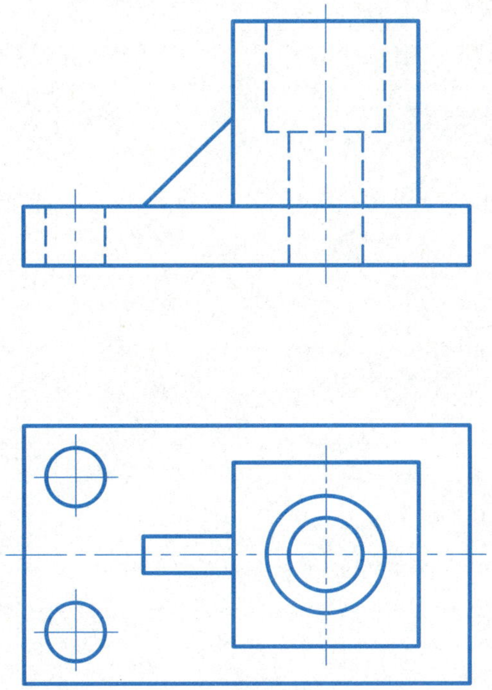

6-4 写出下图标注的定形尺寸、定位尺寸和总尺寸。

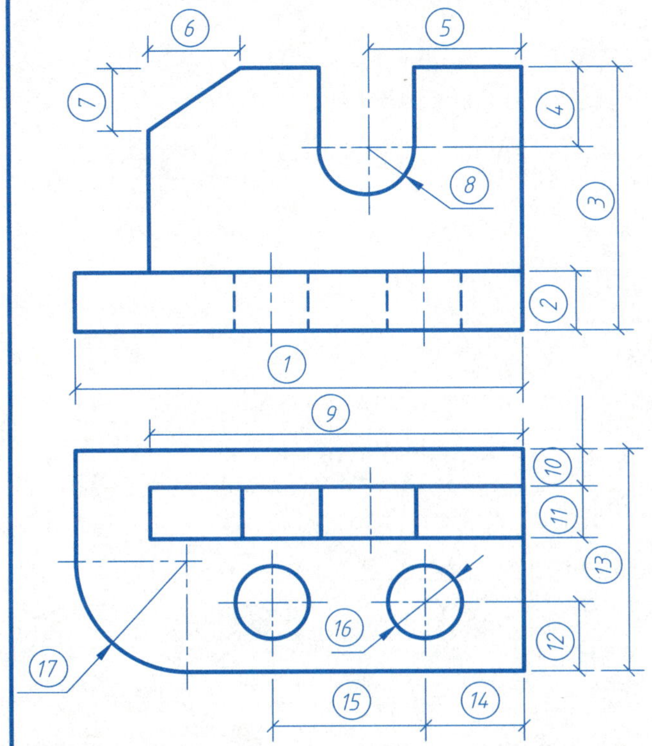

定形尺寸：

定位尺寸：

总尺寸：

6-5 标注物体尺寸，尺寸数值从图中按比例量取近似值，取整数。

1. 比例1∶5

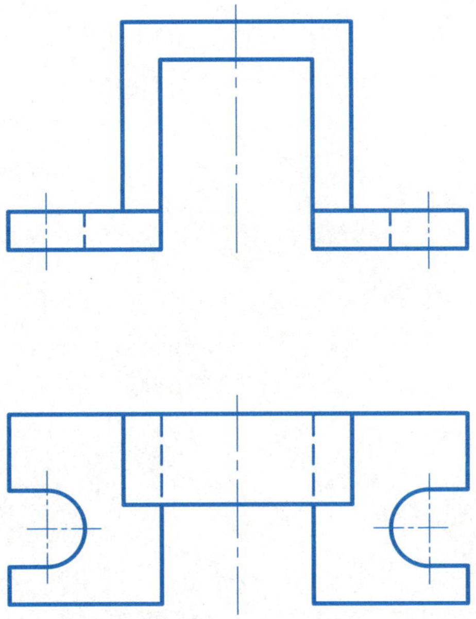

2. 比例1∶10

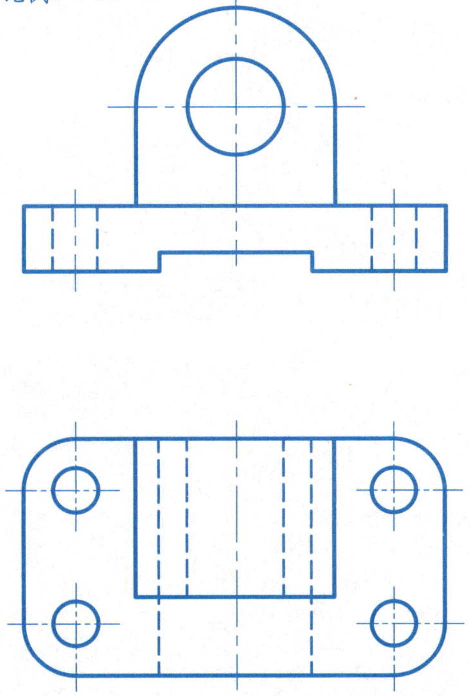

6-6 已知正视图和俯视图，选择正确的左视图，在括号内画“√”，错误的画“×”。

1.

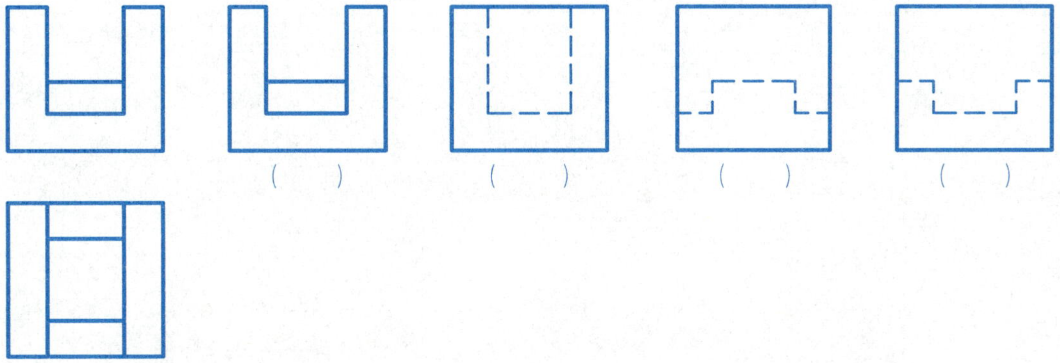

2.

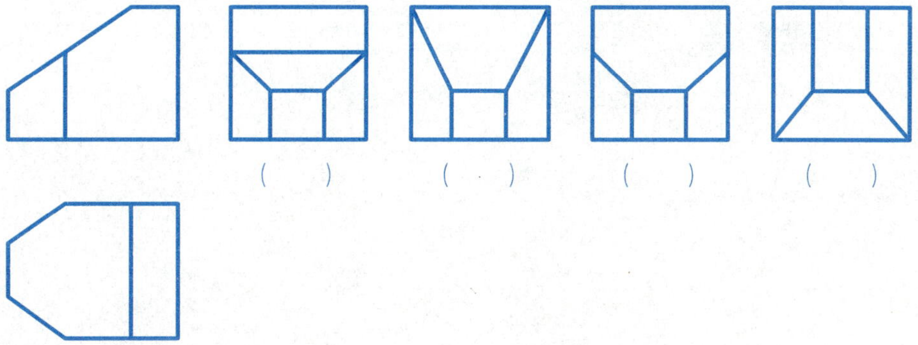

6-7 已知正视图和左视图，选择正确的俯视图，在括号内画“√”，错误的画“×”。

1.

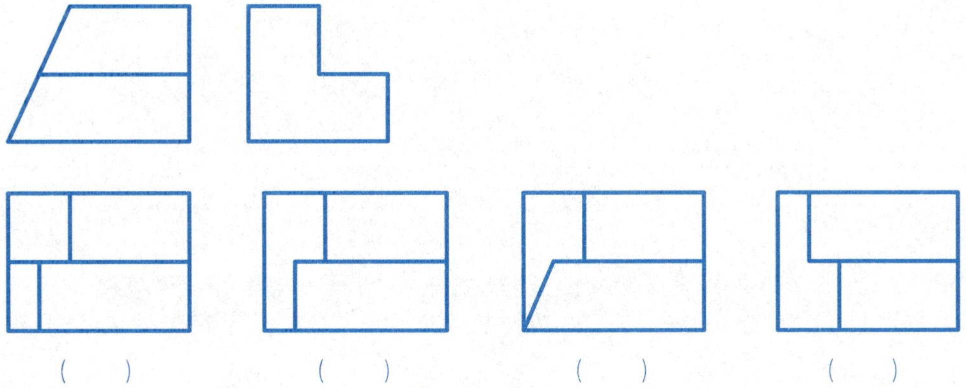

2.

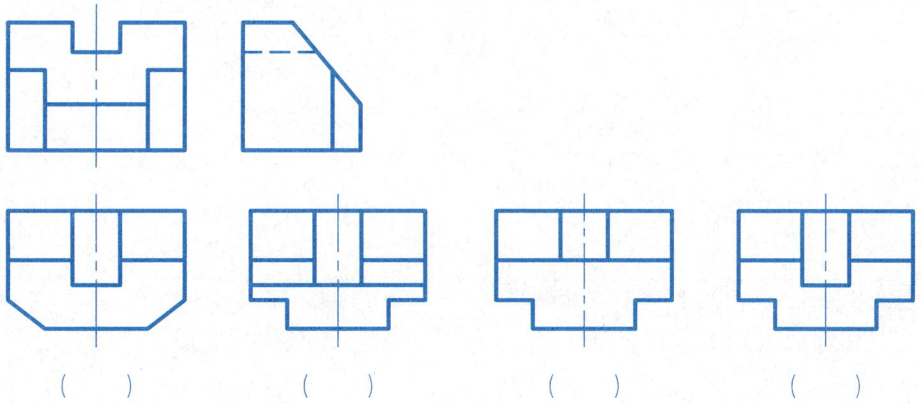

6-8 判断所给左视图是否正确，在括号内画“√”或“×”。

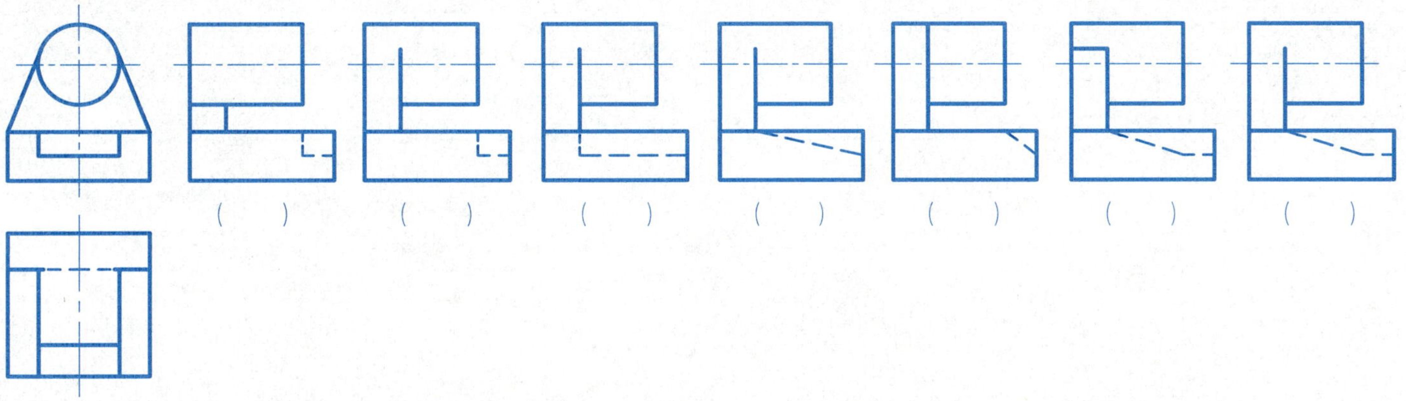

6-9 已知正视图和俯视图，补画左视图（不少于三个）。

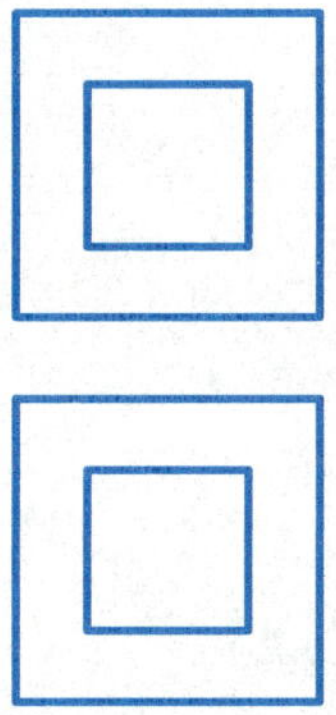

6-10　补全下列视图中遗漏的图线，并在错误的图线上画“×”。

1.

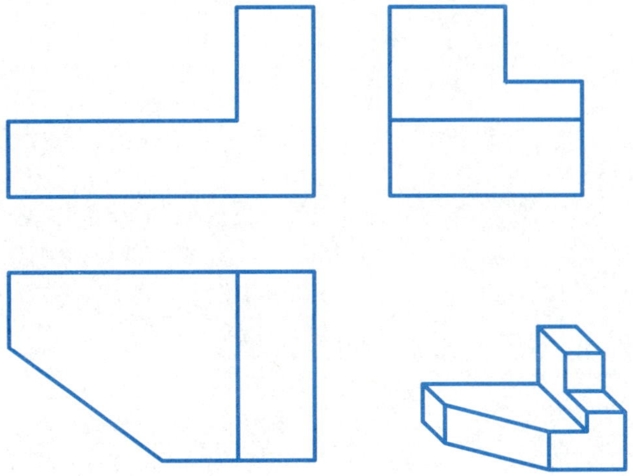

2.

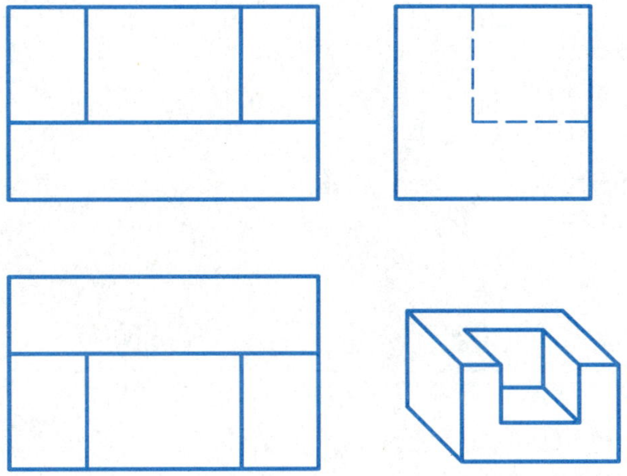

3.

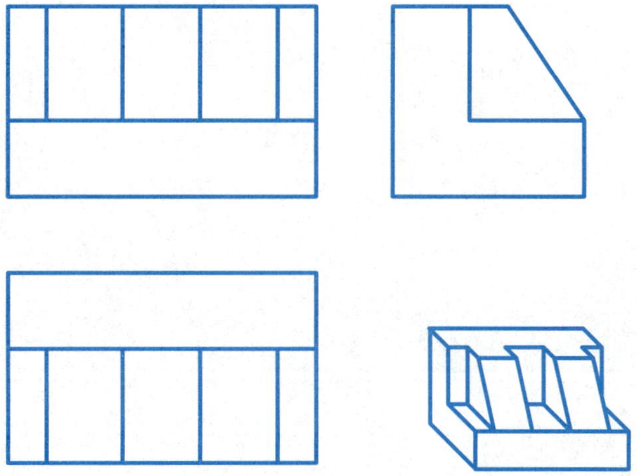

4.

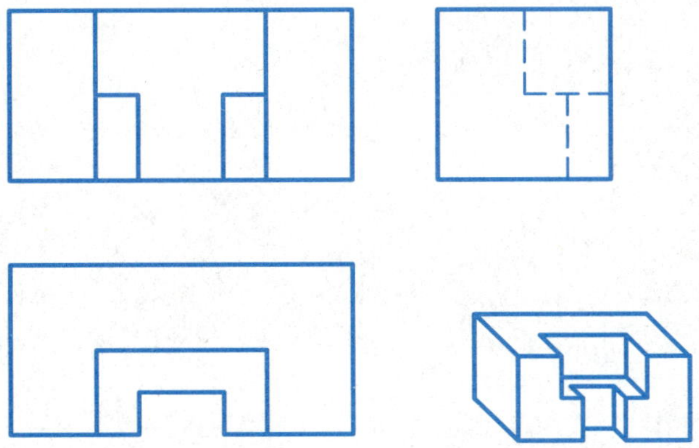

5.

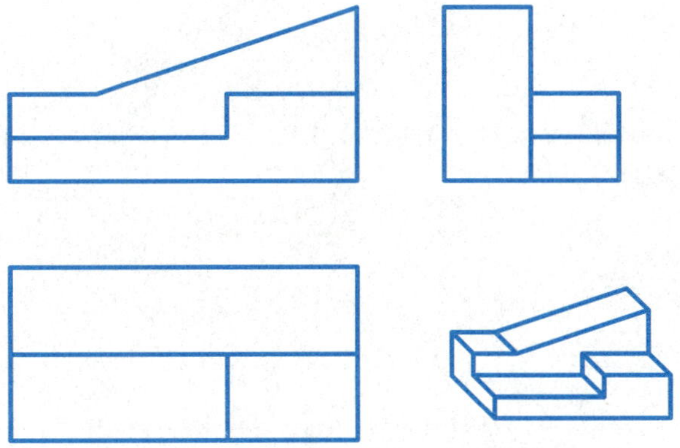

6.

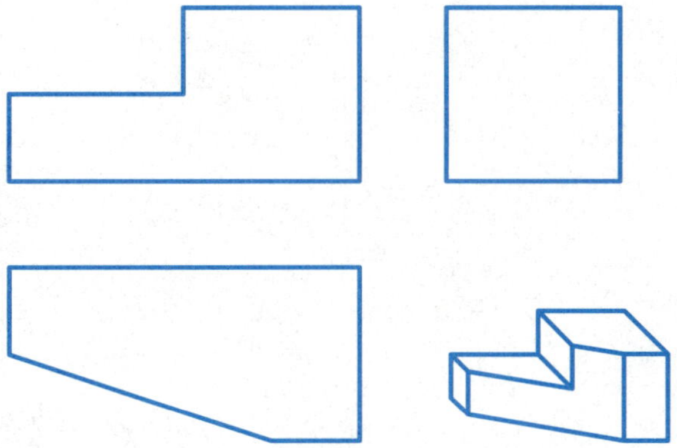

6-11　根据物体的俯视图（或正视图），构想物体的形状，并画出其正视图（或俯视图），各画三个物体。

1.

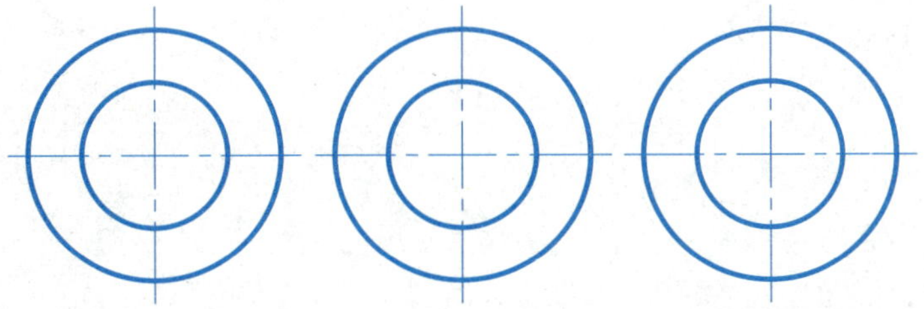

2.

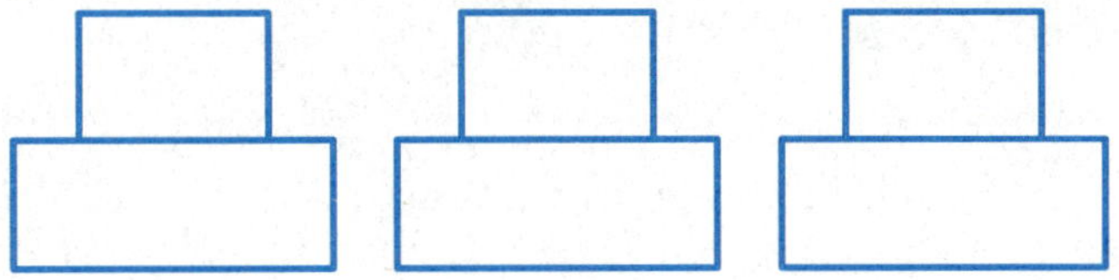

3.

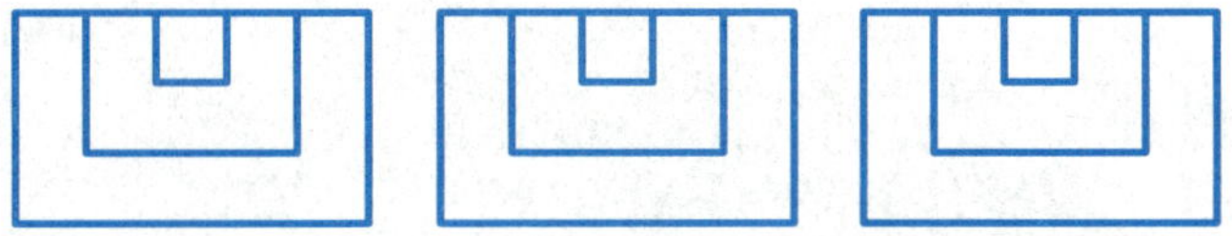

6-12 根据两视图补画第三视图。

1.

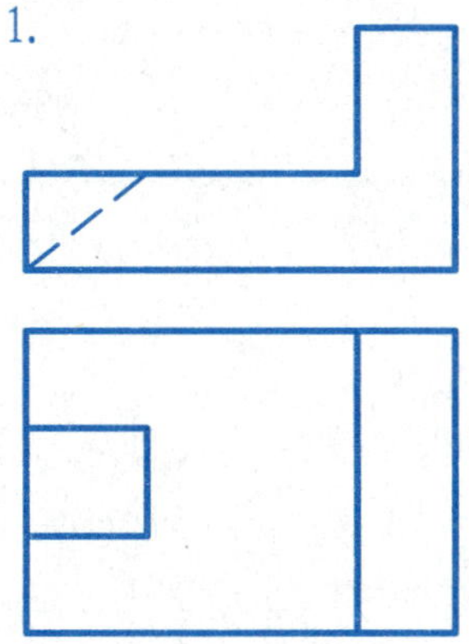

2.

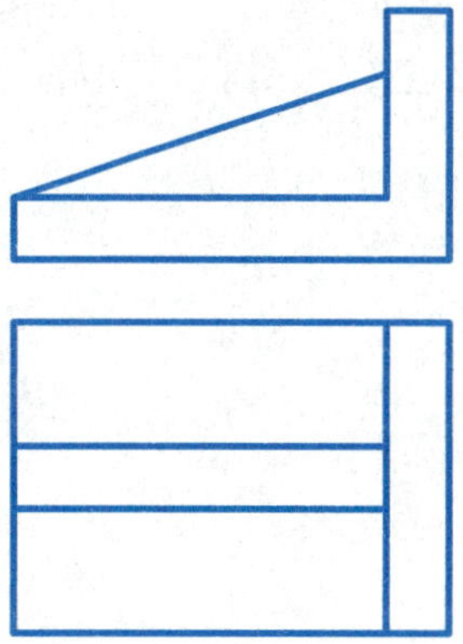

3.

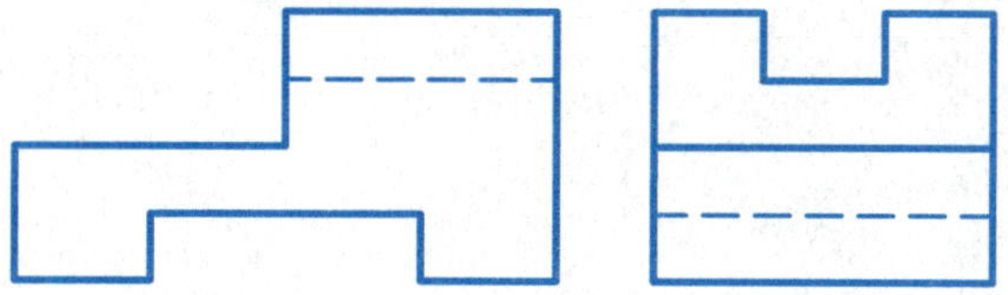

4.

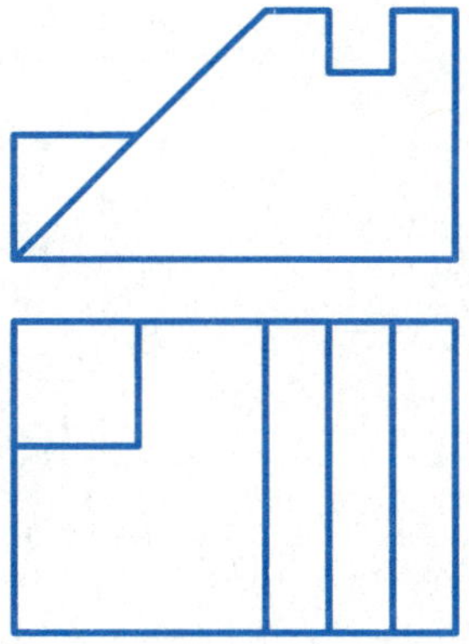

5.

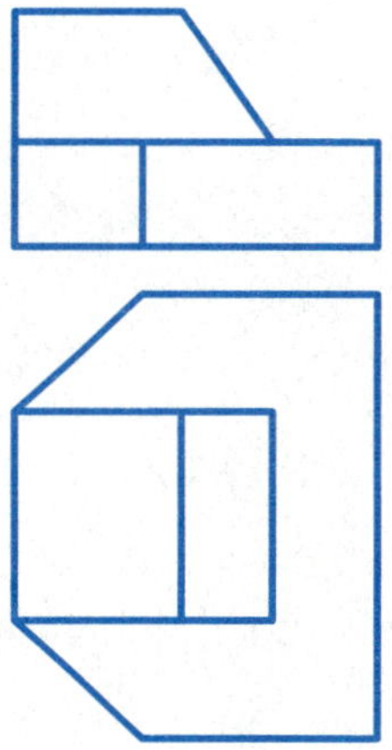

6.

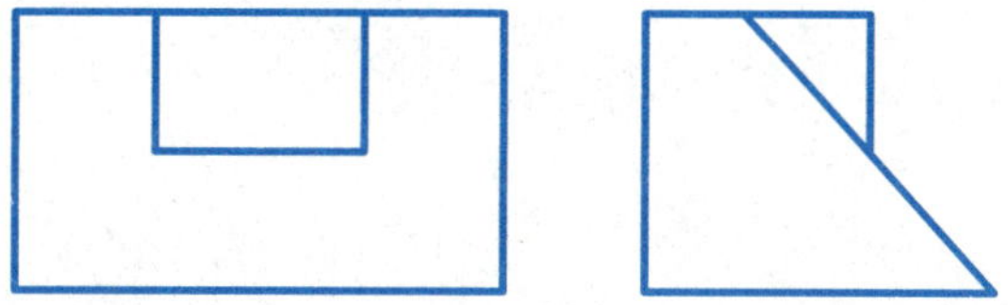

7.

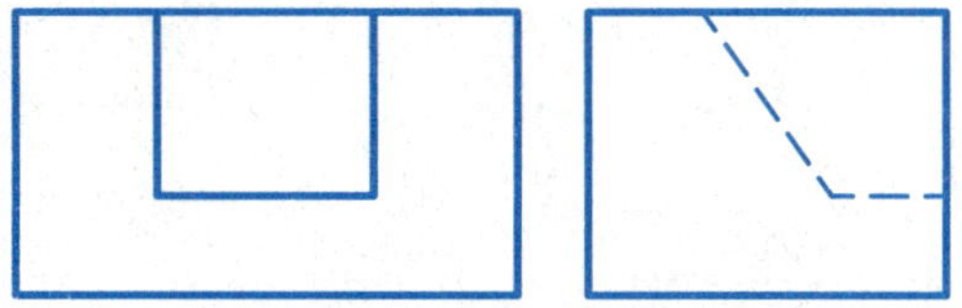

8.

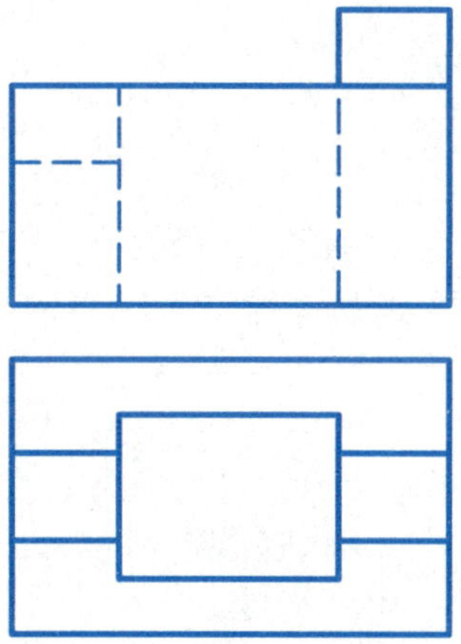

9.

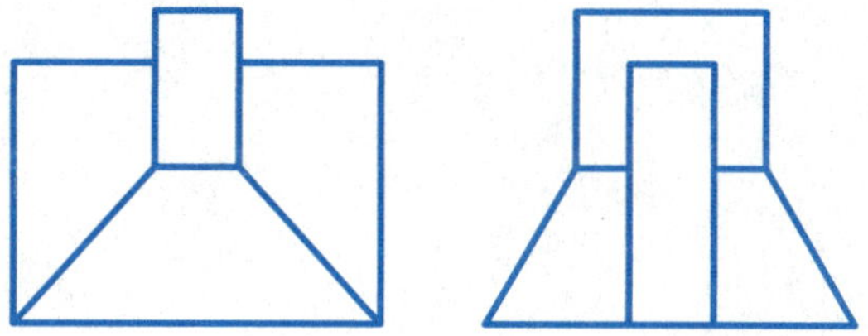

10.

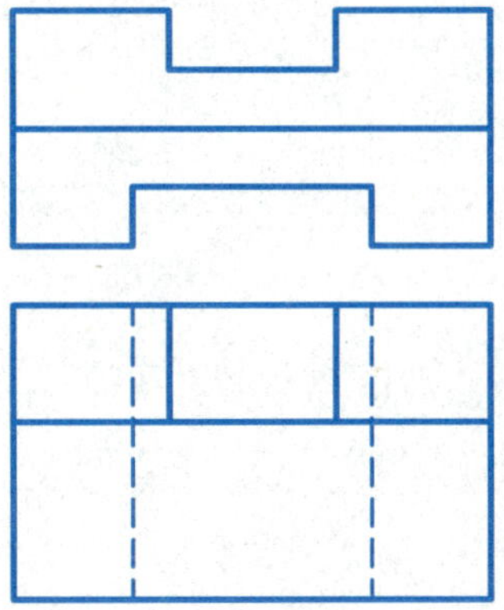

11.

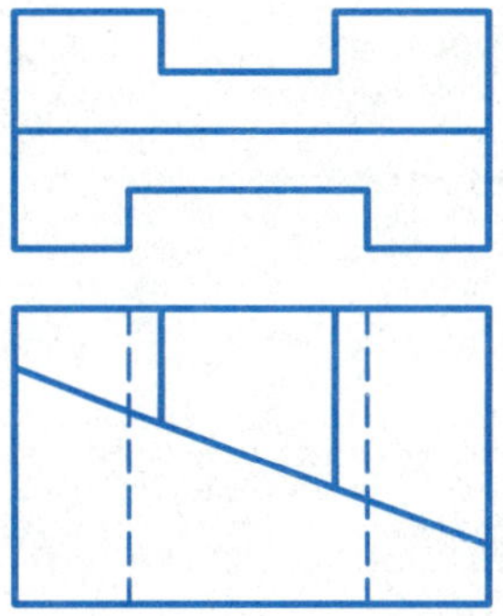

12.

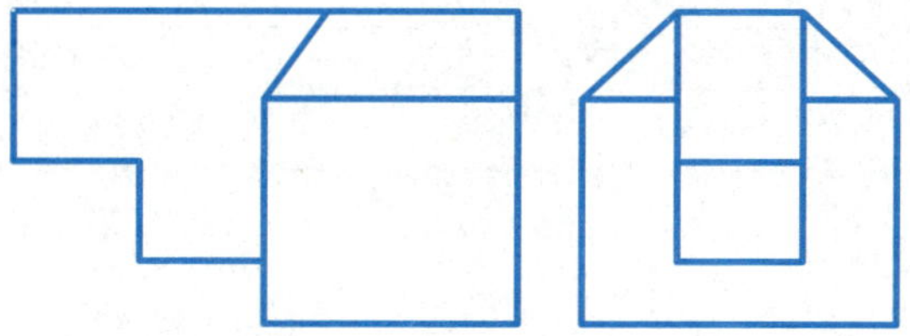

13.

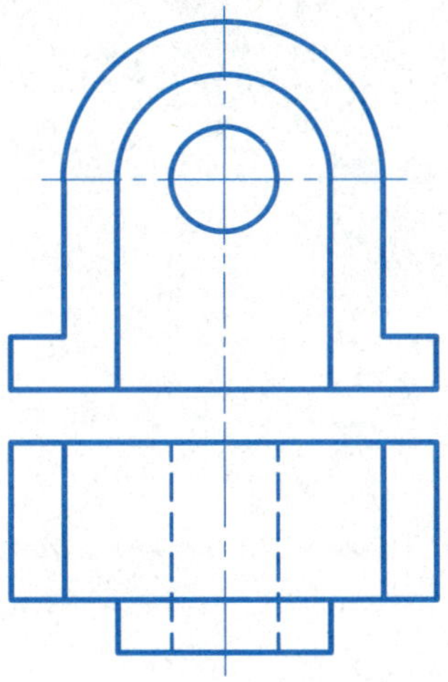

14.

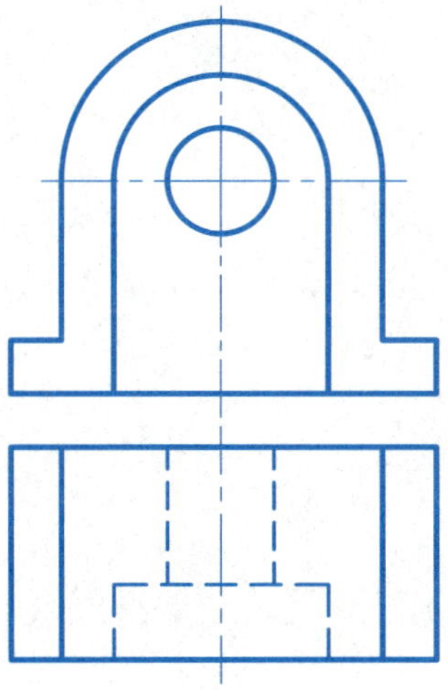

15.

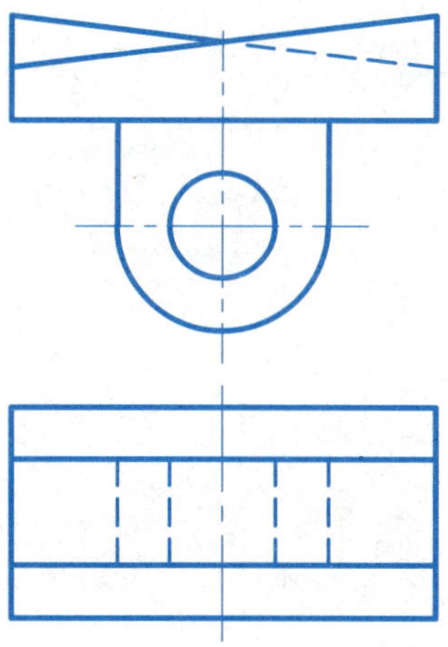

16.

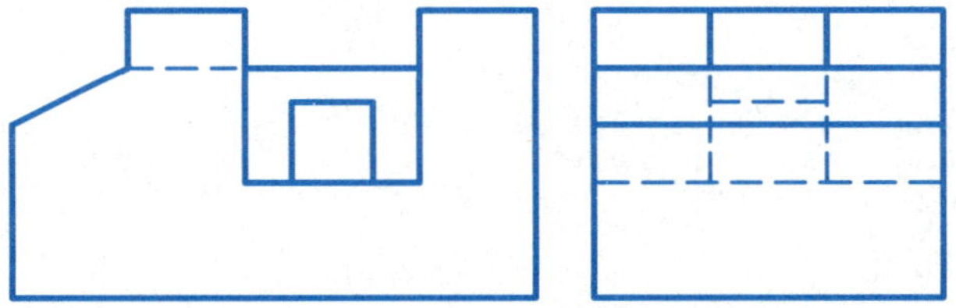

17.

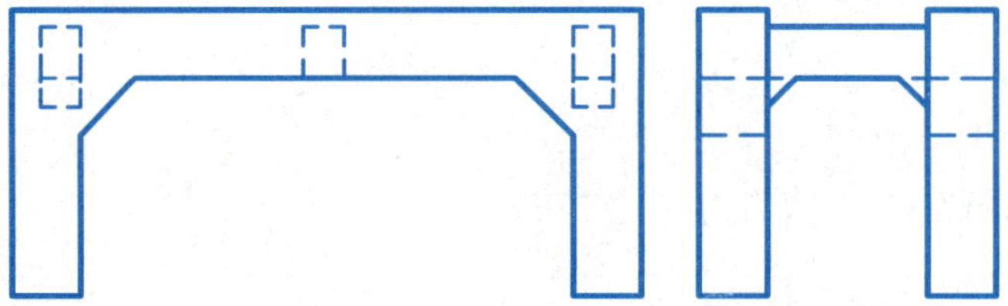

18.

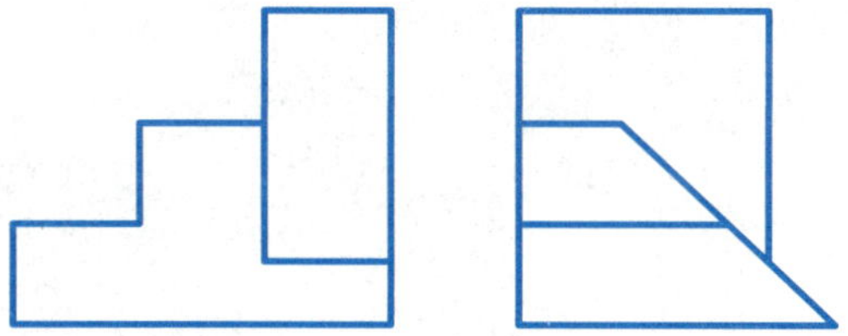

19.

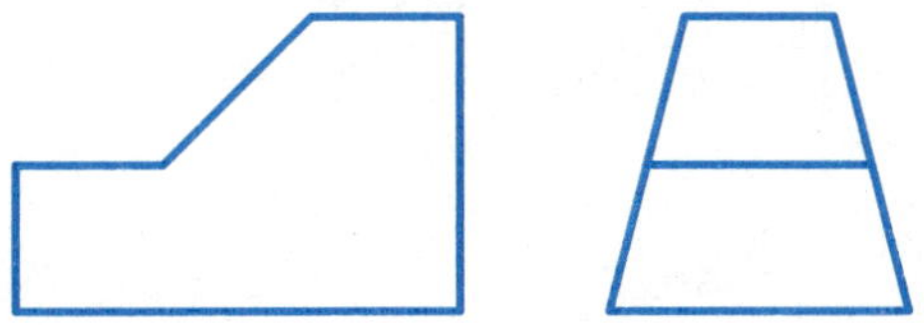

20.

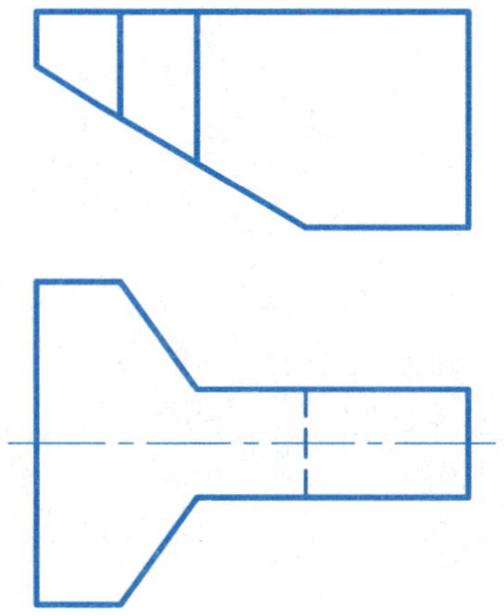

21.

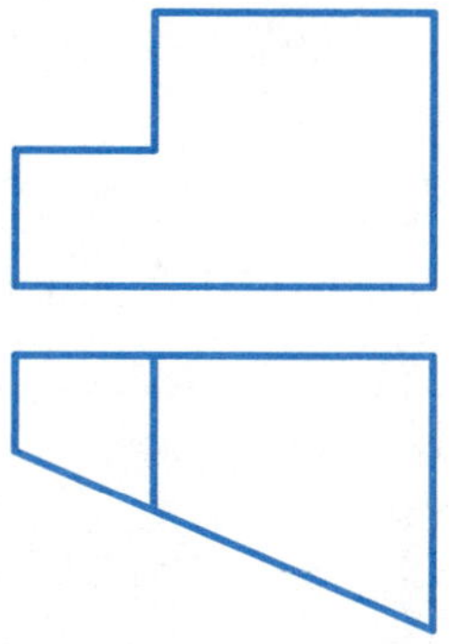

22.

23.

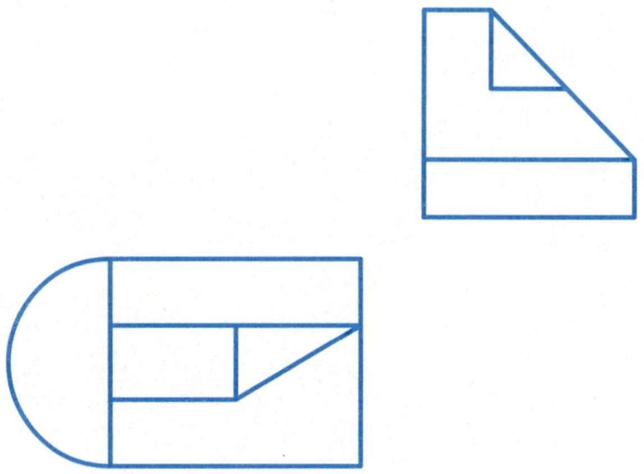

24.

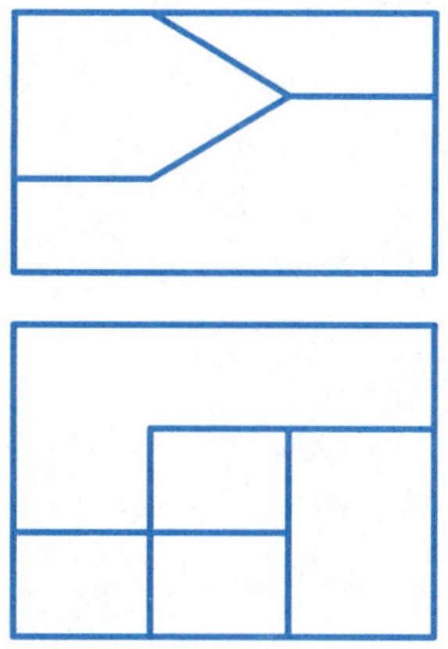

25.

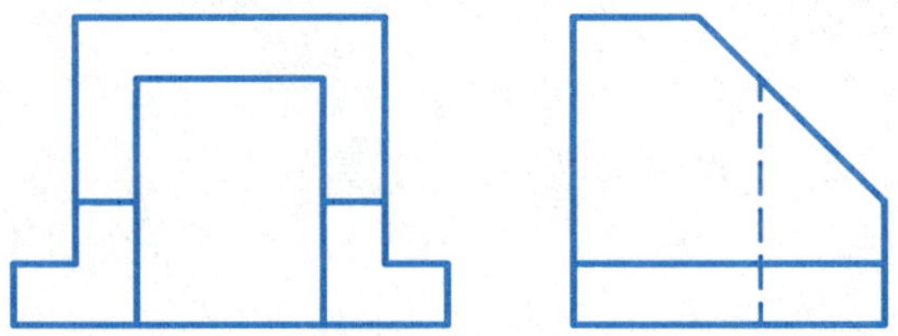

26.

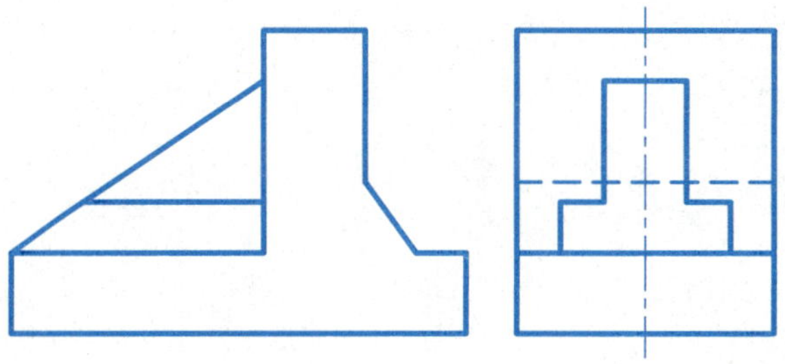

27.

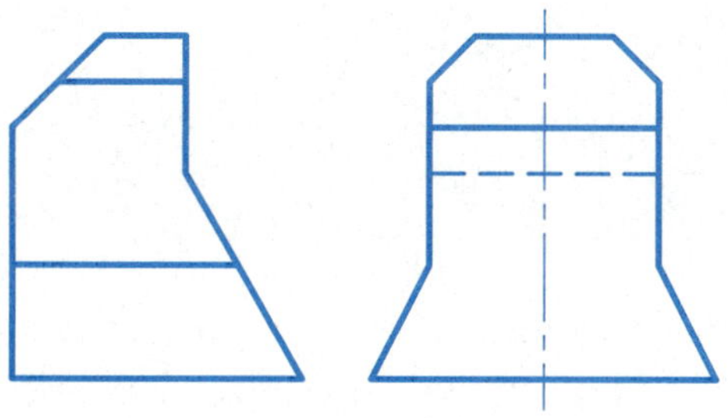

28.

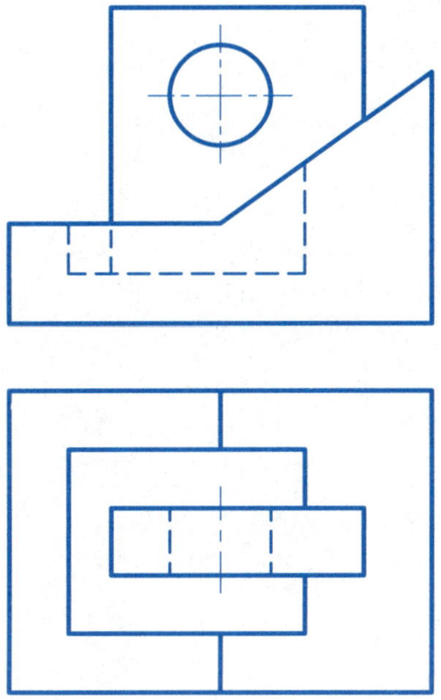

29.

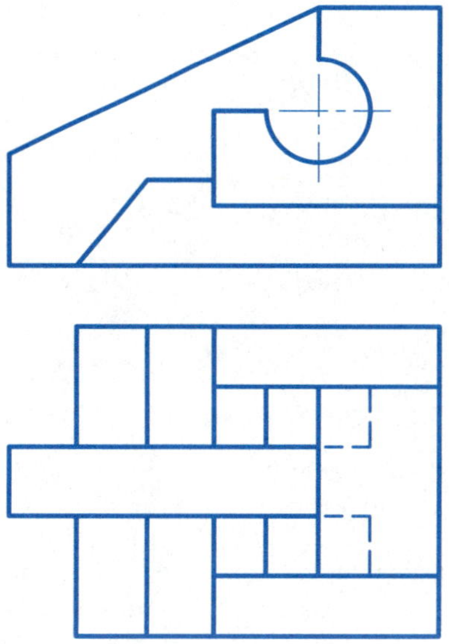

30.

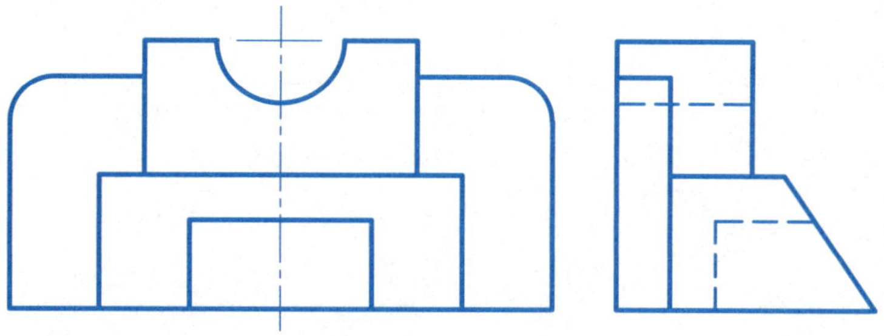

31.

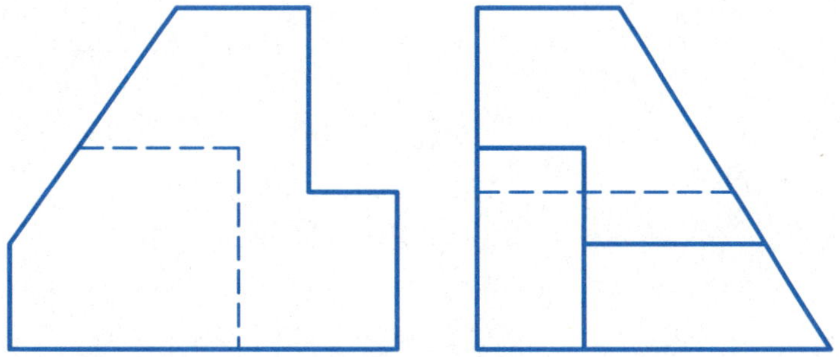

32.

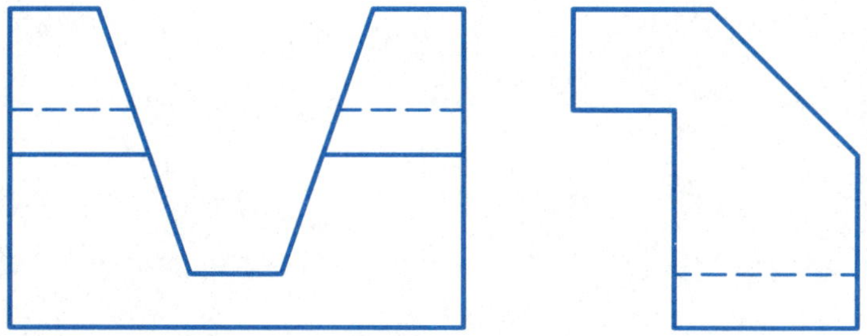

33.

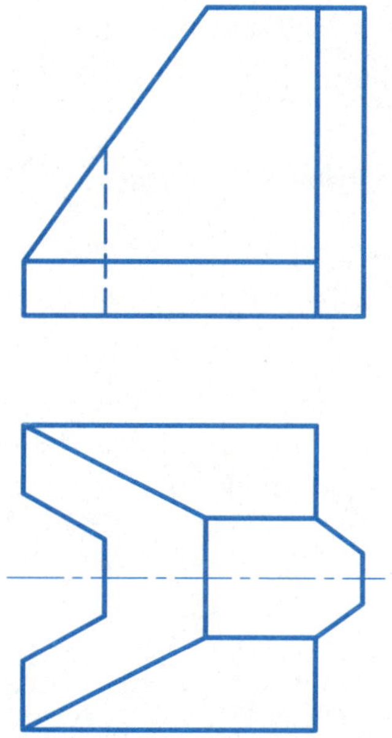

34.

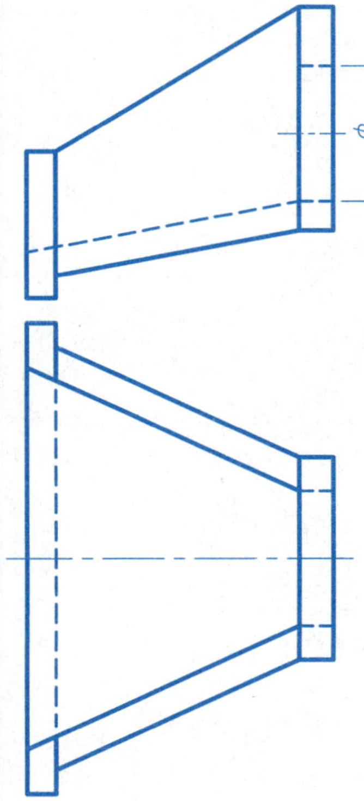

35.

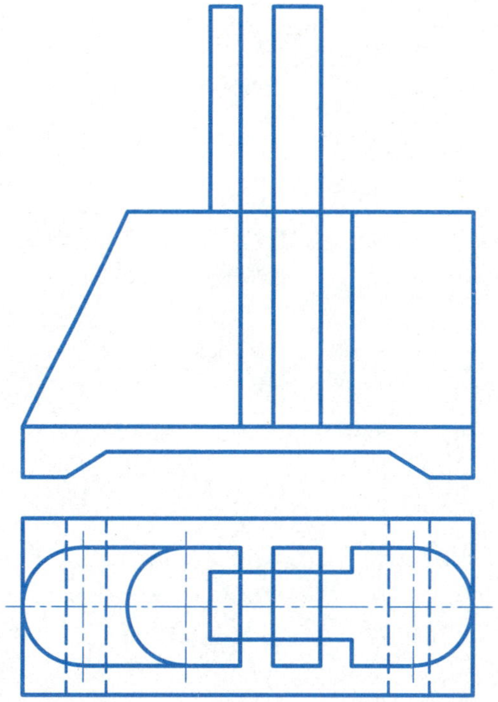

36.

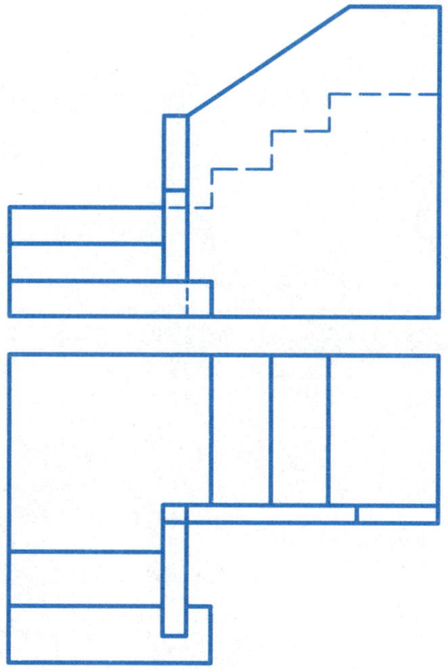

37.

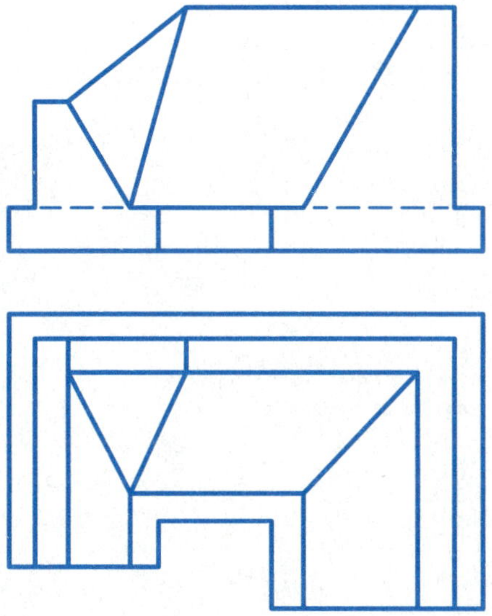

38.

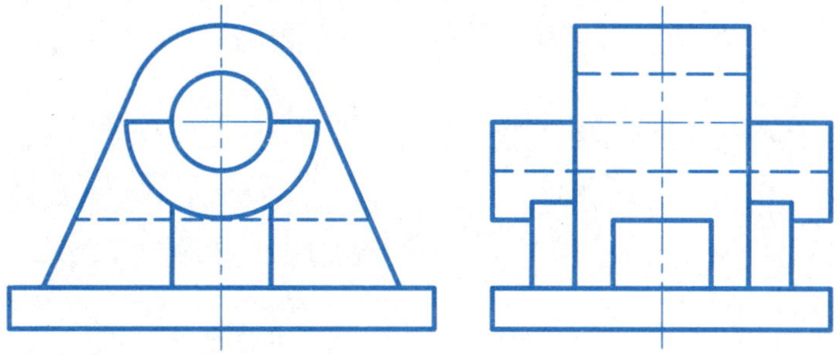

39.

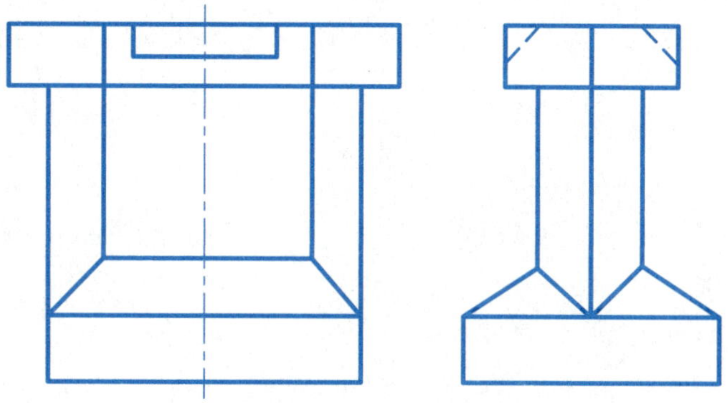

7-1 画出下列形体的正等轴测图。

1.

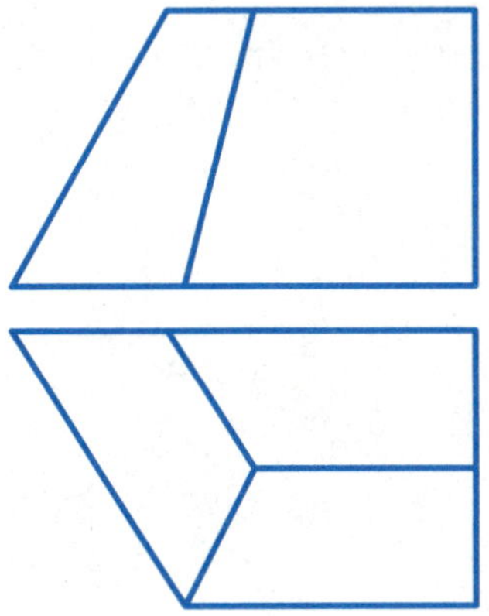

2.

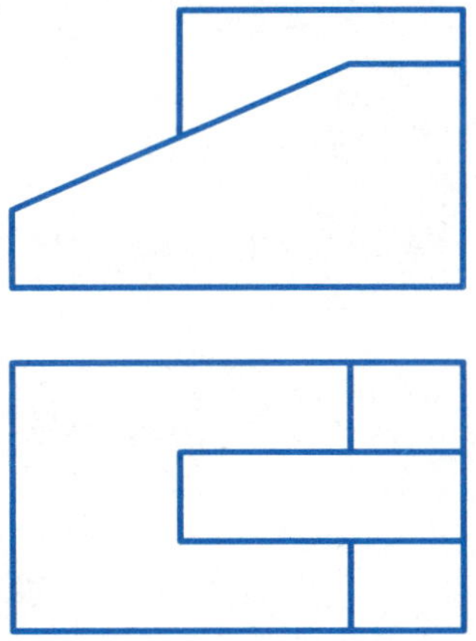

3.

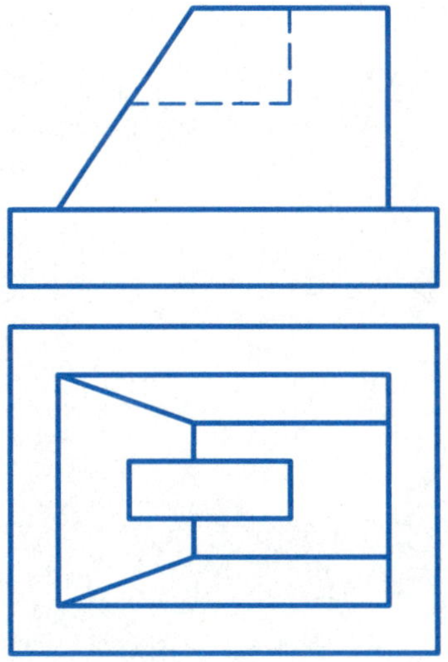

7-2 画出下列形体的斜二轴测图。

1.

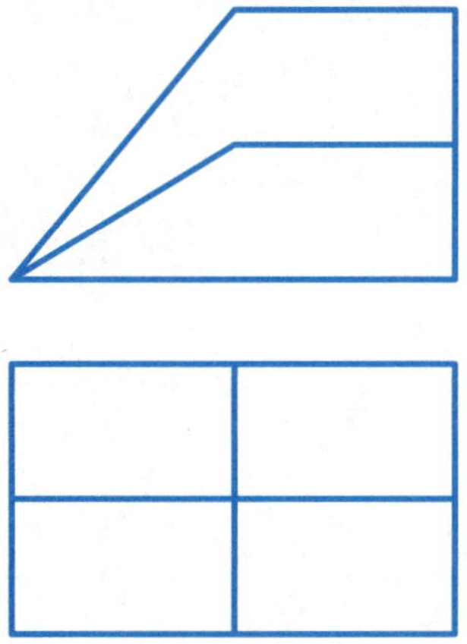

2.

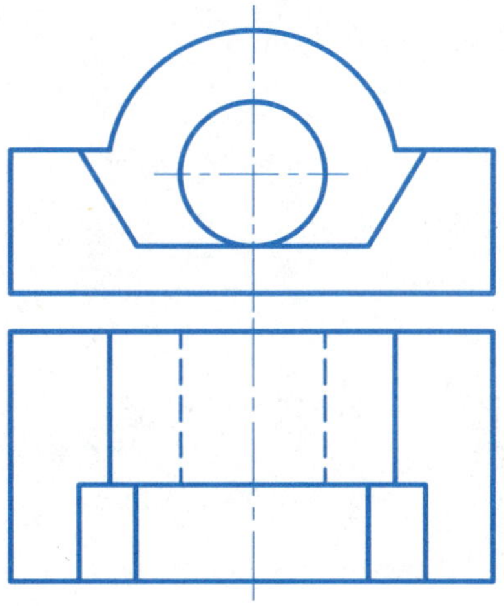

3.

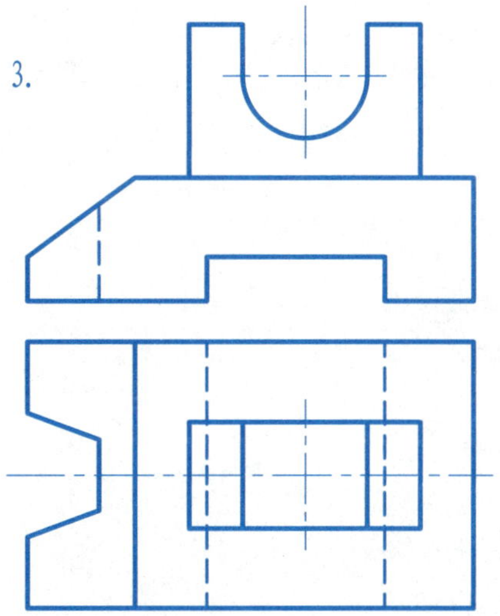

7-3 自选轴测类型及投射方向，画出下列形体的轴测图。

1.

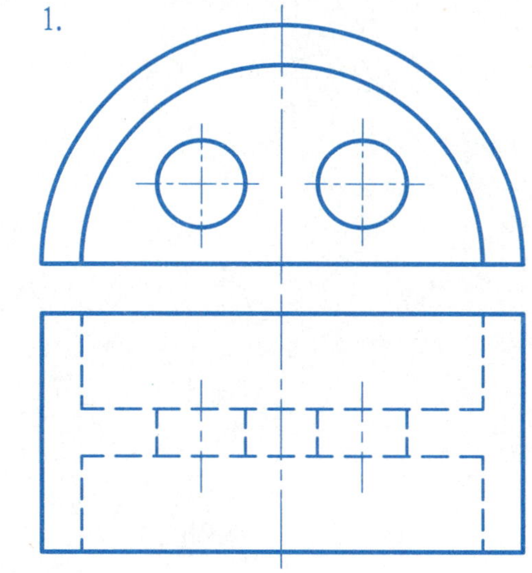

2.

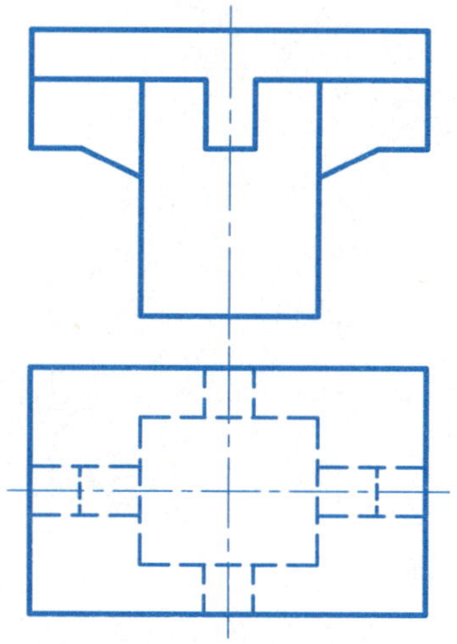

3.

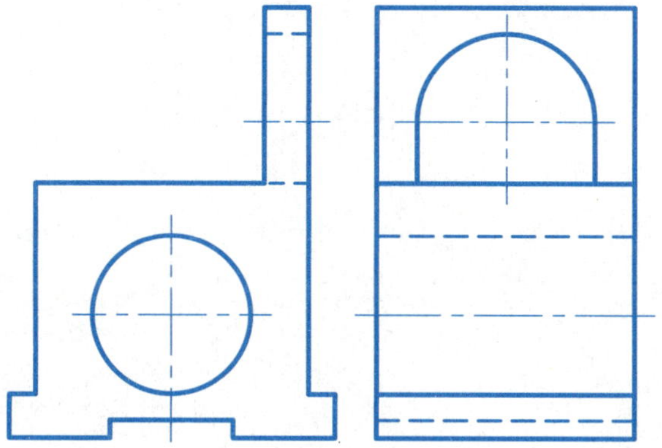

7-4 画出形体的正等轴测图。

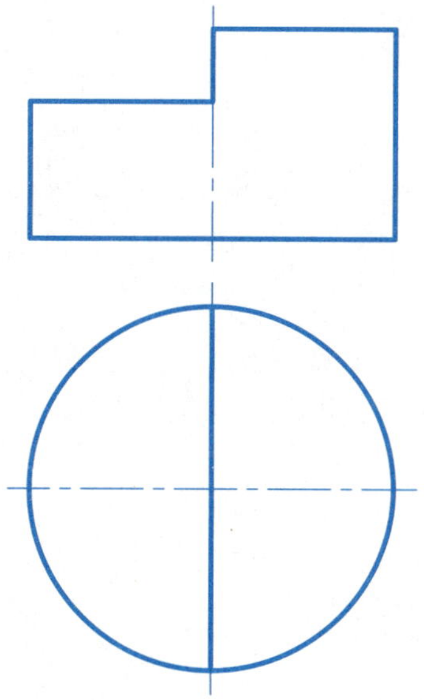

8-1 根据组合体的三视图，补画右视图、后视图及仰视图（注：画出虚线）。

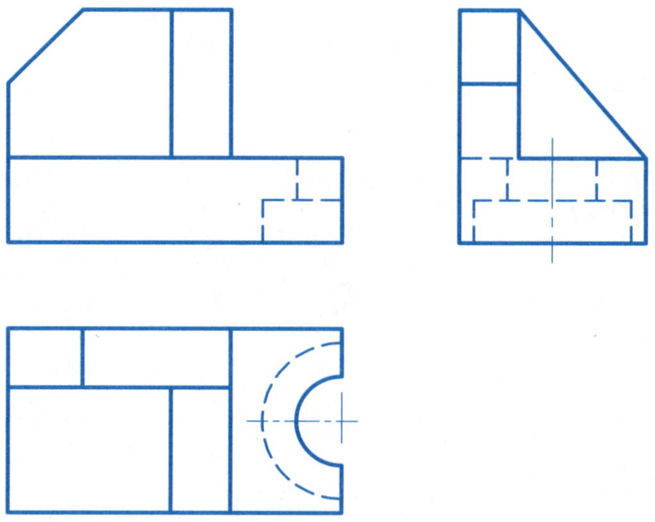

8-2 已知正视图和俯视图，补画右视图。

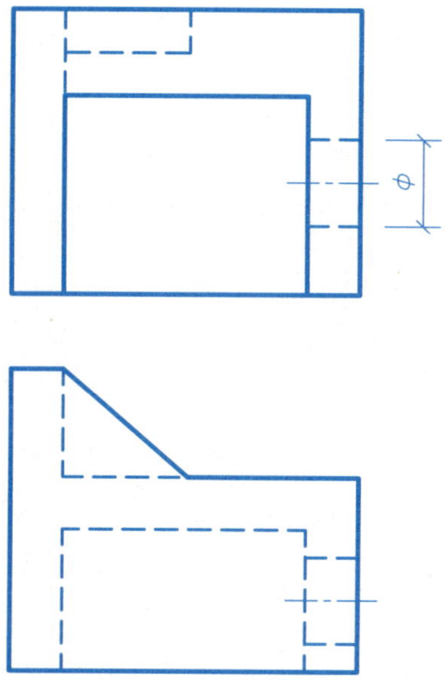

8-3 补画形体的局部视图*A*和斜视图*B*（宽度从轴测图上量取），把形体表达完整。

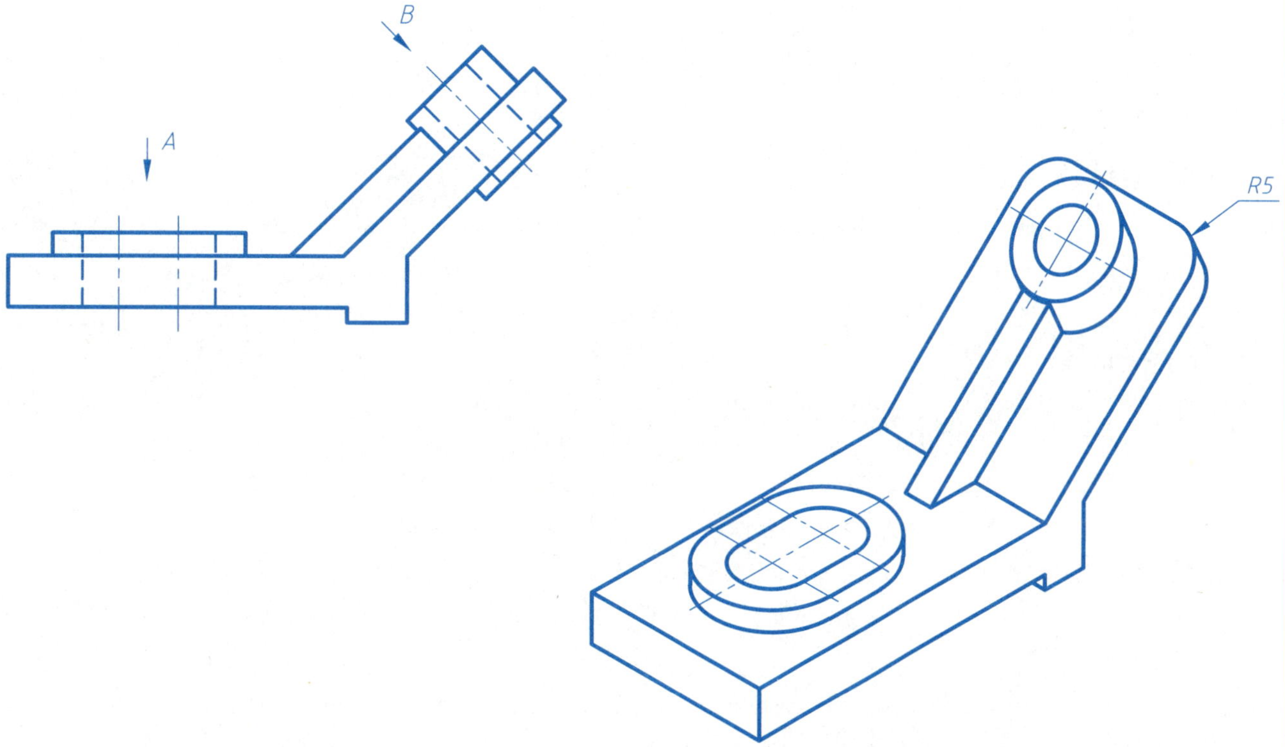

8-4 画出局部视图*A*和*B*。

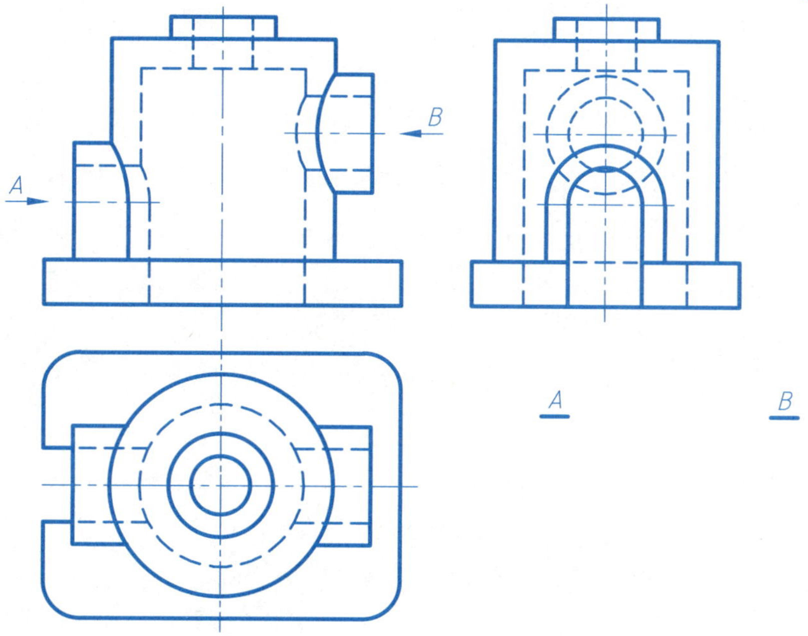

8-5 补全1—1剖视图中遗漏的图线。

1.

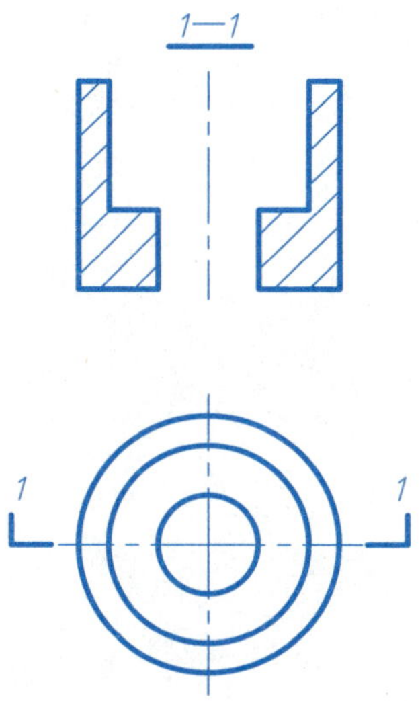

2.

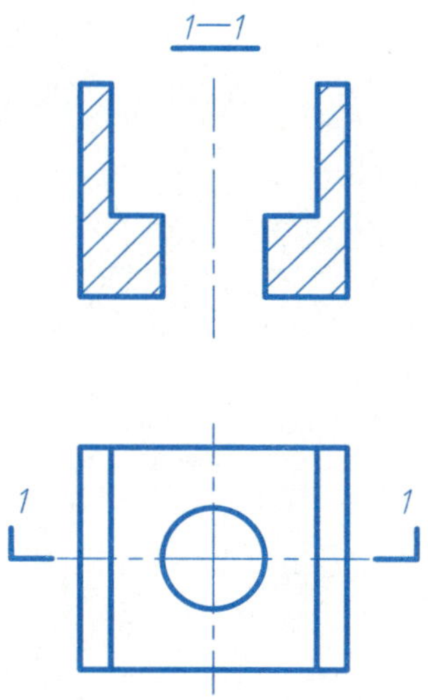

3.

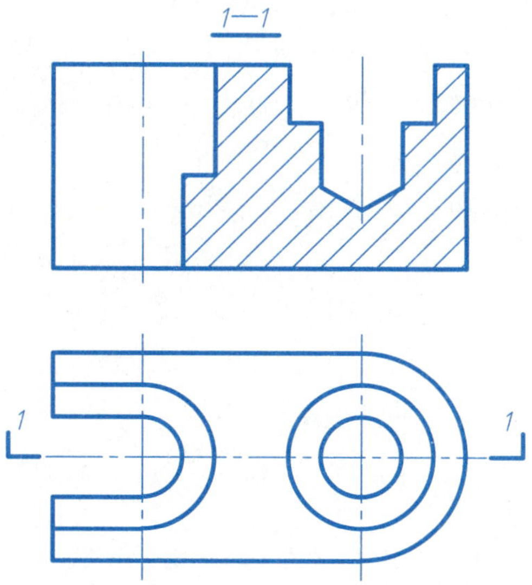

8-6 把涵洞正视图改为1—1全剖视图，并补绘2—2半剖视图（材料：钢筋混凝土）。

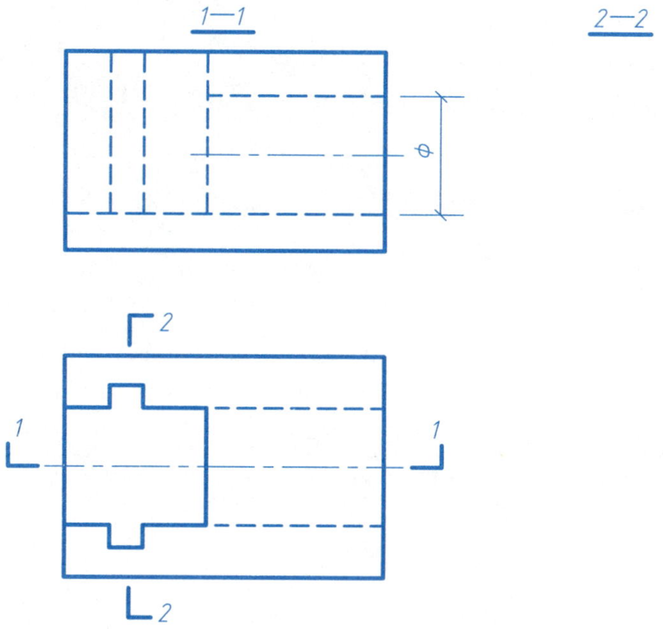

8-7 把基础的正视图改为半剖视图(不要的线段画“×”)，并补绘半剖的左视图（材料：混凝土）。

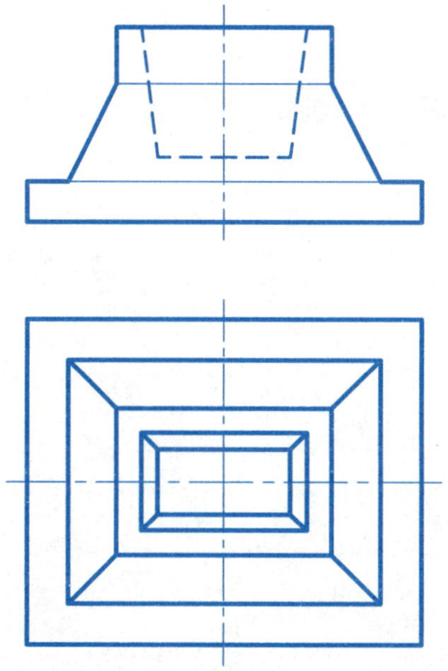

8-8 把涵洞出口的正视图改为全剖视图，并补绘左视图（材料：混凝土）。

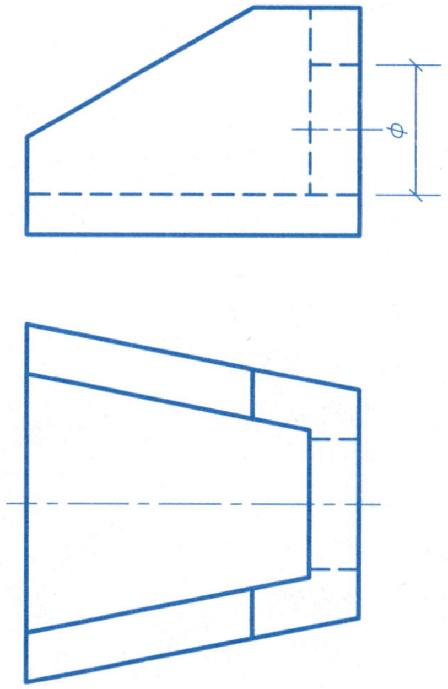

8-9 把涵洞的左视图改为全剖视图，并补绘俯视图（材料：混凝土）。

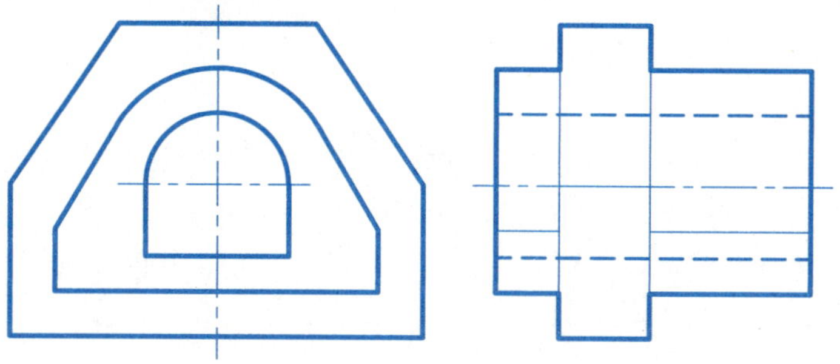

8-10 将左视图改为适当的剖视图，并补绘俯视图（材料：金属）。

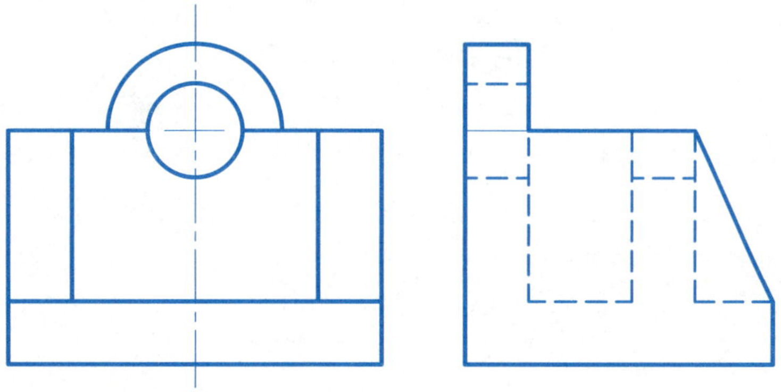

8-11 画出沉沙井的2—2半剖视图。

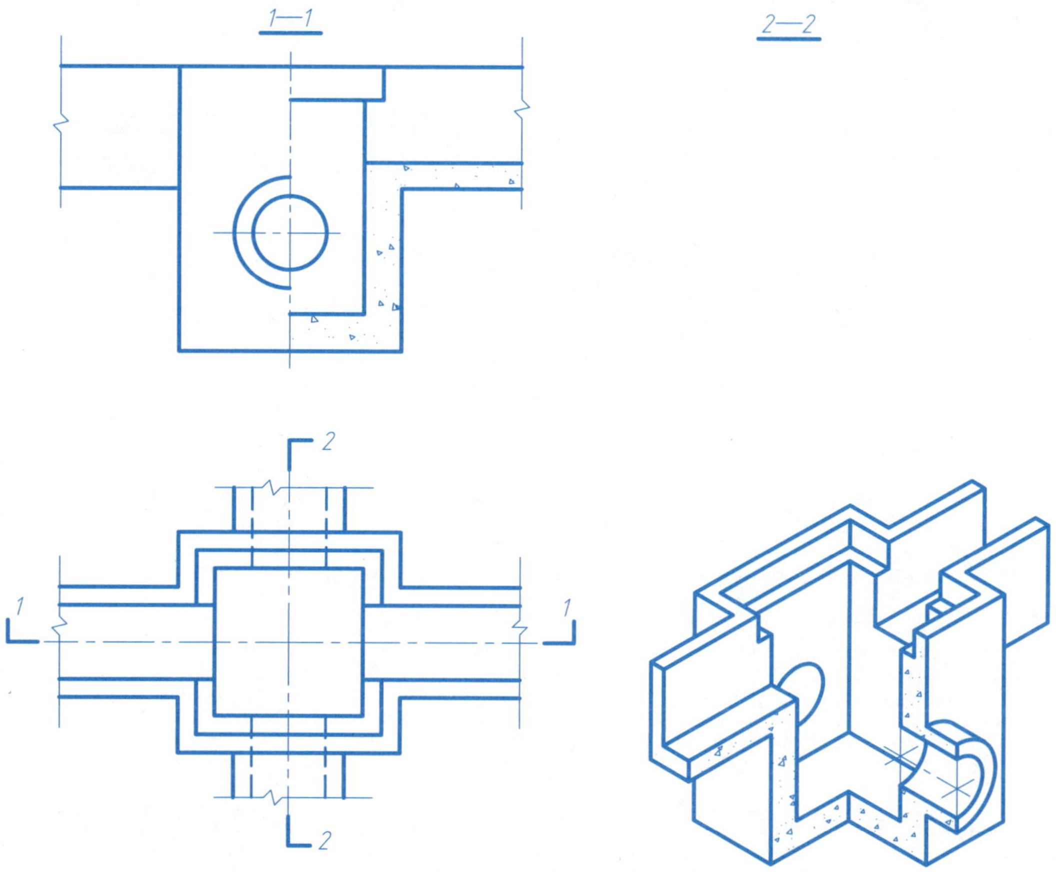

8-12 补画2—2半剖视图。

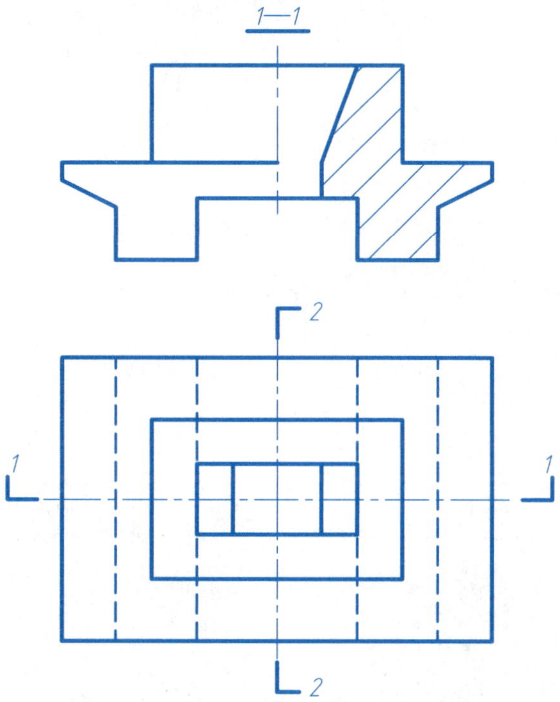

8-13 下列形体的正视图均采用了局部剖，正确的是（　　）。

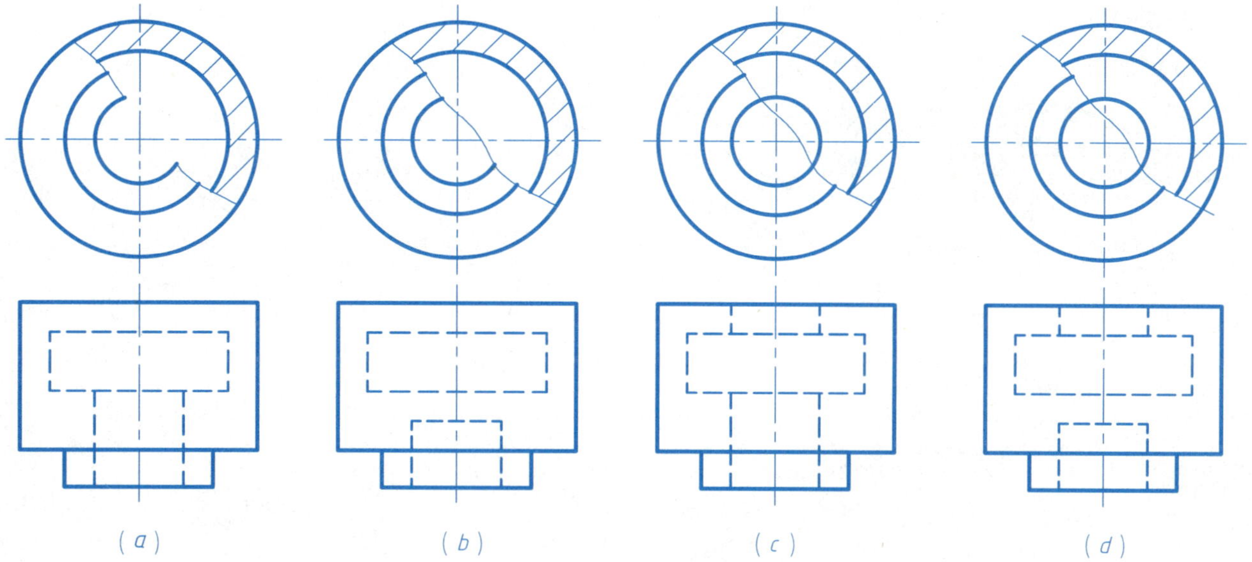

8-14 将正视图改为阶梯剖视图(材料：金属)。

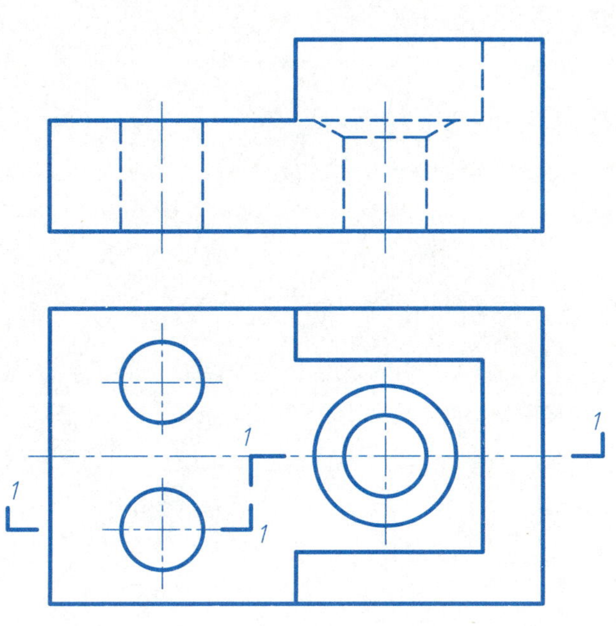

8-15 将正视图改为旋转剖视图(材料：金属)。

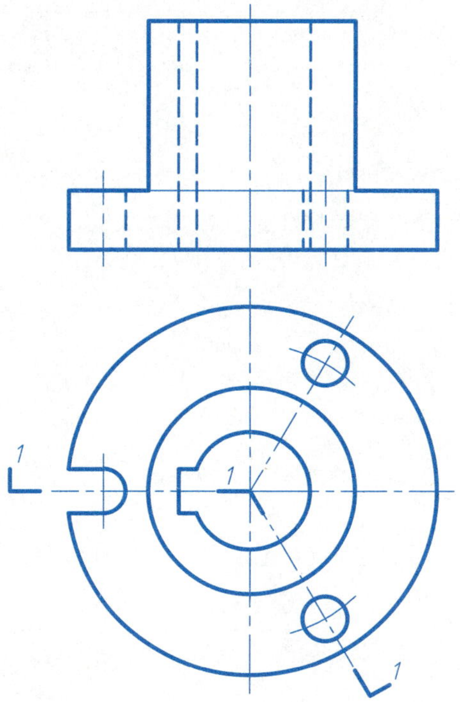

8-16 将正视图改为适当剖视图，并采用半剖视补绘左视图(材料：混凝土)。

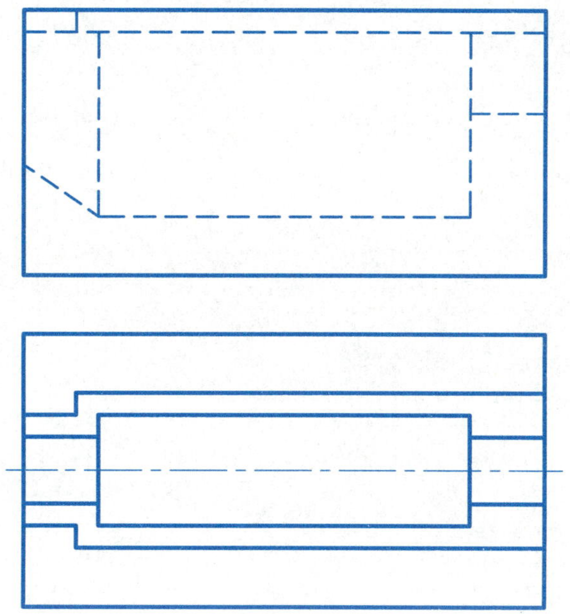

8-17 把集水池的正视图改为1—1阶梯剖视图。

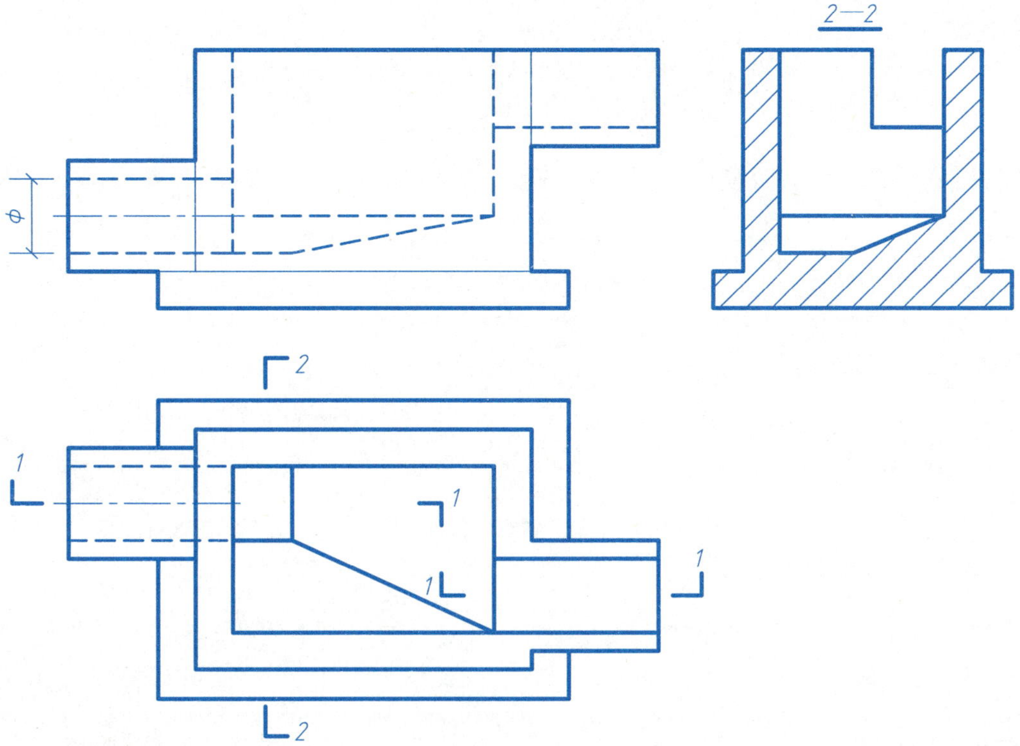

8-18 画出船闸闸首的2—2阶梯剖视图。

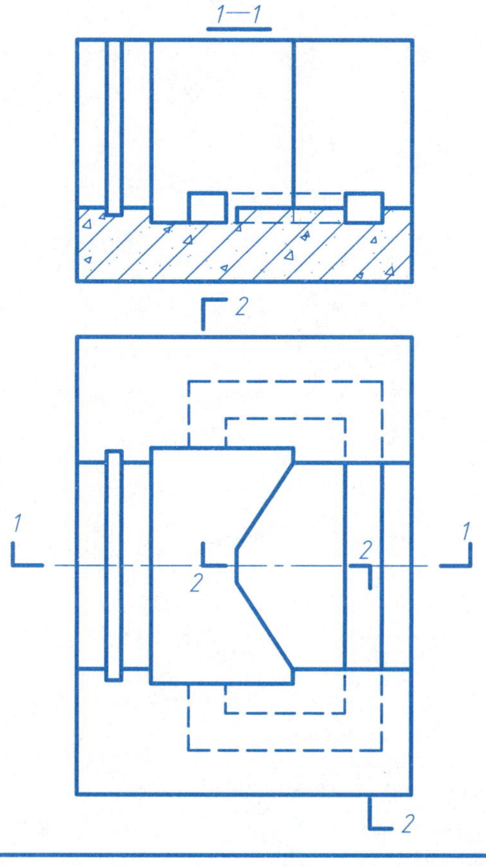

8-19 将正视图和俯视图改为适当的局部剖视图，不要的线段画“×”（材料：金属）。

1.

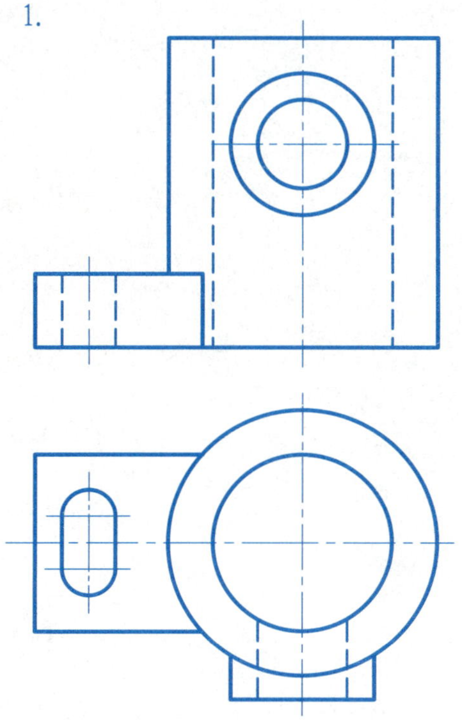

2.

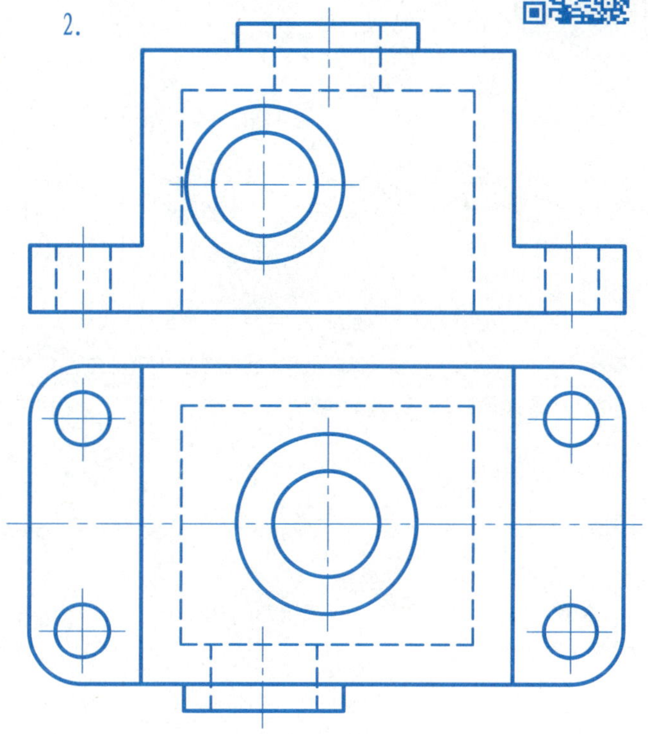

8-20 根据已知视图，画出2—2 断面图。

1. 止水木

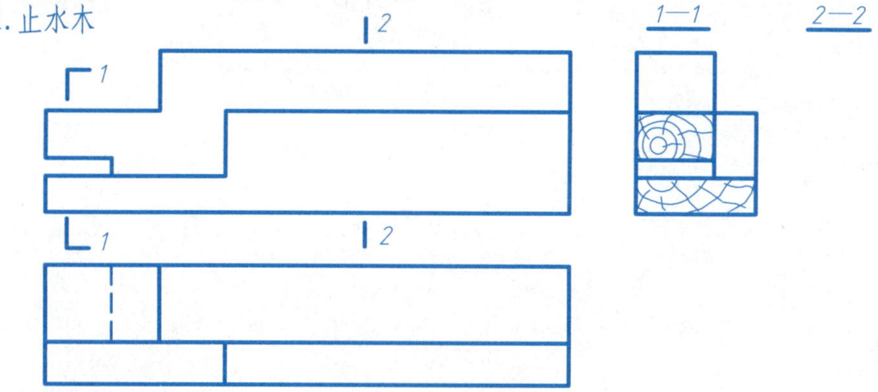

2. 钢筋混凝土梁

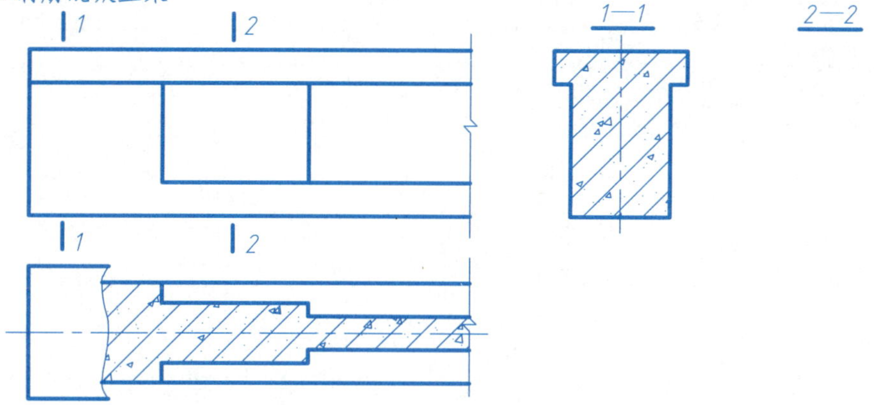

8-21 根据梁的正视图、左视图和1—1断面图，补画出其余断面图。

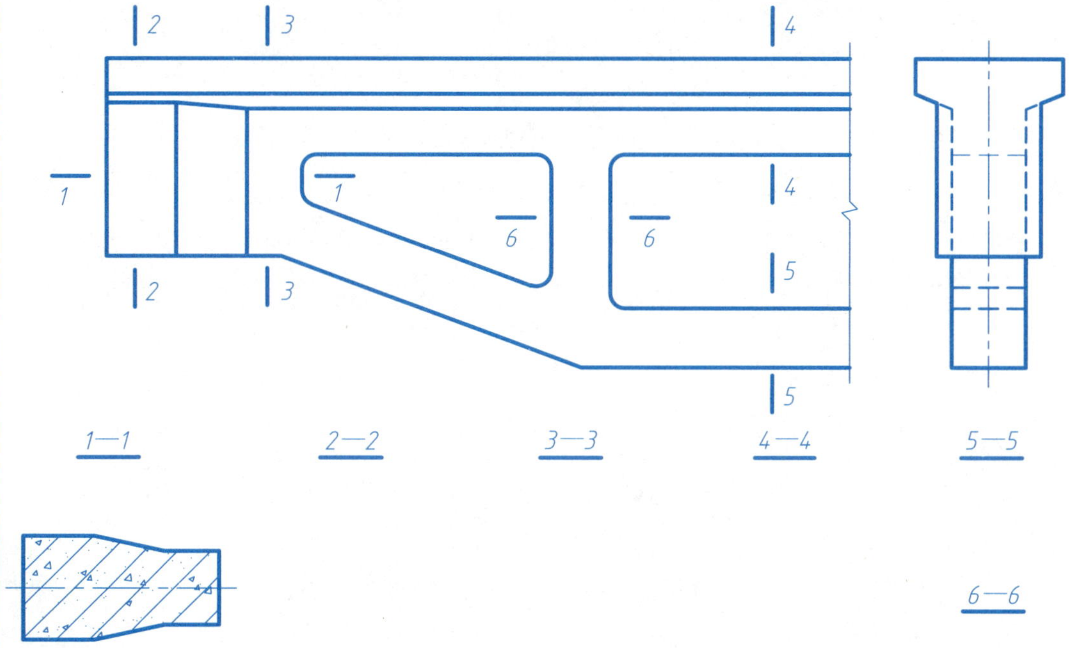

8-22 画出梁的1—1、2—2、3—3断面图(材料：钢筋混凝土)。

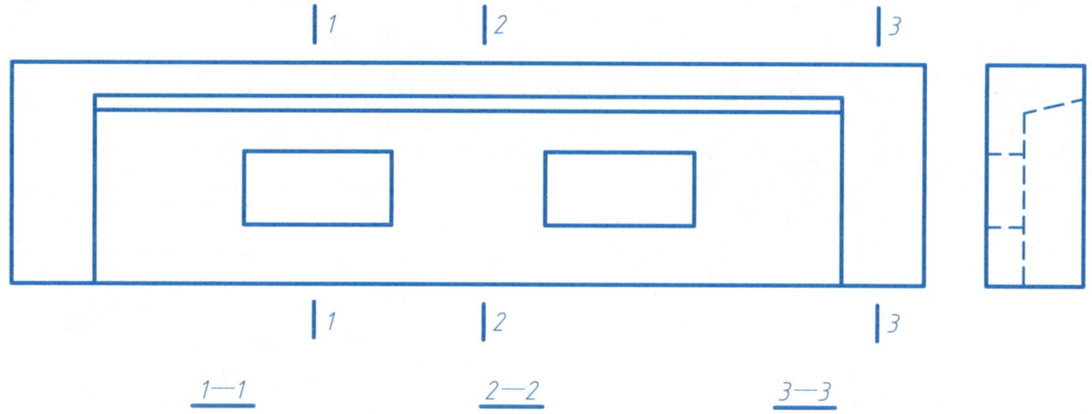

8-23 根据三视图，在给定位置将正视图和左视图改为剖视图（材料：钢筋混凝土）。

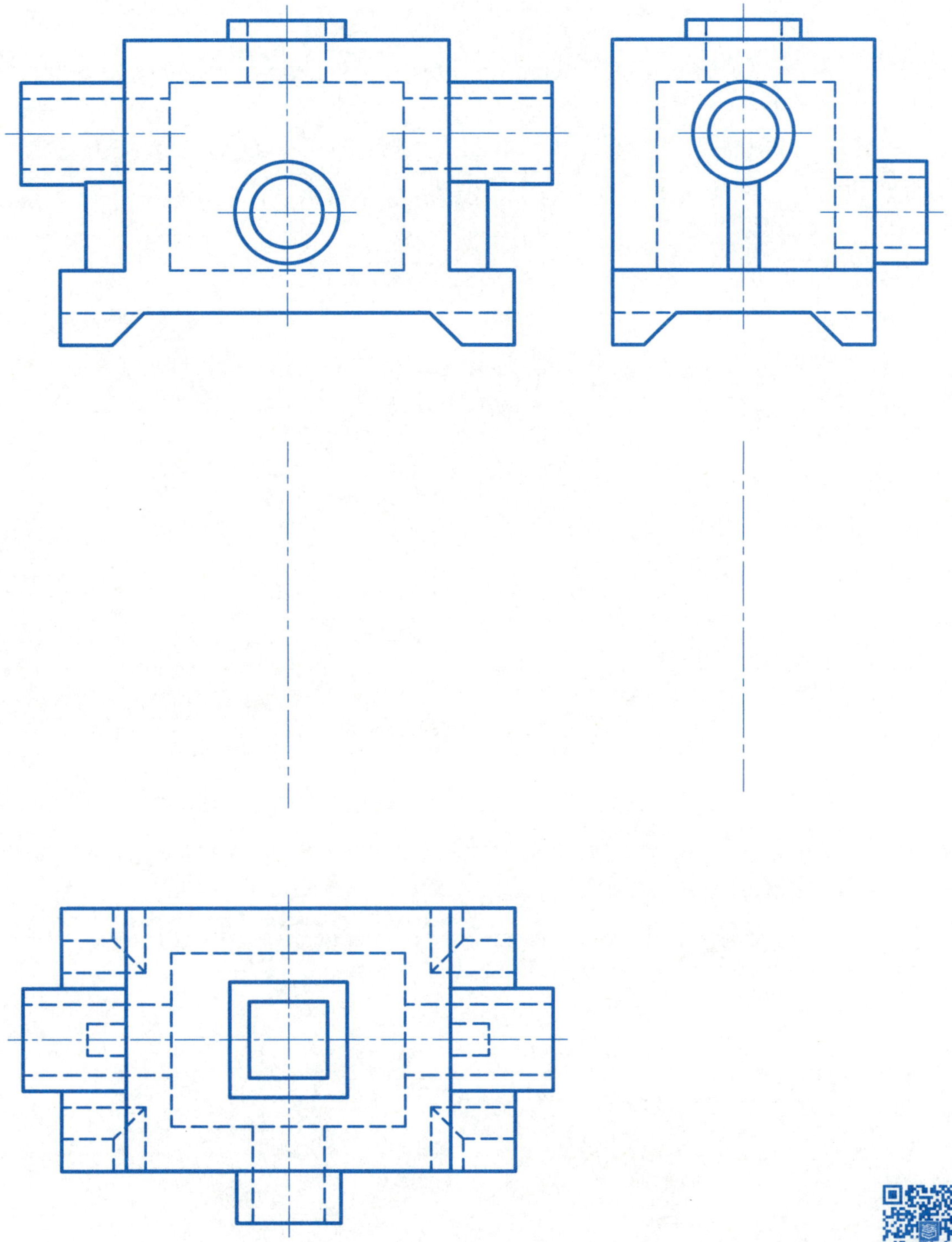

8-24 根据三视图，在给定位置将正视图和左视图改为剖视图（材料：钢筋混凝土）。

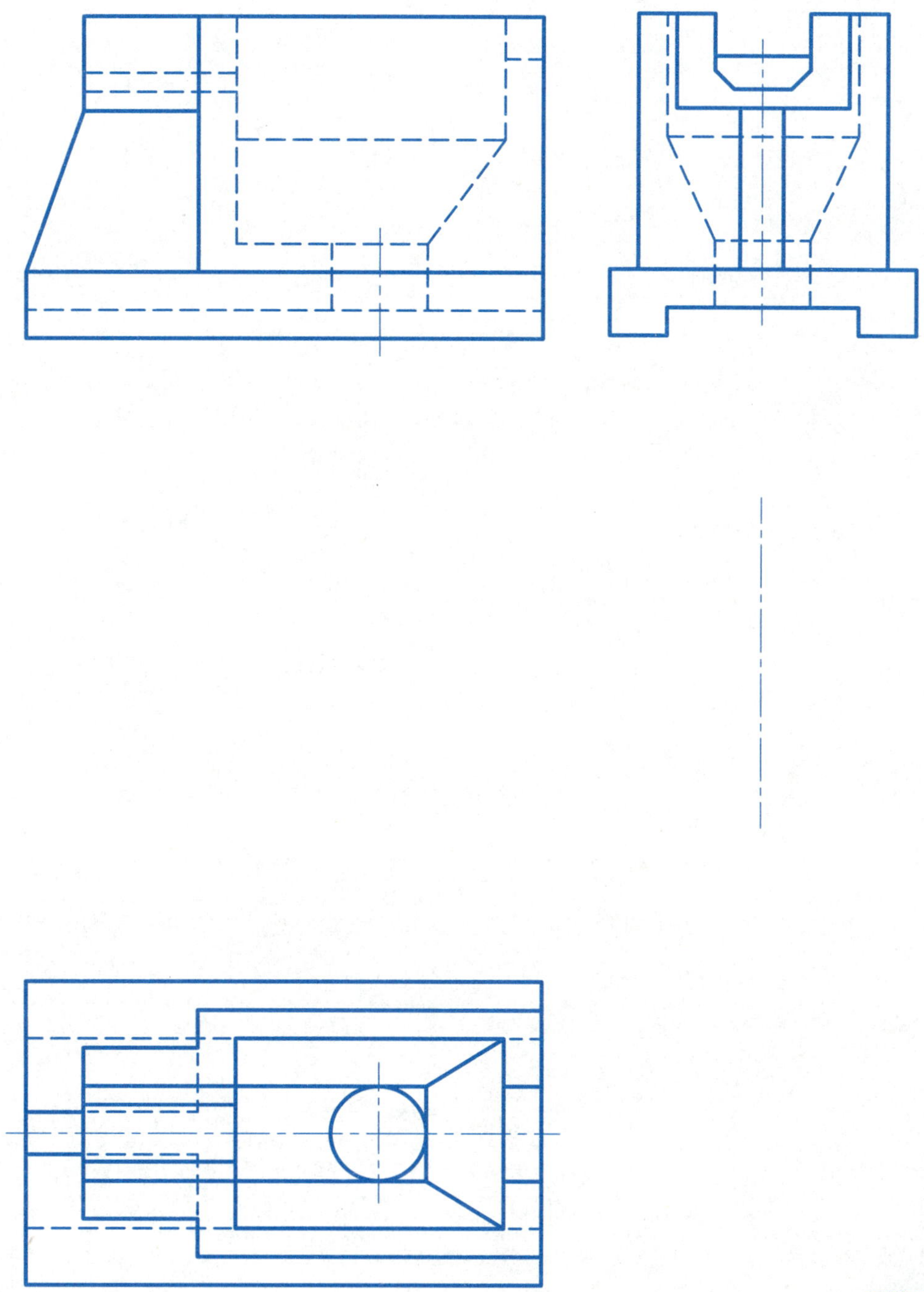

8-25 根据闸门的三视图，在给定位置补画1—1、2—2剖视图（材料：钢筋混凝土）。

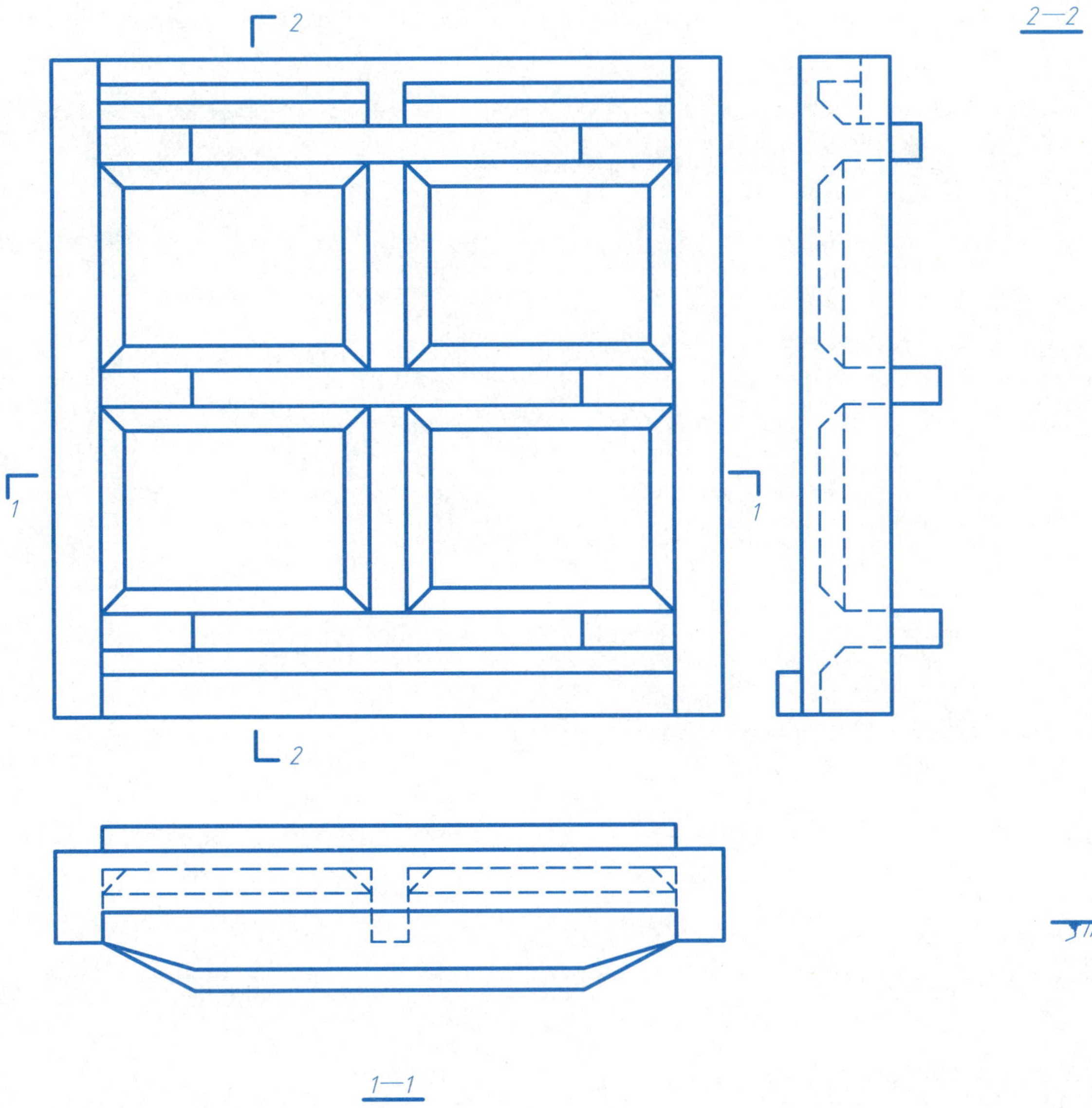

8-26 画出渠道的4—4剖视图。

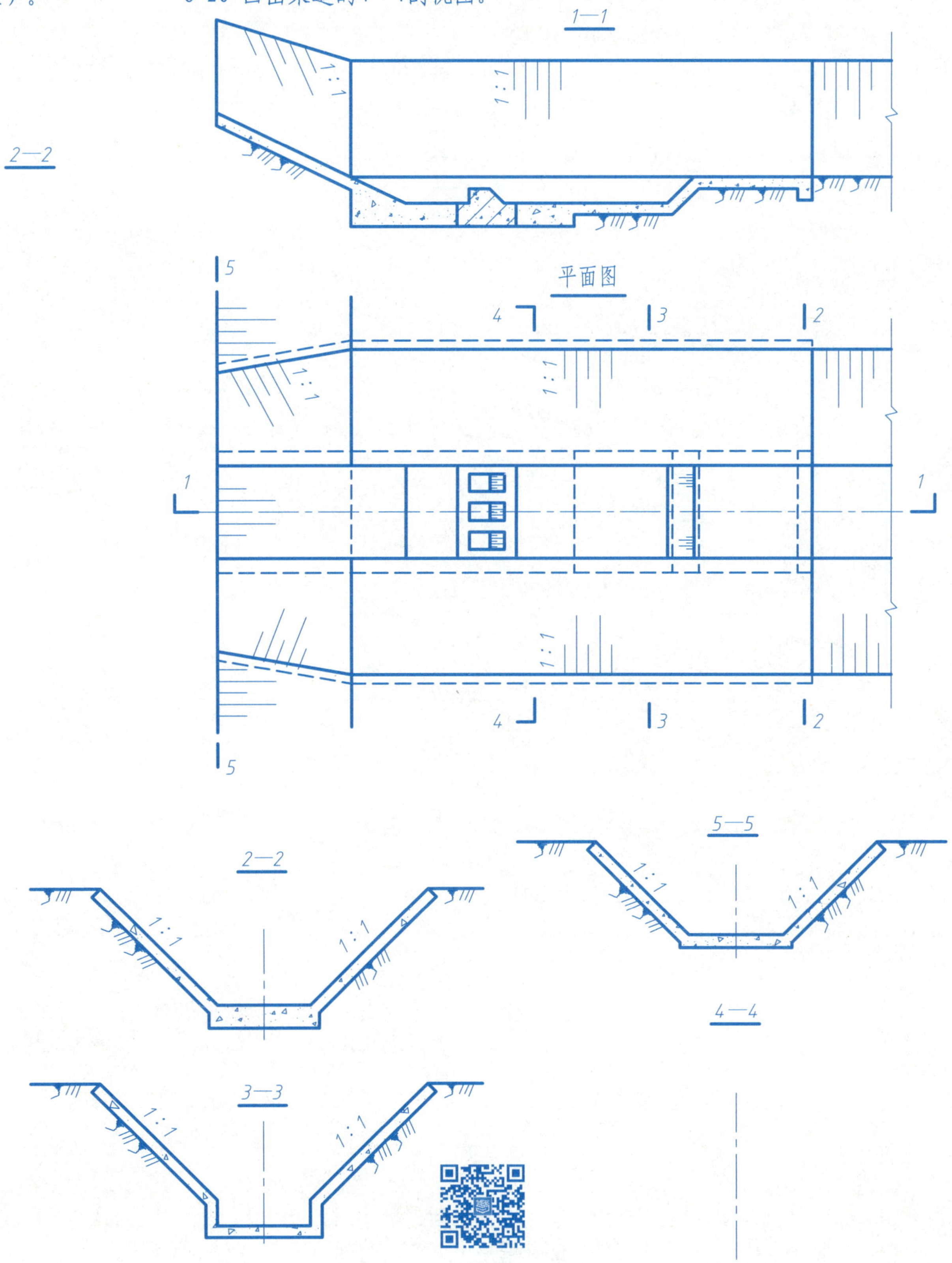

8-27 标注物体的尺寸，尺寸数值从图中量取近似值，取整，绘图比例为1∶50。

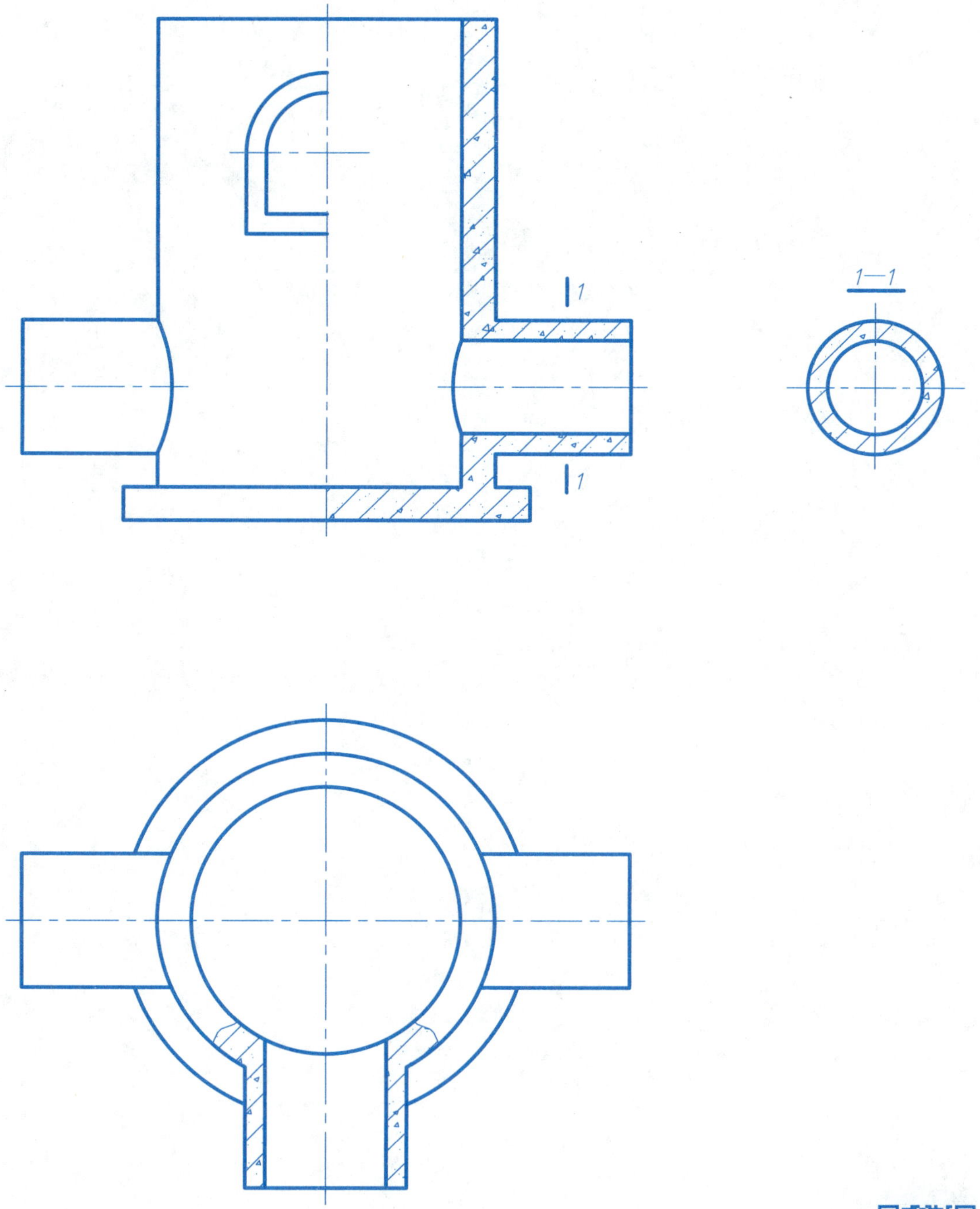

8-28 标注物体的尺寸，尺寸数值从图中量取近似值，取整，绘图比例为1∶100。

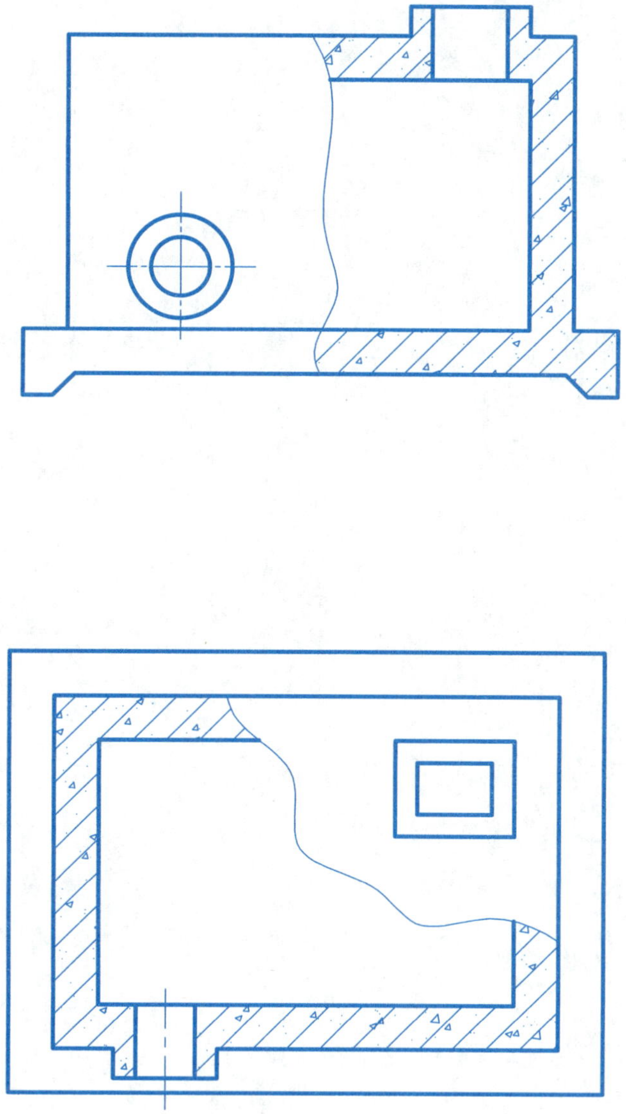

班级　　姓名　　学号

8-29 根据物体的轴测图，采用适当的表达方法画出其视图并标注尺寸，绘图比例为1：10，图纸幅面为A3。要求表示方法及投影正确，尺寸齐全，图面工整、清晰。

1.沉沙井

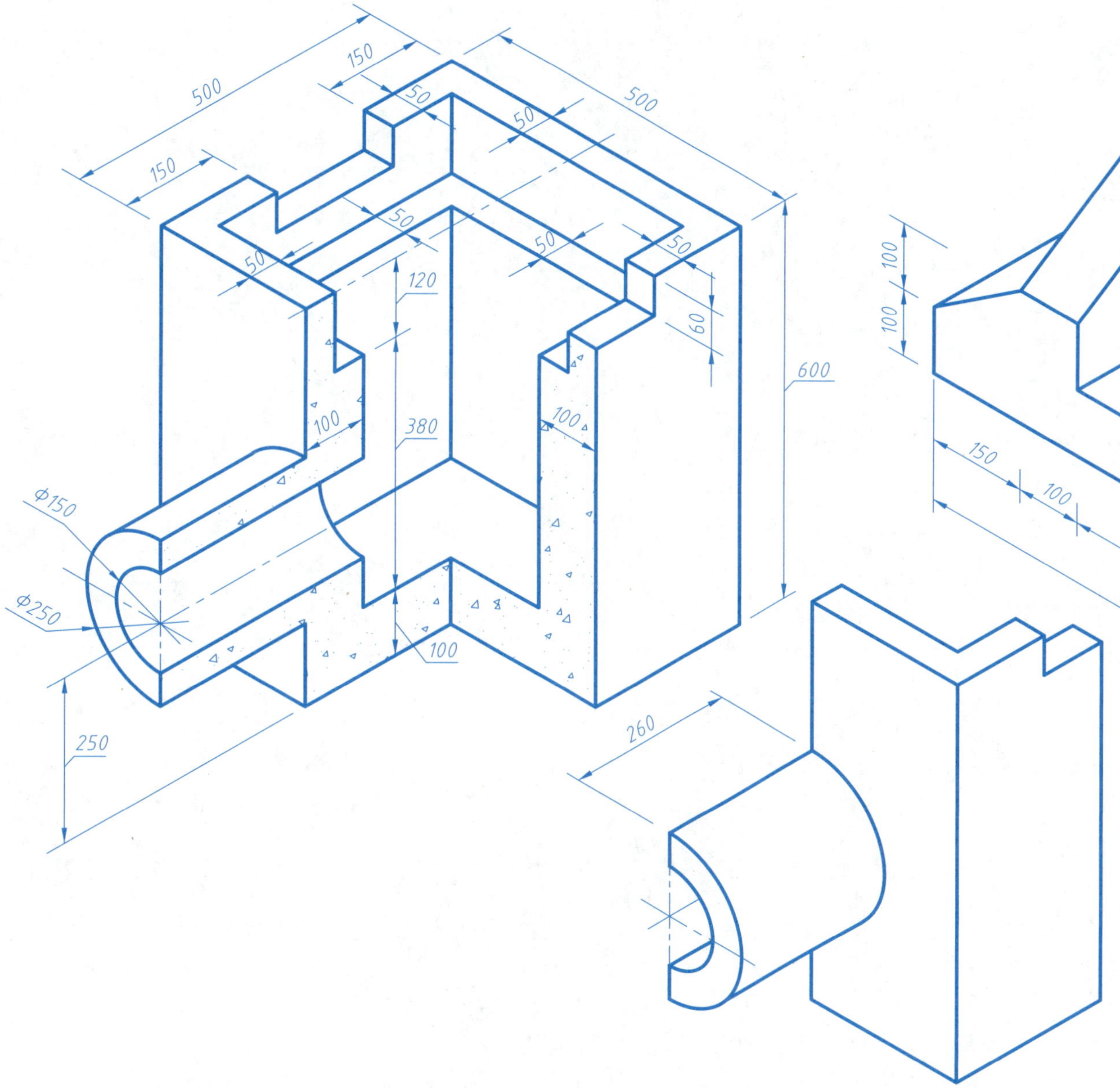

2.基础

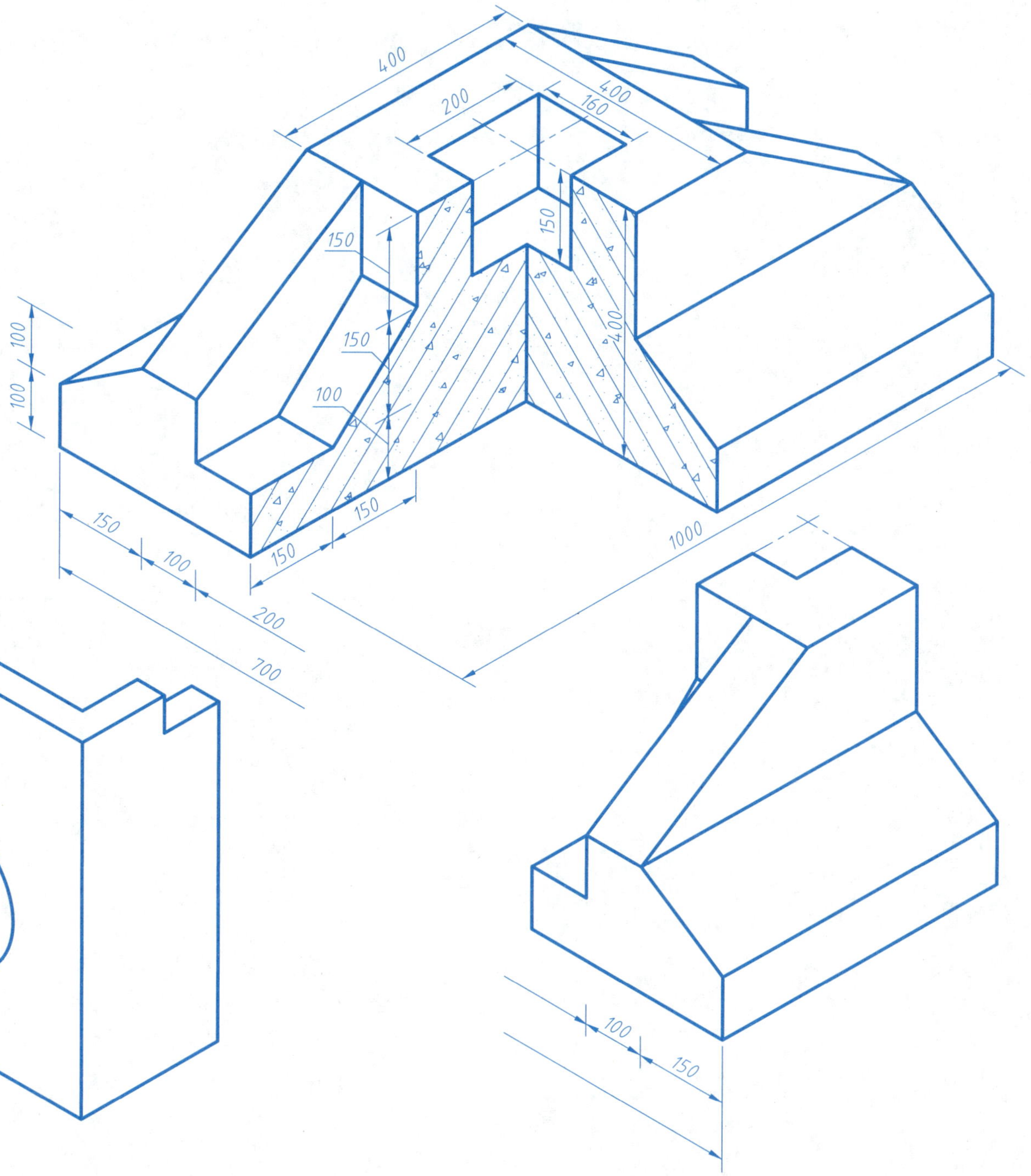

8-30 根据物体的轴测图，采用适当的表达方法画出其视图并标注尺寸，绘图比例为1∶10，图纸幅面为A3。要求表示方法及投影正确，尺寸齐全，图面工整、清晰。

1.

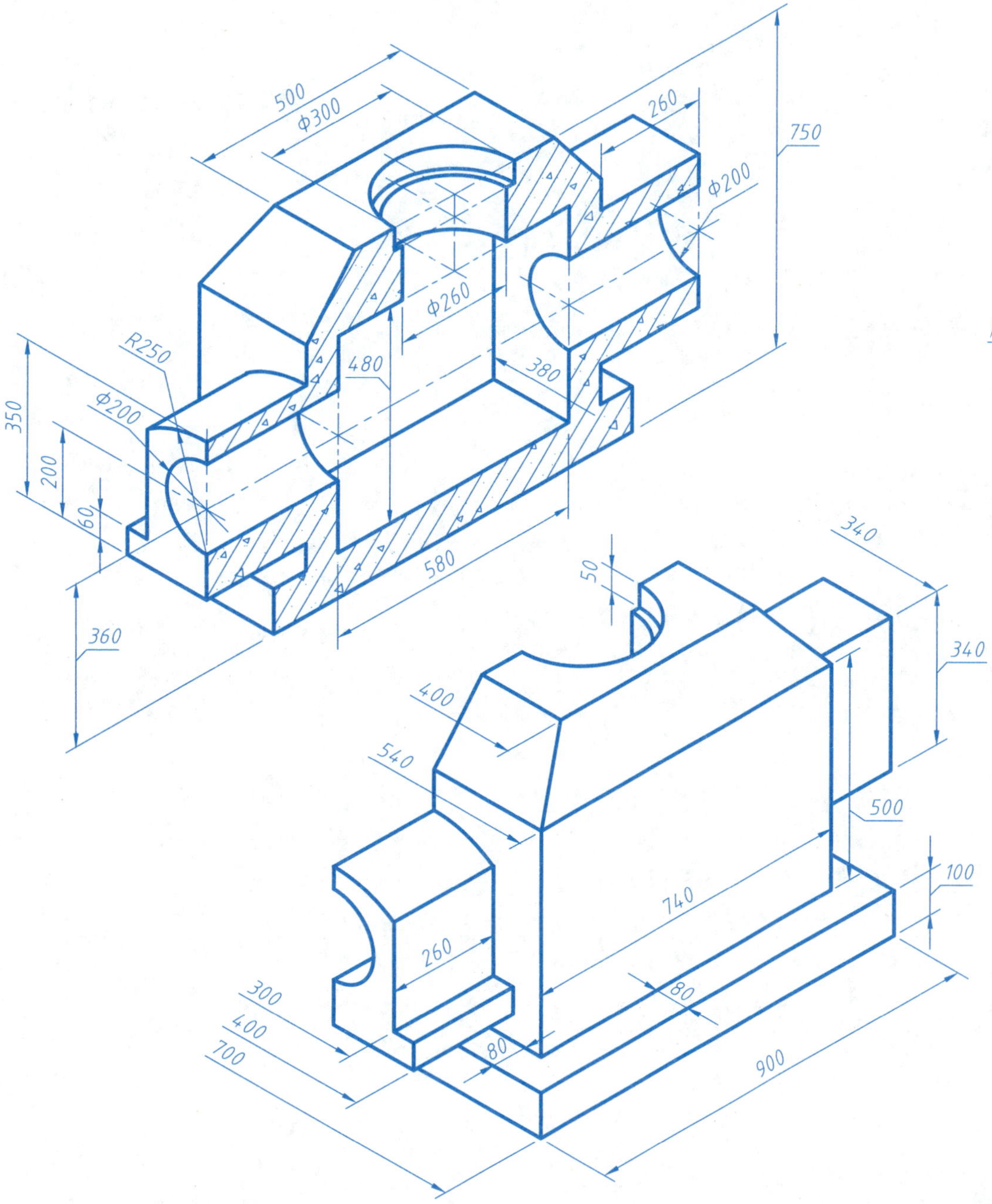

2.

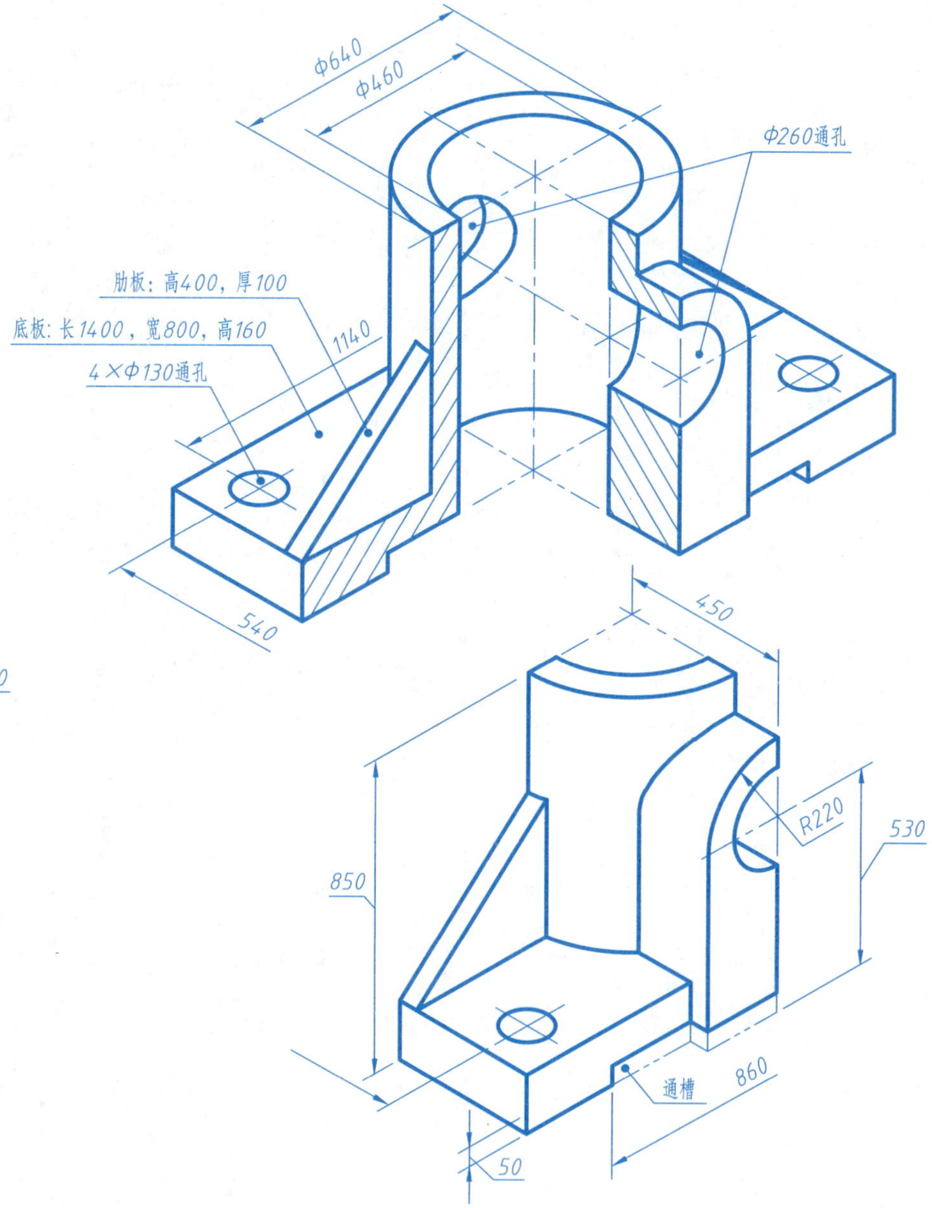

8-31 根据箱体的轴测图，采用适当的表达方法画出其视图并标注尺寸（未注尺寸从轴测图中量取近似值，取整），绘图比例为1∶1，图纸幅面为A3。要求表示方法及投影正确，尺寸齐全，图面工整、清晰。

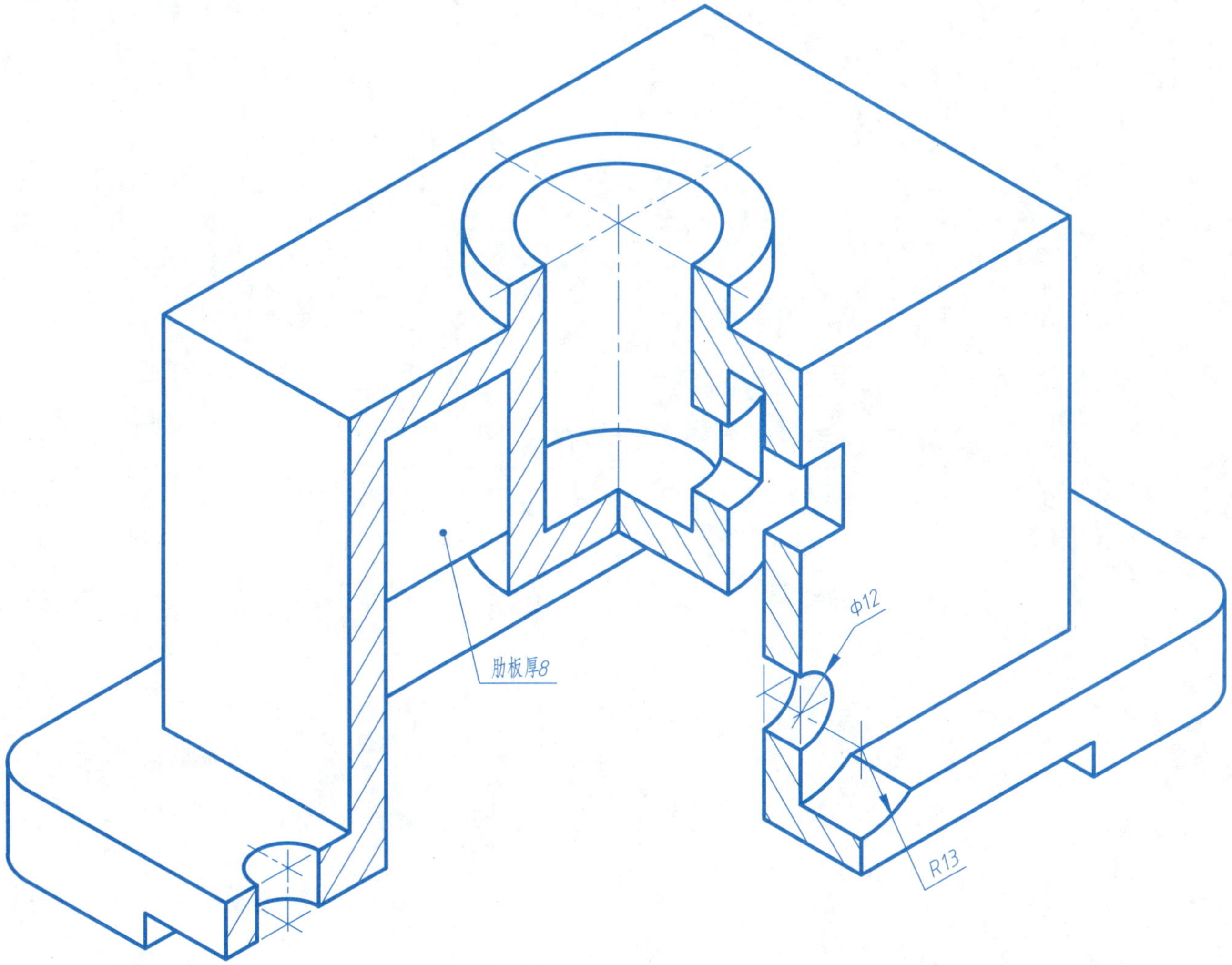

俯视图

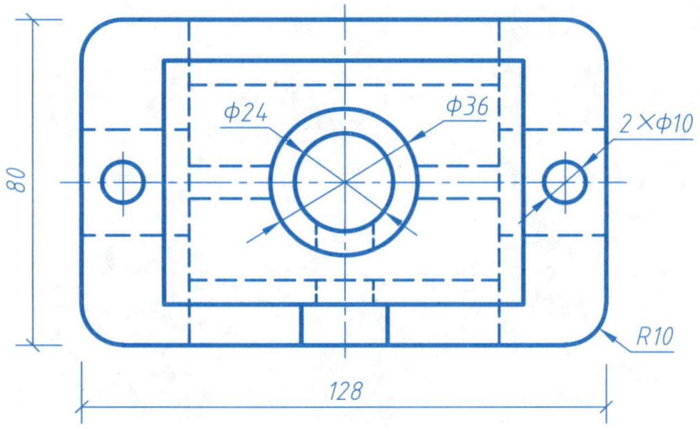

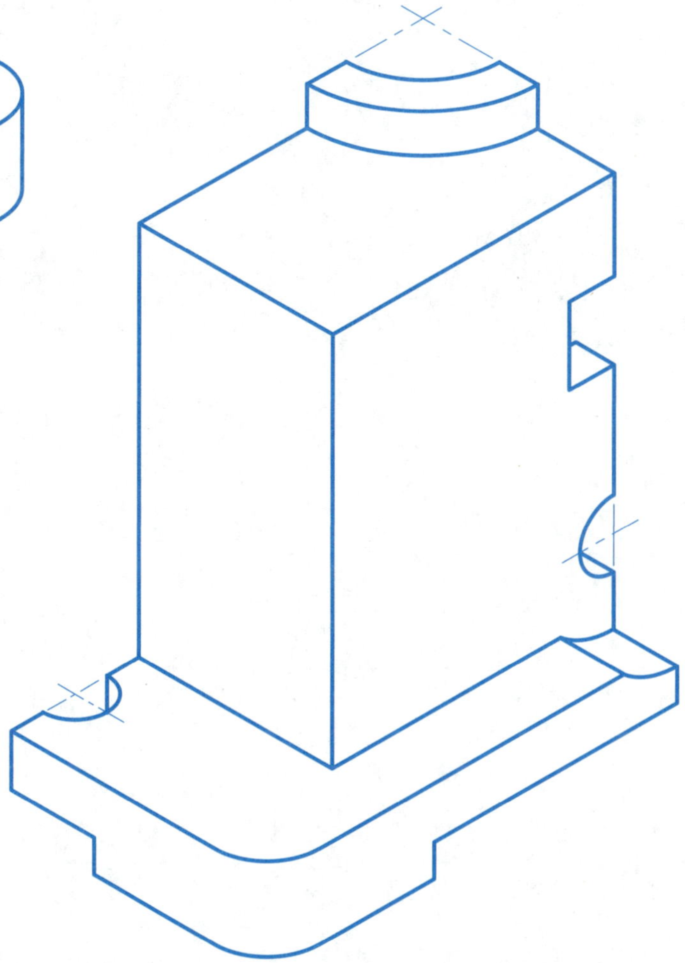

8-32 根据涵洞的轴测图，采用适当的表达方法画出其视图并标注尺寸，绘图比例为1∶100，图纸幅面为A2。要求表示方法及投影正确，尺寸齐全，图面工整、清晰。

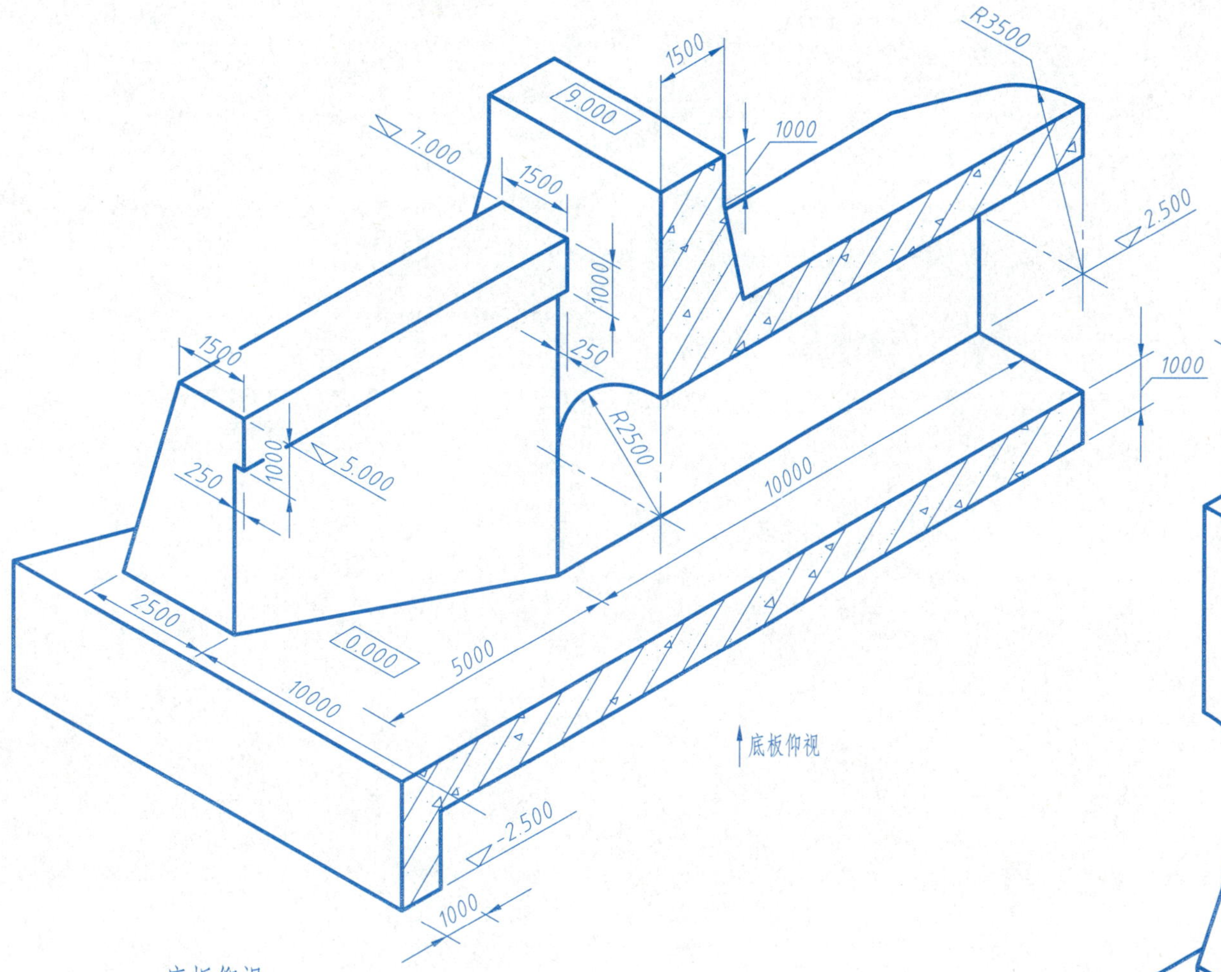

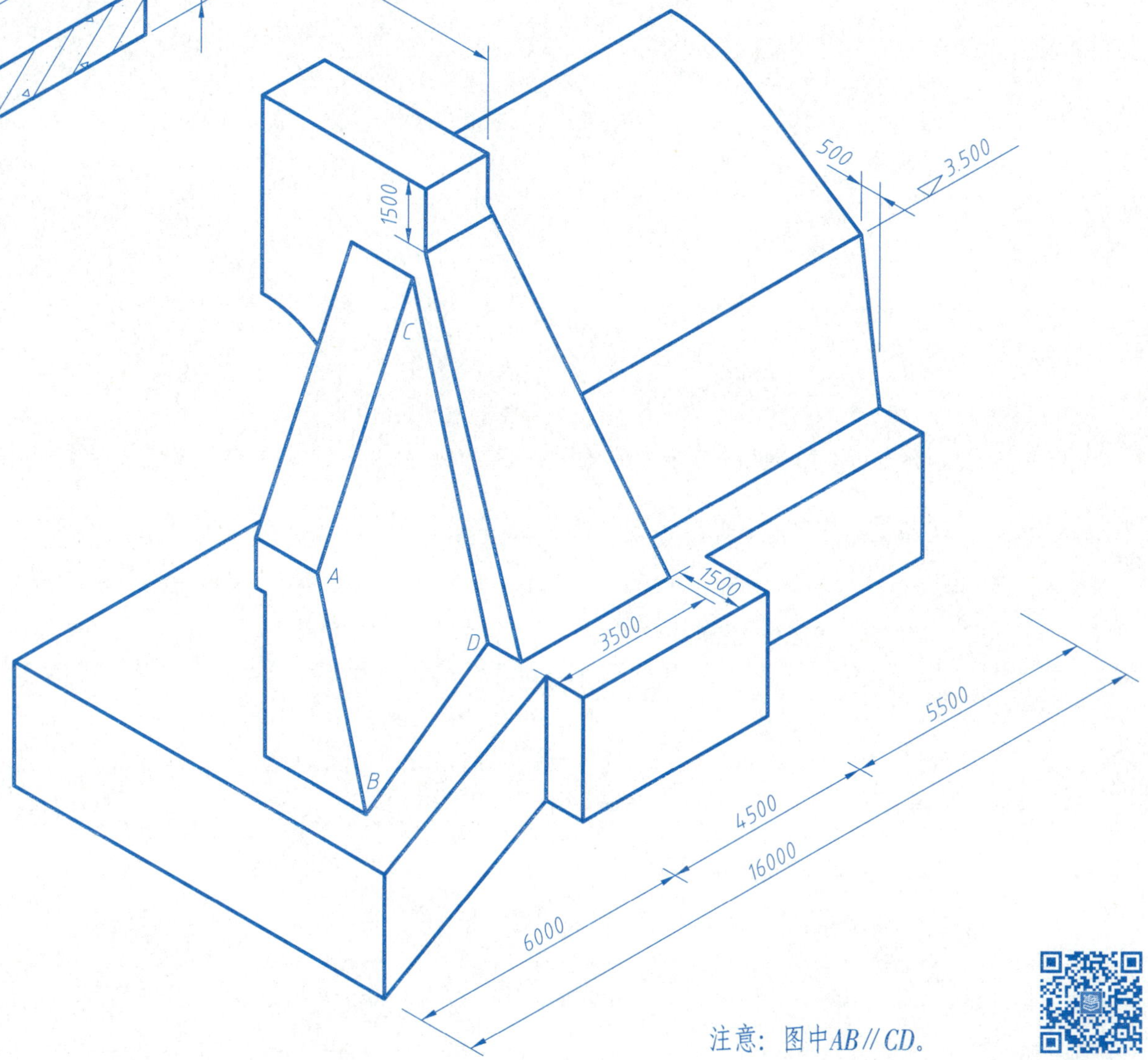

底板仰视 1∶300

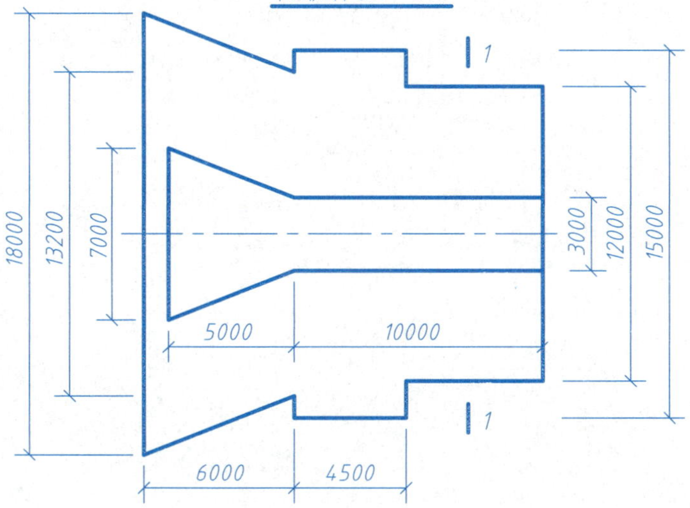

1—1 1∶300

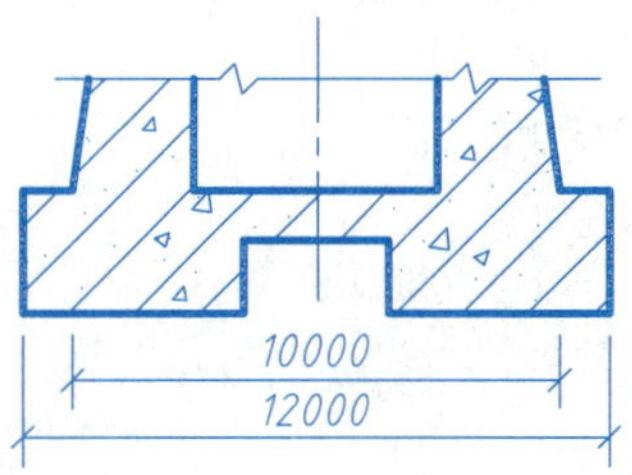

注意：图中AB // CD。

8-33 读懂轴支座的视图，选择适当的表达方法，用1∶1的比例绘制在A3幅面图纸上。要求表达方法合理，投影正确，尺寸齐全，图面工整、清晰。

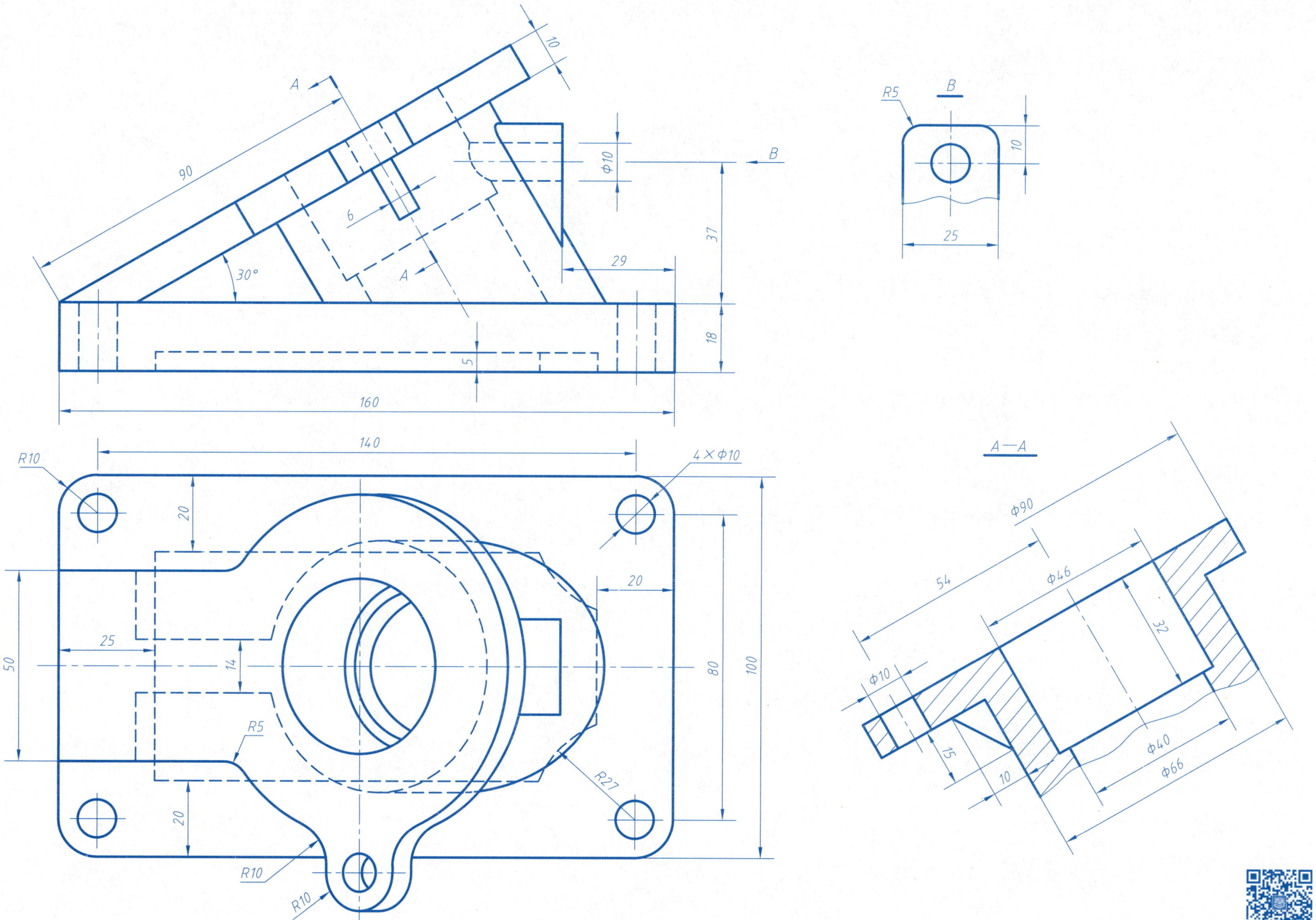

班级 姓名 学号

9-1 已知斜椭圆锥顶S及底圆的投影，完成以下作图：

1. 画出其三面投影图；
2. 注写正面及水平投影外形轮廓线的三面投影；
3. 作平面R与其表面截交线的三面投影。

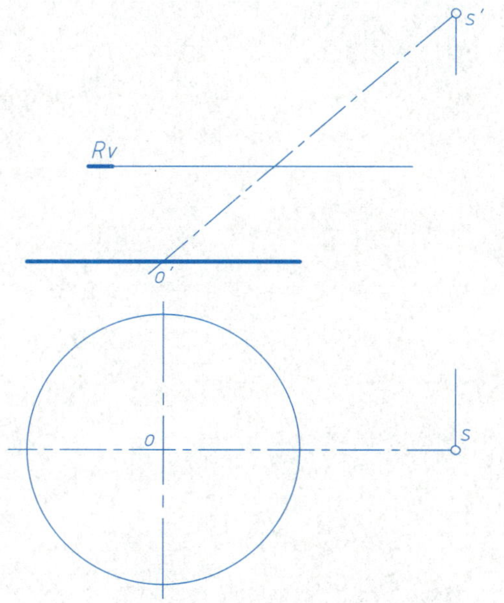

9-2 完成带缺口的斜椭圆柱的水平投影和侧面投影。

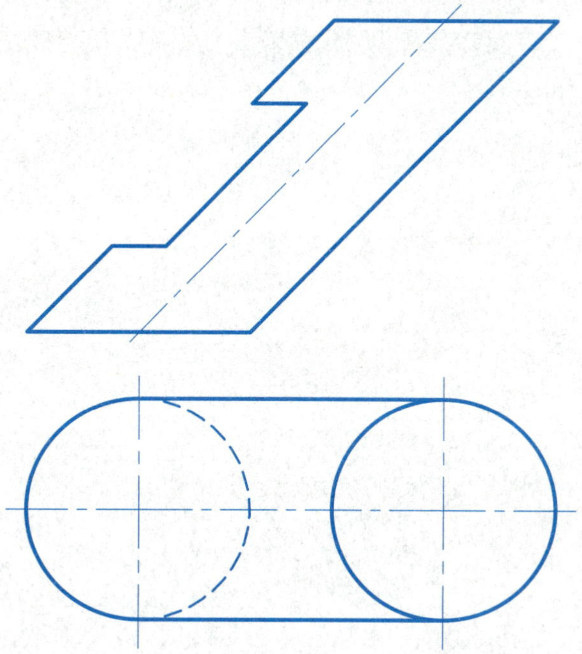

9-3 画出渠道及扭面翼墙段的1—1断面图。

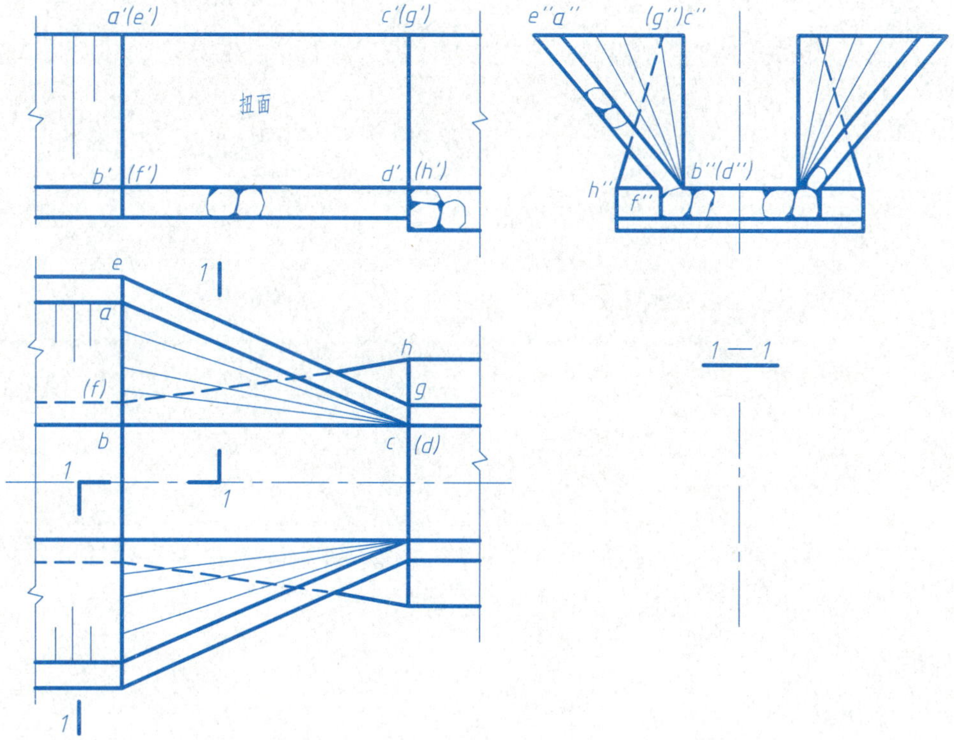

9-4 画出扭面翼墙段的下游立面图（右视图）。

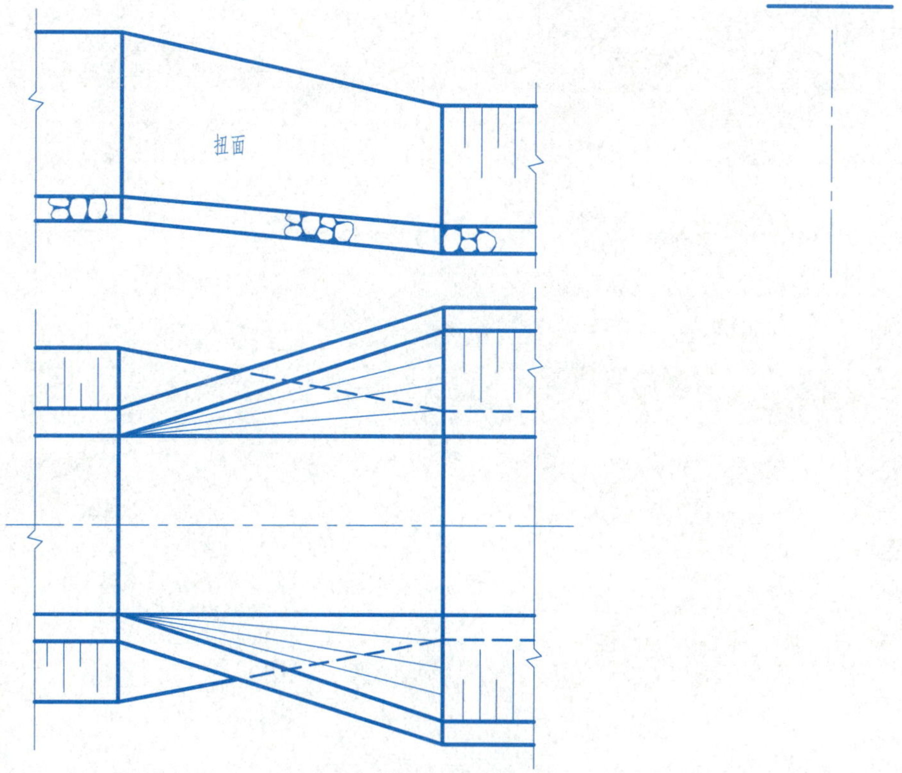

9-5 已知两曲导线*ABC*和*DEF*，导平面*P*，试画出柱状面的投影。

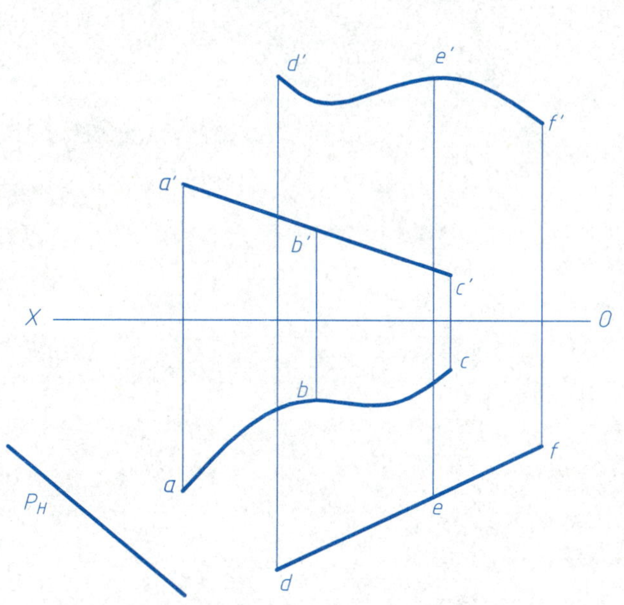

9-6 已知母线*AB*及轴线OO_1，试画出单叶回转双曲面的投影。

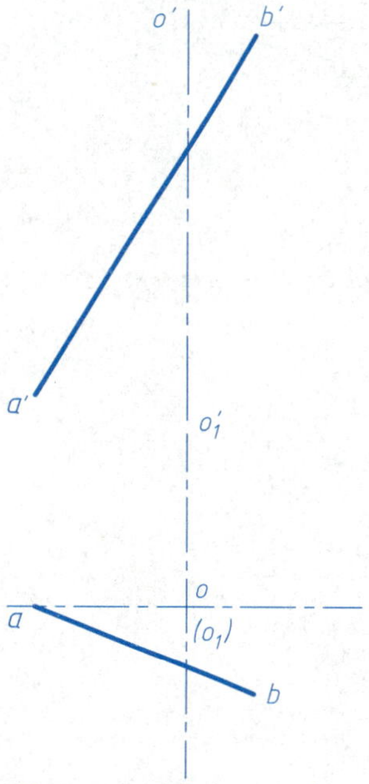

9-7 已知方圆渐变段（组合面）的投影，完成下列要求：

1. 计算1—1、2—2、3—3断面的各参数*h*、*b*、*r*的值，并填入表中；
2. 按1∶200绘图比例画出3—3断面图。

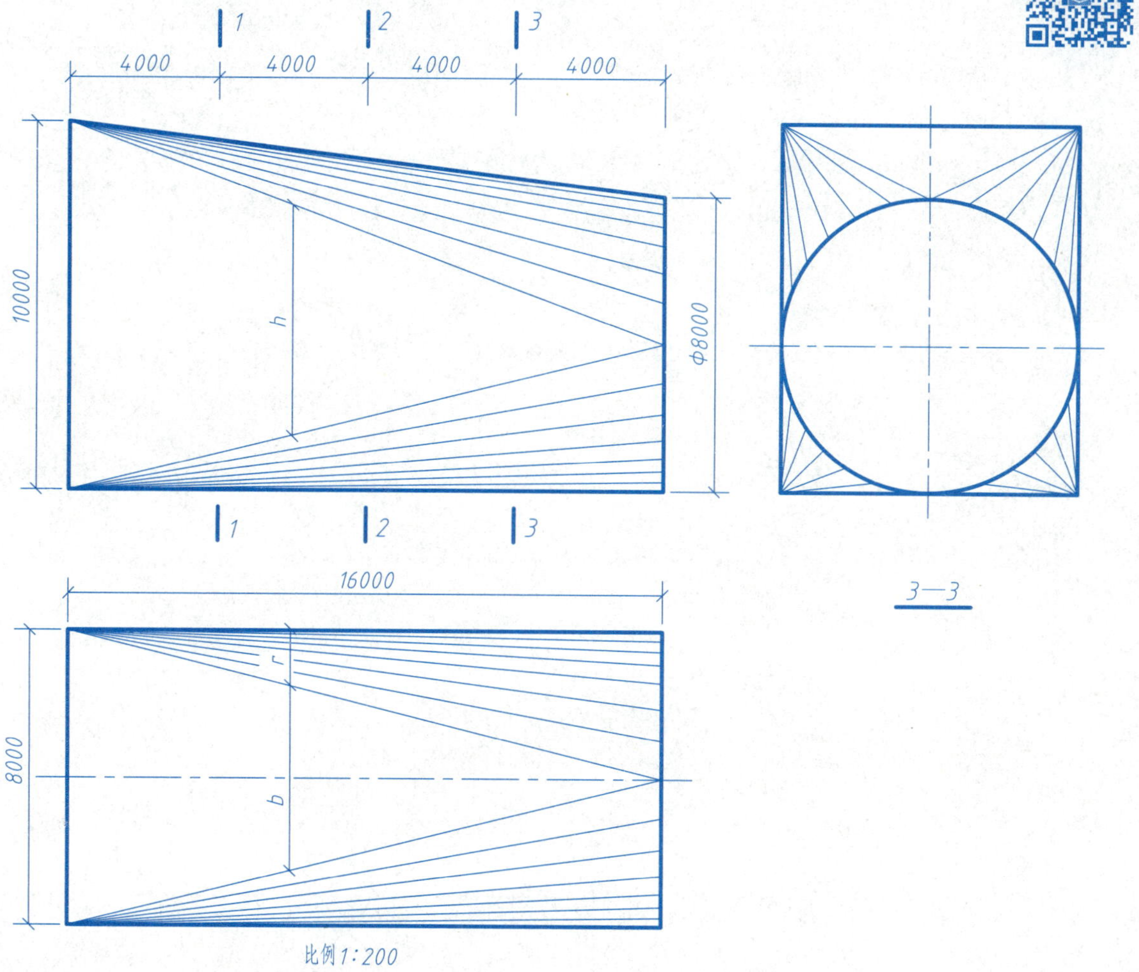

断面参数表

mm

断面	h	b	r
1—1			
2—2			
3—3			

9-8 下图为一梯形坝段的三视图，试分析*ABC*及*BCDE*面是平面还是曲面。如果是曲面，是什么曲面？作1—1断面图。

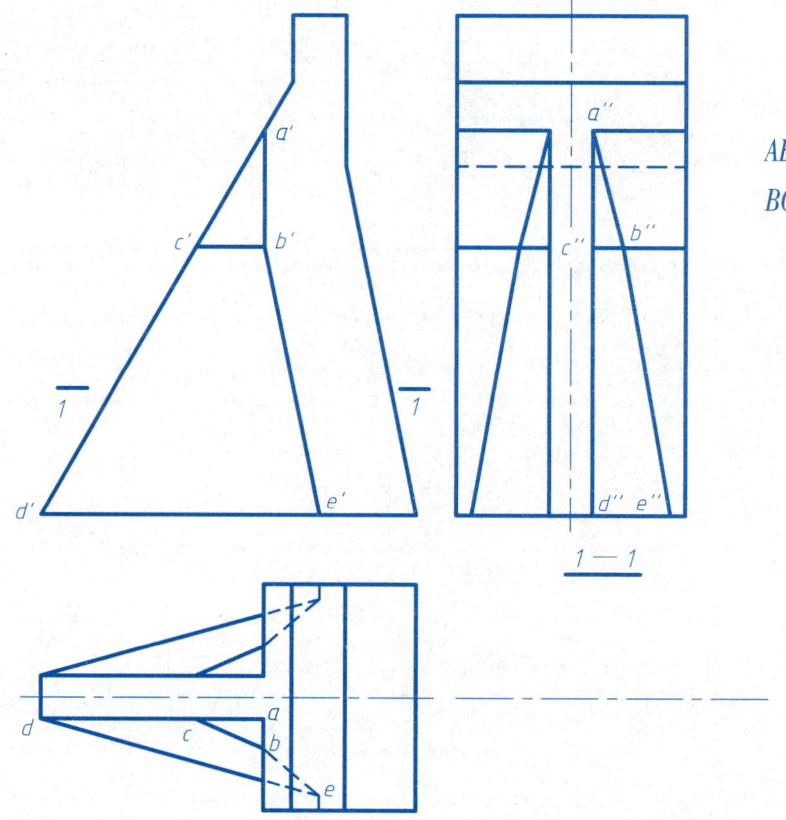

*ABC*是＿＿面

*BCDE*是＿＿面

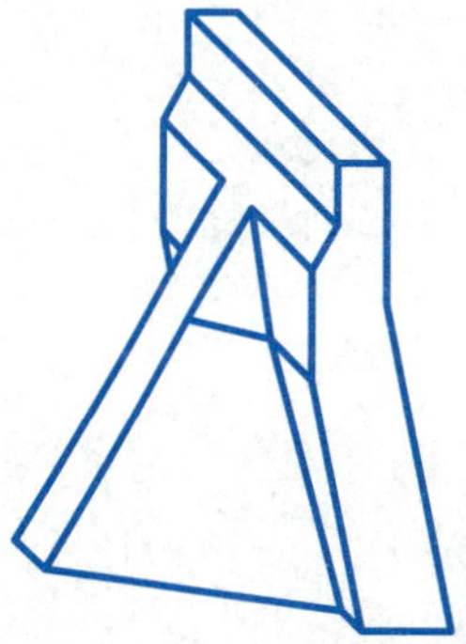

10-1 已知直线段AB两端点的高程，求该线段的坡度i，并定出线段上高程为整数的各点c_2、d_3、e_4、f_5(比例为1∶100)。

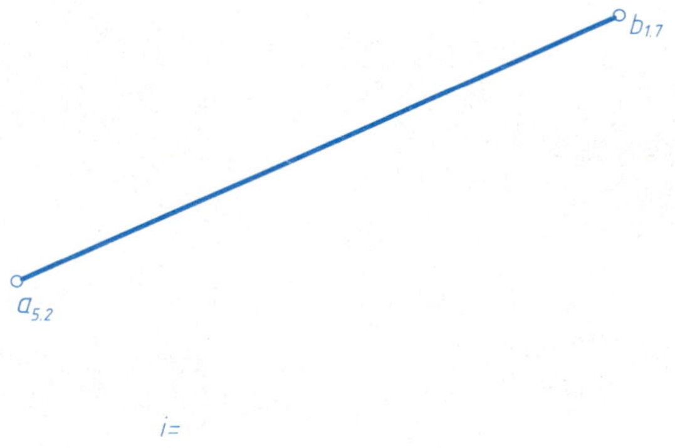

10-2 在高程为-4 m的地面上开挖一高程为-6 m的基坑，挖方边坡为2∶1，求作开挖线及坡面交线(比例为1∶100)。

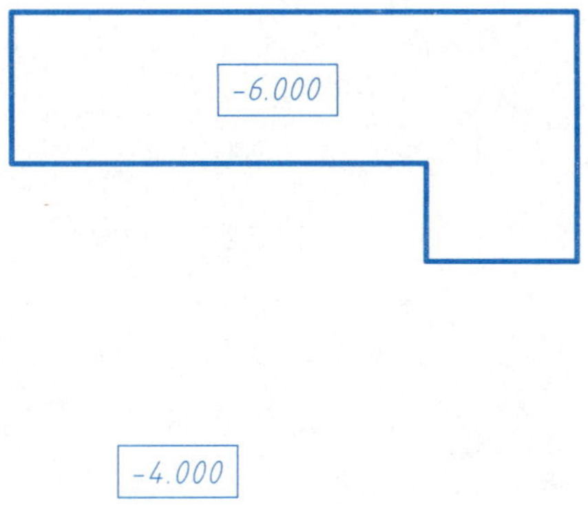

10-3 各水平面高程及边坡坡度如图所示，求坡脚线及坡面交线（比例为1∶100)。

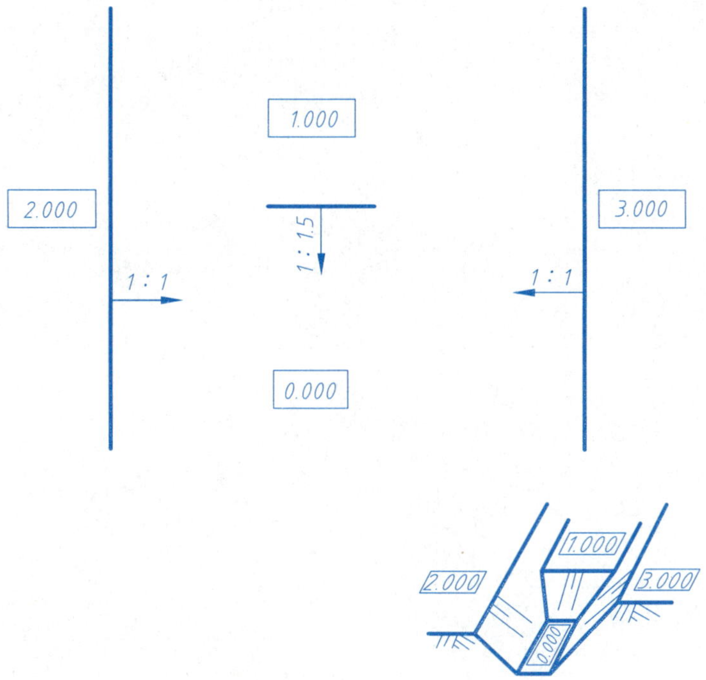

10-4 在高程为0 m的地面上筑一高程为3 m的平台，下图均为平台一角，求作坡脚线及坡面交线(比例为1∶200)。

1.

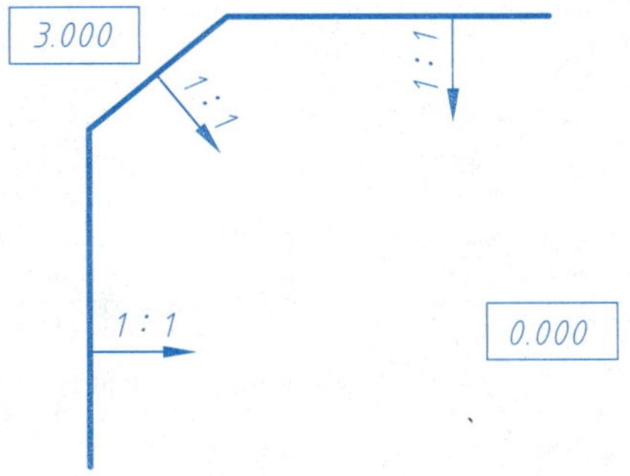

2.

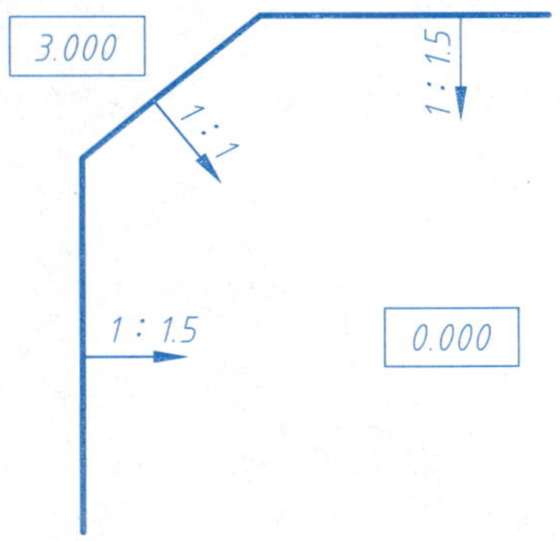

3.

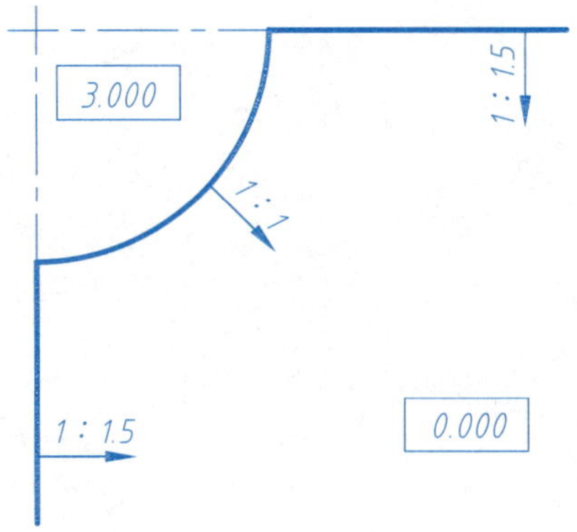

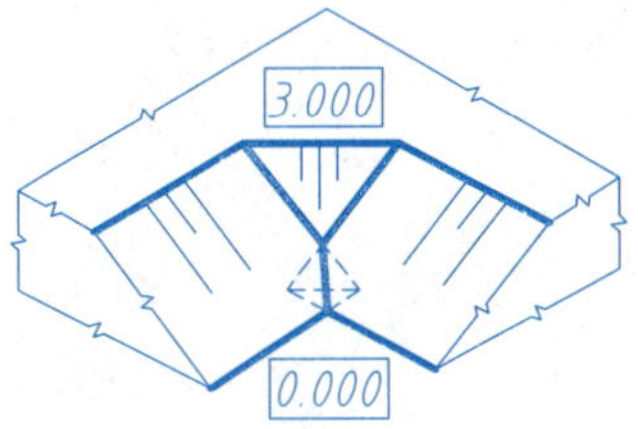

10-5 在高程为1 m的平地上筑大小二堤,堤顶高程及两侧边坡如图所示，求作坡脚线及坡面交线（比例为1∶500)。

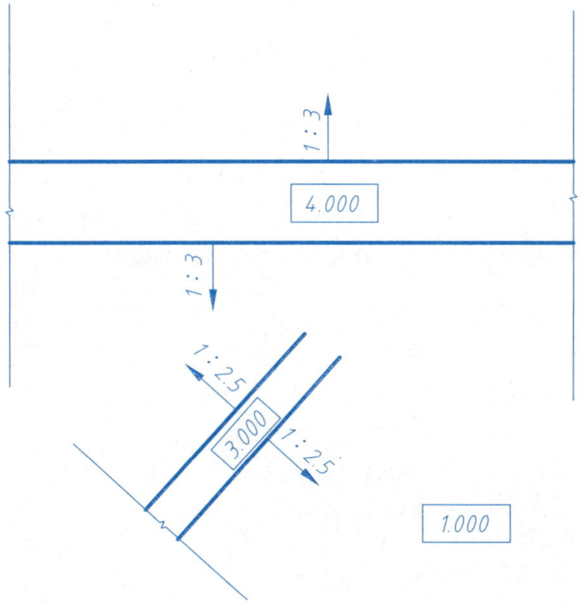

10-6 在1：5的斜坡上修筑高程为1 m的平台，填、挖方边坡均为1：1，根据1—1断面图完成坡脚线、开挖线及坡面交线（比例为1：100）。

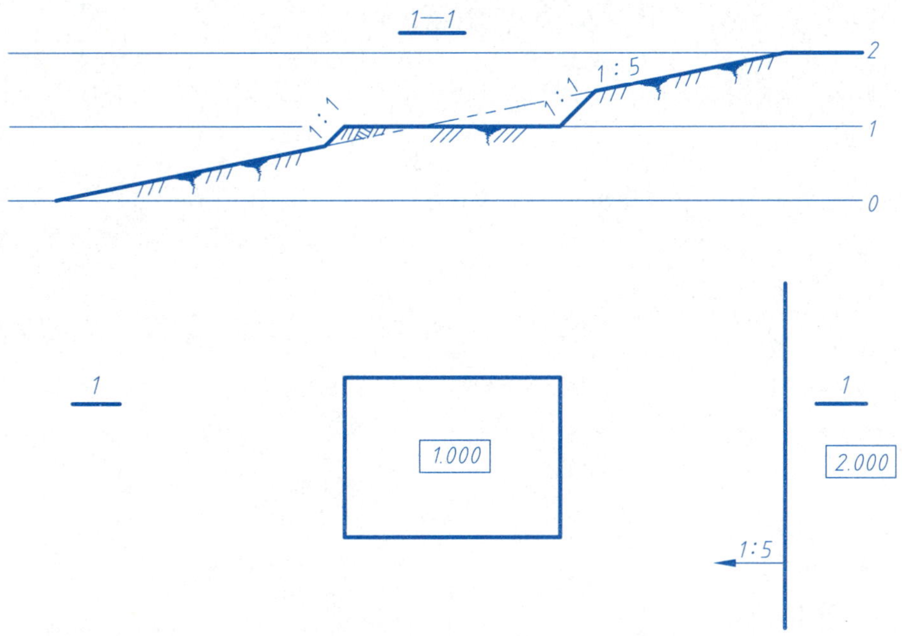

10-7 在高程为0 m的地面上开挖一斜坡道通向建筑物，斜坡道一端*AB*高程为0 m，另一端*CD*高程为-3 m，斜坡道的挖方边坡为1：1，画出斜坡道边坡的开挖线(比例为1：100)。

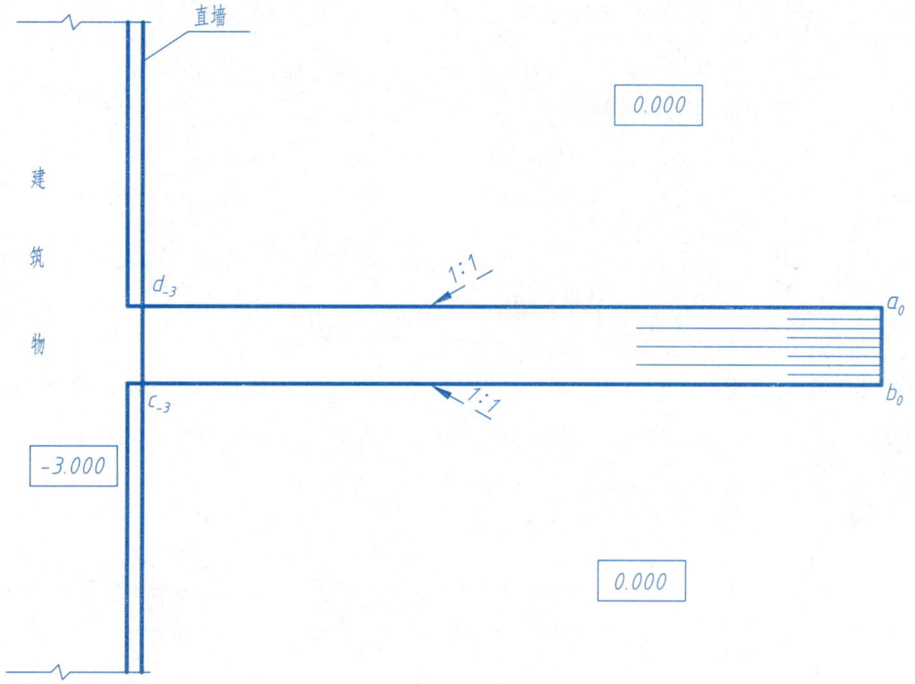

10-8 各平面高程和边坡如图所示，试完成坡脚线及坡面交线（比例为1：500）。

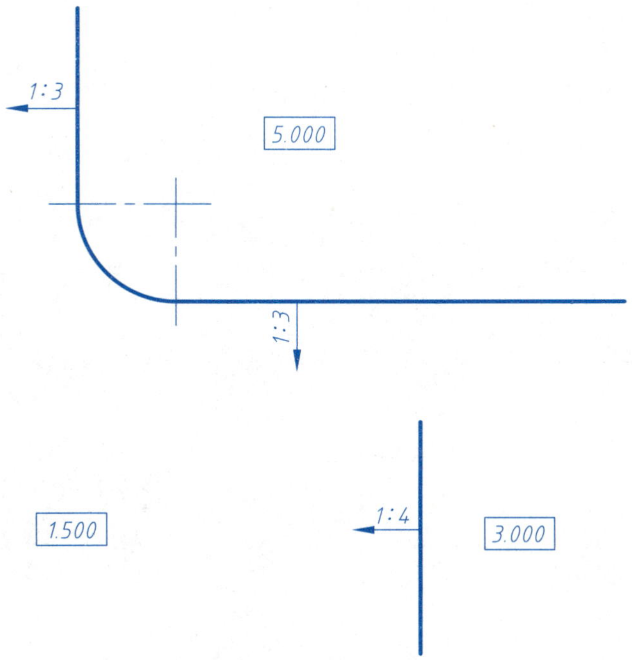

10-9 在高程为2 m的地面上修建一圆弧形坡道，通向高程为6 m的水平场地，圆弧坡道两侧边坡坡度均为1：2，求作坡脚线及坡面交线。

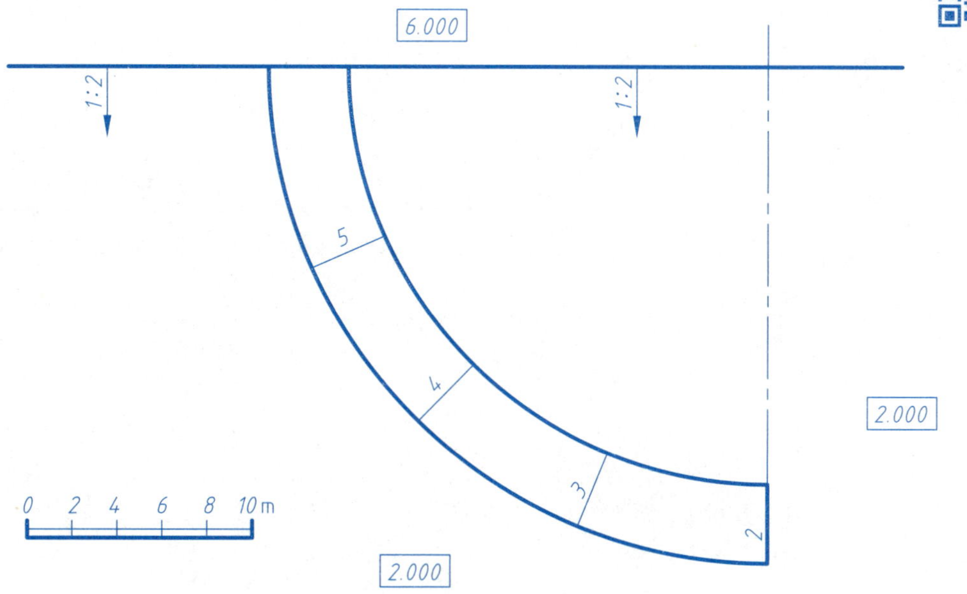

10-10 已知土坝设计断面、地形图和坝轴线位置，求作：

1. 土坝平面图和坝面坡脚线；

2. 补画1—1断面图中的地形断面(比例为1：1000)。

土坝设计断面

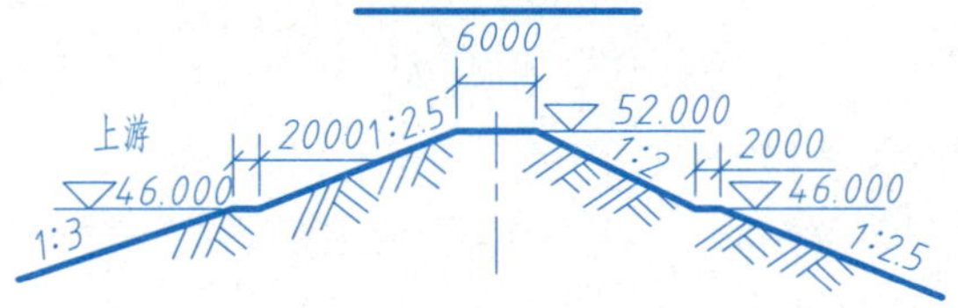

1—1

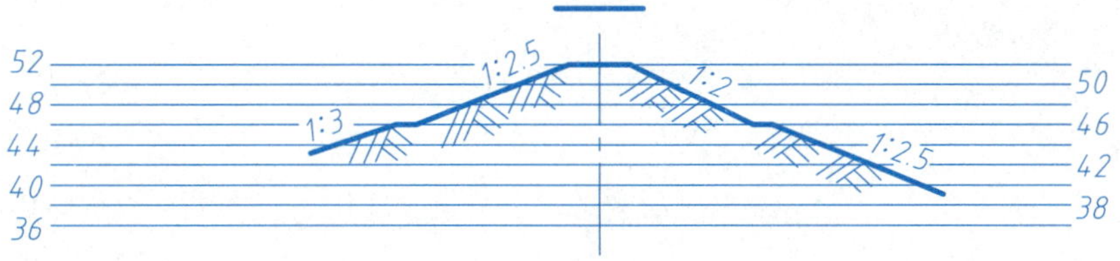

土坝平面图

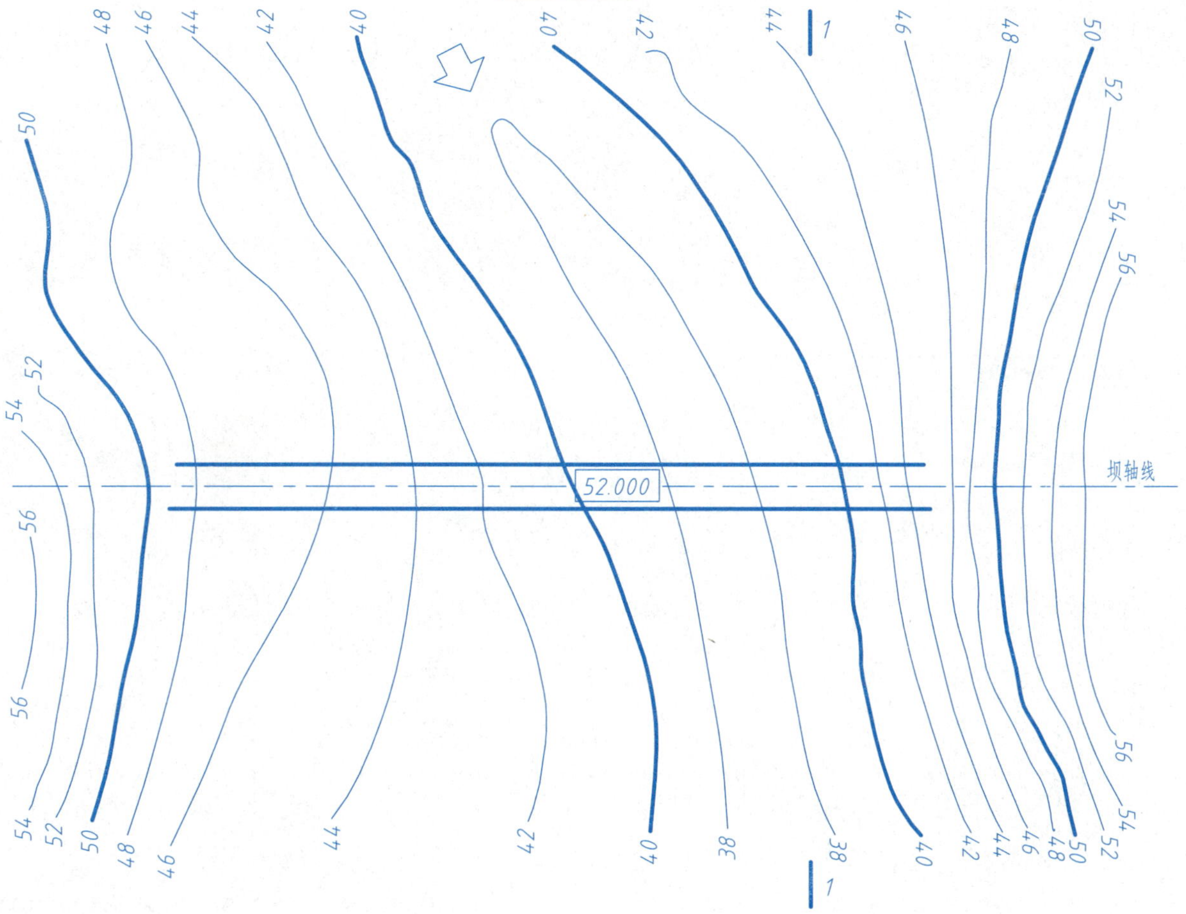

10-11 在山坡上开筑一水平场地，其高程为121 m，已知挖方边坡为1：1，填方边坡为1：1.5，求开挖线、坡脚线和坡面交线（比例为1：200）。

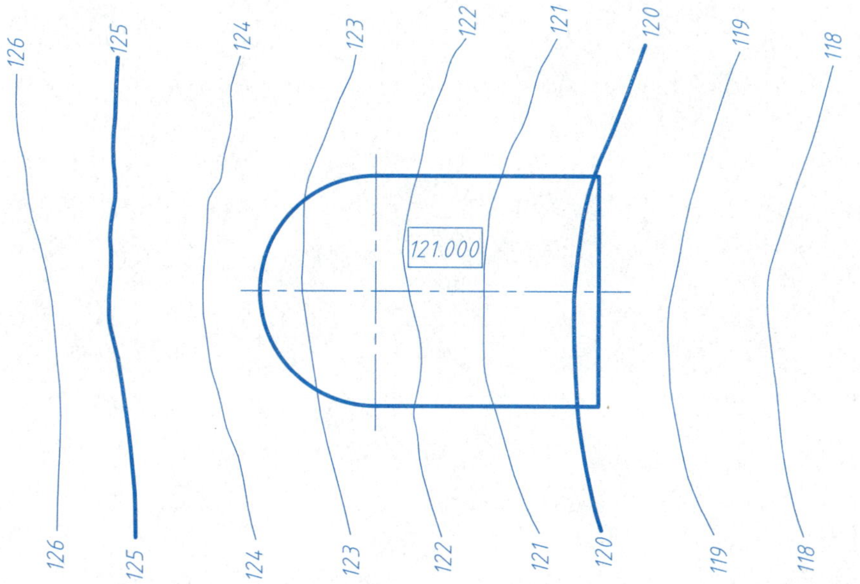

10-12 地面上有一高程为23 m的平台，用一条1：4的斜坡道与其相连，平台边及斜坡道两侧都为斜坡，坡度均为1：2，求坡脚线及坡面交线。（提示：作图时应先求出斜坡道面上整数高程线，比例为1：200。）

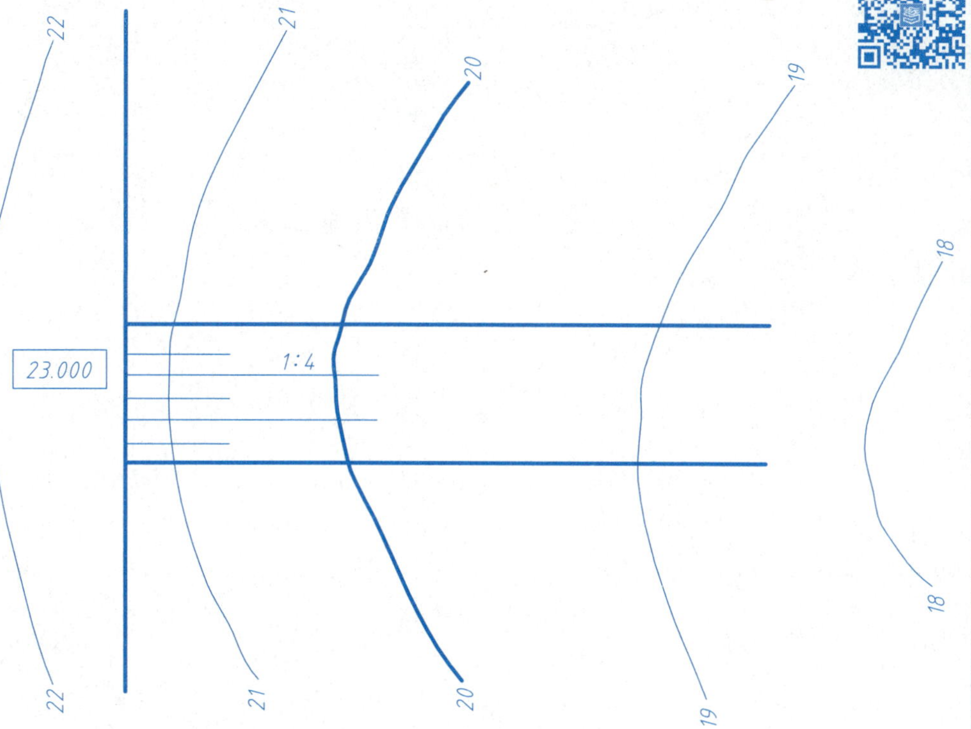

10-13 在地面上修筑一斜坡道，其填方、挖方边坡如路基断面图所示，试用断面法求作开挖线和坡脚线（比例为1：500）。

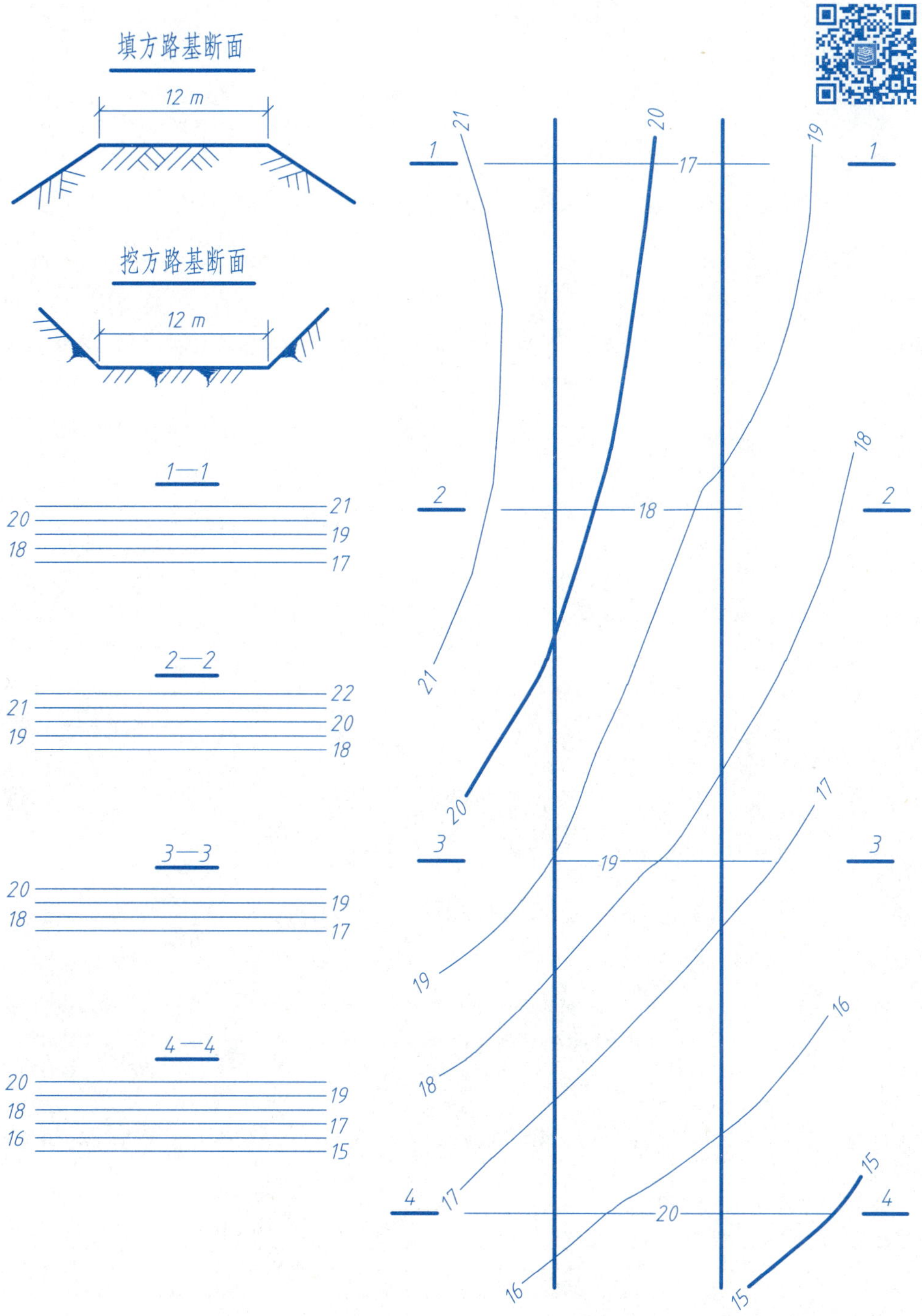

10-14 在地面上筑一平台，挖方边坡为1：1，填方边坡为1：1.5，求作各坡面与地面的交线及坡面交线（比例为1：200）。

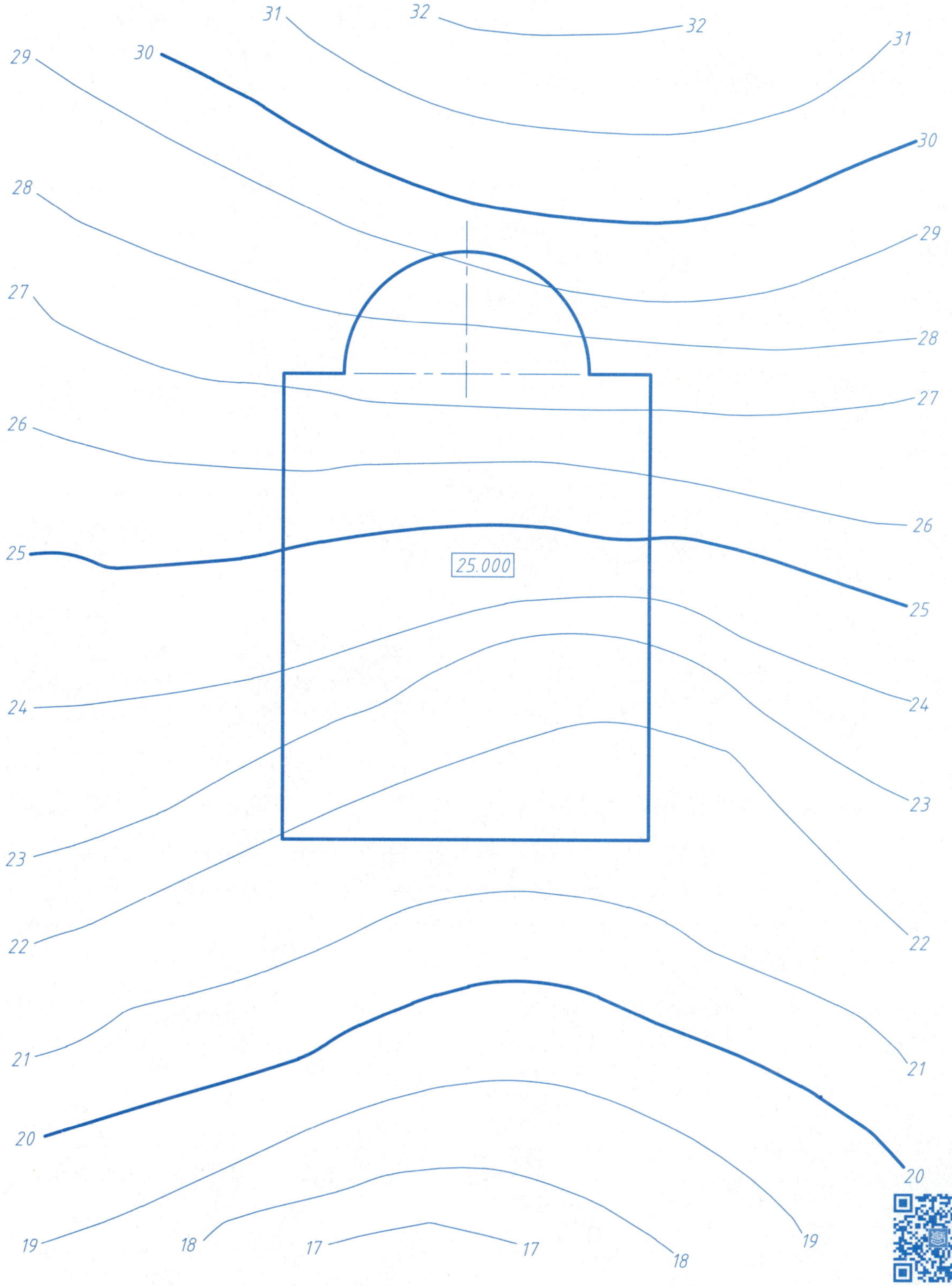

10-15 求建筑物与地面的交线及各坡面间的交线（比例为1∶500）。

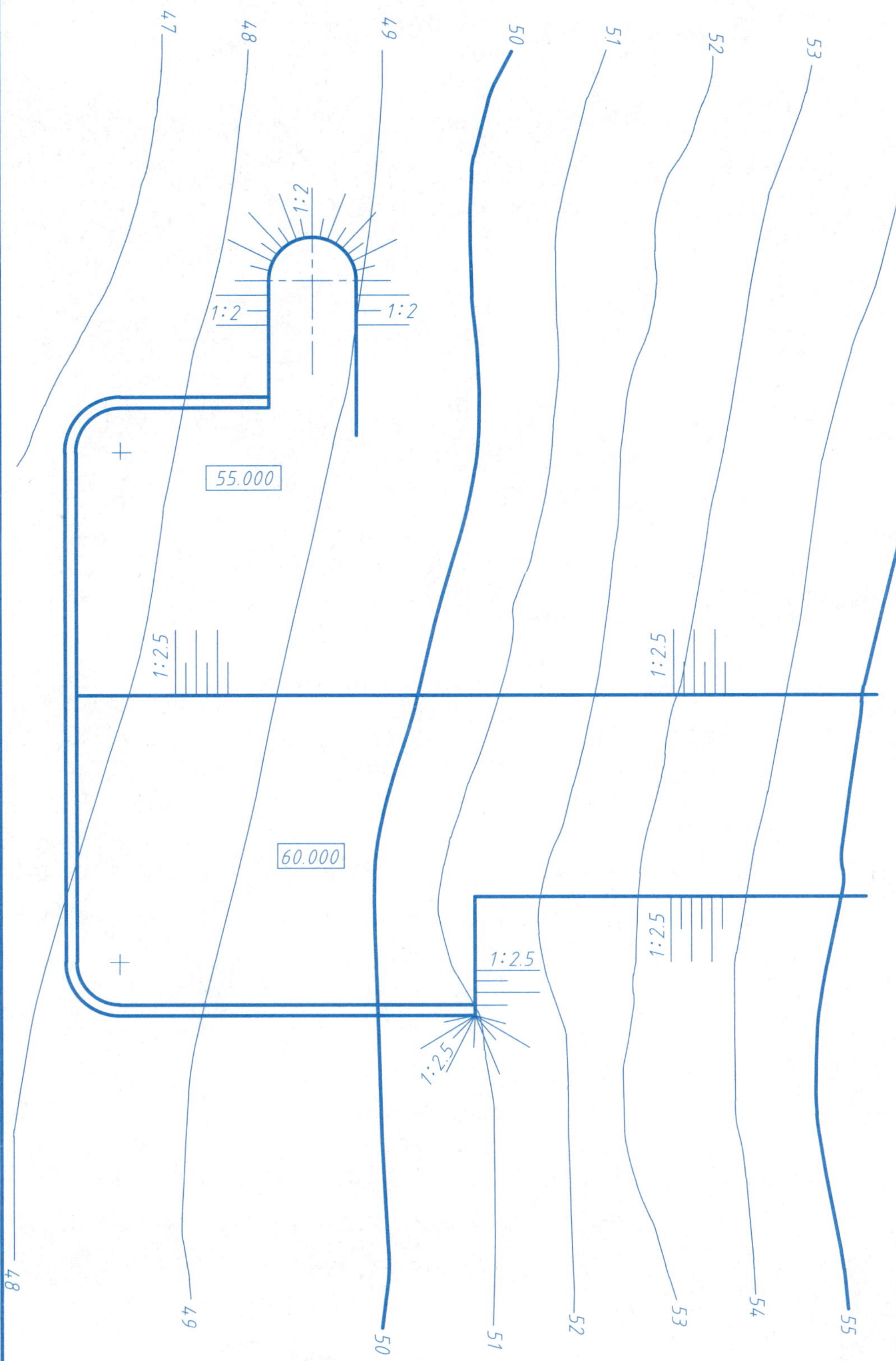

10-16 求建筑物各边坡的坡脚线及坡面交线（比例为1∶200）。

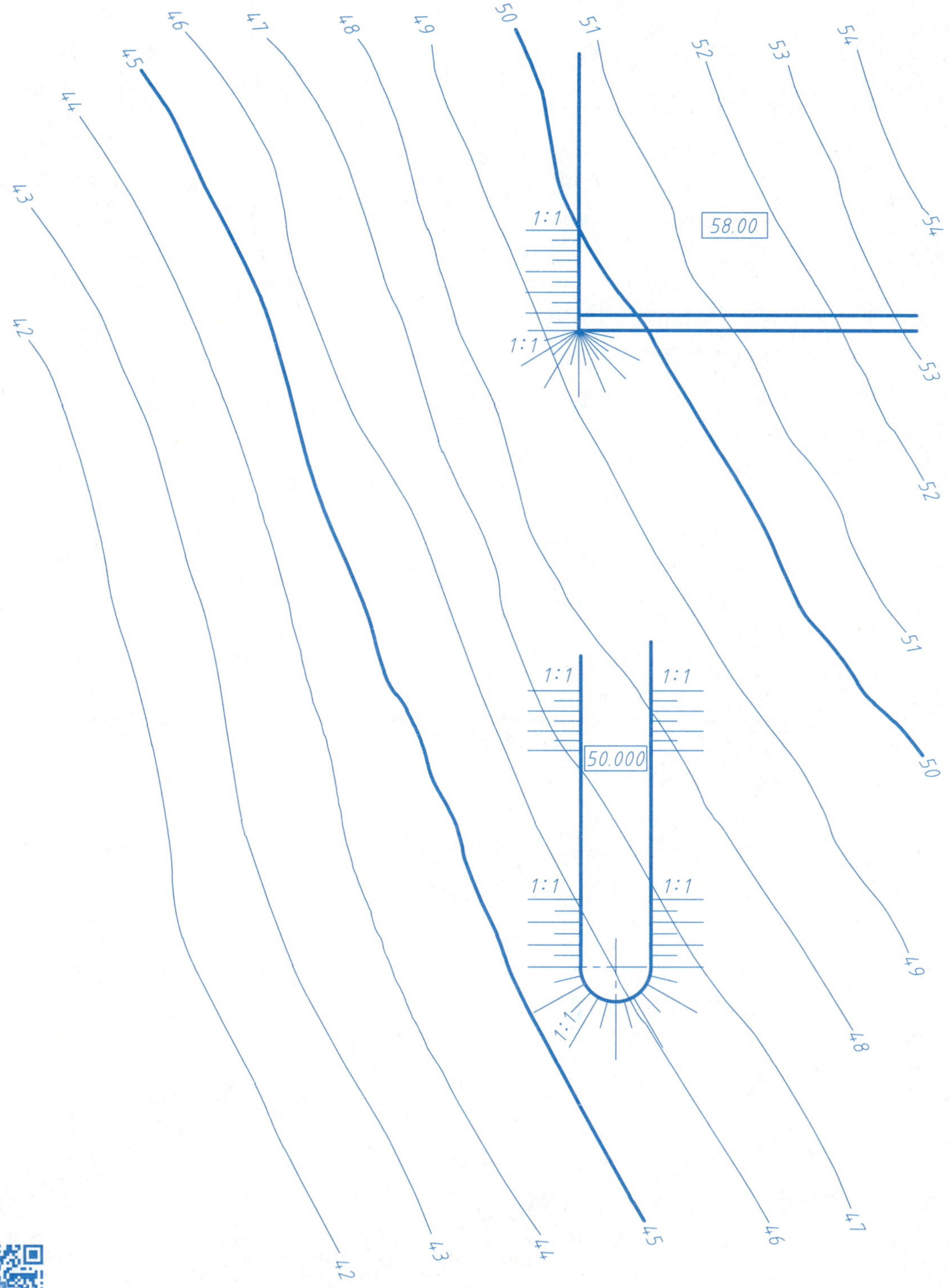

11-1 过点K作平面垂直于平面ABC并且平行于直线EF。

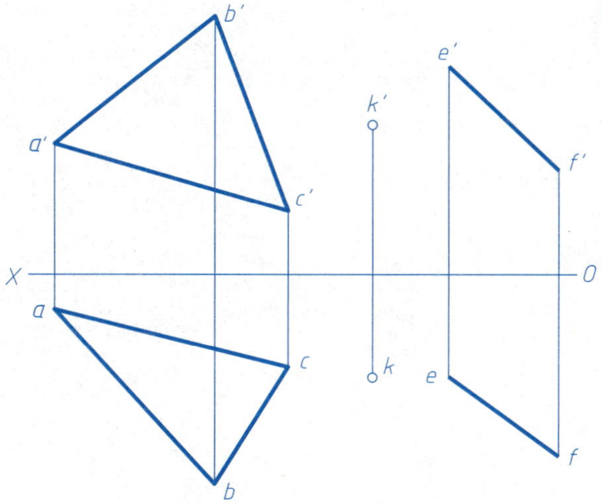

11-2 直线DE与平面ABC平行，距离为5 mm，求d′e′。

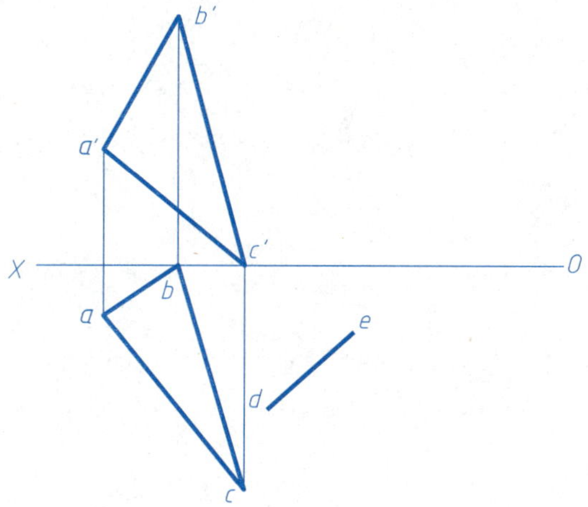

11-3 过点S作平面与平面CDE、直线AB垂直，并求直线AB的水平投影。

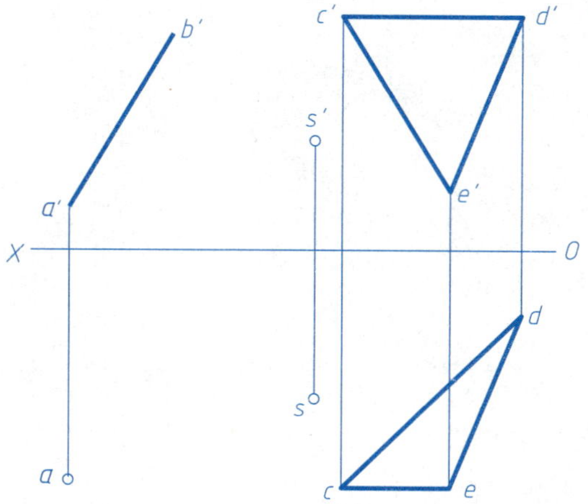

11-4 作直线CD平行于直线AB，且距AB及点K各15 mm。此题有几解？

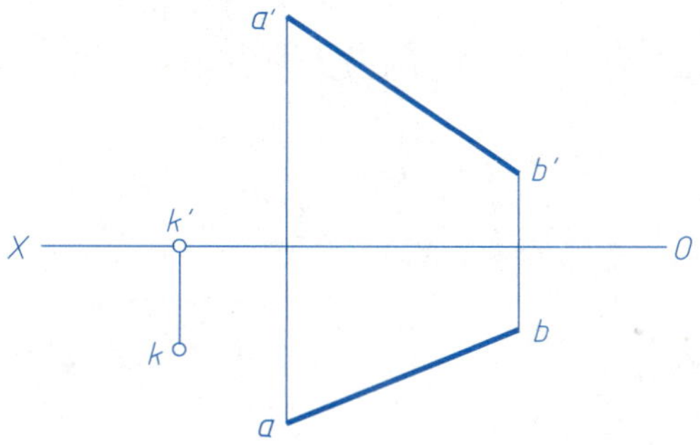

11-5 作直线CD与AB相交成60°。

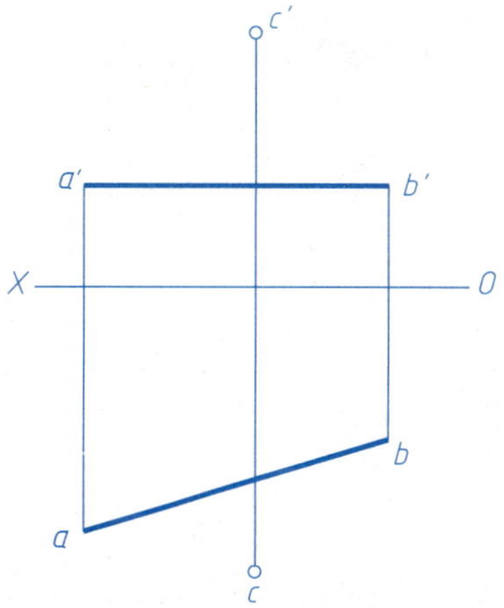

11-6 已知平面ABC与平面ABD的夹角为60°，求平面ABD的正面投影。

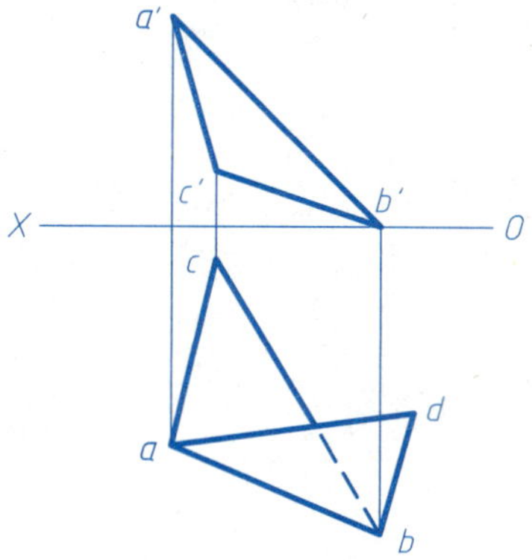

11-7 过点*A*作直线*AB*与已知两直线相交。

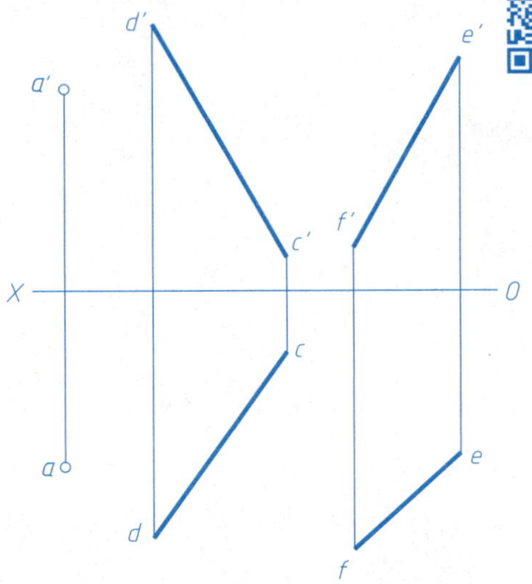

11-8 作直线*MN*与直线*AB*平行，与直线*CD*、*EF*相交。

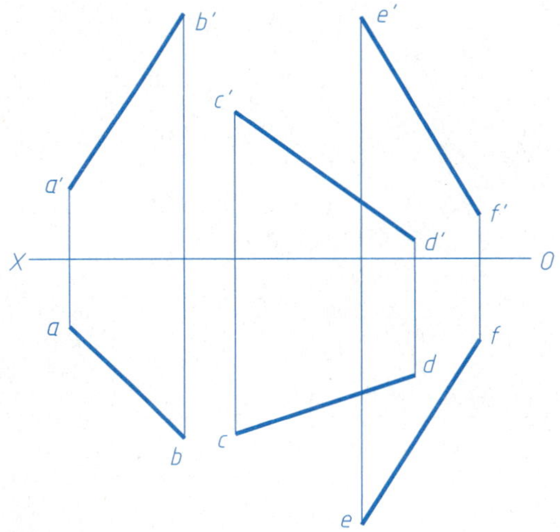

11-9 等腰直角三角形*ABC*的一直角边在*MN*上，求作三角形*ABC*的投影。

此题有____解。

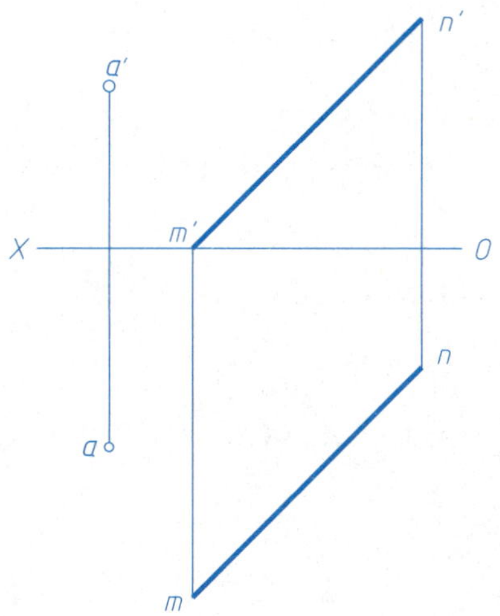

11-10 作直线*MN*与直线*DE*、*FG*相交，与平面*ABC*垂直。

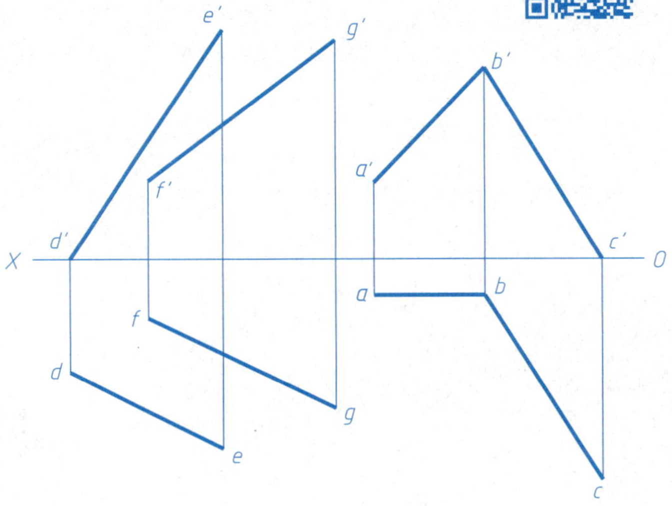

11-11 已知正方形*ABCD*对*H*面的倾角$\alpha=30°$，*AD*边在直线*AE*上，点*B*与*M*、*N*两点等距，求作该正方形的投影。

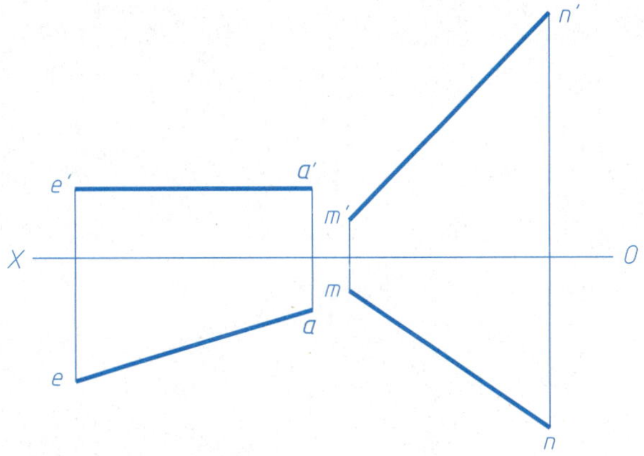

11-12 过点*M*作直线*MN*与直线*CD*相交，距直线*AB*为10 mm。

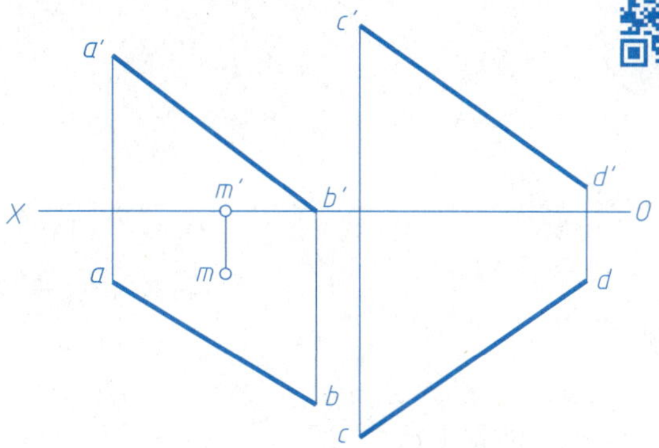

12-1 画出涵闸进口的上游立面图。

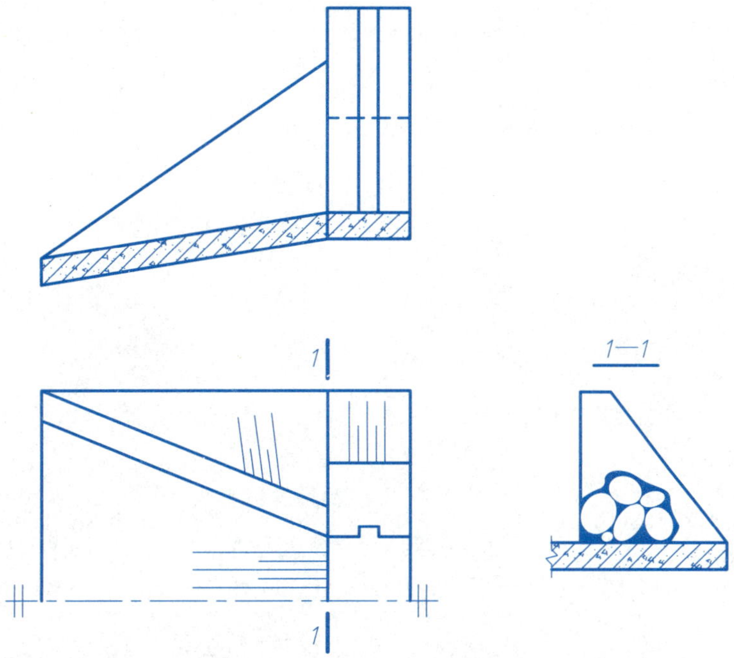

12-2 画出涵闸进口的纵剖视图。

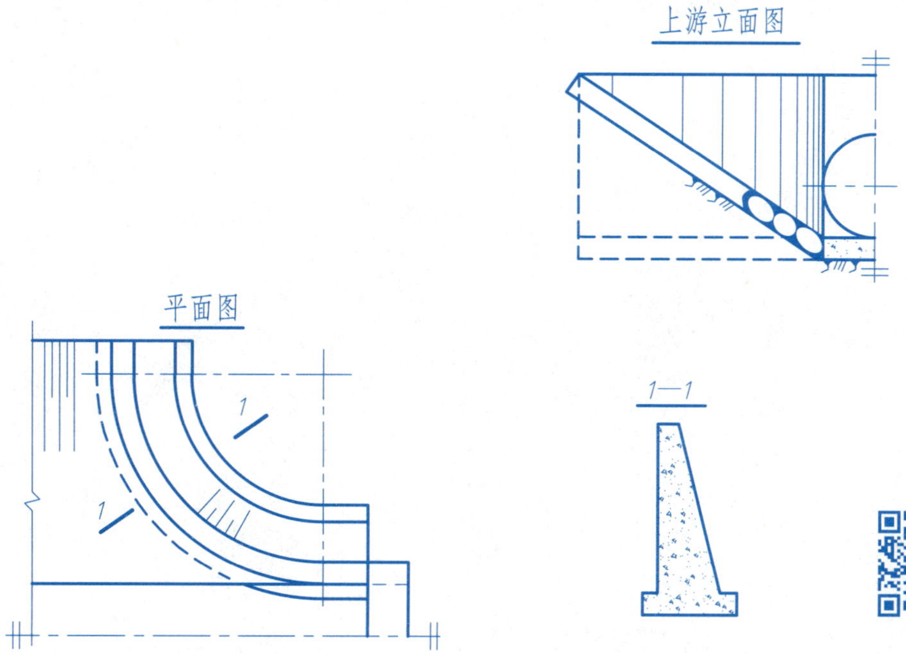

12-3 画出水闸上游连接段和闸室的上、下游立面图。

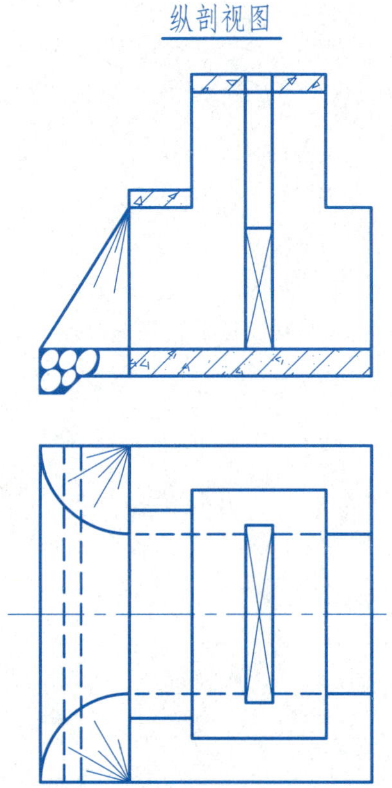

12-4 画出电站坝段的上、下游立面图。

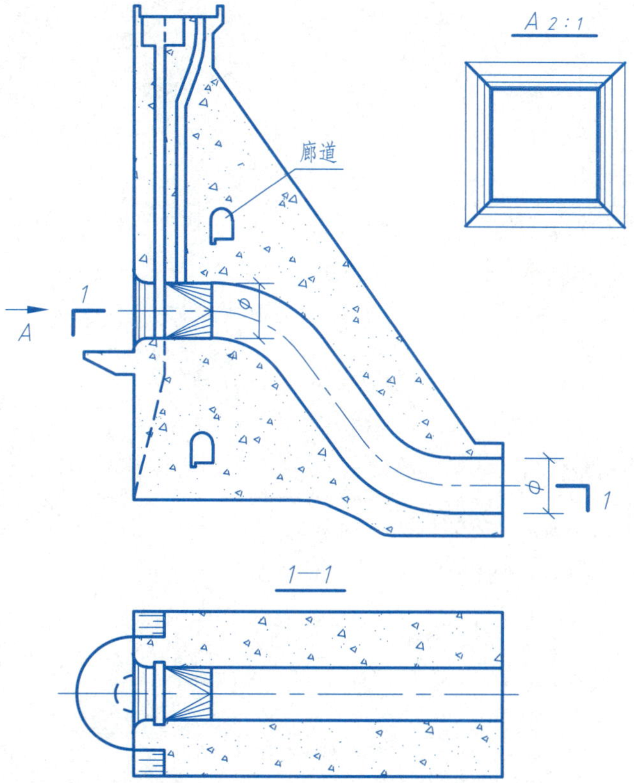

12-5 用A3幅面图纸抄绘水闸结构图，并补画C—C剖视图和D—D断面图（翼墙材料为浆砌块石），图名：水闸结构图，比例：1∶100。

纵剖视图

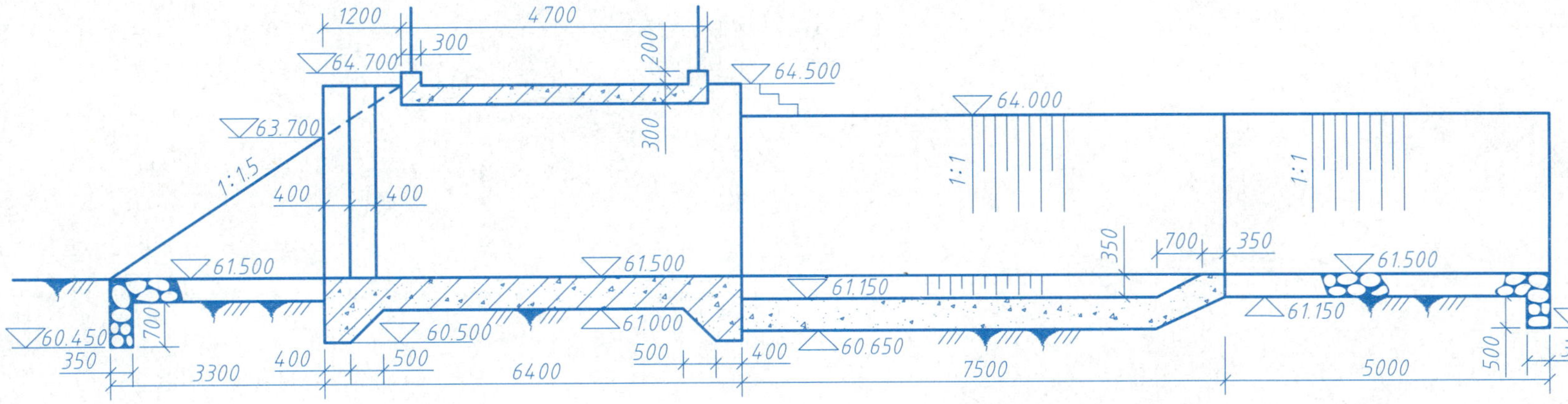

A—A

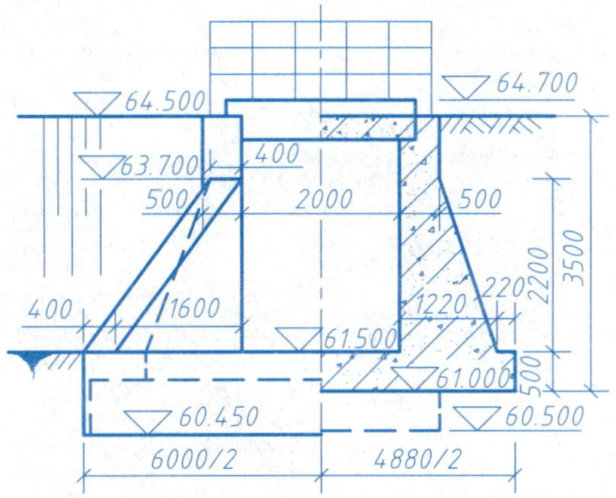

平面图

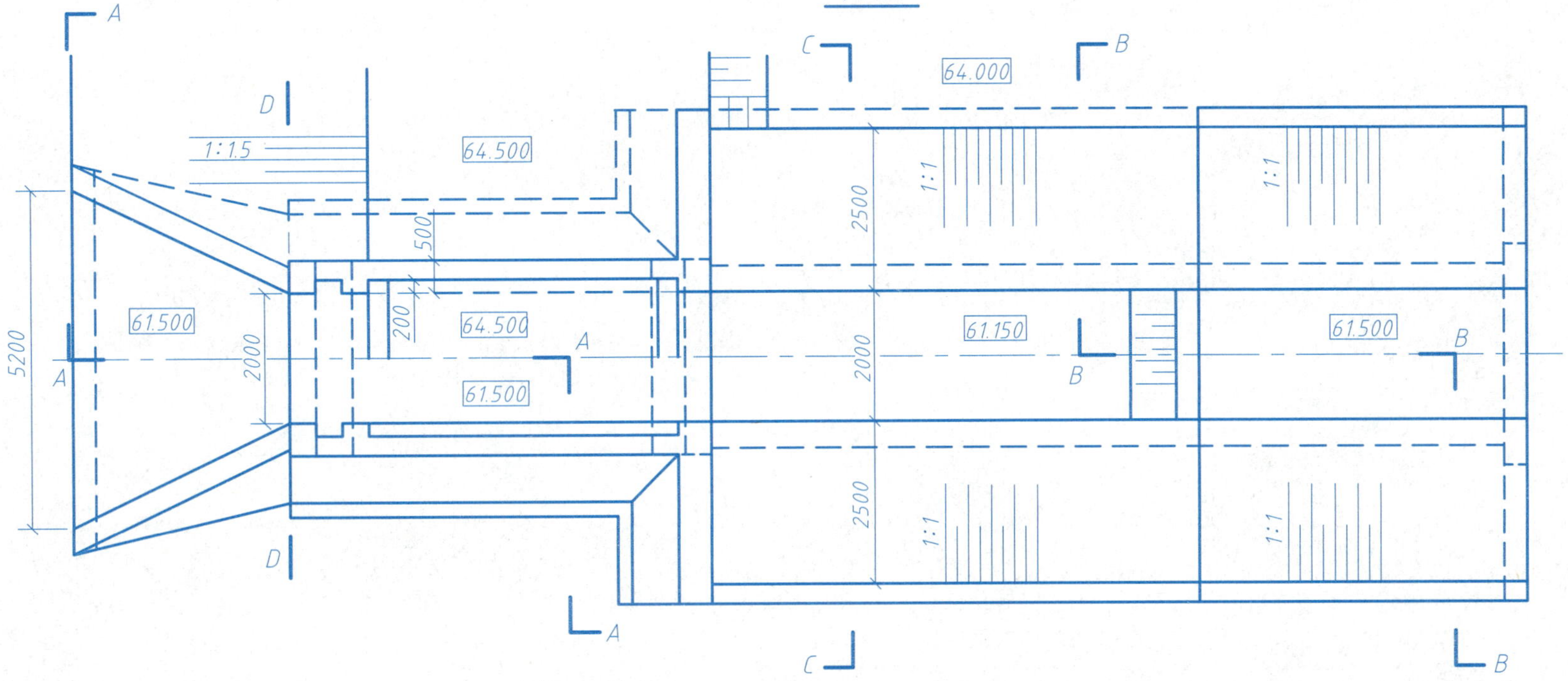

B—B

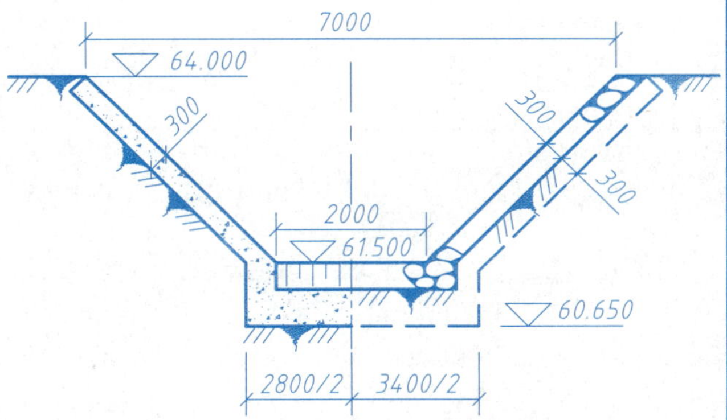

12-6 根据所给视图读懂溢洪道闸室结构，补绘其上游立面图和下游立面图。也可用1：500的比例在A3图纸上抄绘剖视图和平面图，补出上游立面图和下游立面图。

闸室剖视图 1:500

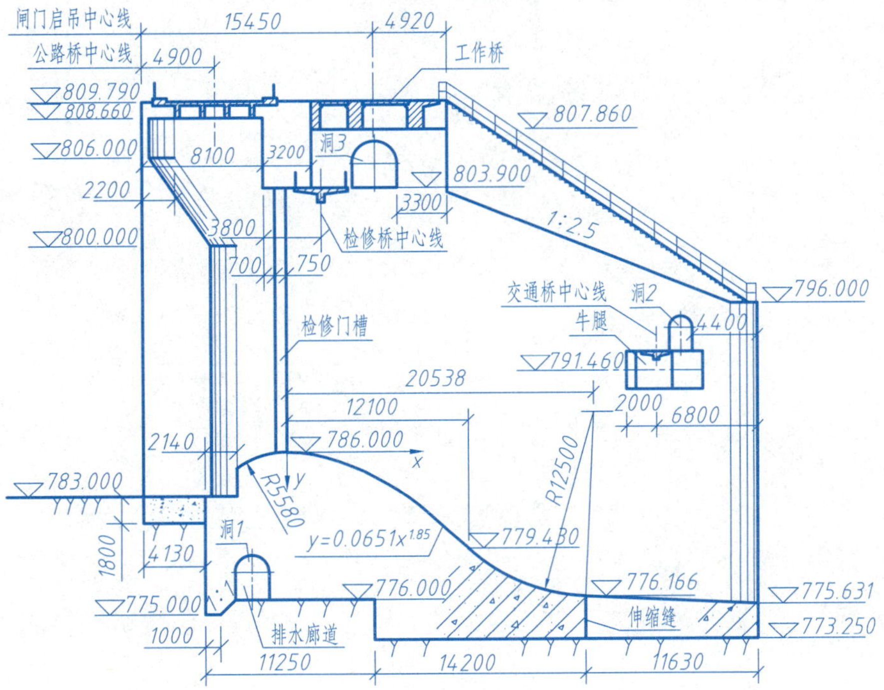

上游立面图 1:500

下游立面图 1:500

交通桥、牛腿大样图 1:100

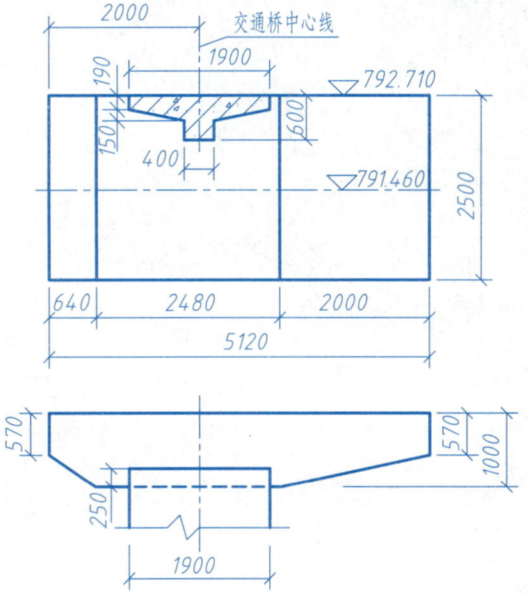

闸室平面图 1:500

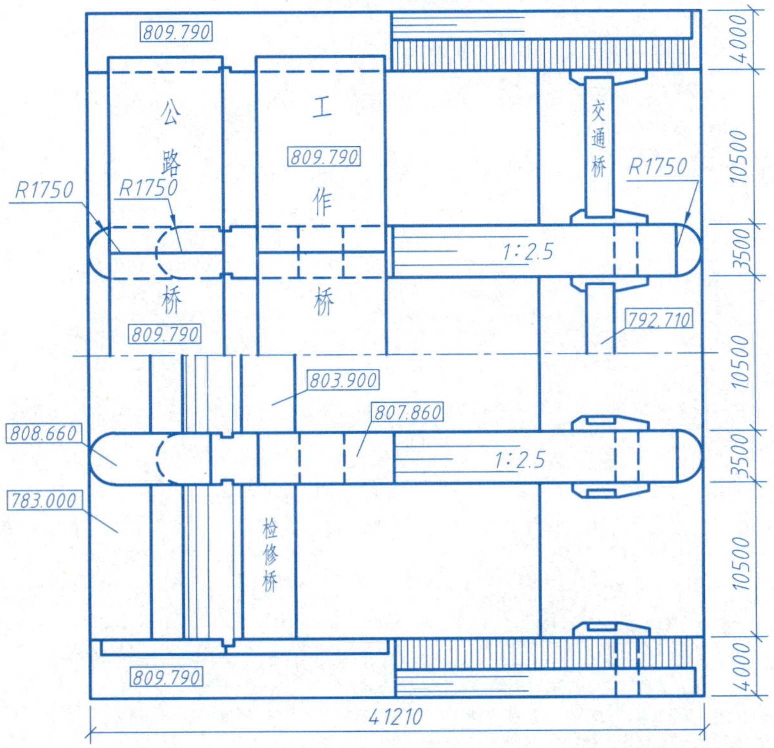

检修桥大样图 1:100

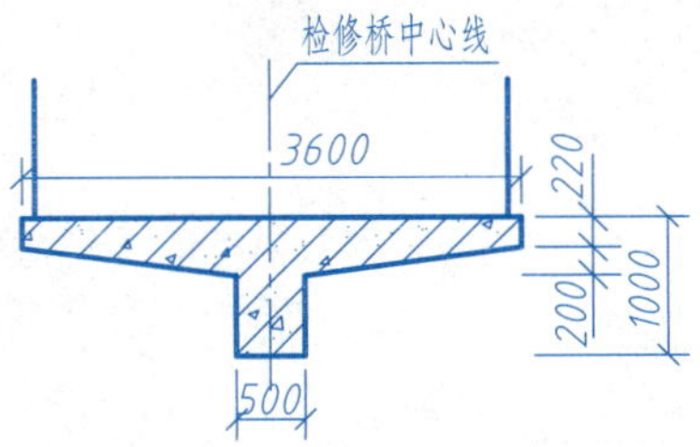

公路桥大样图 1:100

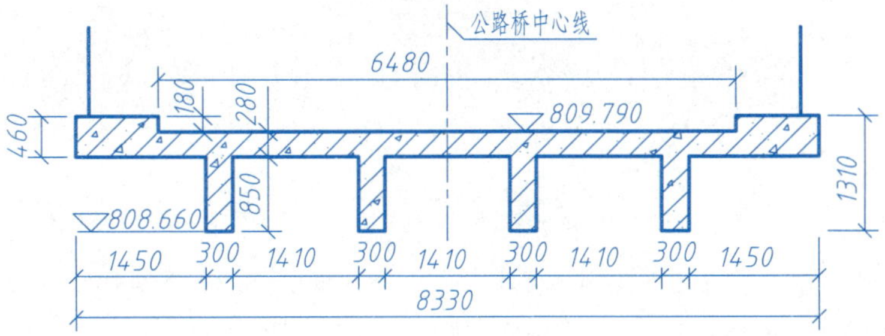

堰面曲线坐标值 m

x	0	2	4	6	8	10	12.1
y	0	0.235	0.846	1.790	3.04	4.59	6.57

曲线方程 $y=0.0651x^{1.85}$

排水廊道和交通洞尺寸 mm

尺寸位置 \ 编号	洞1	洞2	洞3
洞顶圆拱半径	1000	750	1500
圆拱轴线距洞底高	2000	1600	1600

工作桥大样图 1:100

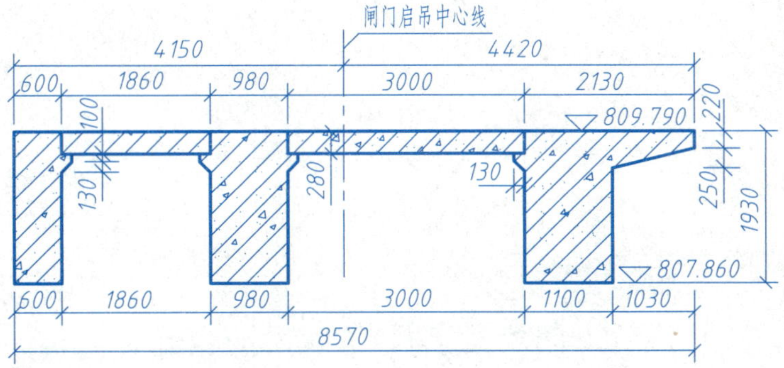

12-7 选择适当比例，用A2幅面图纸抄绘上闸首结构图，并补绘4—4剖视图（空箱布置见轴测图），图名：上闸首结构图，比例：1∶100。

2—2

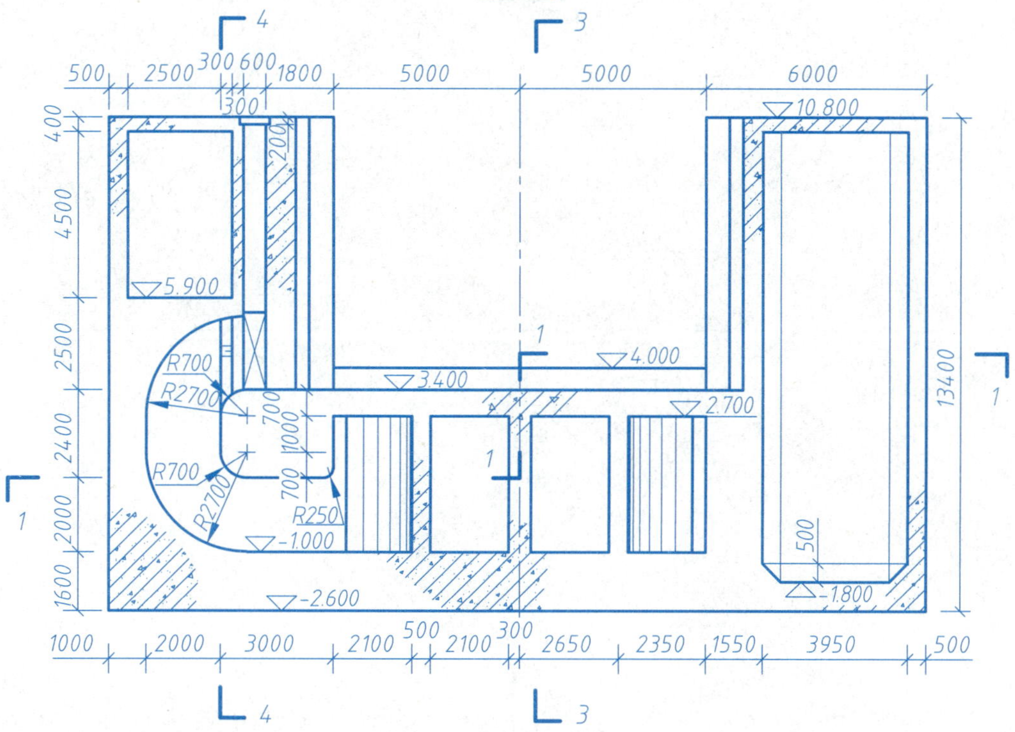

3—3

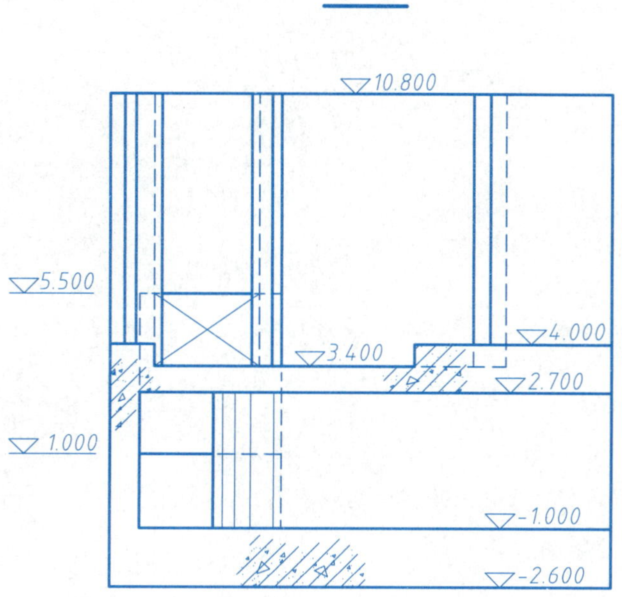

思考题：

1. 图中采用了哪些视图表达，每个视图表达了哪些内容？
2. 上闸首的输水系统由输水阀门、输水廊道等组成；闸首边墩共设置三个空箱；人字闸门处设置有闸门槛和门库，试读懂这部分的结构形状。

1—1

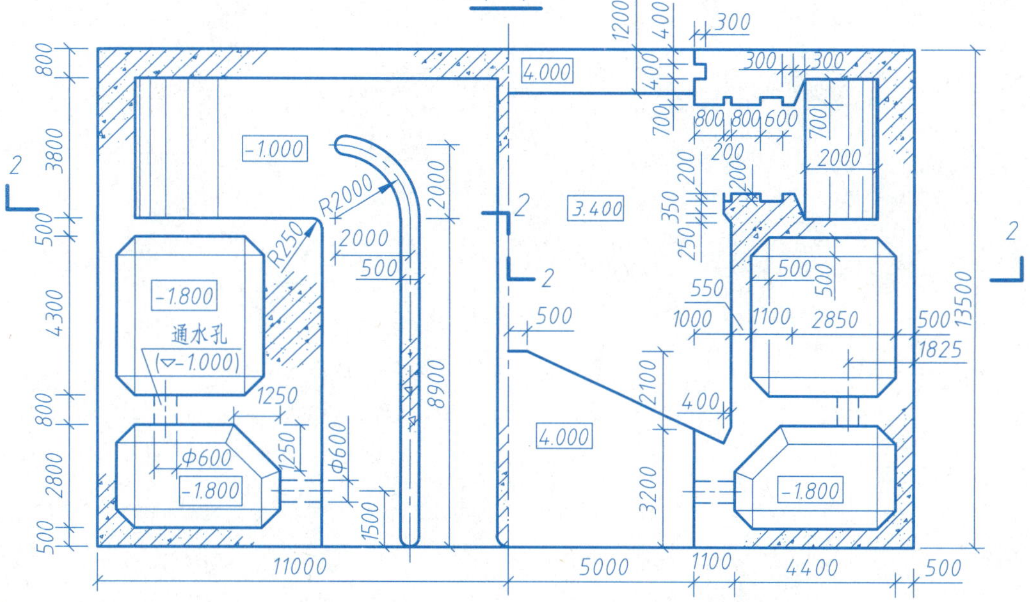

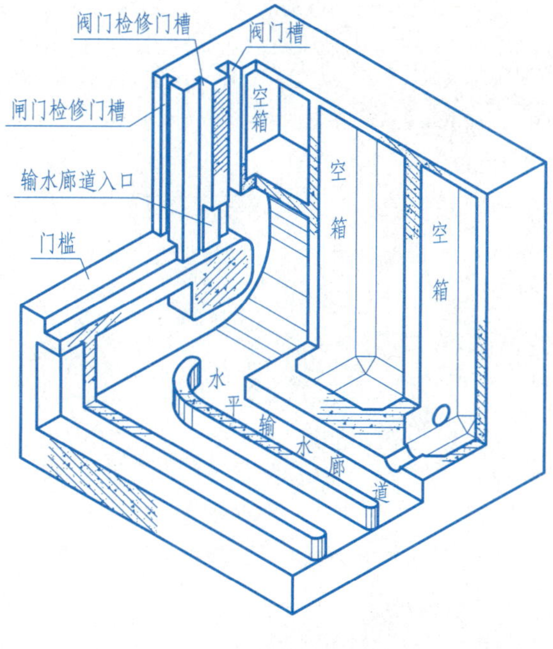

13-1 画出2—2断面图及3号钢筋详图（比例为1：20）。

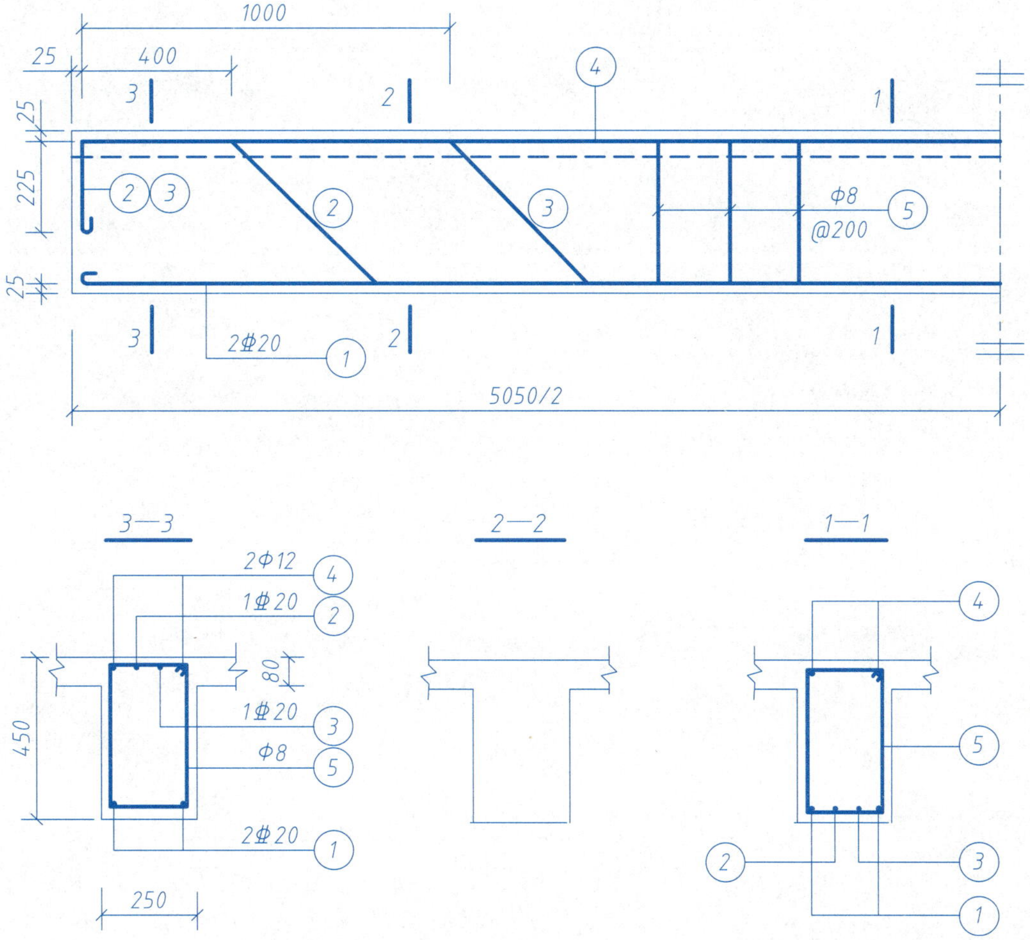

13-2 根据1—1断面图中的配筋数据，用简化表示法画出板的面层、底层配筋平面图及2—2断面图（比例为1：40）。

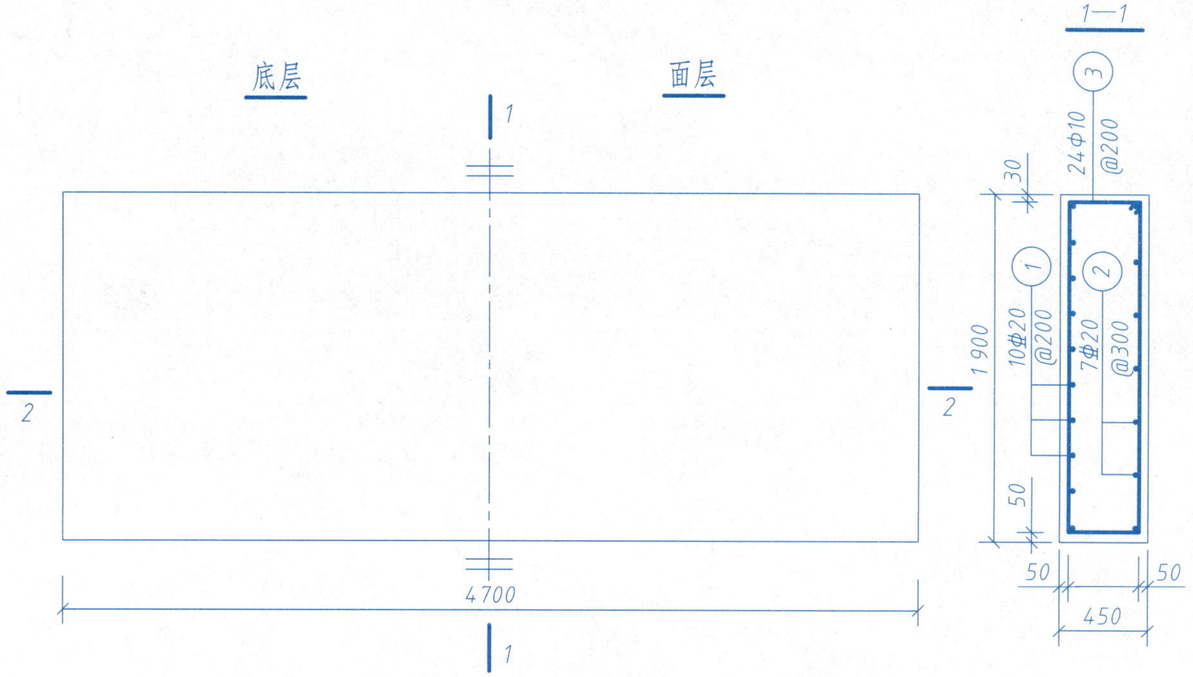

2—2

14-1 图示为某一住宅的建筑（底层）平面图，其中客厅与卧室的地面标高为±0.000，厨房的地面比其低20 mm，卫生间的地面比其低30 mm，车库的地面比其低150 mm，室外的地面比其低450 mm。

求作：

1. 注全所有外墙尺寸及室内、外标高（尺寸数值在图上量取近似值并取整数）。
2. 标注前面和右侧轴线的编号。
3. 标注门窗编号。

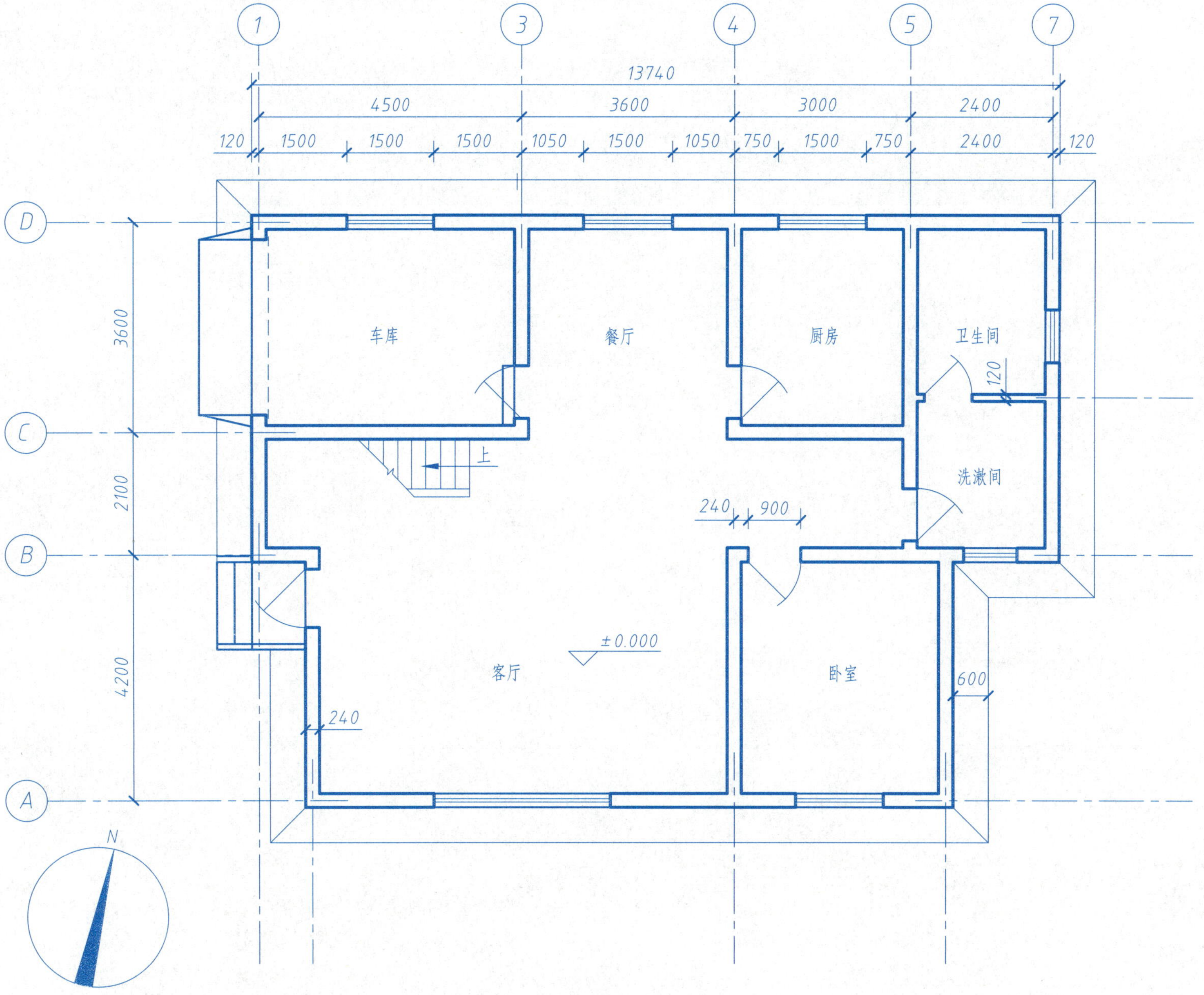

底层平面图 1:100

14-2 抄绘教材中图14.7首层平面图。

一、目的

1. 学习房屋建筑平面图的表达内容和画法特点；
2. 掌握房屋建筑平面图的绘制方法和步骤。

二、要求

1. A3图纸，绘图比例为1∶100；
2. 图名：首层平面图；
3. 注意图线的用法，线宽要符合制图标准规定；
4. 尺寸的标注要符合制图标准规定。

三、绘图步骤

1. 布置图面，画定位轴线；
2. 画墙体；
3. 定门窗位置，画门窗图例；
4. 画细部结构，如楼梯、台阶、卫生间、散水等；
5. 标注尺寸、轴线编号、门窗编号；
6. 检查，修改错误；
7. 擦除多余的作图线，按照建筑施工图的要求加深加宽图线，注写文字说明及标题栏等。

14-3 抄绘教材中图14.10建筑立面图。

一、目的

1. 学习房屋建筑立面图的表达内容和画法特点；
2. 掌握房屋建筑立面图的绘制方法和步骤。

二、要求

1. A3图纸，绘图比例为1∶100；
2. 图名：建筑立面图；
3. 注意图线的用法，线宽要符合制图标准规定；
4. 尺寸的标注要符合制图标准规定。

三、绘图步骤

1. 布置图面，画室外地坪线、定位轴线、外墙轮廓线和屋顶线；
2. 定门窗位置，画门窗图例及柱的轮廓线等；
3. 画门厅及雨篷等；
4. 画细部结构；
5. 标注尺寸、标高、轴线编号等；
6. 检查，修改错误；
7. 擦除多余的作图线，按照建筑施工图的要求加深加宽图线，注写文字说明及标题栏等。

14-4 抄绘教材中图14.14楼梯详图。

一、目的

1. 学习房屋建筑详图的表达内容和画法特点；
2. 掌握房屋建筑详图的绘制方法和步骤。

二、要求

1. A3图纸，绘图比例为1∶50；
2. 图名：楼梯详图；
3. 注意图线的用法，线宽要符合制图标准规定；
4. 尺寸的标注要符合制图标准规定。

三、绘图步骤

参见题14-2和14-3的绘图步骤。

注：本页习题也可用计算机绘制。

15-1 画螺纹并标注螺纹的规定代号。

1. 粗牙普通螺纹，大径20，螺距2.5，螺纹长度46。

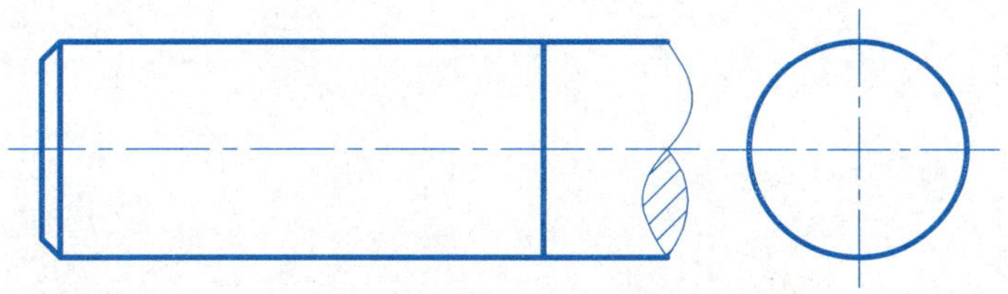

2. 粗牙普通螺纹，大径12，螺距1.75，螺纹长度30。

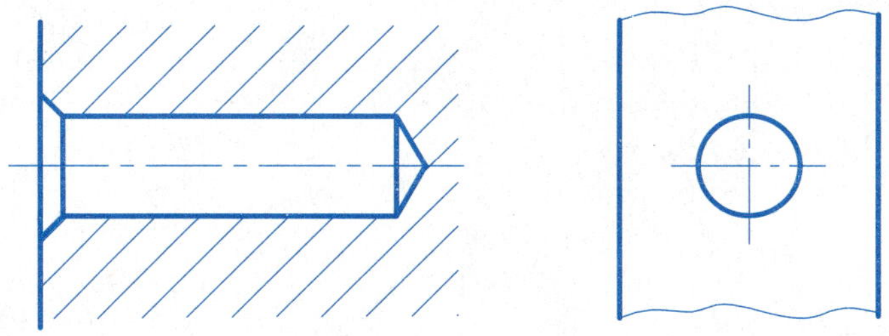

3. 55° 非密封管螺纹，尺寸代号$\frac{1}{2}$，A级。试在图上标注其规定代号。

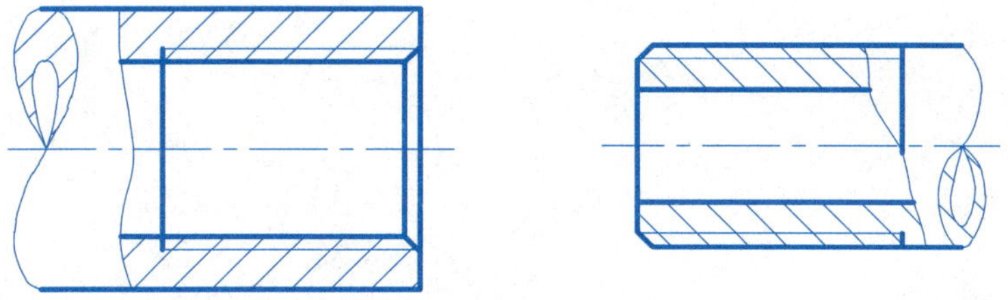

15-2 画内、外螺纹的连接。

1. 将螺杆旋入螺孔中，旋入长度为35。

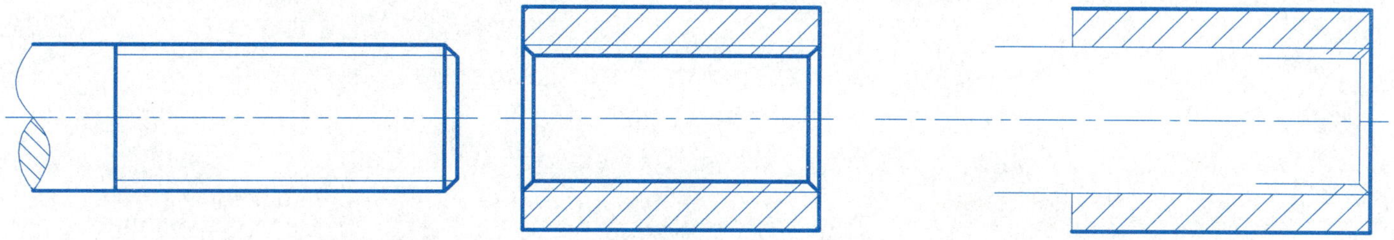

2. 将M20的螺杆旋入螺孔中。

 a. 已知螺杆的螺纹长度为35，旋入深度为28。螺孔的深度为45，螺纹长度为38，试在零件上注出螺杆及螺孔的尺寸（大径、孔深和螺纹长度）。

 b. 画出螺纹连接图。

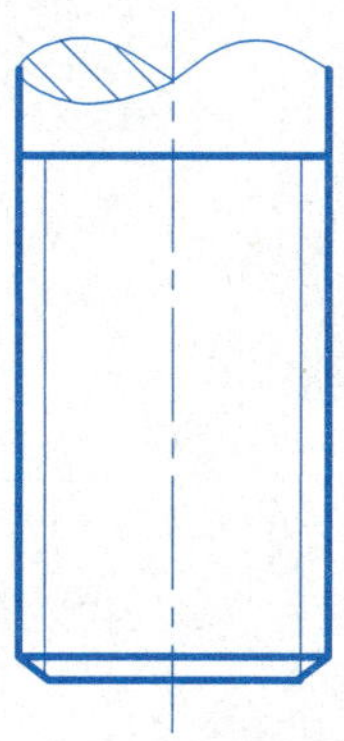

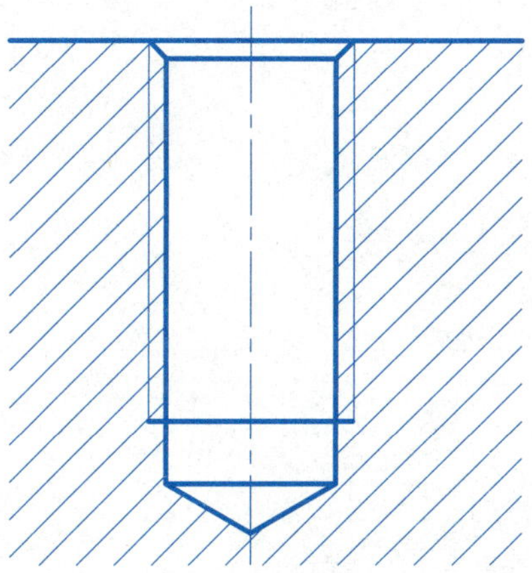

15-3 根据螺纹连接件的代号查表，标注尺寸。

1. 螺栓 GB/T 5782 M12×55

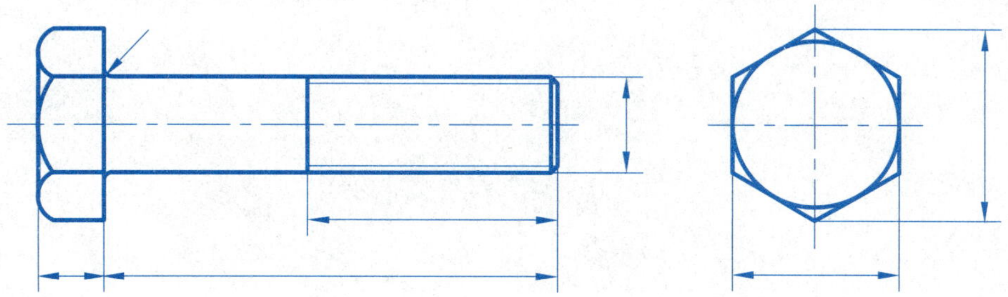

2. 螺母 GB/T 6170 M16

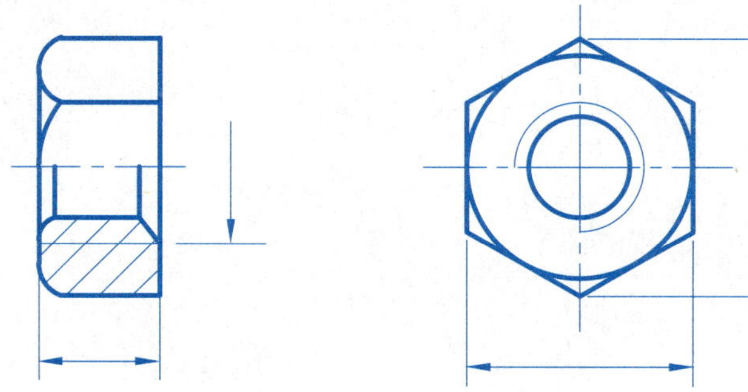

3. 平垫圈 GB/T 97.1 20

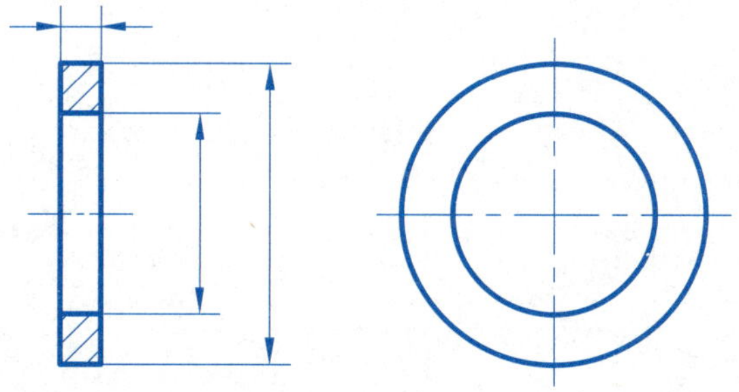

15-4 用简化画法画出螺栓连接三视图。

螺栓 GB/T 5782 M20×90

螺母 GB/T 6170 M20

垫圈 GB/T 97.1 20

15-5 此部件为船闸三角闸门的底枢，闸门门体用螺栓与顶枢、底枢连接，通过启闭机构控制闸门开启与关闭，阅读装配图，并拆绘底座9的零件图。

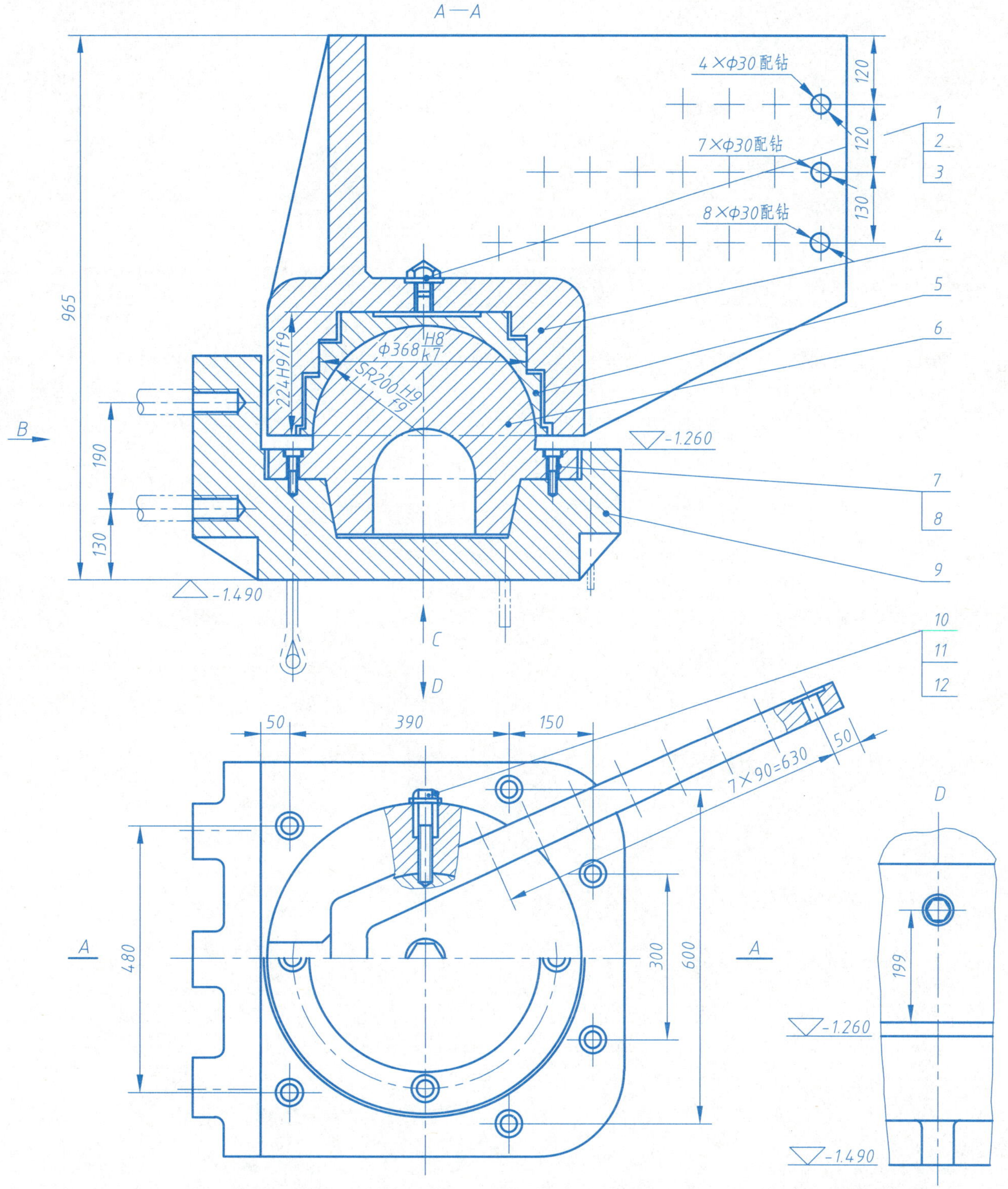

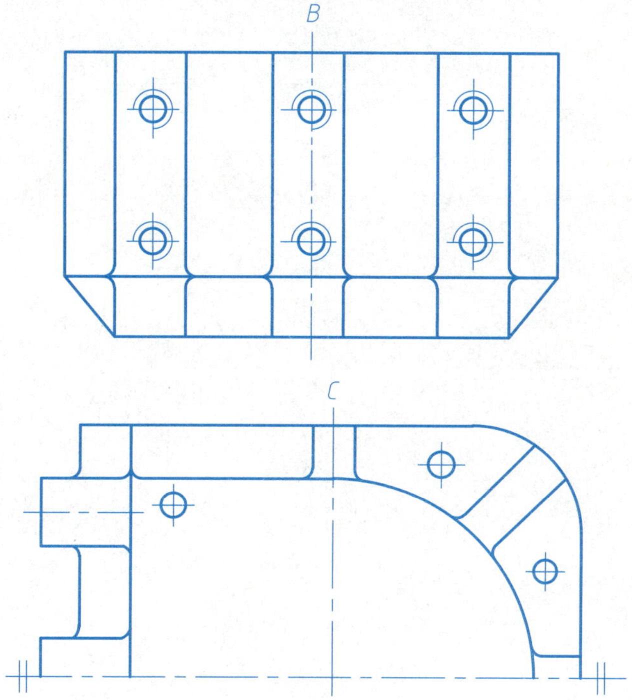

技术条件：

1. 零件1螺栓顶尖、螺栓孔轴线与蘑菇头轴线同轴度0.015。
2. Φ30为精制螺栓孔，装配时配钻。

序号	名称	数量	材料	备注
12	垫圈20	2	橡胶	
11	垫圈20	2	30Cr13	
10	螺栓M20×140	2	30Cr13	
9	底座	1	ZG270-500	
8	垫圈10	4		
7	螺钉M12×70	4		
6	蘑菇头	1	ZG270-500	
5	轴瓦	1	ZCuSn10P1	
4	上盖	1	ZG270-500	
3	垫圈30	1	橡胶	
2	垫圈30	1	30Cr13	
1	螺栓M30×60	1	30Cr13	

闸门底枢		比例	1:10		
		件数			
设计		质量		材料	
制图		（厂名）			
审核					

班级　　姓名　　学号

16-1 绘制汽车线型图，尺寸自定。

16-2 按照尺寸绘制平面图形。

1.

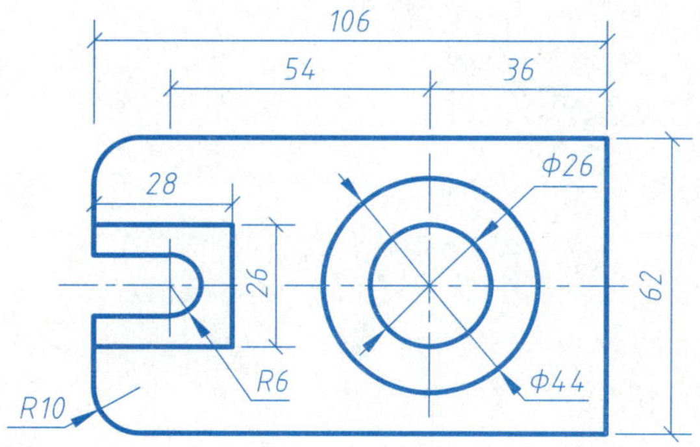

2.

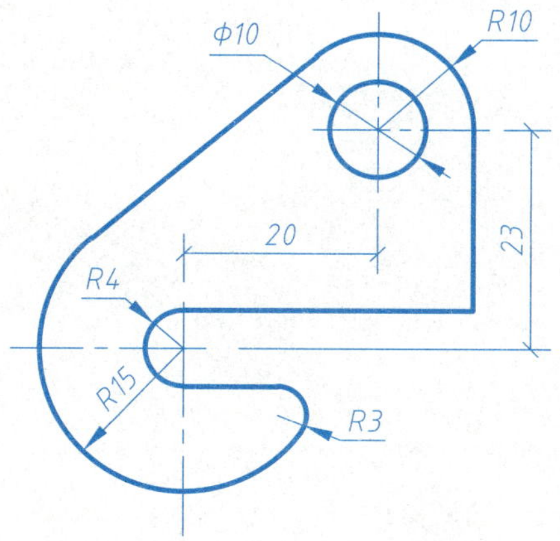

16-3 绘制教室平面布置图，未注尺寸自定。

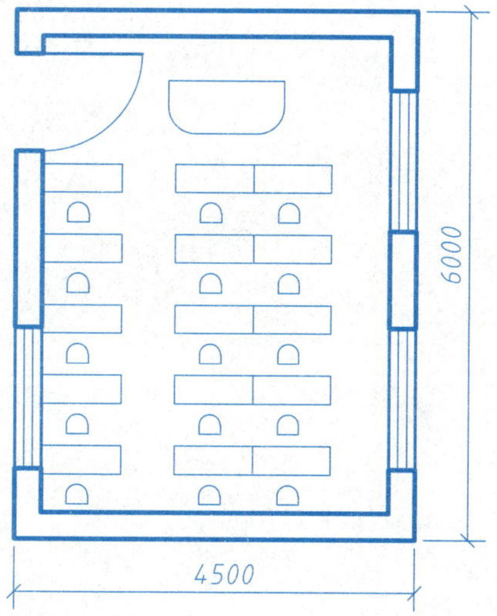

16-4 按以下要求设置图层名、颜色、线型和线宽，绘制物体的视图。

图层名	颜色	线型	线宽
粗实线	红色	continuous	0.40
细实线	品红色	continuous	0.13
虚线	青色	hidden	0.20
点画线	蓝色	center	0.13

1.

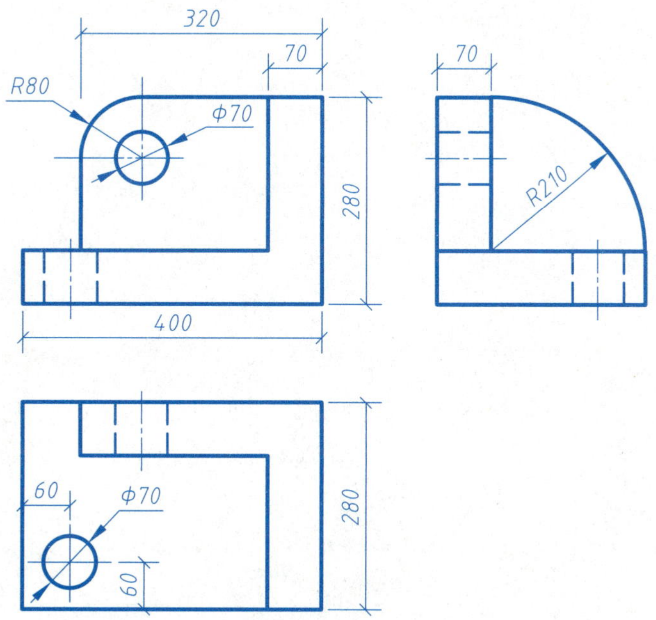

2.

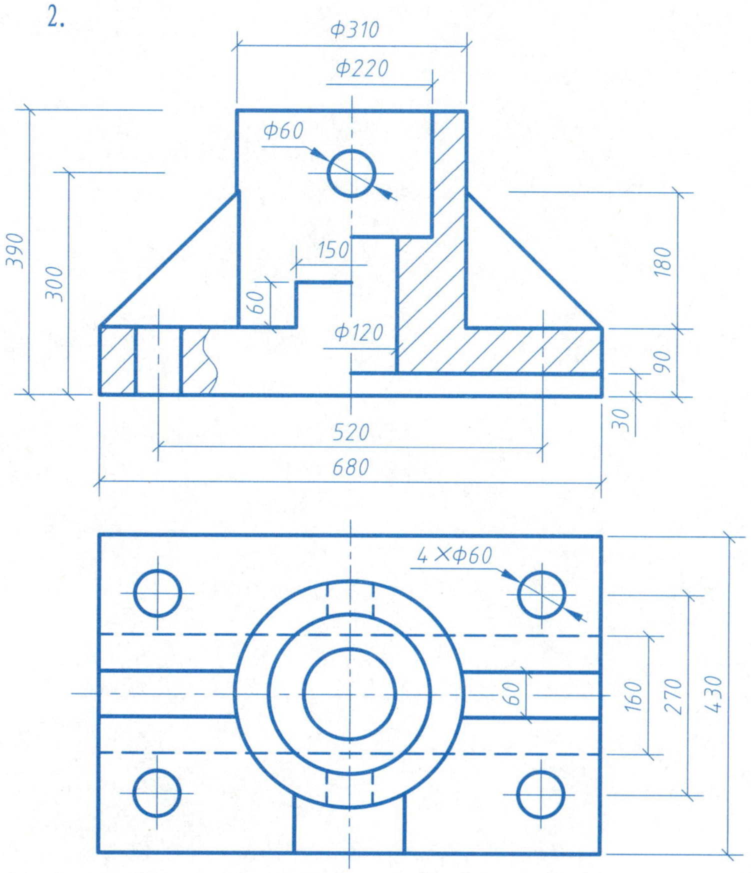

16-5 绘制溢流坝断面图。坝面曲线用样条曲线按表中坐标绘出（也可先绘制折线再拟合成曲线）。未注尺寸自定。

m

X Y R6	x	5.72	7.73	16.42	24.39	31.29	36.48	40.81	45.31	50.00
	y	0.00	0.36	4.87	10.64	17.62	25.94	34.76	43.49	52.13

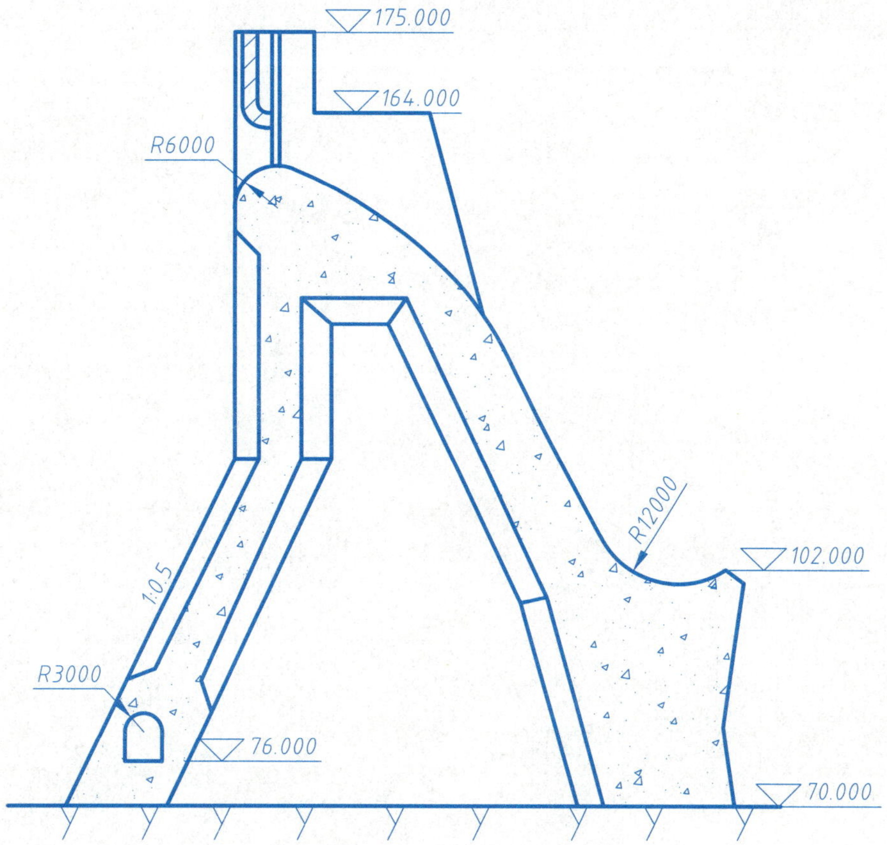

16-6 用A3幅面图纸（420×297）绘制闸室结构图。要求：

1. 根据半俯视图和1—1剖视图画出完整的俯视图和1—1剖视图；
2. 标题栏格式和内容见下图；
3. 图层按题16-4设置；
4. 绘图比例为1∶5。

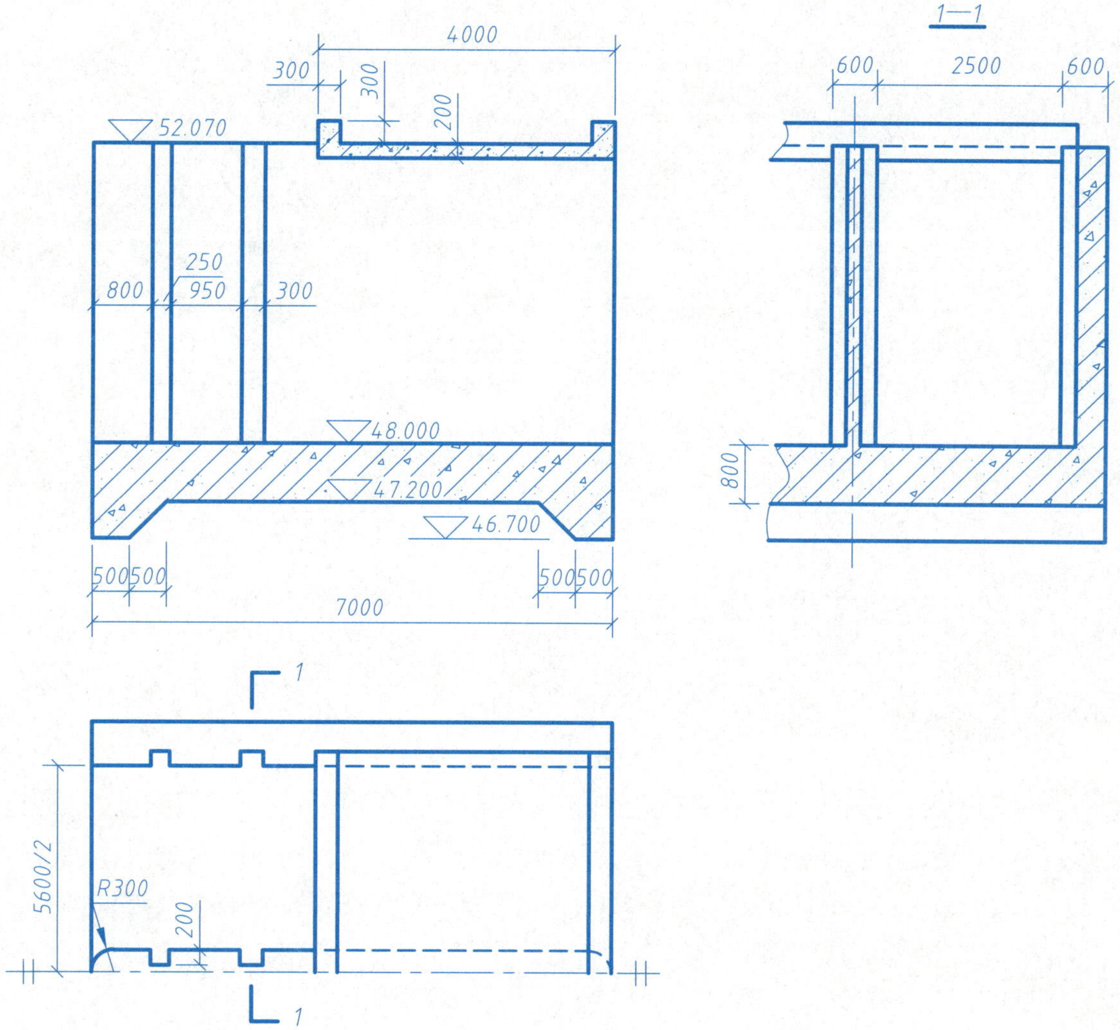

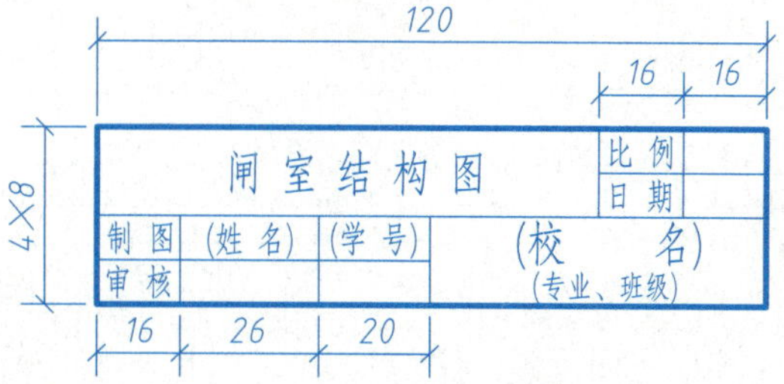

17-1 根据已知视图，作出简单形体的三维实体模型。

1.

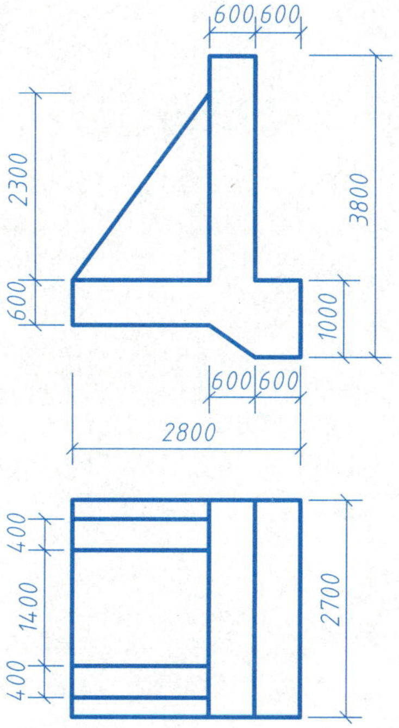

2.

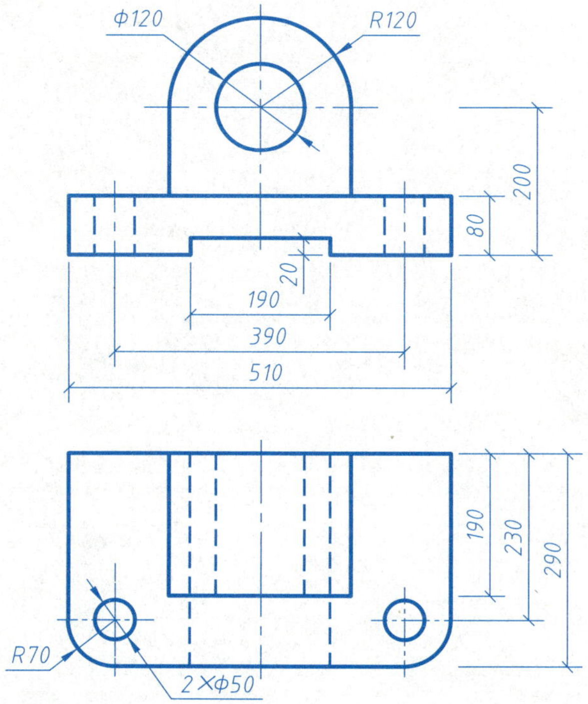

17-2 根据涵洞式进水闸局部结构轴测图，作出其三维实体模型并生成纵剖视图。

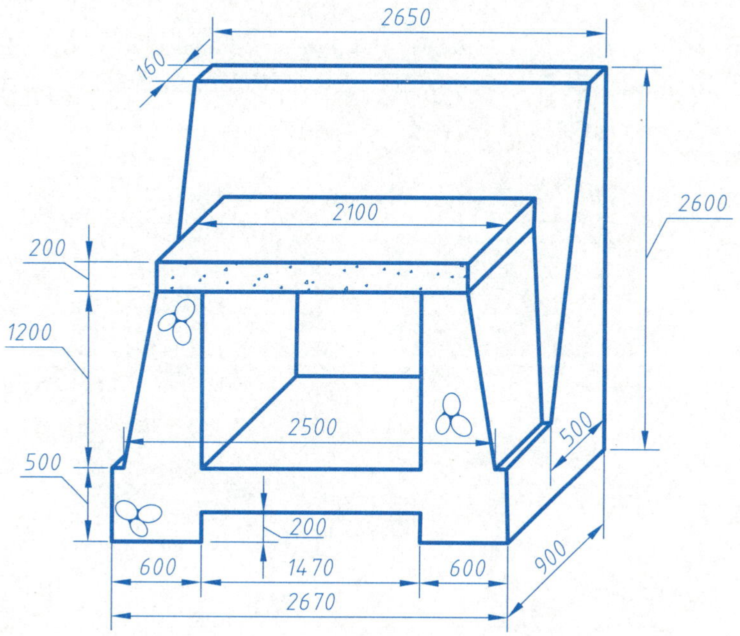

1.2 尺寸标注、几何作图（一）

在指定位置画出对应的图线。

(1)

(2)

(3)

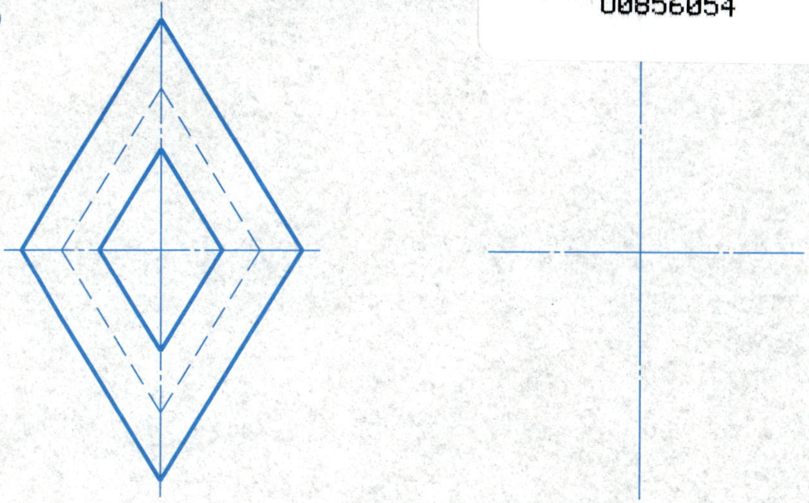

(4)

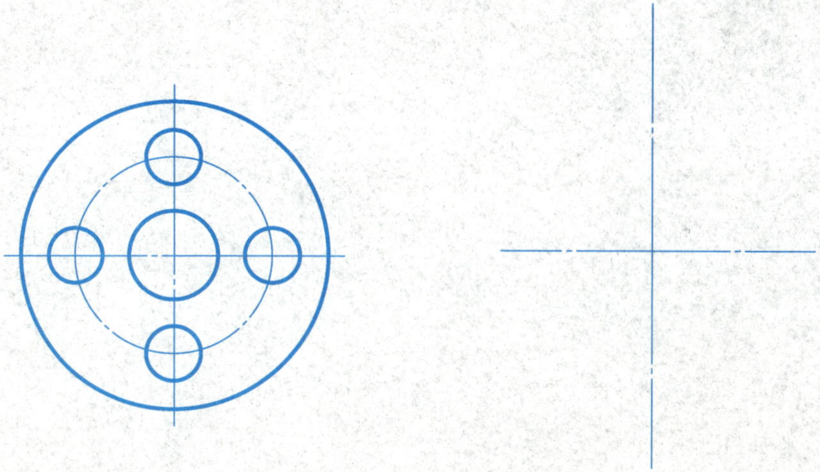

班级：________ 姓名：________ 学号：________ 日期：________

1.3 尺寸标注、几何作图（二）

（1）按照图中标注的尺寸及斜度，补画下图中所缺的线。

（2）按照规定的斜度，补画下图中所缺的线。

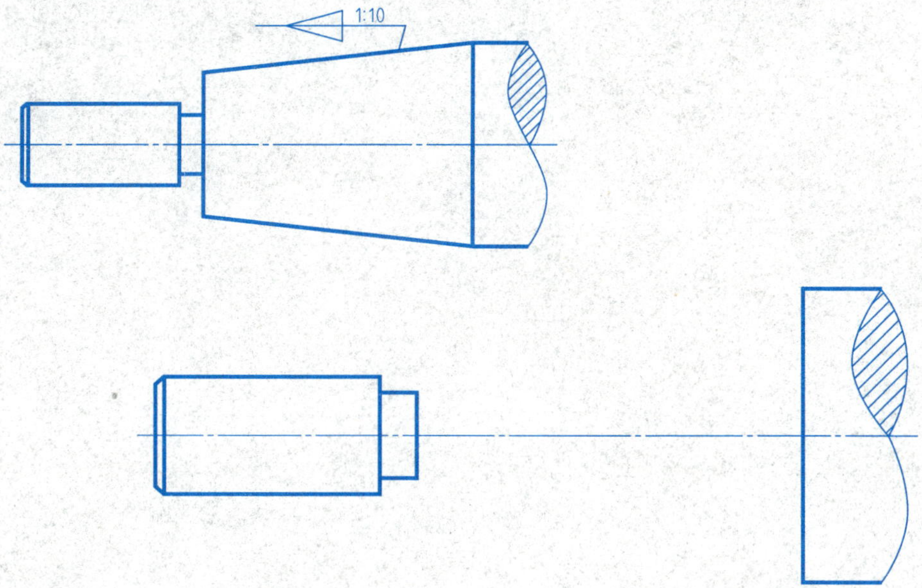

（3）作$\phi40$的圆，并画出圆的内接正五边形。

（4）作$\phi40$的圆，并画出圆的内接正六边形。

（1）抄画完整图形，并改正错误的尺寸标注。

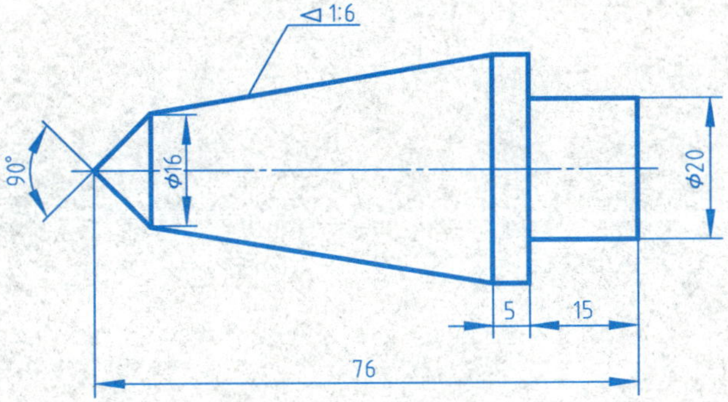

（3）用四心近似法画椭圆（已知椭圆的长轴为 60mm，短轴为 40mm）。

（2）按照 1∶1 的比例抄画完整图形。

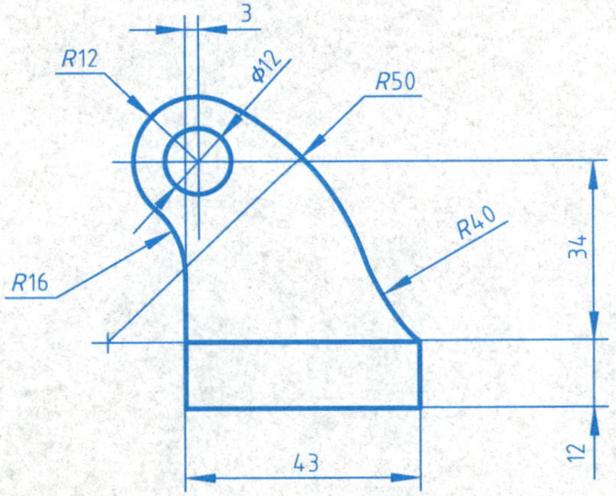

（4）用同心圆法画椭圆（已知椭圆的长轴为 60mm，短轴为 40mm）。

班级：________ 姓名：________ 学号：________ 日期：________

作业指导书

一、目的

1. 熟悉平面图形的绘图步骤和尺寸注法。

2. 掌握线段连接的作图方法和技巧。

二、内容与要求

1. 按教师指定的题号，绘制平面图形并标注尺寸。

2. 用 A4 图纸，自己选定绘图比例。

三、作图步骤

1. 分析图形中的尺寸作用及线段性质，确定作图步骤。

2. 画底稿。

（1）画图框、对中符号和标题栏。

（2）画出图形的基准线、对称线及圆的中心线等。

（3）按已知线段、中间线段、连接线段的顺序，画出图形。

（4）画出尺寸界线、尺寸线。

3. 检查底稿，描深图形。

4. 标注尺寸、填写标题栏。

5. 校对，修饰图面。

四、注意事项

1. 布置图形时，应留足标注尺寸的位置，使图形布置匀称。

2. 画底稿时，作图线应细，淡而准确，连接弧的圆心及切点要准确。

3. 加深时必须细心，按“先粗后细，先曲后直，先水平后垂直、倾斜”的顺序绘制，尽量做到同类图线规格一致、连接光滑。

4. 箭头应符合规定，并且大小一致。不要漏注尺寸或漏画箭头。

5. 保持图面清洁。

五、图例

参见 1.5 节。

班级：__________ 姓名：__________ 学号：__________ 日期：__________

1.5 尺寸标注、几何作图（四）

（1）抄画平面图形。

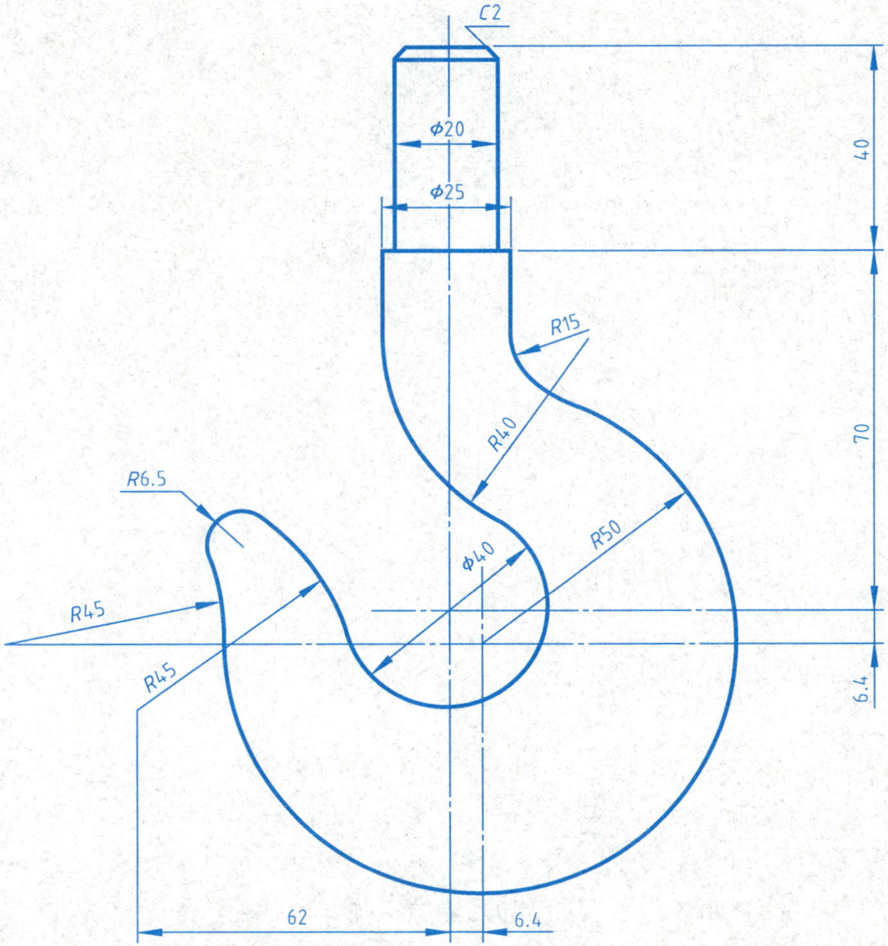

（2）抄画平面图形。

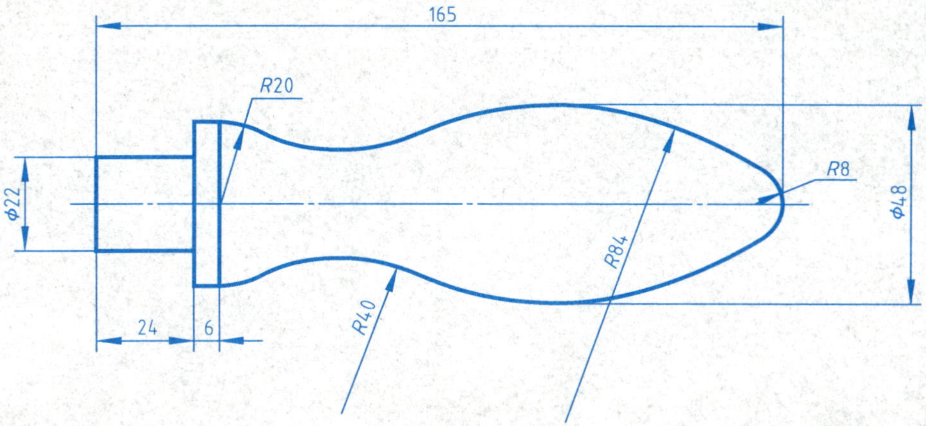

班级：________ 姓名：________ 学号：________ 日期：________

1.6 尺寸标注、几何作图（五）

（1）抄画平面图形。

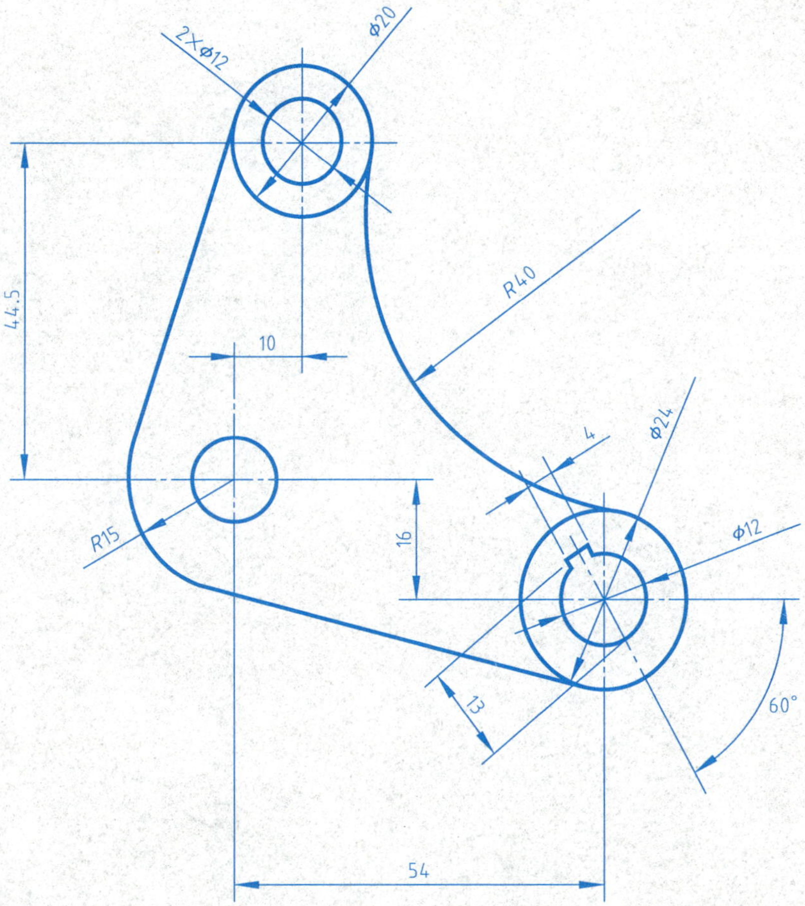

（2）抄画平面图形。

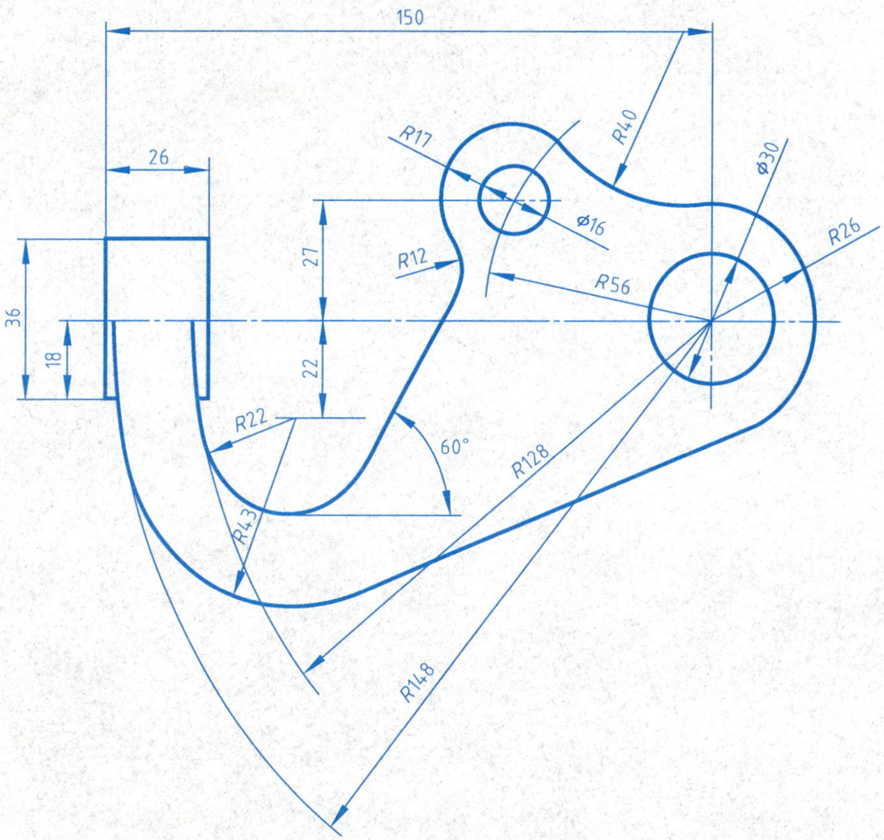

班级：________ 姓名：________ 学号：________ 日期：________

项目2　组合体三视图的绘制

2.1　投影基础

2.1.1　投影基础（一）

1. 填空题

(1) 获得投影的三要素有（　　）、物体、投影面。

(2) 当平面与投影面平行时，其投影（　　）；当平面与投影面垂直时，其投影（　　）；当平面与投影面倾斜时，其投影（　　）。

(3) 主视图是由（　　）向（　　）投射，在（　　）面上所得的视图；俯视图是由（　　）向（　　）投射，在（　　）面上所得的视图；左视图是由（　　）向（　　）投射，在（　　）面所得的视图。

(4) 三视图之间的对应关系如何：主、左视图（　　）；主、俯视图（　　）；左、俯视图（　　）。

(5) 三视图与物体的方位关系如何：主视图反映物体的（　　）和（　　）位置关系；俯视图反映物体的（　　）和（　　）位置关系；左视图反映物体的（　　）和（　　）位置关系。

(6) 俯视图的下方表示物体的（　　）面，俯视图的上方表示物体的（　　）面。

2. 选择题

(1) 机械图样主要采用（　　）法绘制。　　A. 平行投影　B. 中心投影　C. 斜投影　D. 正投影

(2) 平行投影法中投射线与投影面相垂直时，称为（　　）。　　A. 垂直投影法　B. 正投影法　C. 斜投影法　D. 中心投影法

(3) 将投射中心移至无限远处，则投射线视为相互（　　）。　　A. 垂直　B. 交于一点　C. 平行　D. 交叉

(4) 正投影的基本性质主要有真实性、积聚性、（　　）。　　A. 类似性　B. 特殊性　C. 统一性　D. 普遍性

(5) 三视图中，离主视图远的一面表示物体的（　　）面。　　A. 上　B. 下　C. 前　D. 后

(6) 三视图中，离主视图近的一面表示物体的（　　）面。　　A. 上　B. 下　C. 前　D. 后

班级：__________　姓名：__________　学号：__________　日期：__________

2.1.2 投影基础（二）

(1)

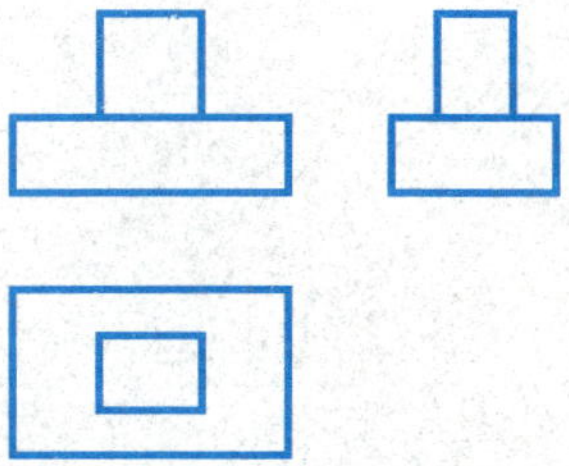

(2)

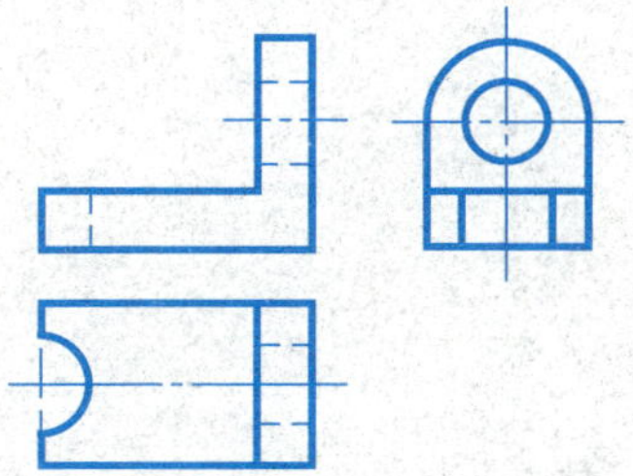

(3)

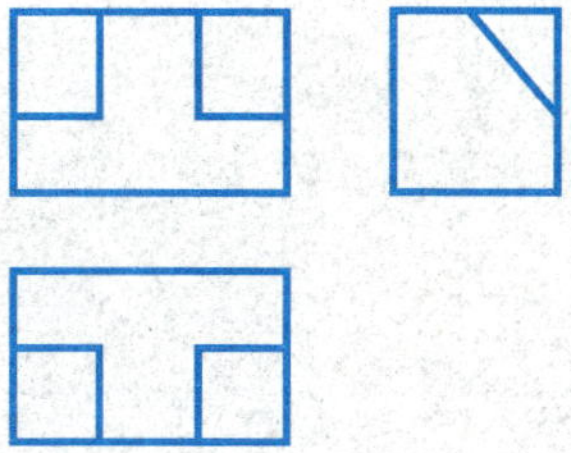

(4)

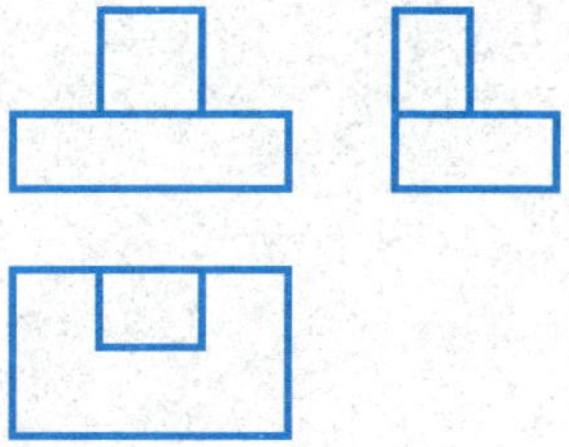

(5)

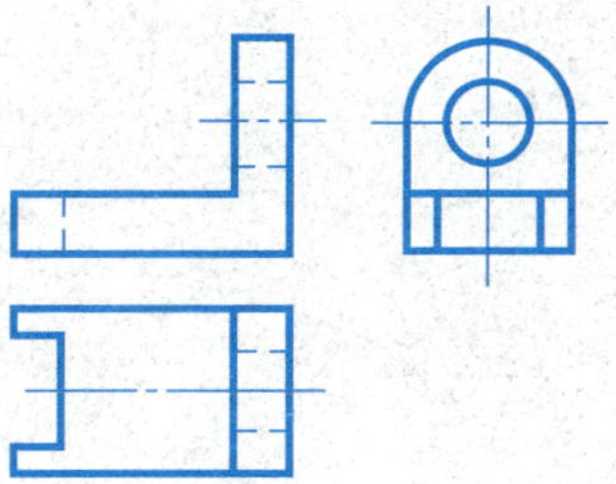

(6)

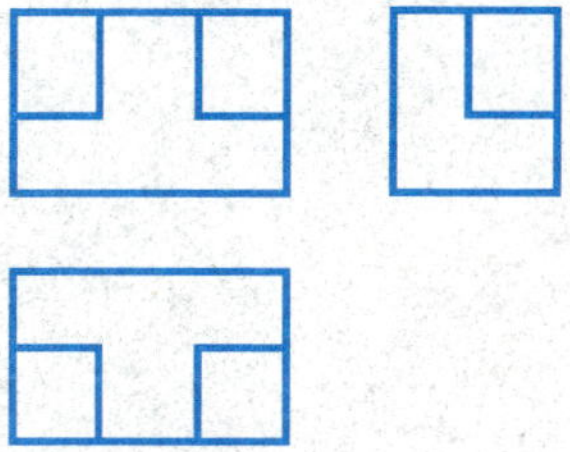

(7)

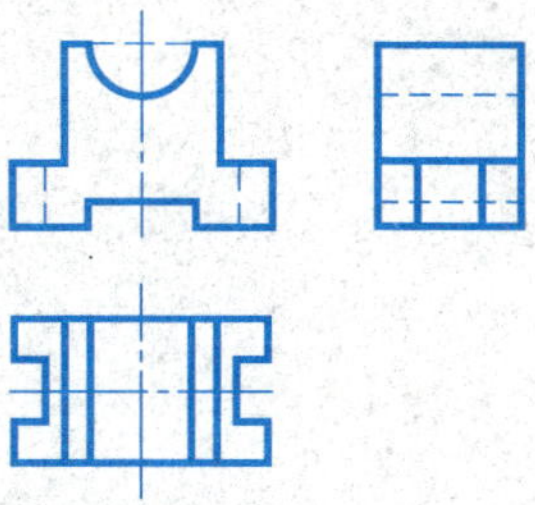

(8)

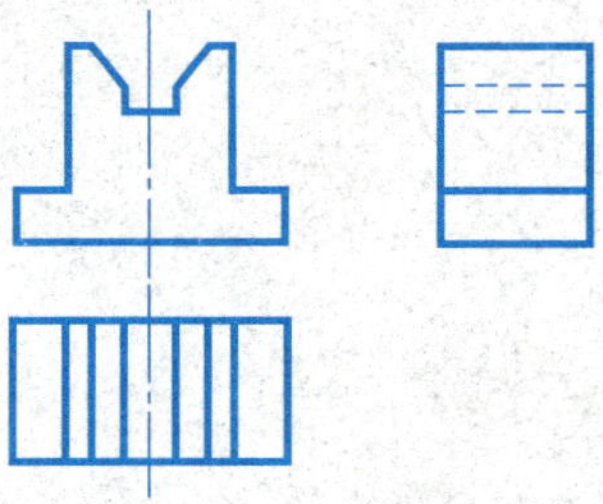

(9)

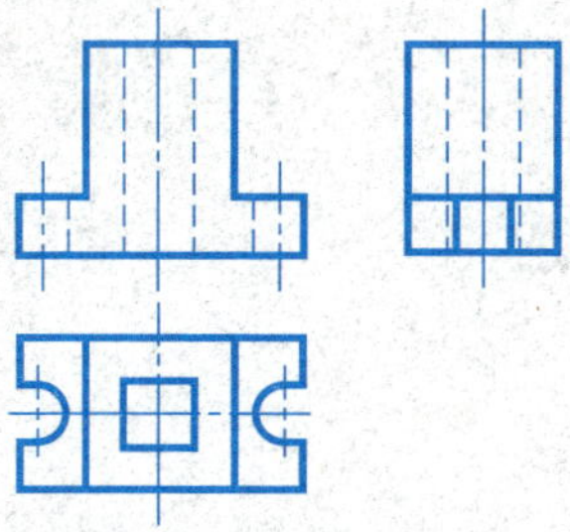

(10)

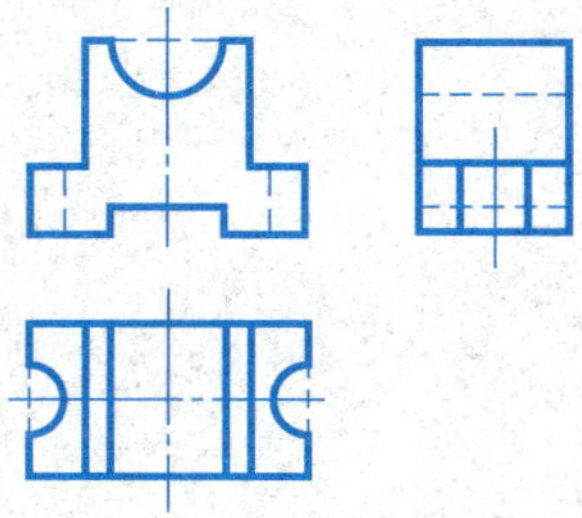

(11)

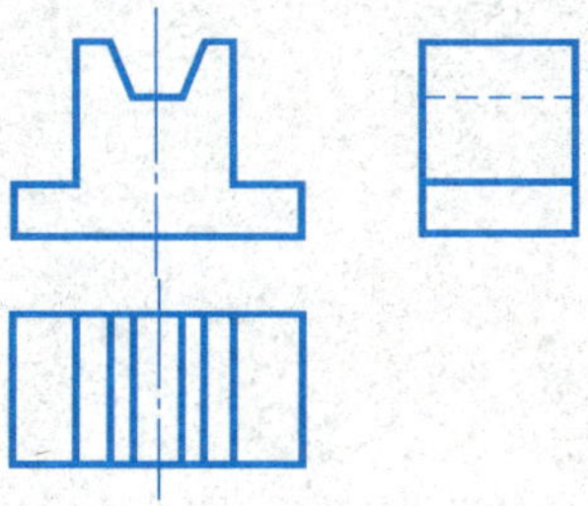

(12)

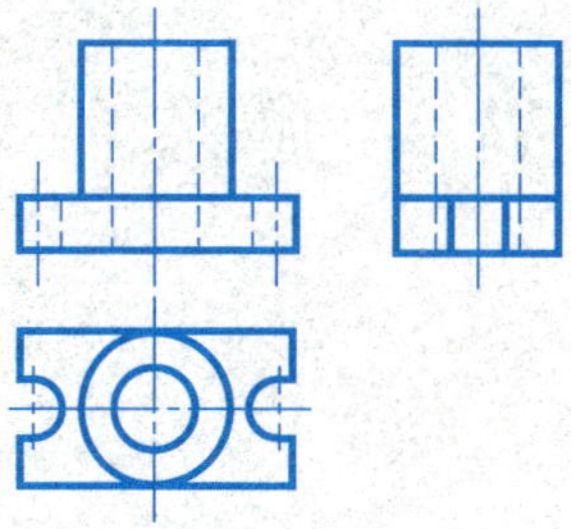

班级：＿＿＿＿＿＿ 姓名：＿＿＿＿＿＿ 学号：＿＿＿＿＿＿ 日期：＿＿＿＿＿＿

2.1.3 投影基础（三）

（1）由立体图找出对应的三视图，并在括号内填写相应的编号。

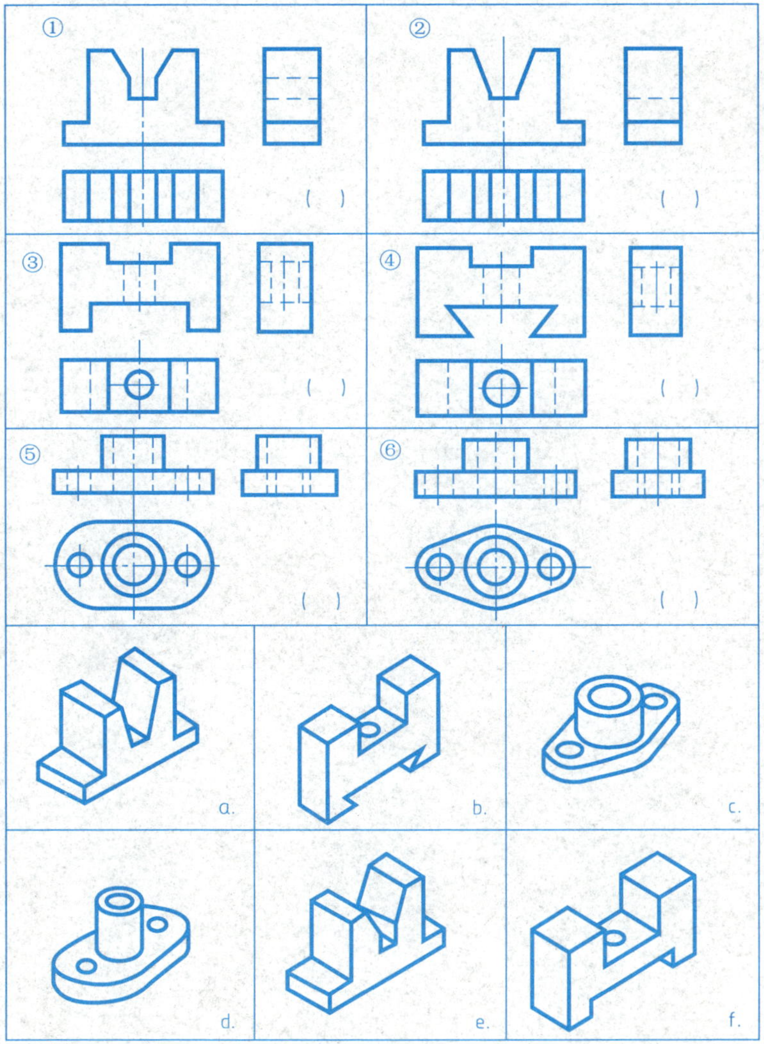

（2）根据箭头所指的主视图方向，将各视图的编号填入表内。

主视方向	A	B	C	D	E	F
主视图	1					
俯视图	11					
左视图	8					

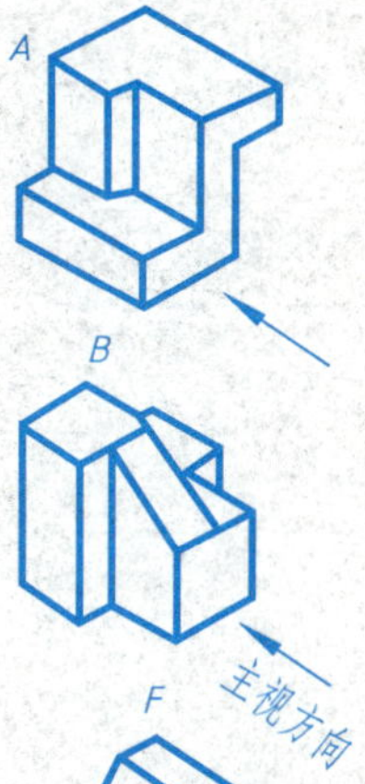

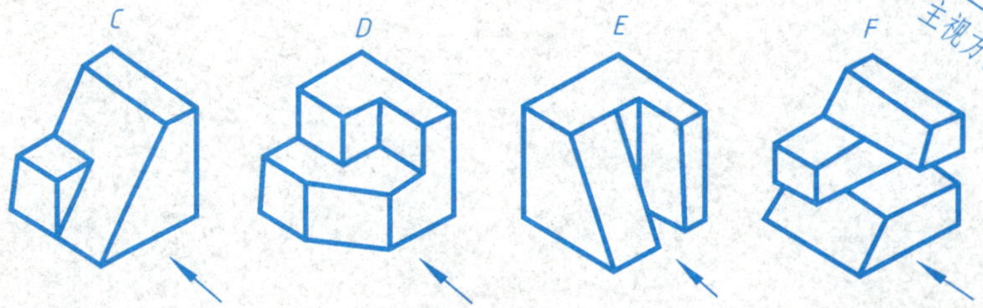

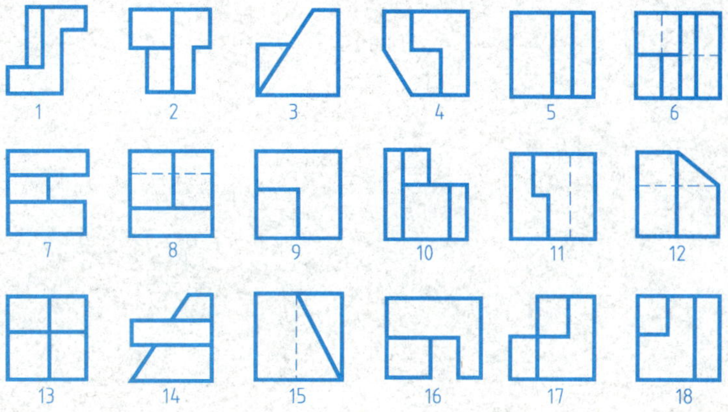

2.1.4 投影基础（四）

(1) 补画所缺视图。

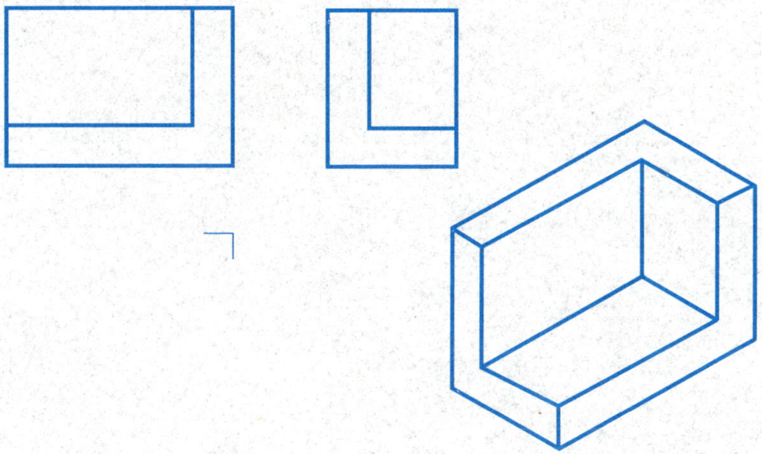

(2) 补画所缺视图。

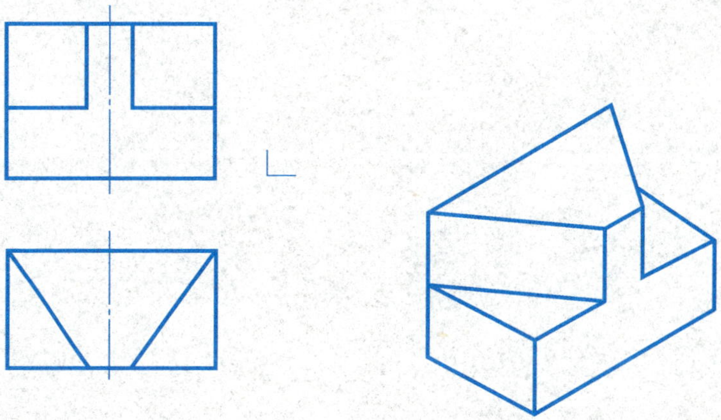

(3) 补画所缺视图。

(4) 补画所缺视图。

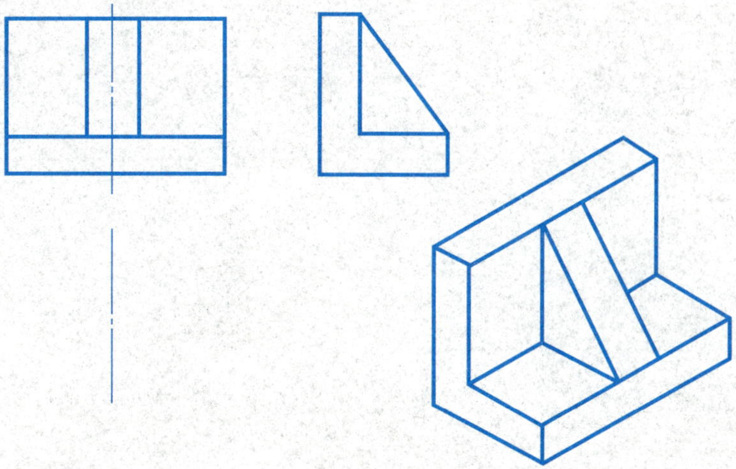

班级：________ 姓名：________ 学号：________ 日期：________

2.1.5 投影基础（五）

绘制如下物体三视图。

2.2 点、线、面的投影

2.2.1 点的投影

(1) 根据立体图，在三面投影中作出 A、B 两点的三面投影。

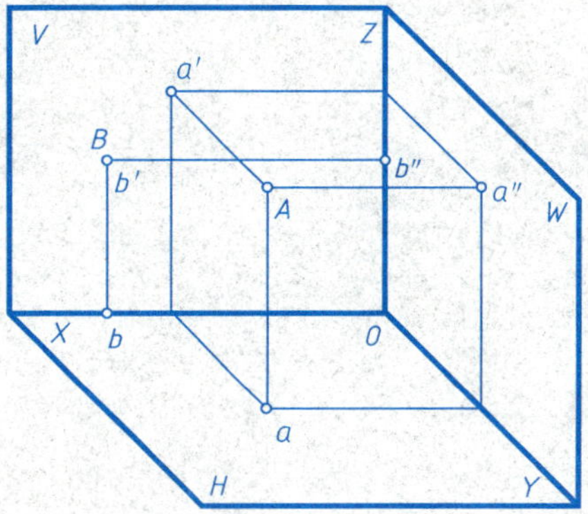

(2) 根据立体图，在三面投影中作出 A、B、C 三点的三面投影。

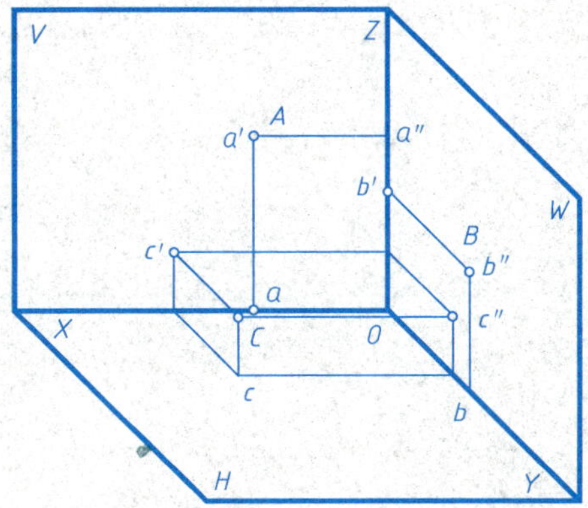

(3) 作出 A、B 两点的第三面投影，结合立体图说明点 A 在点 B 的（　　）方、（　　）方、（　　）方。

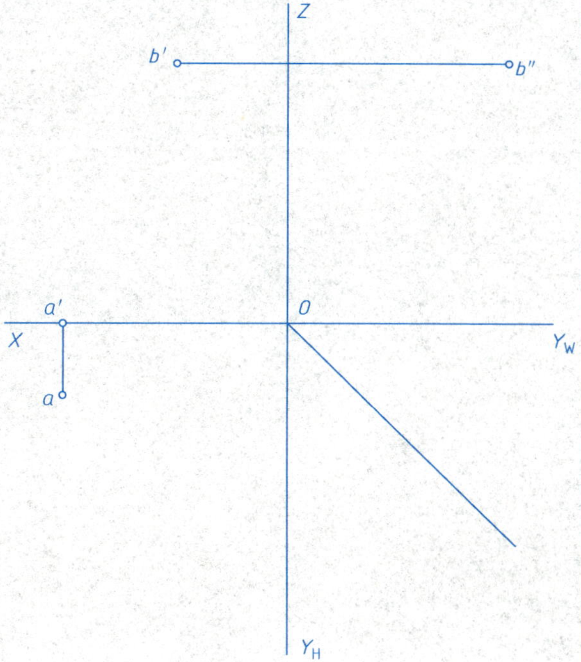

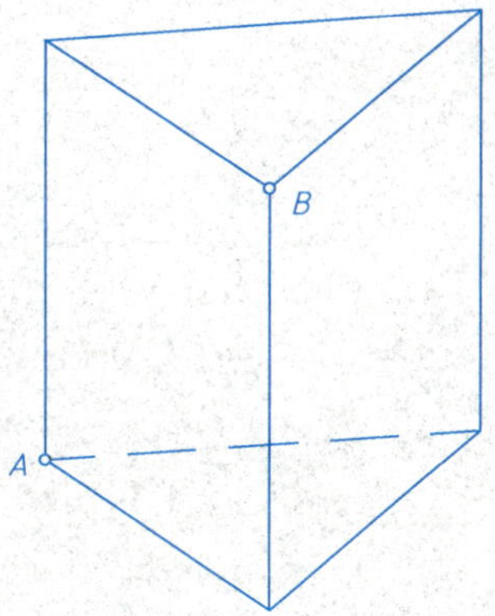

2.2 点、线、面的投影

2.2.1 点的投影

(4) 已知A、B、C三点的两面投影，求它们的第三面投影。

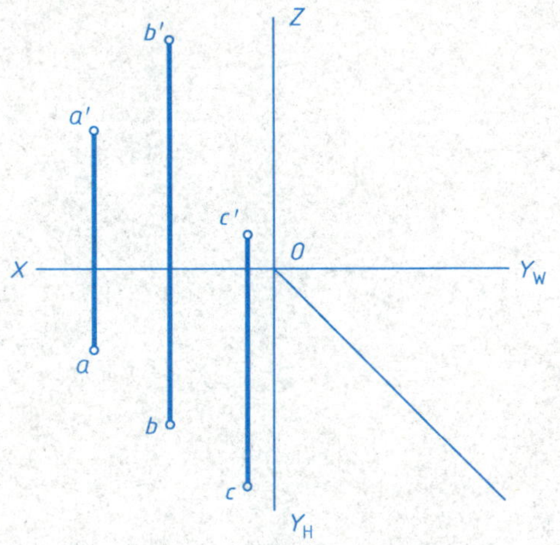

(5) 已知点A（10，20，15）、B（15，20，10）、C（20，16，20），作点A、B、C的三面投影。

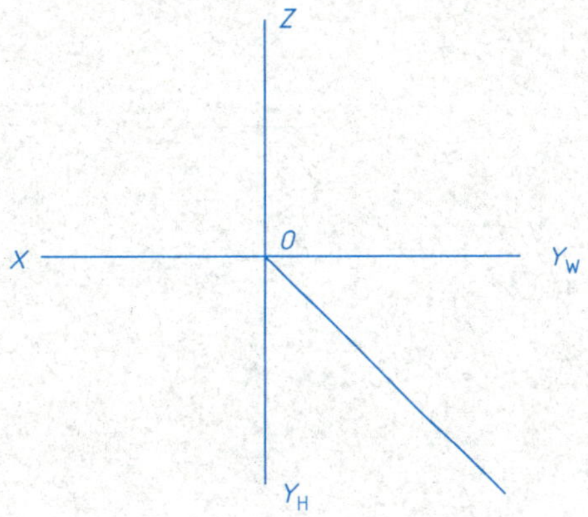

(6) 已知点A距H面的距离为10mm，距V面的距离为12mm，距W面的距离为16mm，求作A点的三面投影。

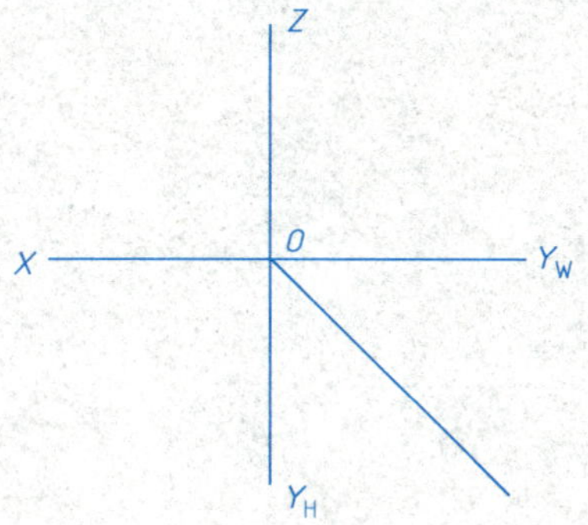

(7) 已知A在B的上方10mm、左方15mm、前方8mm处，试完成A、B两点的投影。

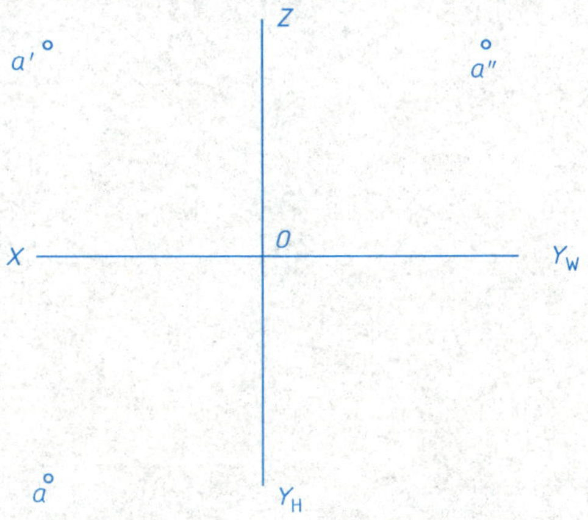

(8) 已知A（20，15，10），B点在A点的正上方10mm处，求A、B两点的三面投影。

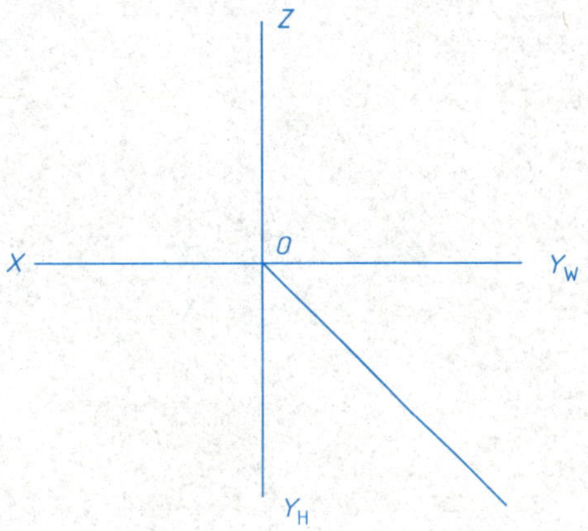

(9) 已知两点的一面投影，A点距V面20mm，B点在W面上，求A、B两点的另两面投影。

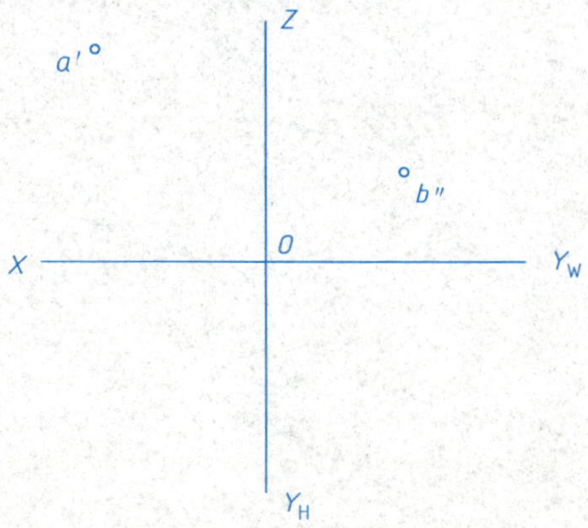

2.2.2 直线的投影

(1) 判断下列直线的空间位置。

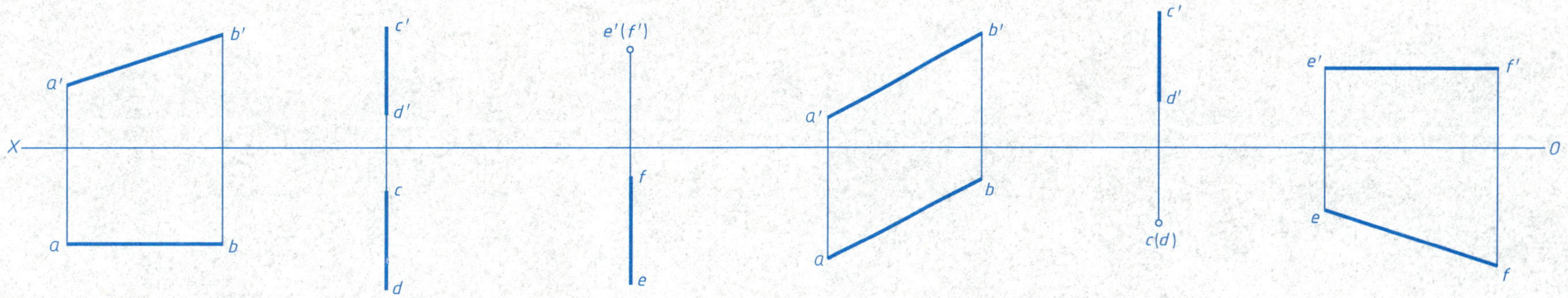

______线　______线　______线　______线　______线　______线

(2) 根据已知直线画出直线的三面投影，并标出直线与投影面的倾角。

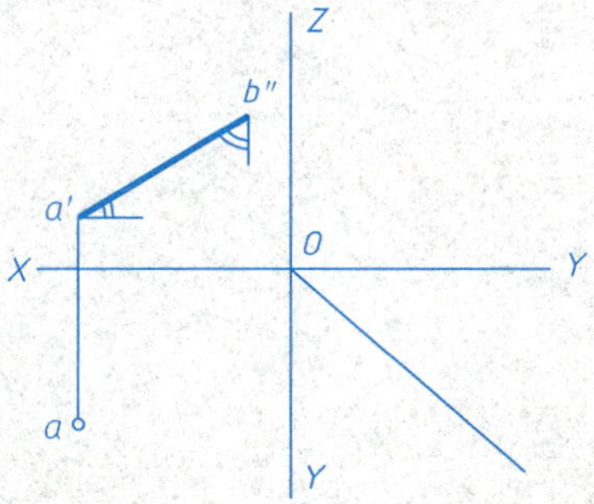

①已知 AB 平行于 V 面。

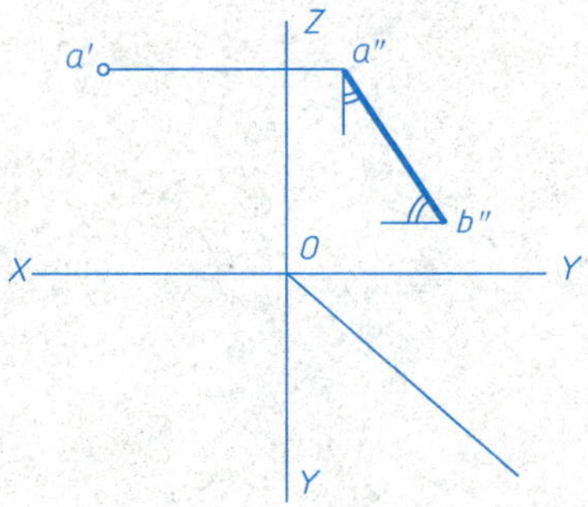

②已知 AB 平行于 W 面。

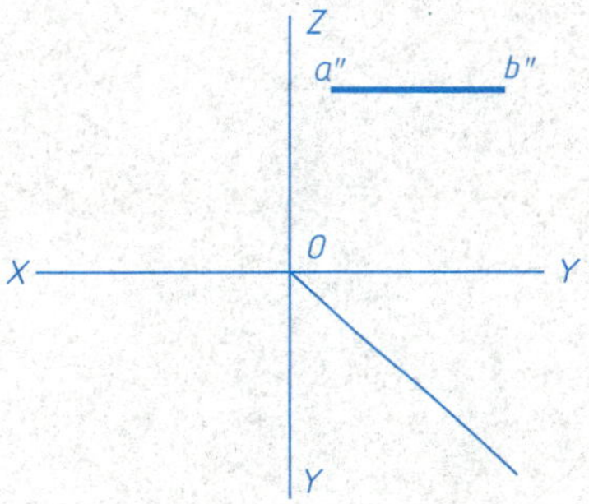

③已知 AB 垂直于 V 面、距 W 面 15mm。

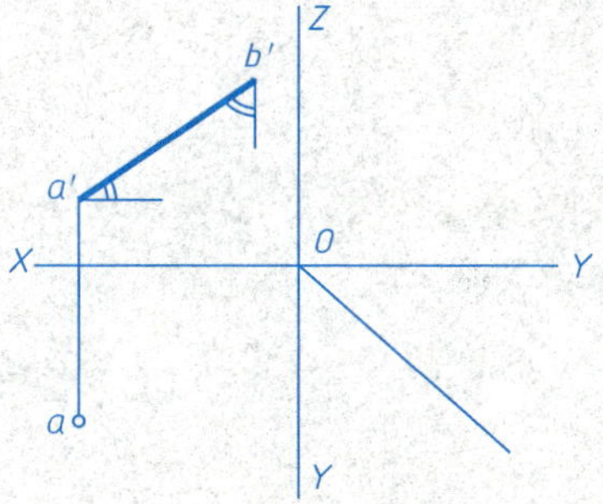

④已知 B 点在 V 面上。

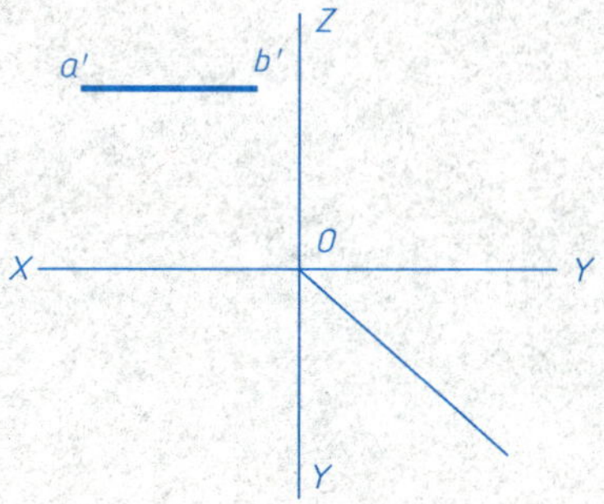

⑤已知 AB 垂直于 W 面、距 V 面 10mm。

2.2.2 直线的投影

(3) 已知直线段 AB 的两端点的坐标 A（10，0，18）、B（15，20，5），求作直线的三面投影。

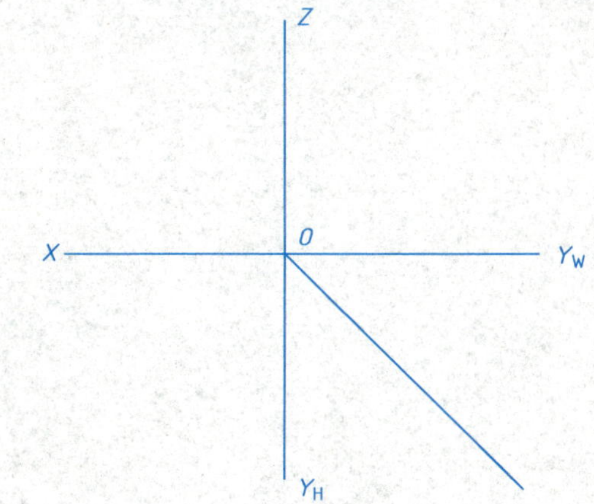

(4) 已知铅垂线 AB 的 A 点距 H 面距离为 10mm，距 W 面 30mm，距 V 面 20mm，点 B 在点 A 的上方，AB 实长为 20mm，求 AB 的三面投影。

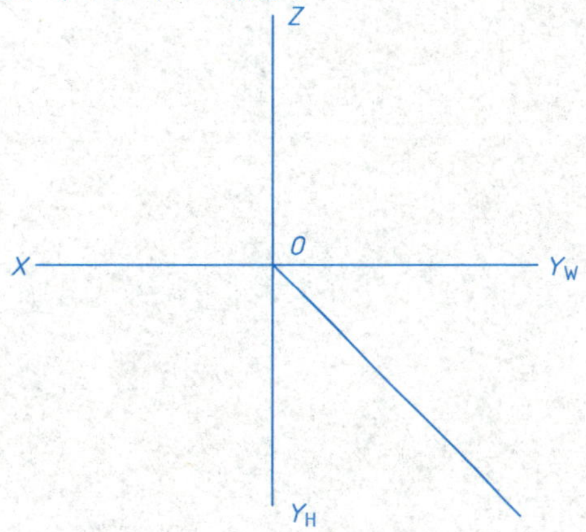

(7) 根据所给投影，判断两直线的相对位置。

① AB 与 CD ________　② AB 与 CD ________

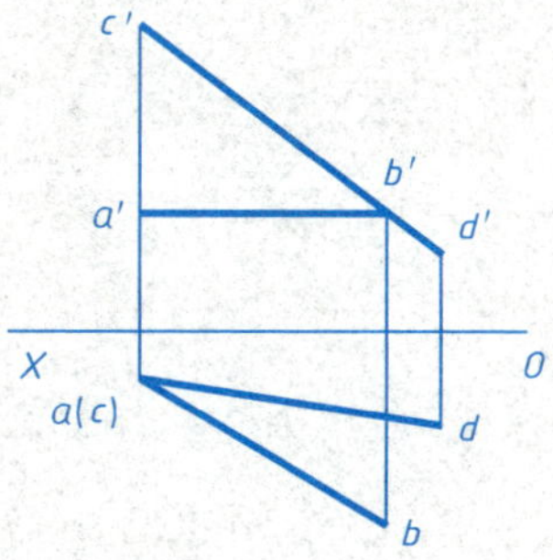

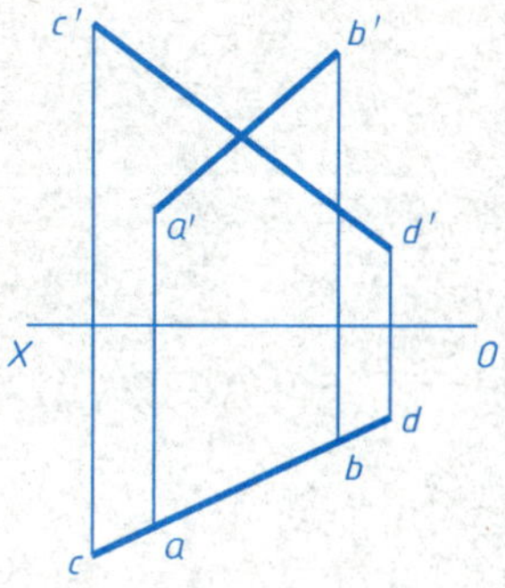

③ AB 与 CD ________　④ AB 与 CD ________

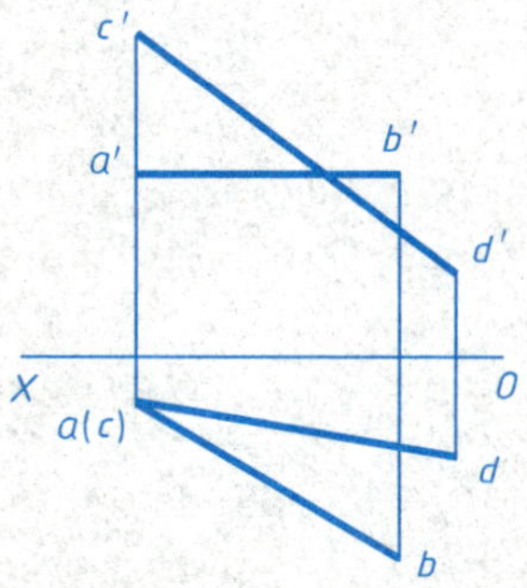

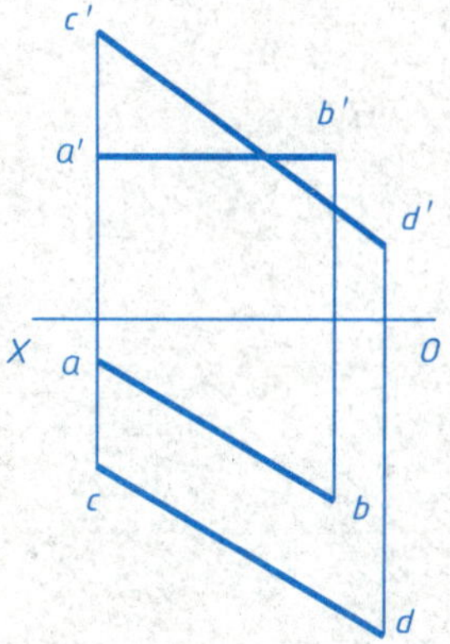

(5) 已知线段 AB 距 H 面 25mm，补充完整水平线 AB 的三面投影。

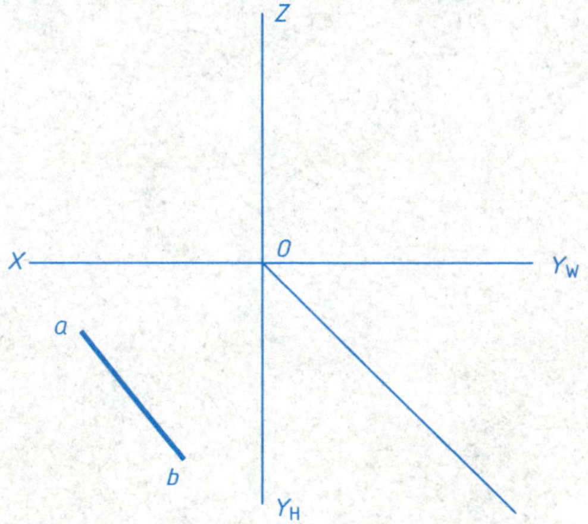

(6) 过 E 点作一水平线 EF，使其与 H 面相距 25mm，并与直线 AB 交于 F。

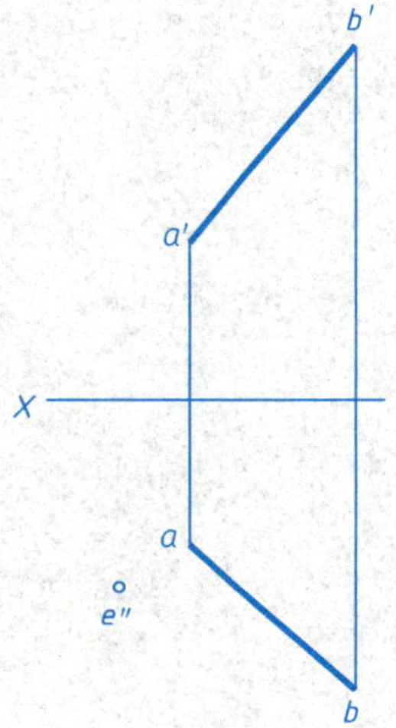

班级：________　姓名：________　学号：________　日期：________

2.2.2 直线的投影

（8）判别三棱锥的空间位置。

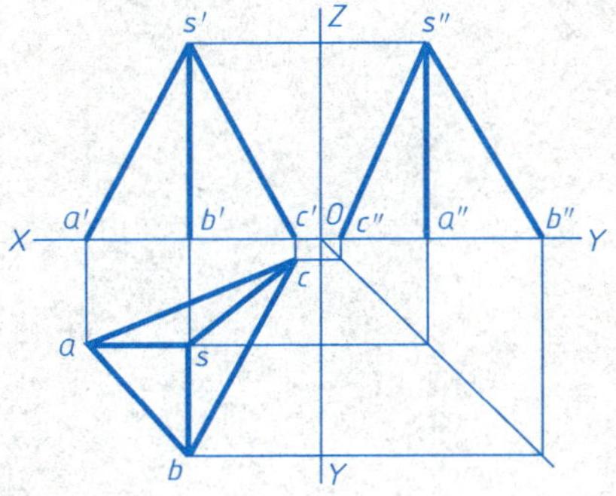

SA 是________线；SB 是________线；

SC 是________线；AB 是________线。

（9）求 cd，并在图上标出 CD 与 V 面及 W 面的倾角 β 和 γ。

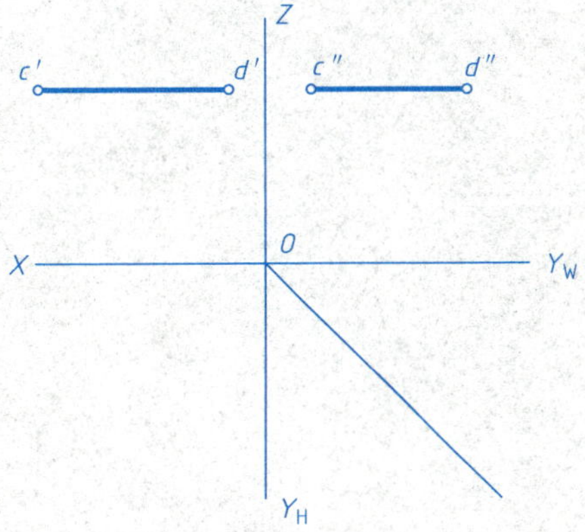

（10）求直线 AB 及直线上点 K 的第三投影。

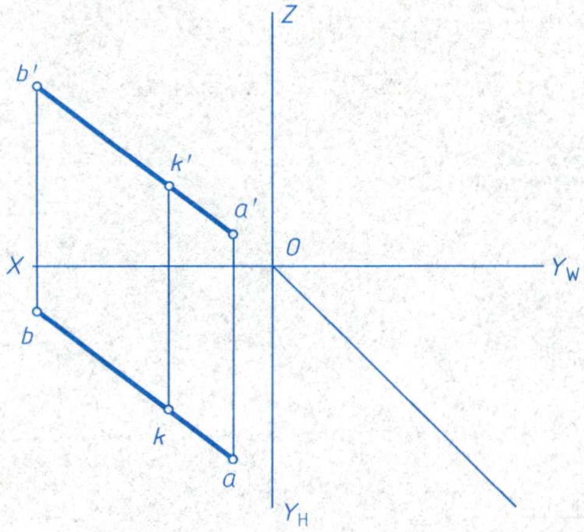

（11）点 C 在直线 AB 上，点 C 到 H 面的距离为 25mm，求点 C 的两面投影。

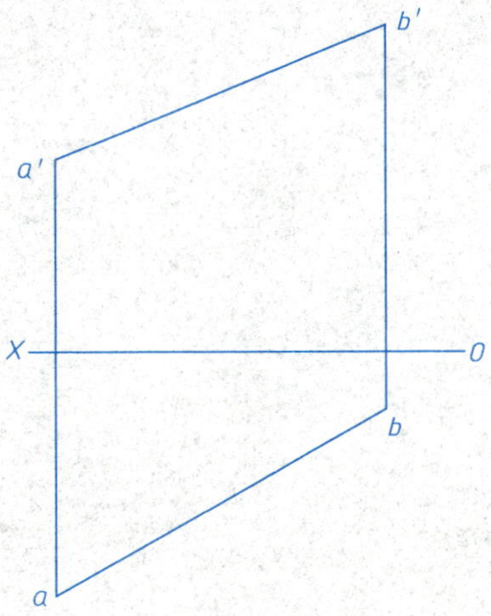

（12）已知 AE 为正平线，倾角 $\alpha=30^\circ$，长度为 30mm，求直线 AE 的三面投影。

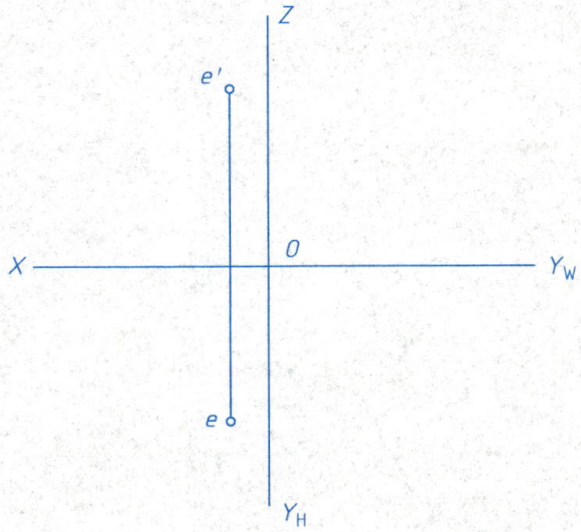

（13）已知 EF//W 面，实长为 25mm，点 F 在 H 面上，求 EF 的三面投影。

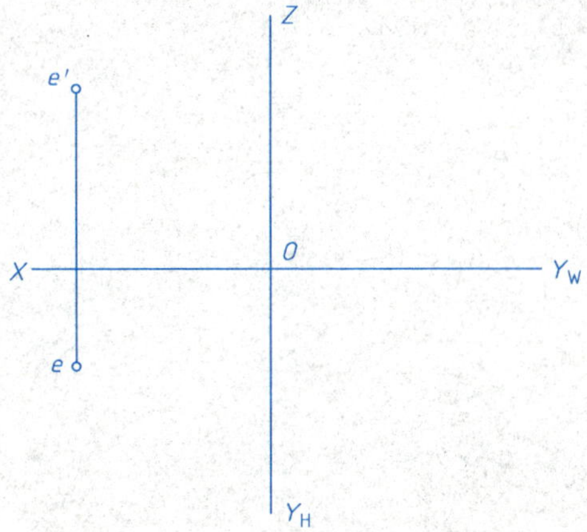

班级：________ 姓名：________ 学号：________ 日期：________

2.2.3 平面的投影

(1) 根据所给投影，作出下列平面的第三投影，并判断它们是什么位置的面。

①

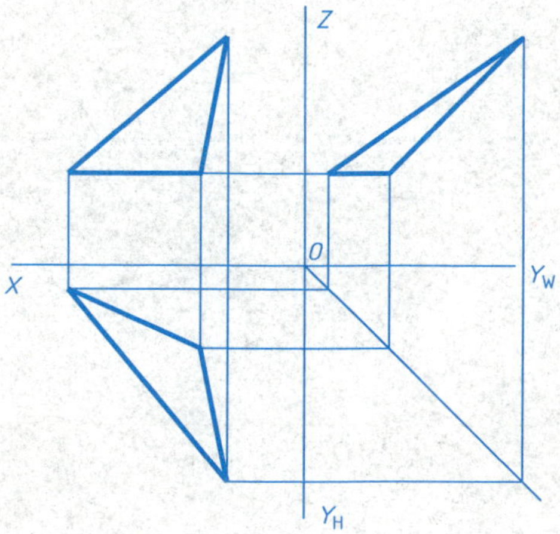

该平面为________________。

②

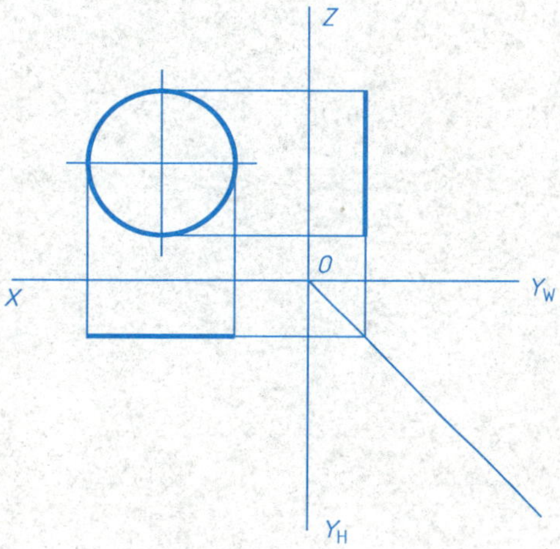

该平面为________________。

③

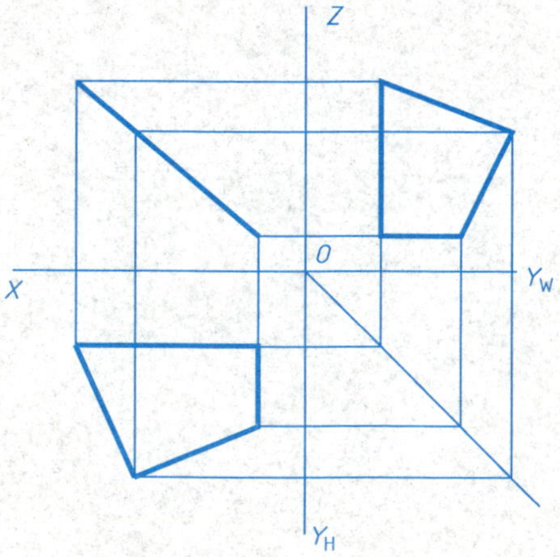

该平面为________________。

④

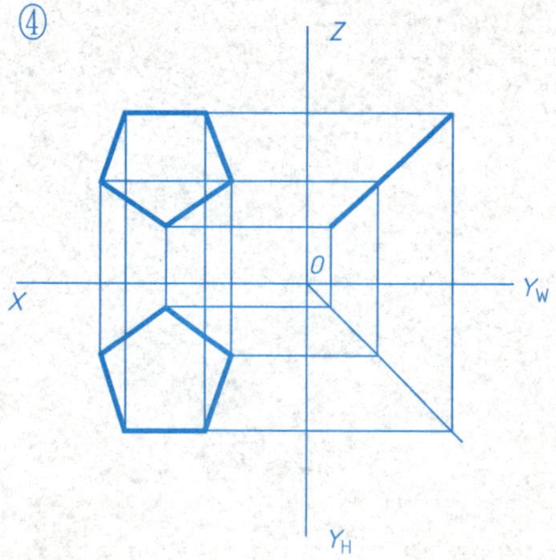

该平面为________________。

(2) 对照所给立体图，分析体上的 P、Q、R、S 面各为什么位置的面。

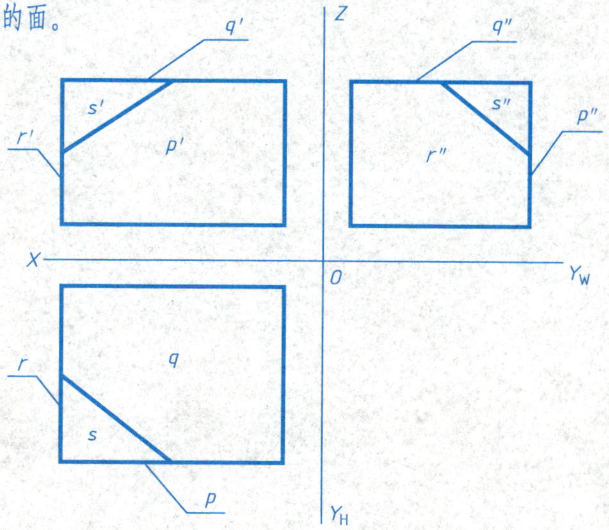

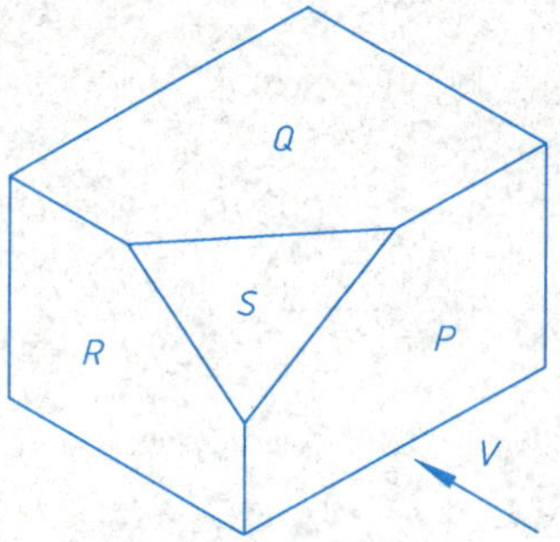

平面 P 为____________平面；

平面 Q 为____________平面；

平面 R 为____________平面；

平面 S 为____________平面。

班级：__________ 姓名：__________ 学号：__________ 日期：__________

2.2.3 平面的投影

(3) 根据所给投影，补画平面 ABC 的第三面投影，并判断该平面是什么位置平面。

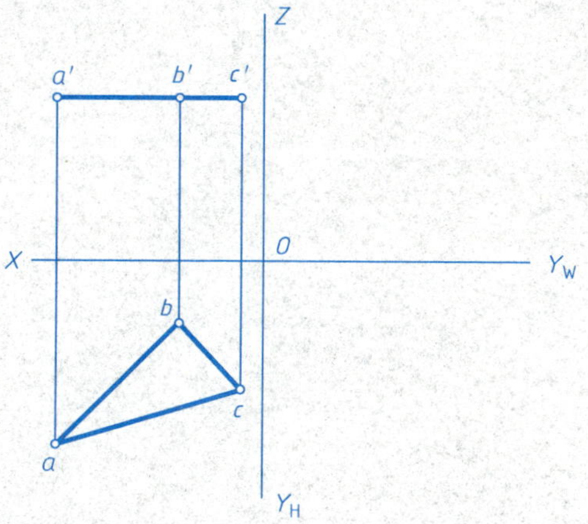

(4) 根据所给投影，补画平面 ABC 的第三面投影，并判断该平面是什么位置平面。

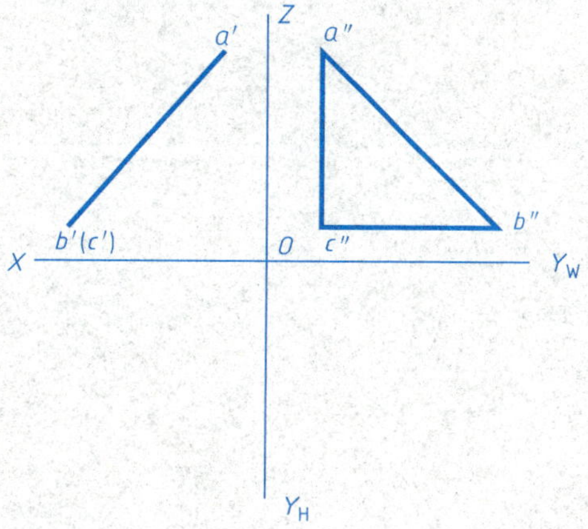

(5) 根据所给投影，补画平面 ABC 的第三面投影，并判断该平面是什么位置平面。

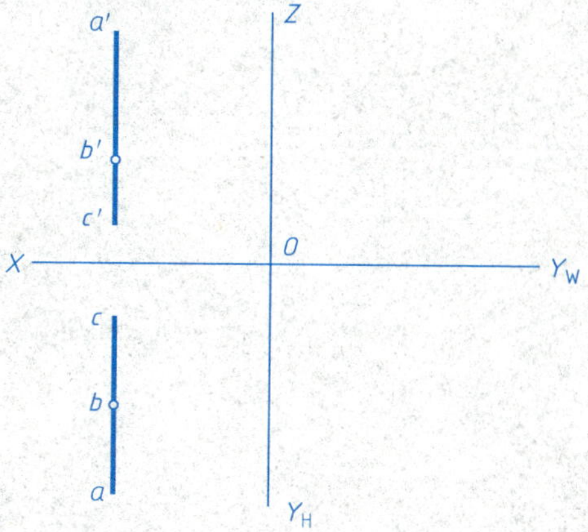

(6) 已知 K 点属于△ABC 平面，完成△ABC 的正面投影。

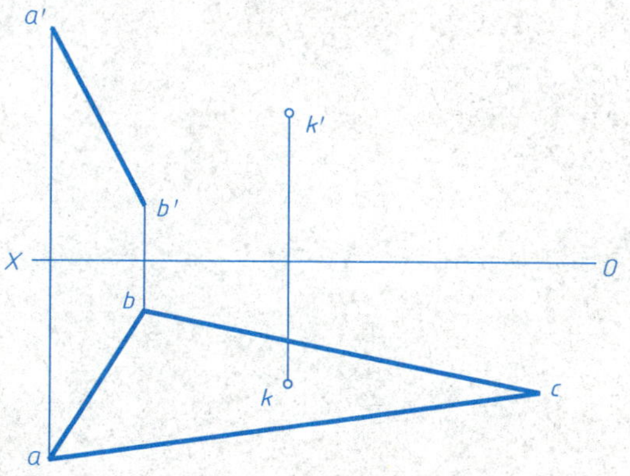

(7) 在△ABC 内作距 H 面距离为 20mm 的水平线 MN，其中 M 点在 AB 上，N 点在 BC 上。

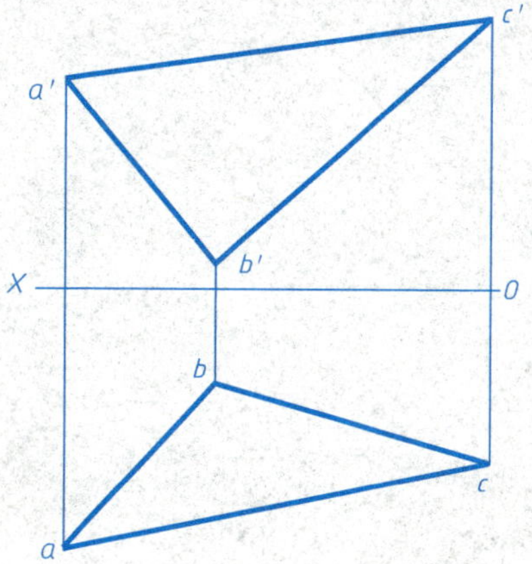

(8) 已知平面 ABCD 的对角线 AC 为正平线，完成平面的水平投影。

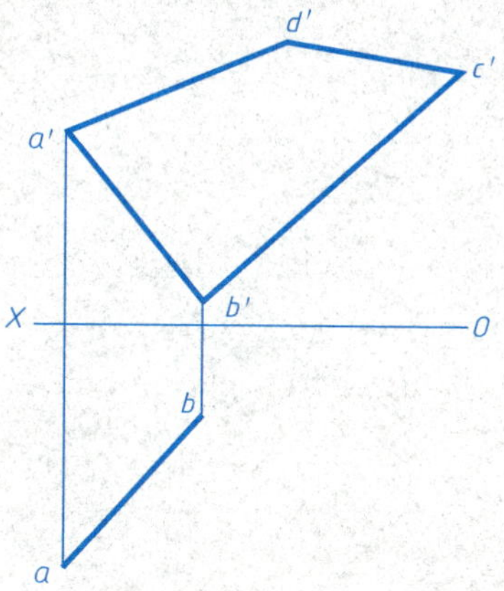

2.2.3　平面的投影

(9) 根据所给投影，补充完整正平面 ABC 的三面投影。

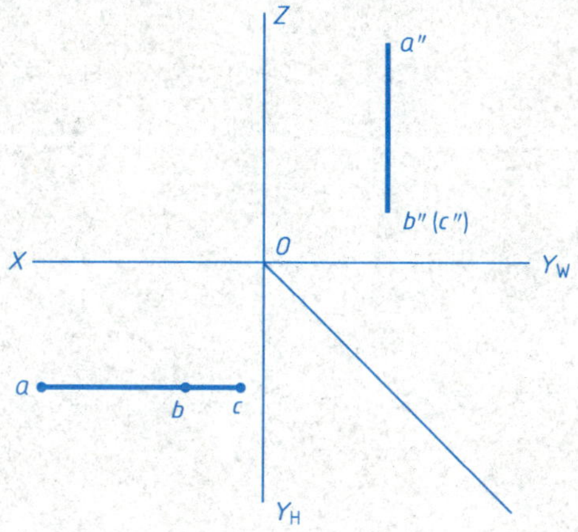

(10) 根据所给投影，补充完整平面 ABCD 及其上点 N 的三面投影。

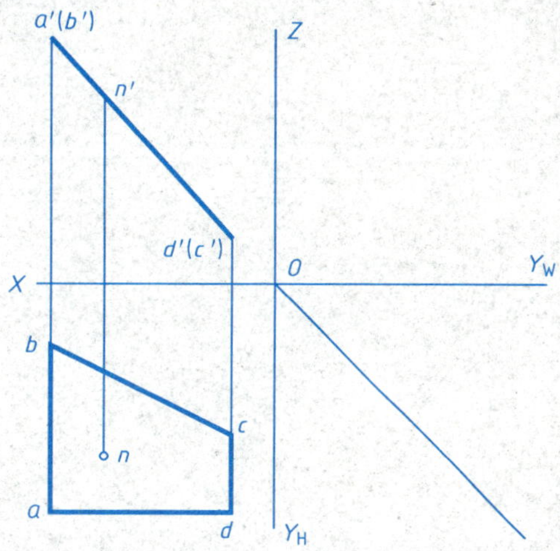

(11) 在平面 ABC 上作一正平线 MN。MN 到正面的距离为 15mm。其中 M 点在 AB 上，N 点在 BC 上。

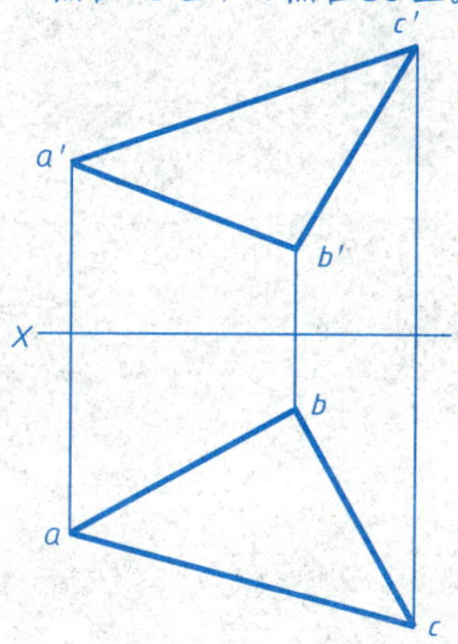

(12) 根据所给投影，通过作图判断下列相互平行的直线是否在同一平面内。

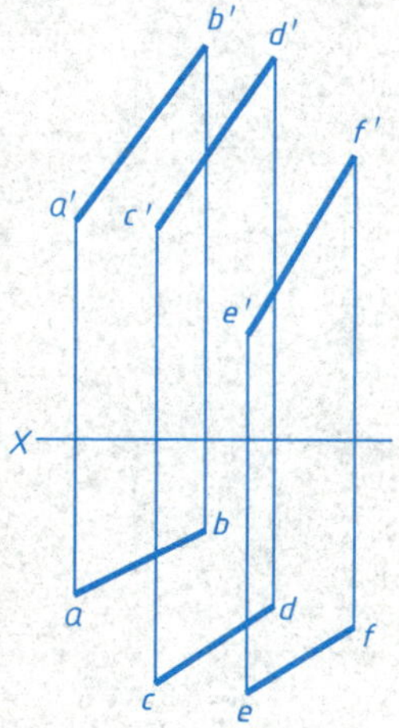

(13) 已知平面 ABCDEF 为铅垂面，根据其两面投影求其第三面投影。

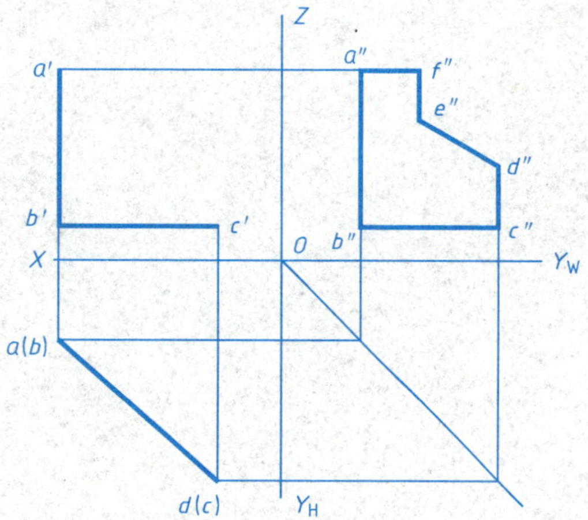

(14) 补全平面的第三面投影。

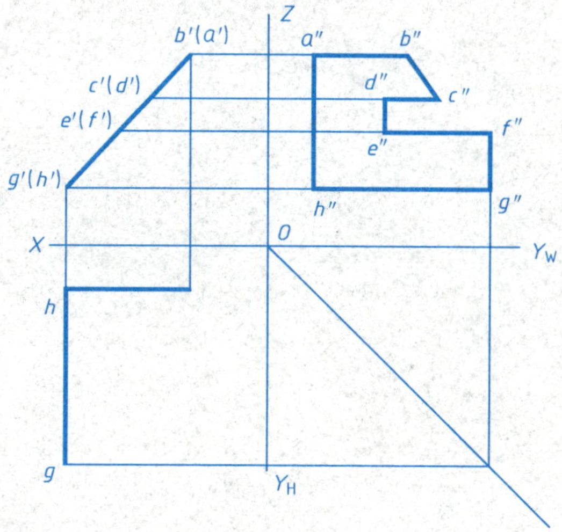

班级：________　姓名：________　学号：________　日期：________

2.3 基本体的投影

2.3.1 基本体的三视图及其表面取点

(1) 补画 1/4 圆柱的第三视图。

(2) 补画 1/8 圆球的第二、三视图。

(3) 补画 1/4 棱台的第三视图。

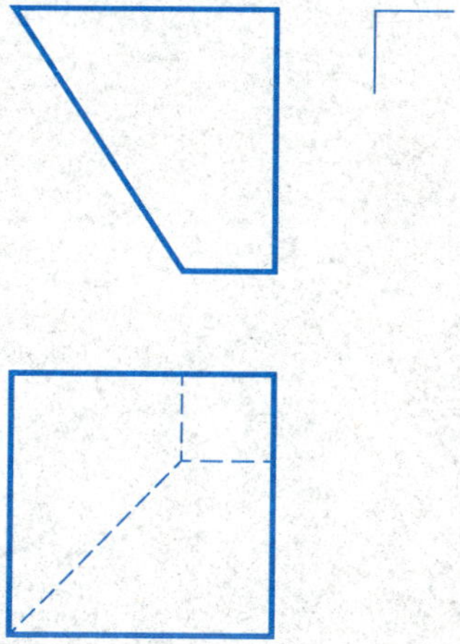

(4) 补画 1/4 圆台的第三视图。

(5) 补画 1/2 圆台的第三视图。

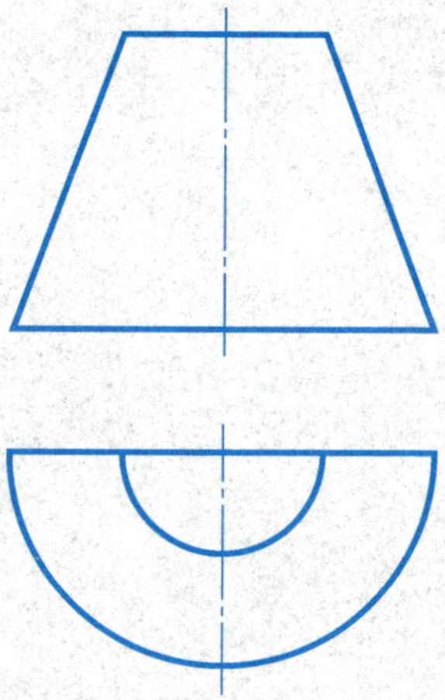

(6) 补画 1/2 圆柱的第三视图。

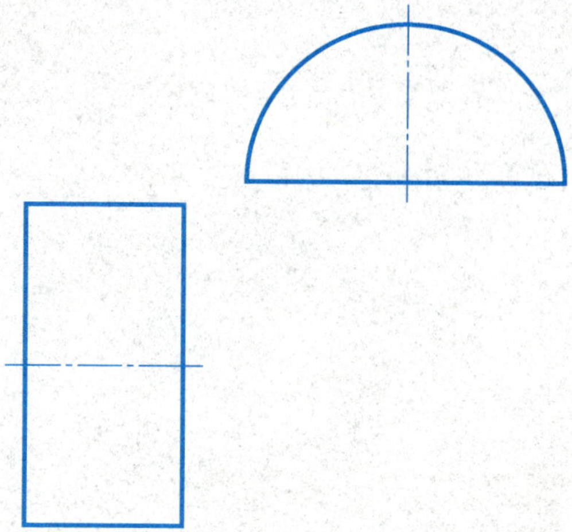

班级：________ 姓名：________ 学号：________ 日期：________

2.3.1 基本体的三视图及其表面取点

（7）求六棱柱表面上点的投影。

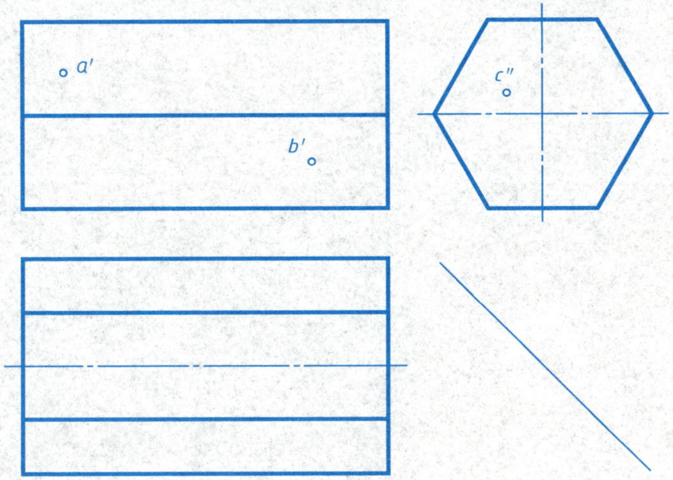

（8）求圆柱表面上点的投影。

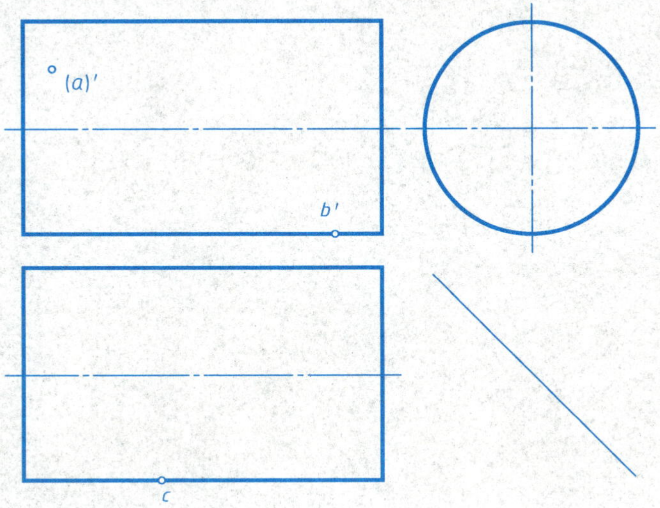

（9）补出三棱锥的第三视图，并求出三棱锥表面上点 A、B、C 的其他两面投影。

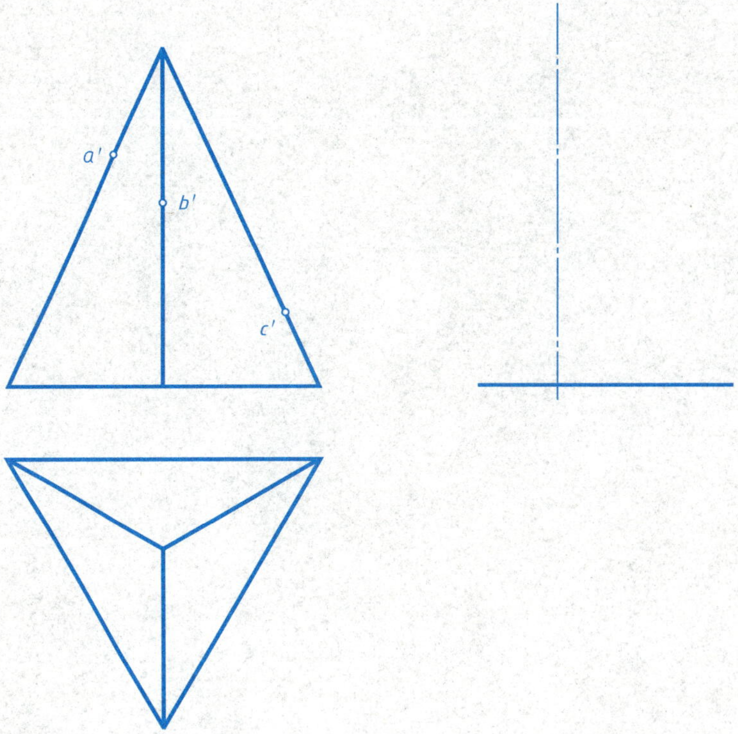

班级：________ 姓名：________ 学号：________ 日期：________

2.3 基本体的投影

2.3.1 基本体的三视图及其表面取点

（10）求圆锥表面上的点的另外两面投影（*A* 点用辅助圆法，*B* 点用辅助素线法）。

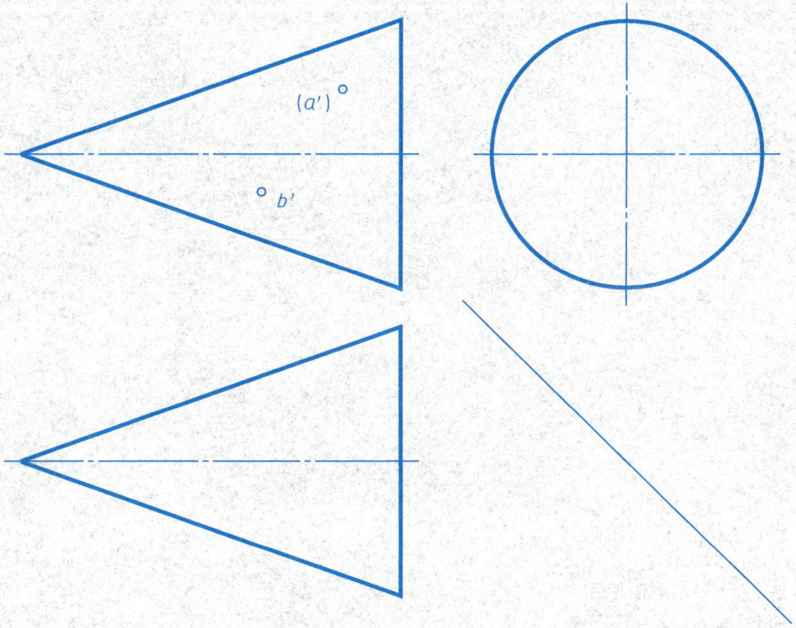

（11）求球体表面上点的另两面投影。

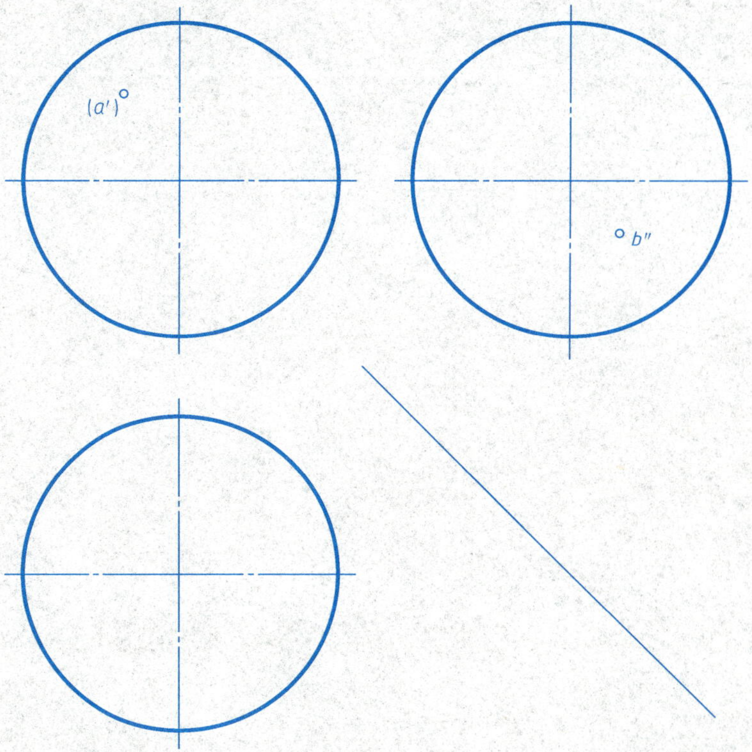

A 点在______、______、______半球上；
B 点在______、______、______半球上。

班级：__________ 姓名：__________ 学号：__________ 日期：__________

2.3.2 截切平面体的三视图

(1) 补全截切后三棱柱的三视图。

(2) 补全截切后四棱柱的三视图。

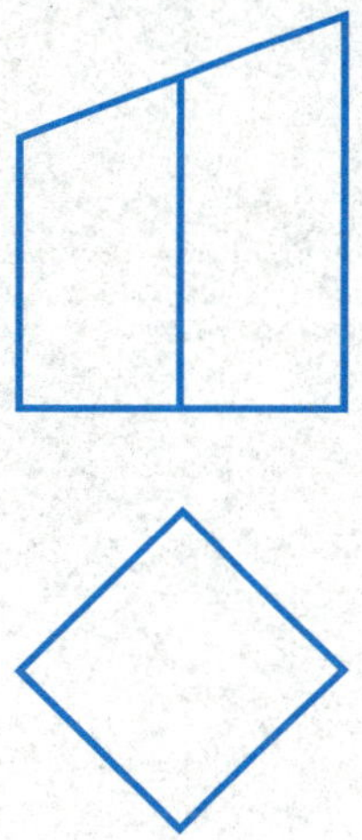

(3) 补全截切后三棱锥的三视图。

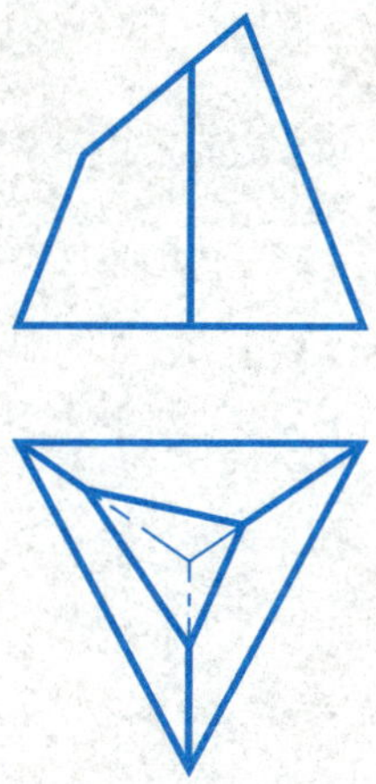

(4) 补全截切后六棱柱的三视图。

(5) 补全截切后五棱柱的三视图。

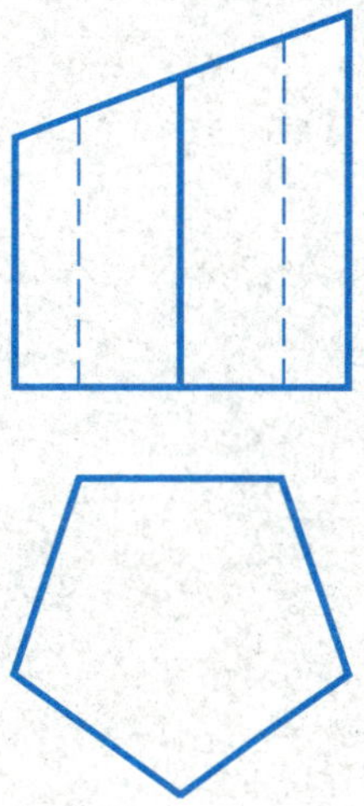

(6) 补全截切后四棱锥的三视图。

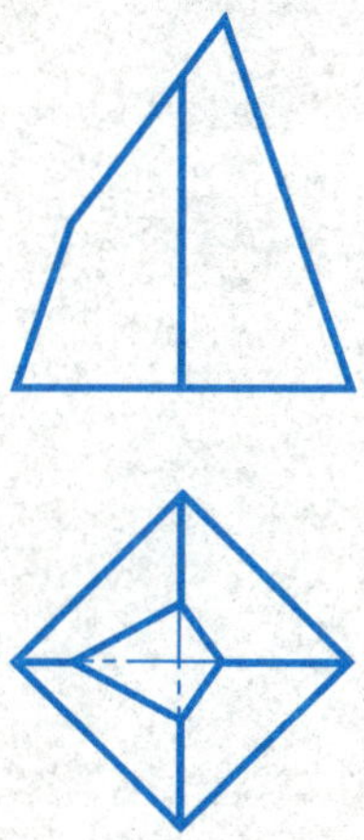

班级：________ 姓名：________ 学号：________ 日期：________

2.3.2 截切平面体的三视图

（7）补全截切后三棱柱的三视图。

（8）补全截切后四棱柱的三视图。

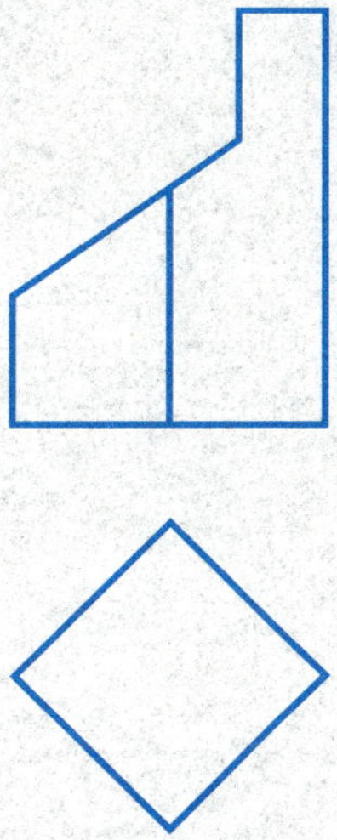

（9）补全截切后三棱柱的三视图。

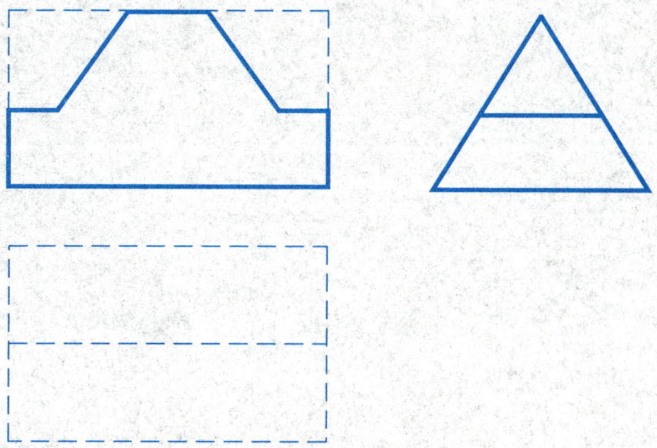

（10）补全截切后六棱柱的三视图。

（11）补全截切后五棱柱的三视图。

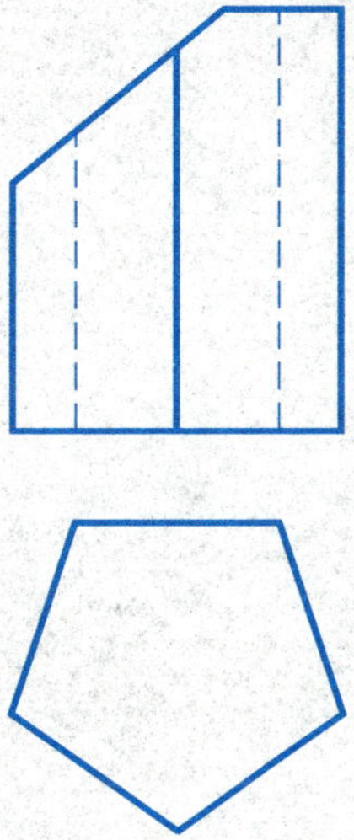

（12）补全截切后四棱柱的三视图。

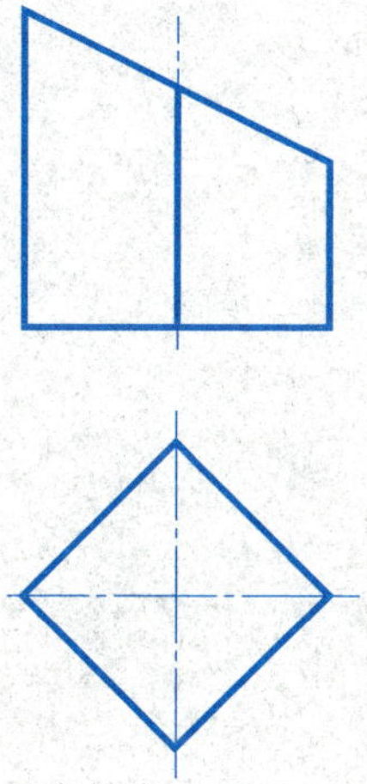

2.3.2 截切平面体的三视图

(13) 补画截切后立体的第三视图。

(14) 补画截切后立体的第三视图。

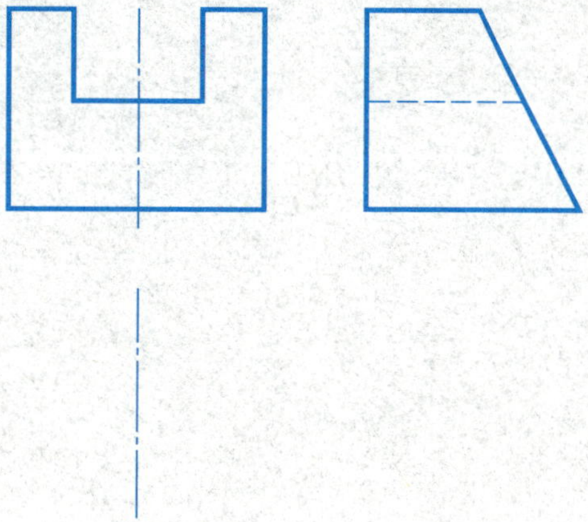

(15) 补画截切后立体的第三视图。

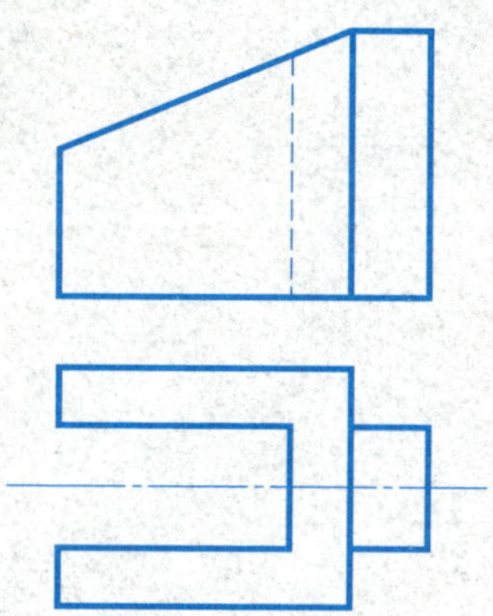

(16) 补全截切后体的三视图。

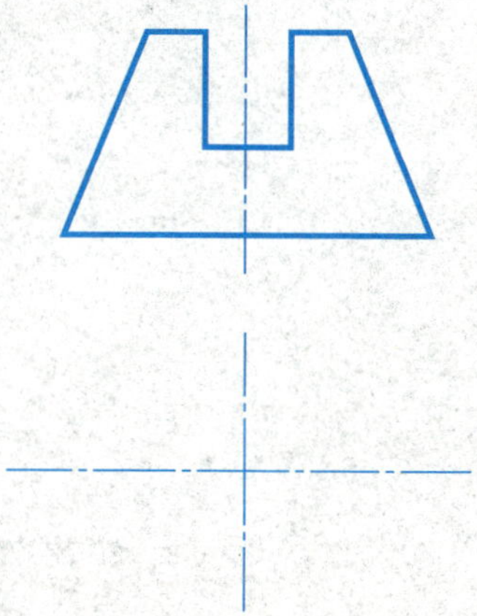

(17) 补全截切后体的三视图。

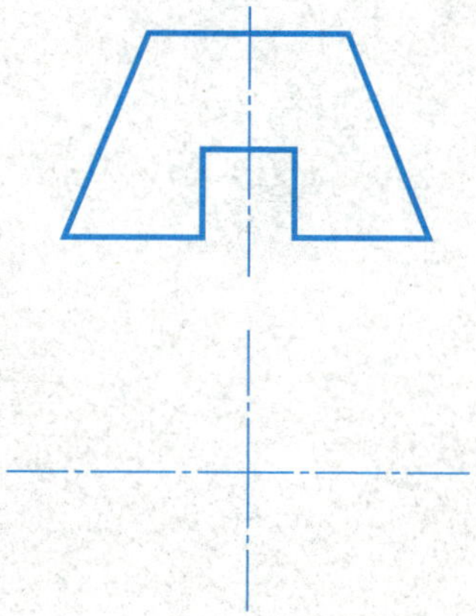

(18) 补全截切后三棱锥的三视图。

班级：________ 姓名：________ 学号：________ 日期：________

2.3.3 截切回转体的三视图

(1) 补全截切后圆柱的三视图。

(2) 补全截切后圆柱的三视图。

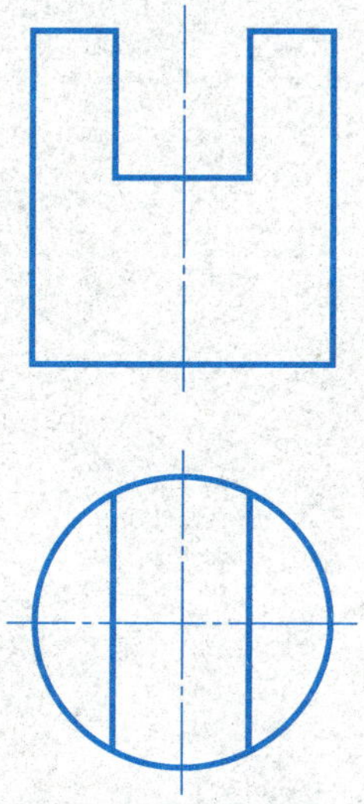

(3) 补全截切后圆柱的三视图。

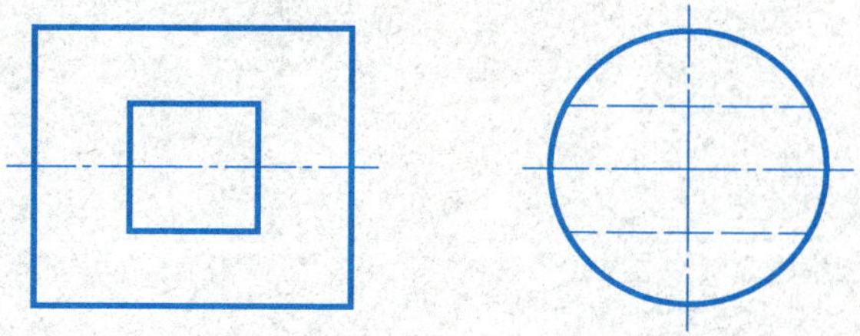

(4) 补全截切后圆锥的三视图。

(5) 补全截切后立体的三视图。

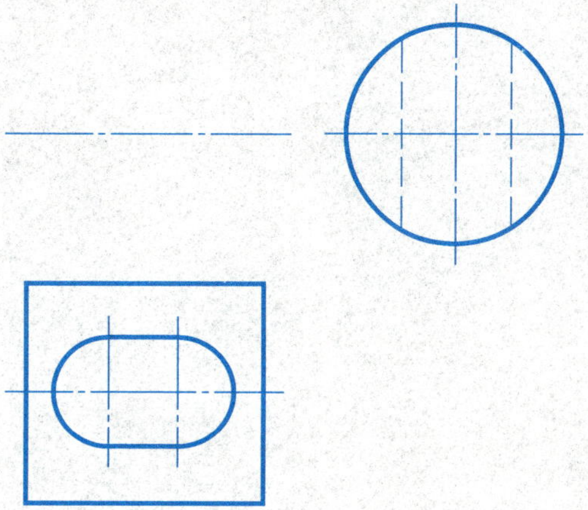

(6) 补全截切后半球的三视图。

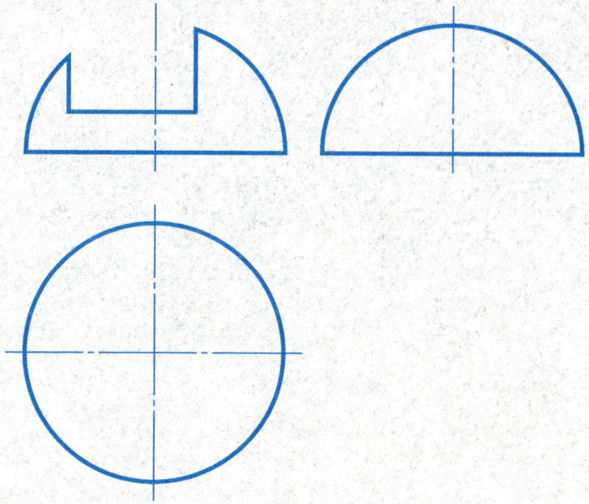

班级：________ 姓名：________ 学号：________ 日期：________

2.3.3 截切回转体的三视图

（7）补全截切后圆锥的三视图。

（8）补全截切后圆锥的三视图。

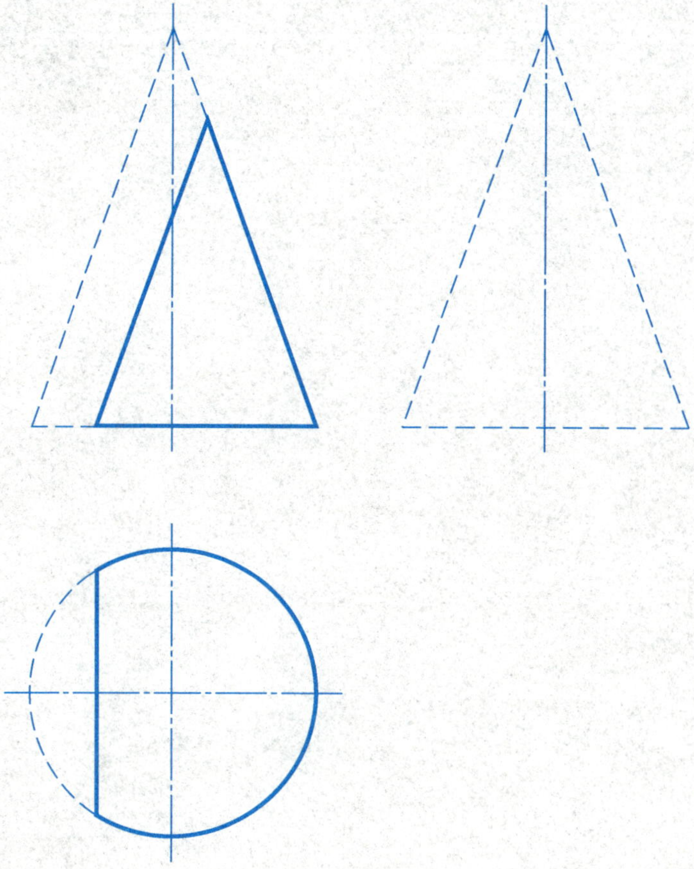

班级：______ 姓名：______ 学号：______ 日期：______

2.3.3 截切回转体的三视图

（9）补全截切后立体的三视图。

（10）补全截切后立体的三视图。

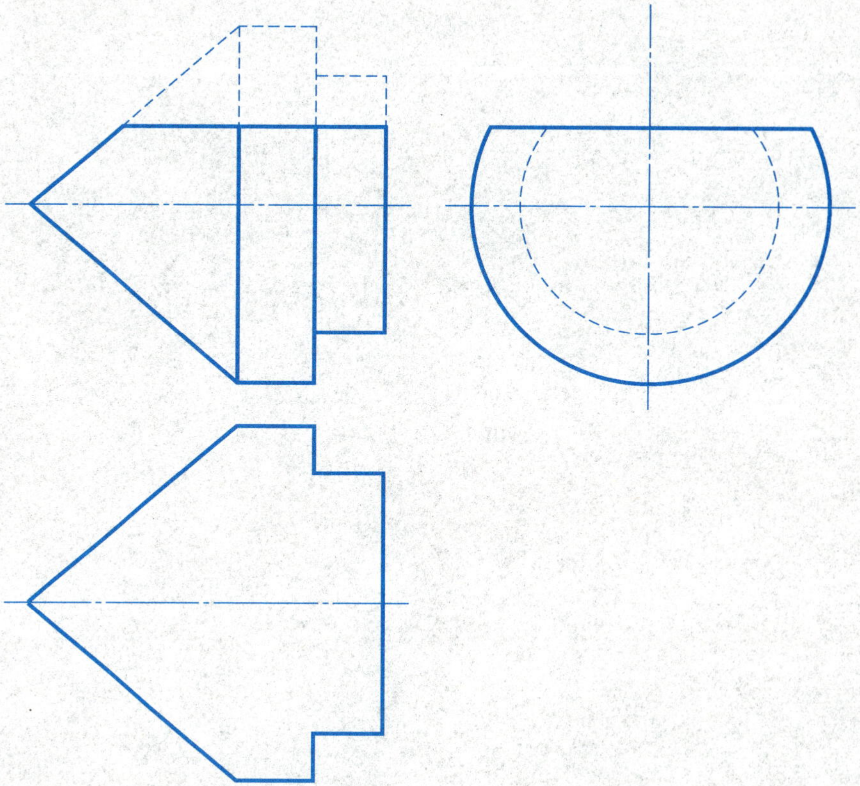

班级：________ 姓名：________ 学号：________ 日期：________

2.3.4 相贯线

(1) 补全两圆柱相贯的视图。

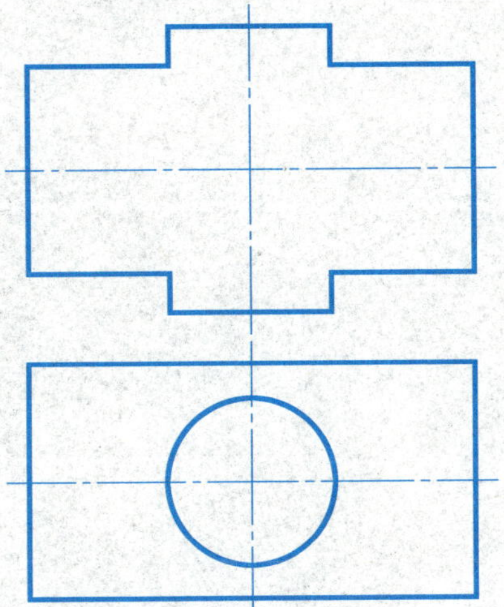

(2) 补全两圆柱相贯的视图。

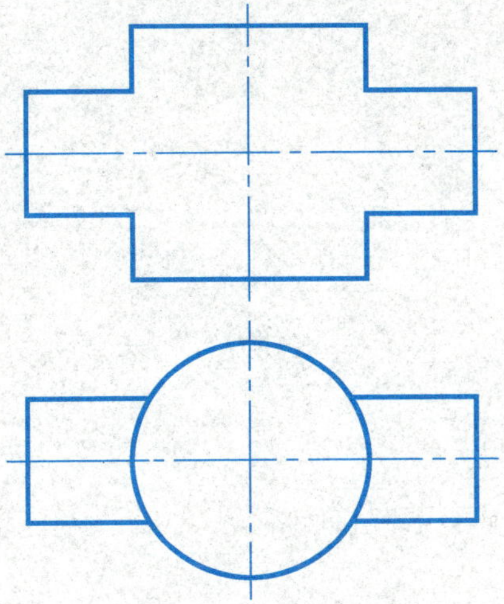

(3) 补全两圆柱相贯的视图。

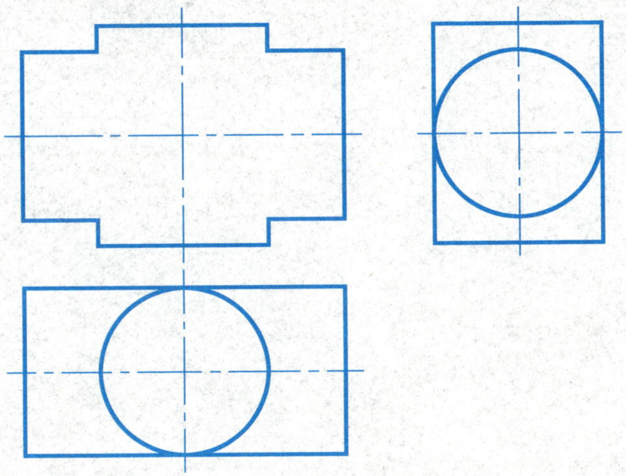

(4) 补全圆柱和半圆柱相贯的视图。

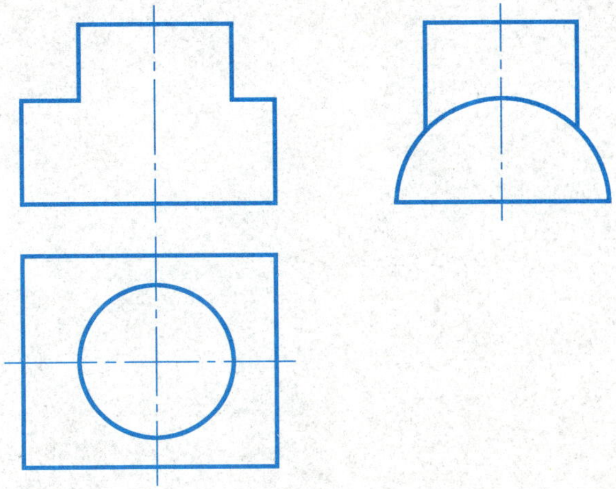

班级：________ 姓名：________ 学号：________ 日期：________

2.3.4 相贯线

（5）补全圆锥、圆柱相贯的视图。

（6）补全圆柱相贯的视图。

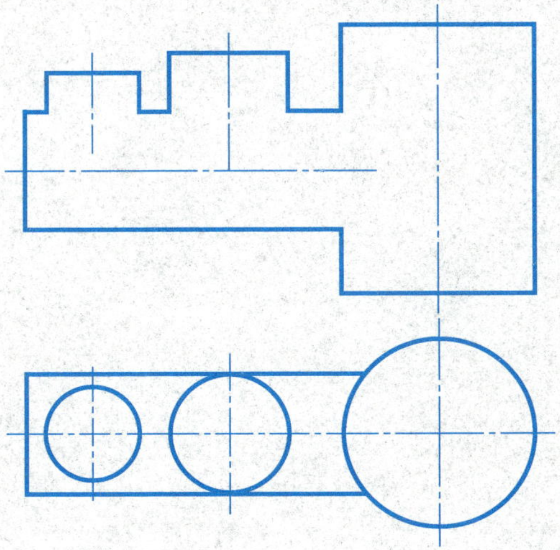

（7）补全两立体相贯的视图。

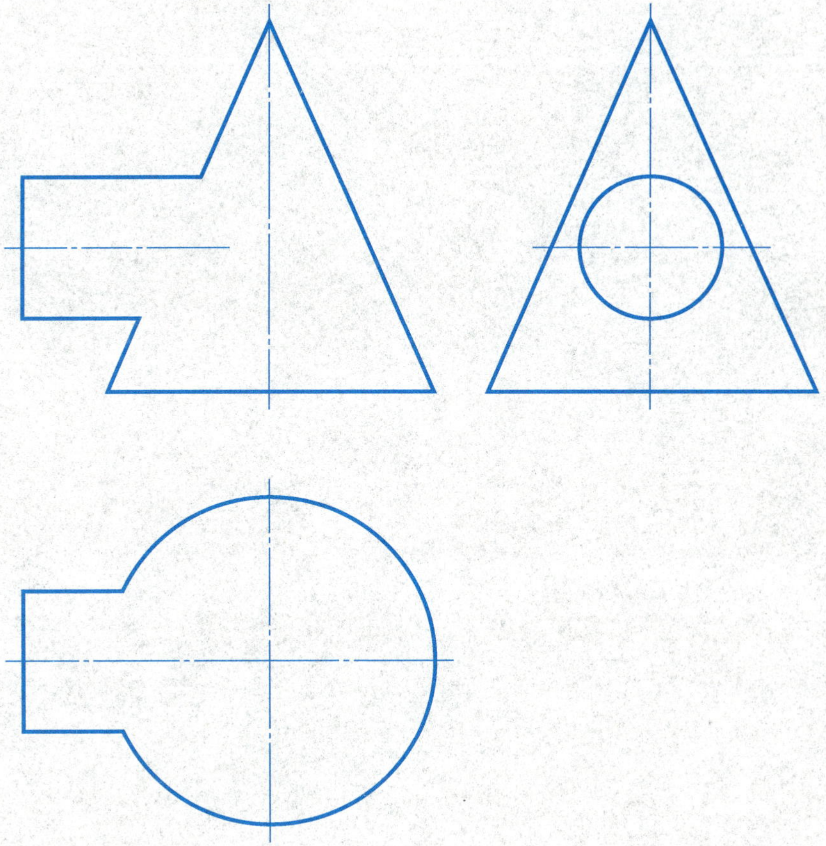

班级：________ 姓名：________ 学号：________ 日期：________

2.3 基本体的投影

2.3.4 相贯线

(8) 选择正确的左视图。

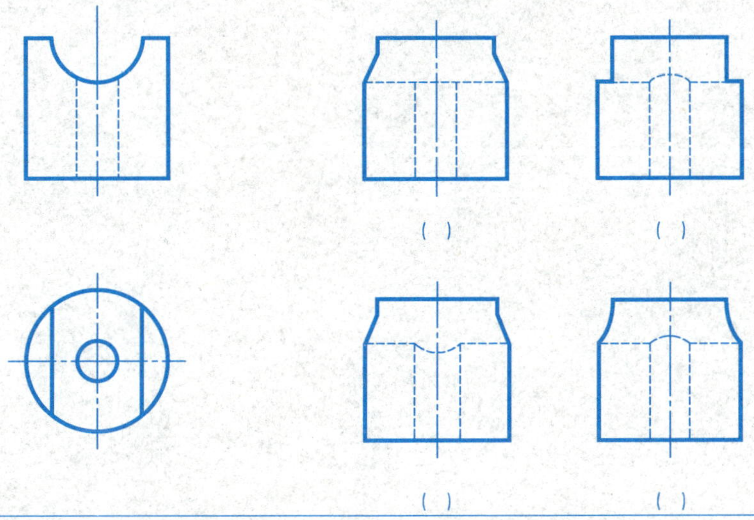

(9) 选择正确的左视图。

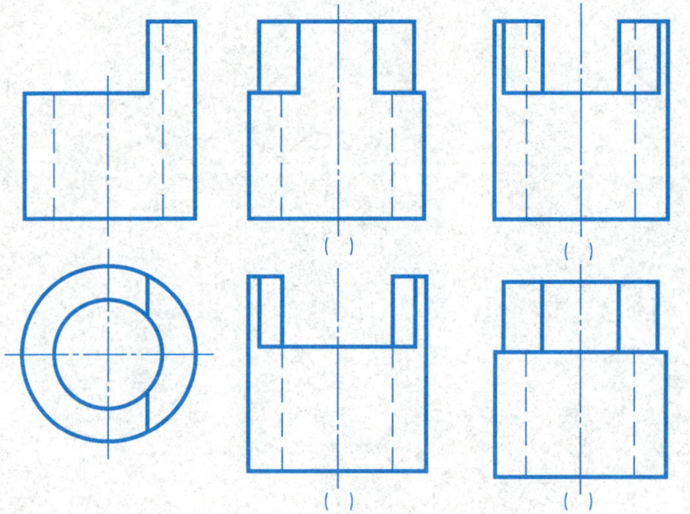

(10) 选择正确的左视图。

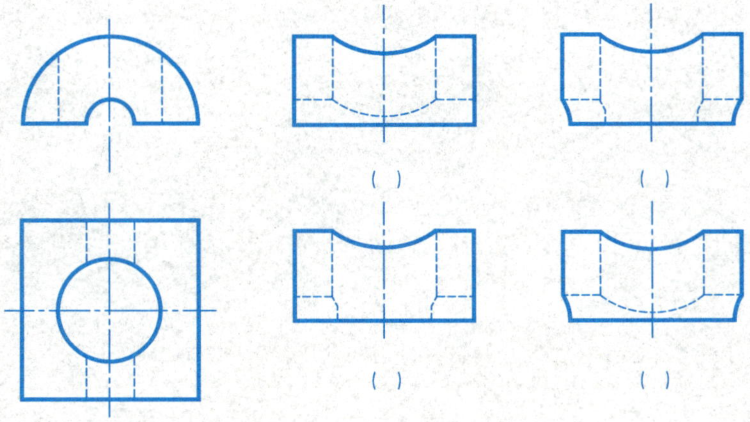

(11) 选择正确的左视图。

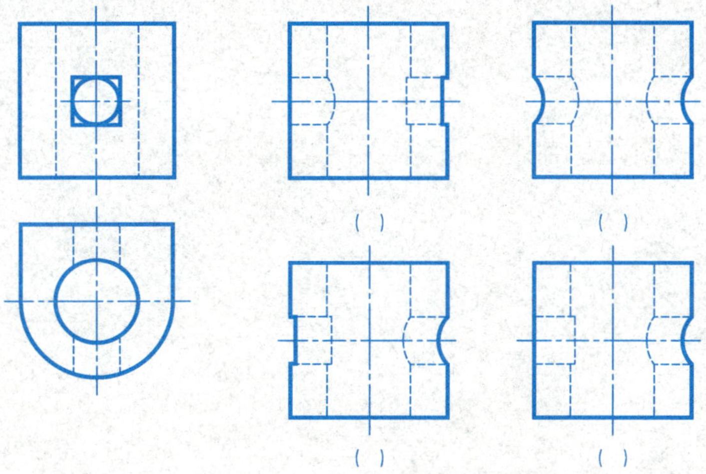

班级：________ 姓名：________ 学号：________ 日期：________

2.3.4 相贯线

(12) 补全圆柱相贯的视图。

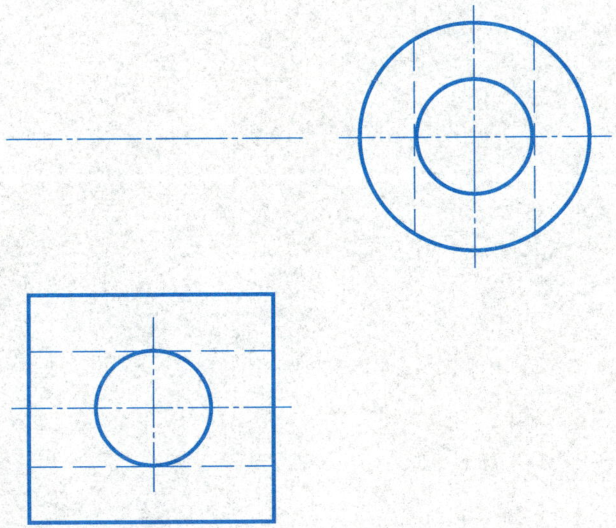

(13) 补全圆柱相贯的视图。

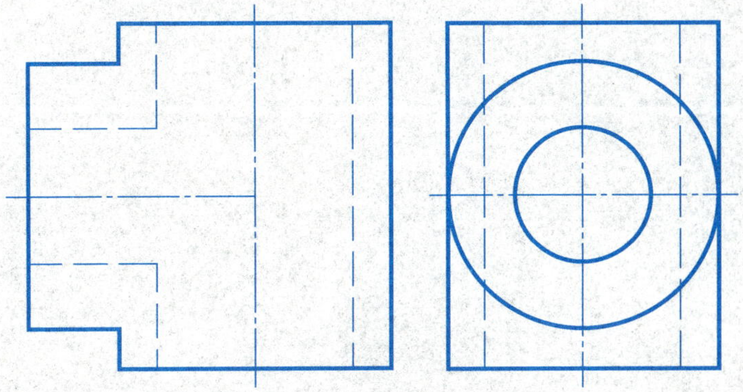

(14) 补全圆柱相贯的视图。

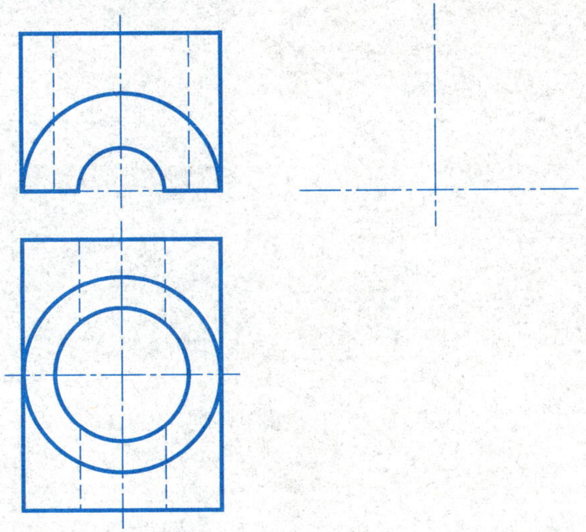

(15) 补全圆柱和半圆柱相贯的视图。

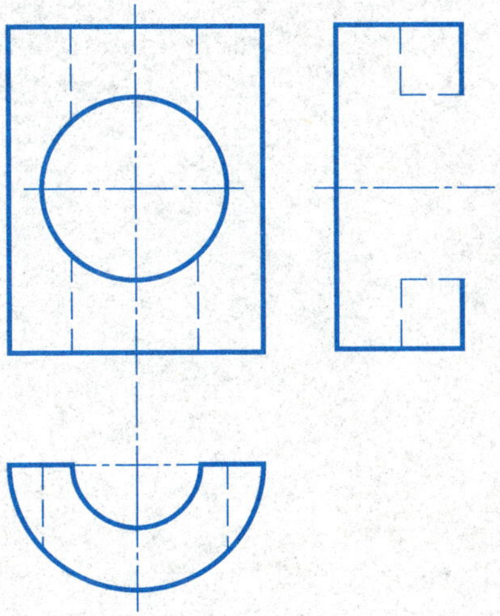

班级：________ 姓名：________ 学号：________ 日期：________

2.3.4 相贯线

（16）补全主视图。

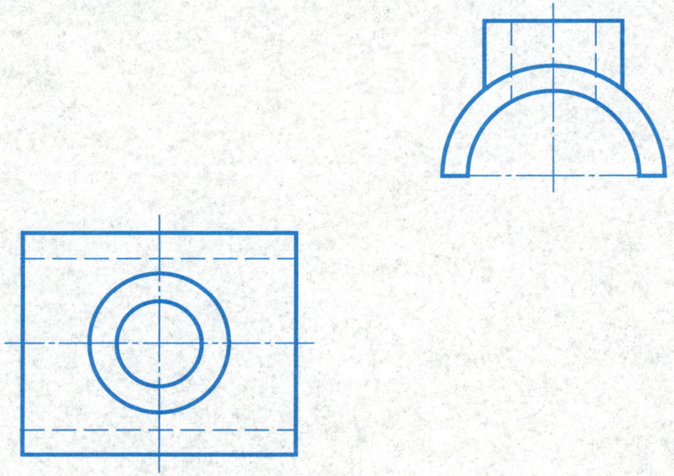

（17）补全俯视图。

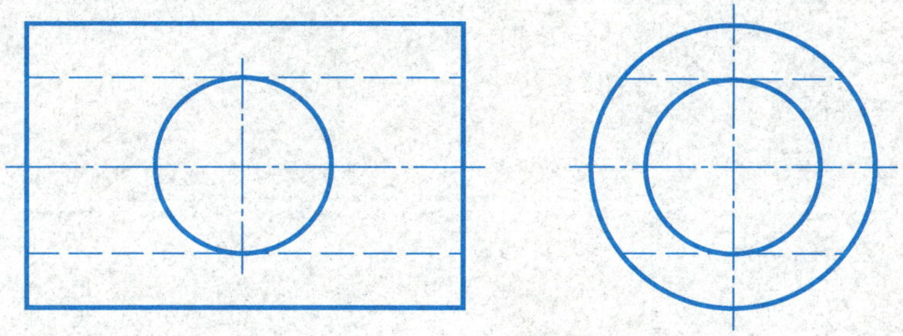

（18）补全主视图。

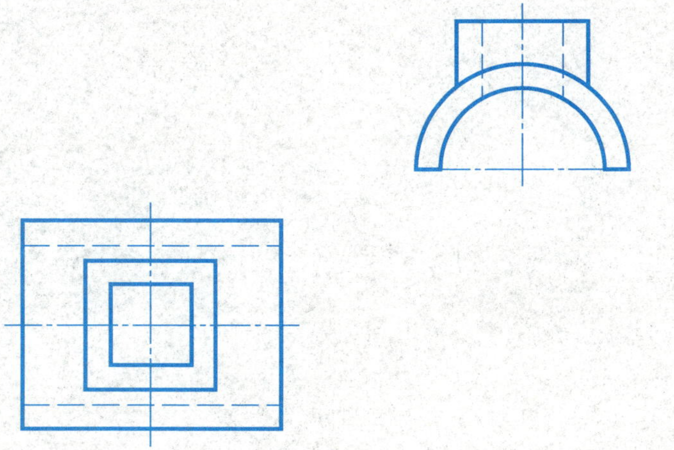

（19）补全主视图的相贯线。

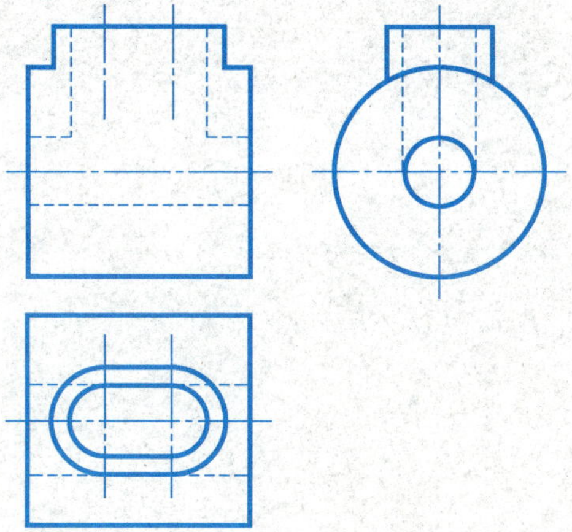

2.4 正等轴测图的绘制

2.4.1 正等轴测图

(1) 画出下列物体的正等轴测图。

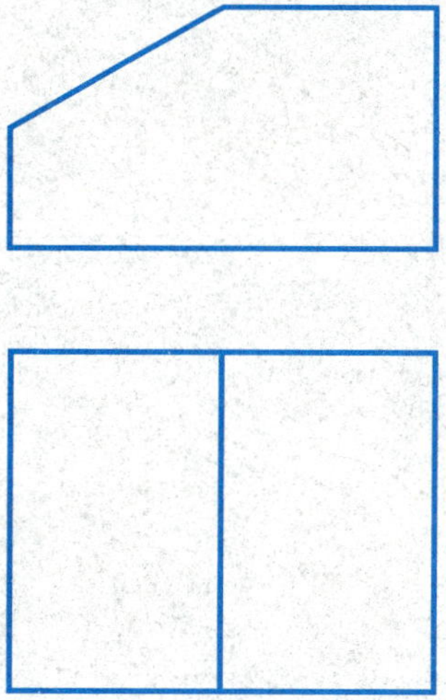

(2) 画出下列物体的正等轴测图。

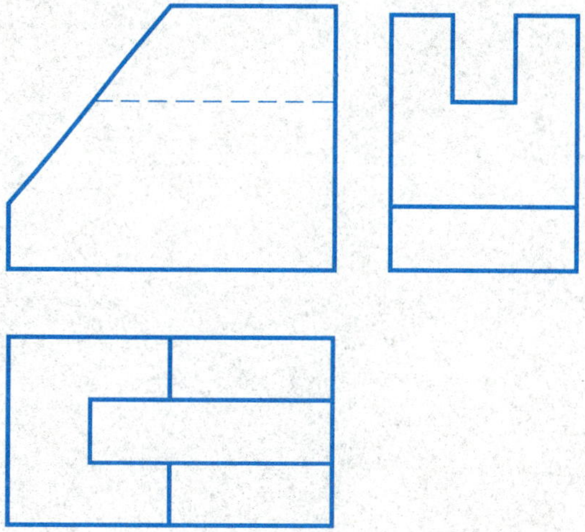

(3) 画出截切图形的正等轴测图。

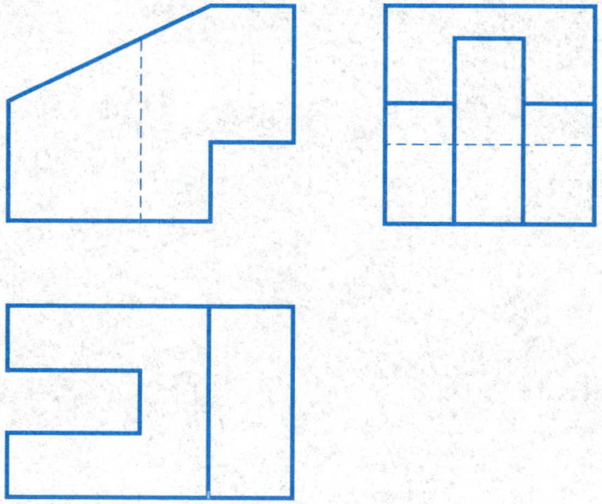

(4) 画出下列物体的正等轴测图。

2.4 正等轴测图的绘制

2.4.1 正等轴测图

(5) 画出下列物体的正等轴测图。

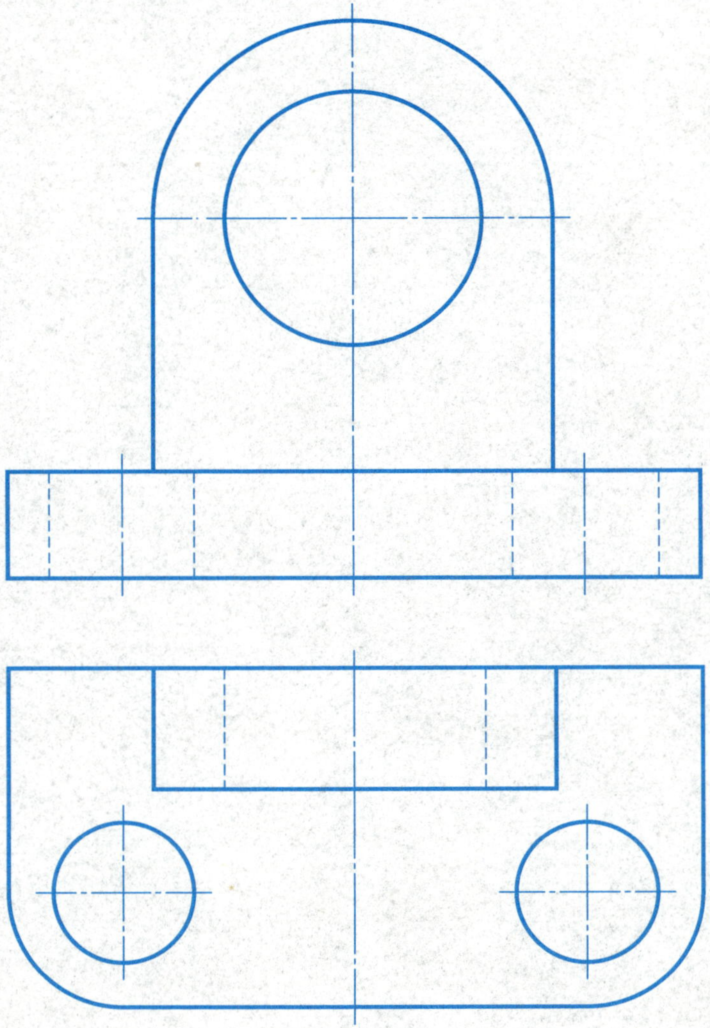

(6) 画出下列物体的正等轴测图。

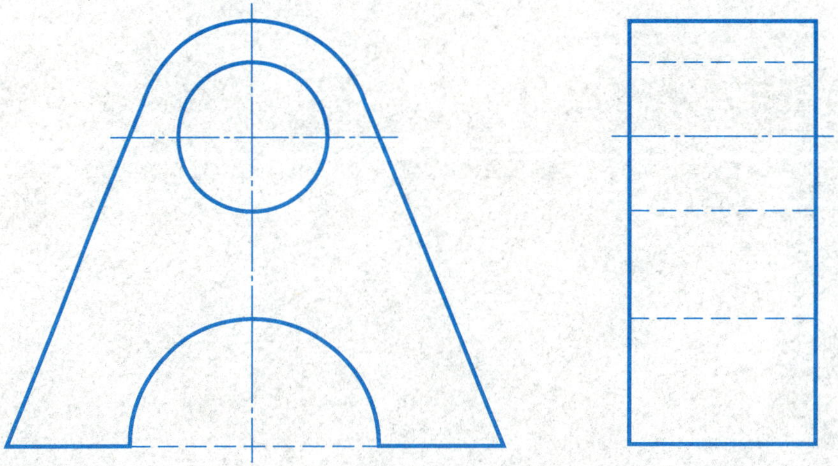

(7) 画出下列物体的正等轴测图。

2.5 组合体的三视图

2.5.1 补全主视图中所缺的图线

2.5.2 根据轴测图，补画视图中所缺的图线

(1)

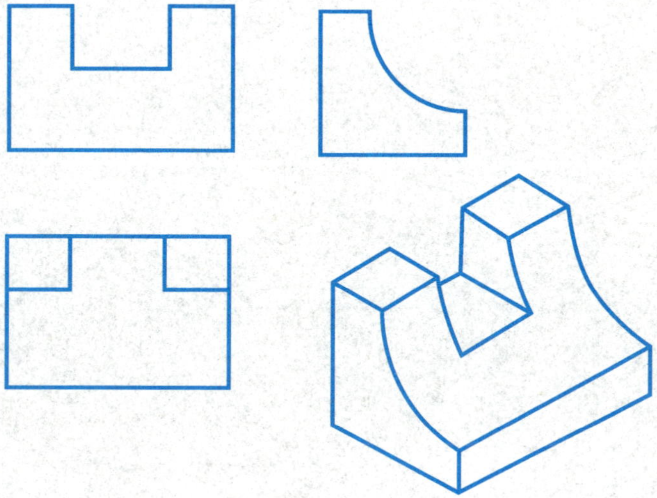

(2)

(3)

(4)

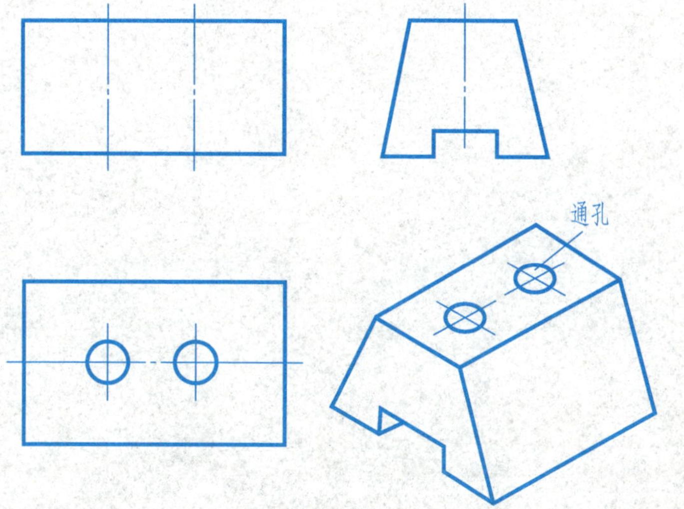

班级：________ 姓名：________ 学号：________ 日期：________

2.5.3 根据轴测图，补画所缺的第三视图

(1)

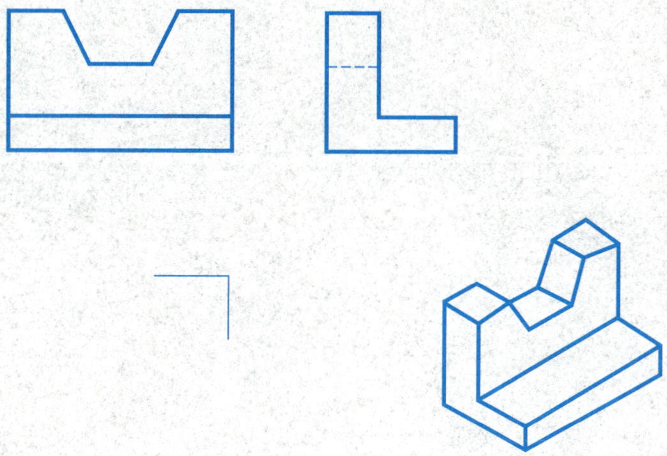

(2)

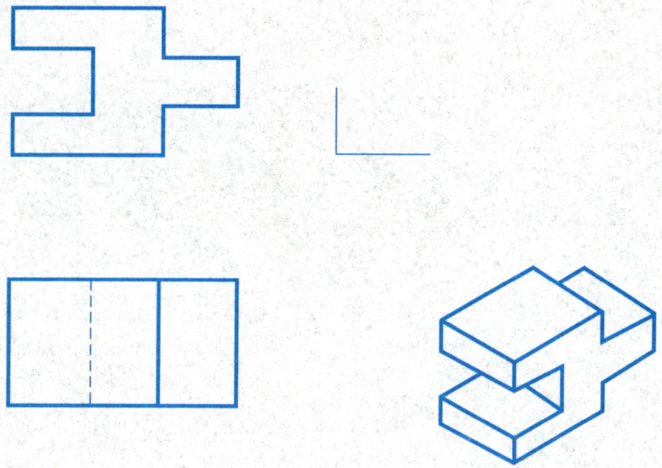

(3)

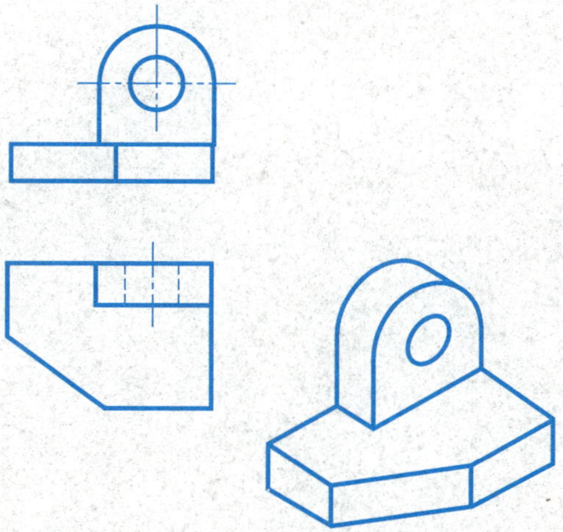

(4)

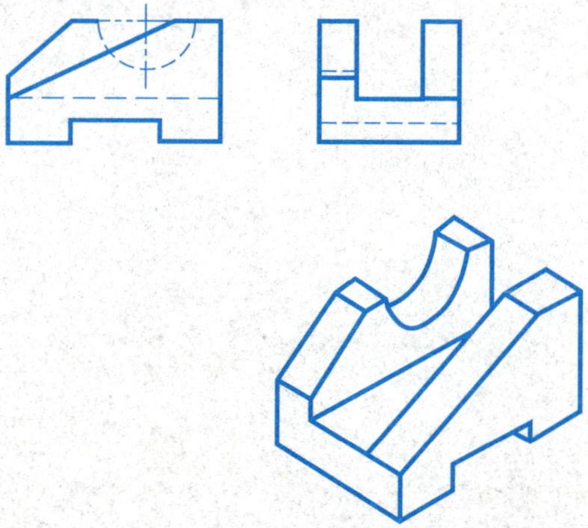

班级：________ 姓名：________ 学号：________ 日期：________

2.5 组合体的三视图

2.5.4 根据轴测图，补画组合体的另外两个视图（视图中没有的尺寸，直接从轴测图上按1∶1量取）

(1)

(2)

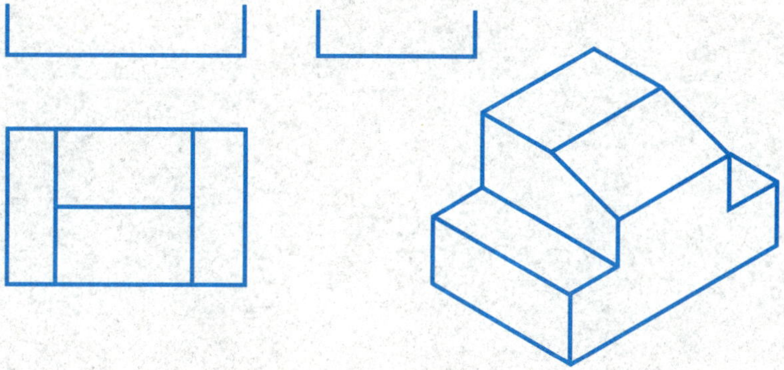

(3)

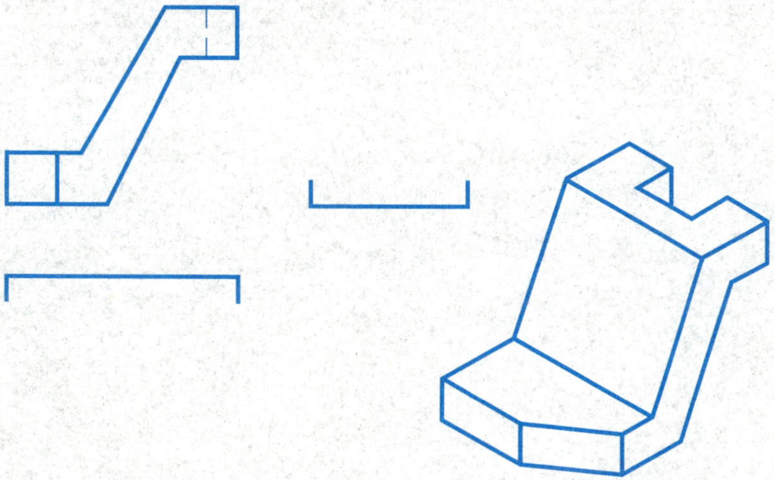

(4)

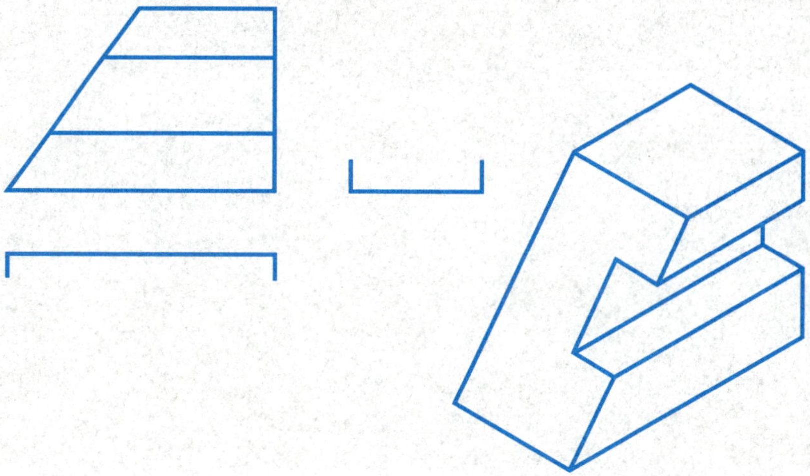

班级：________ 姓名：________ 学号：________ 日期：________

2.5.5 画出组合体三视图（读下图，合理选择比例，按照图示的主视图方向，画出组合体三视图）

(1)

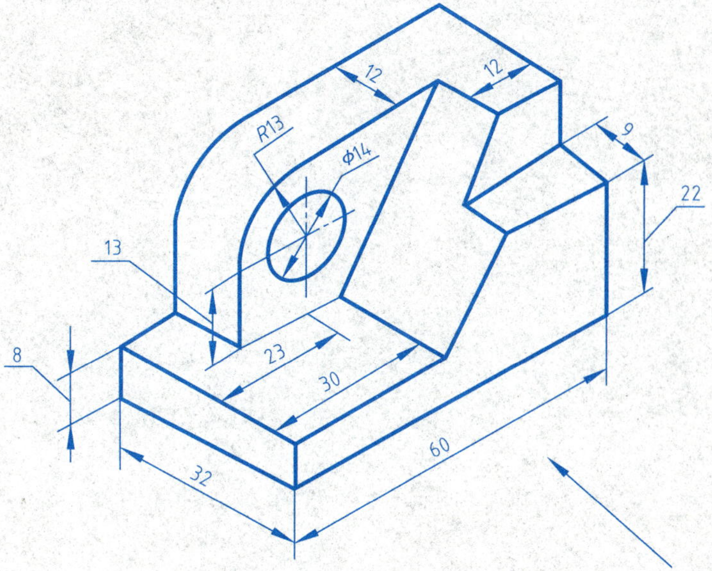

班级：________ 姓名：________ 学号：________ 日期：________

（2）

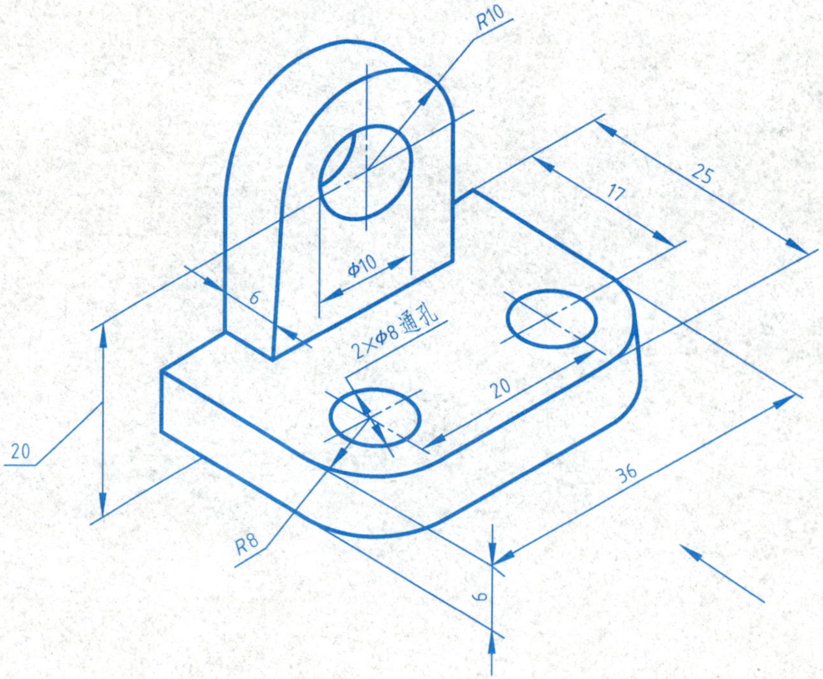

2.5.6 标注几何体的尺寸（尺寸数值从图中量取整数）

（1）三棱柱。

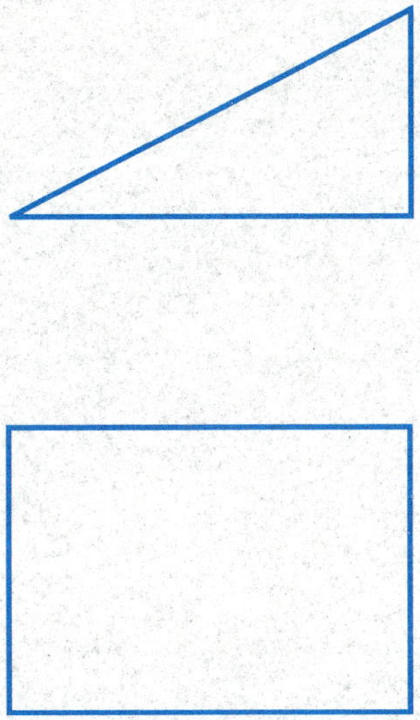

（2）六棱柱。

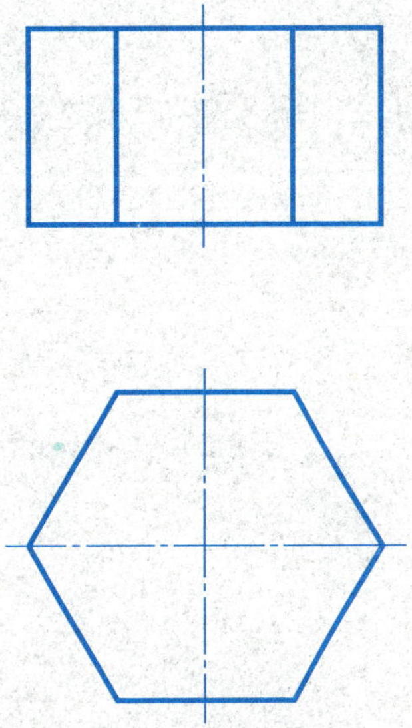

（3）四棱台。

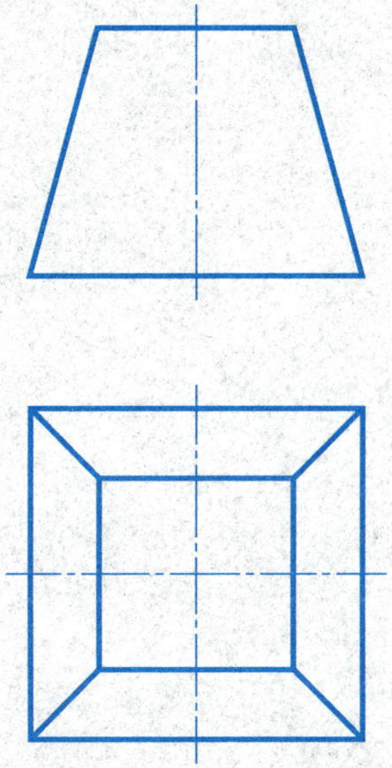

（4）半球体。

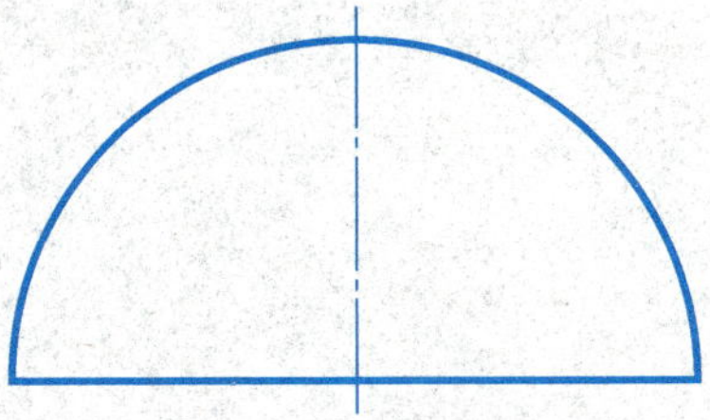

（5）圆柱。

（6）圆台。

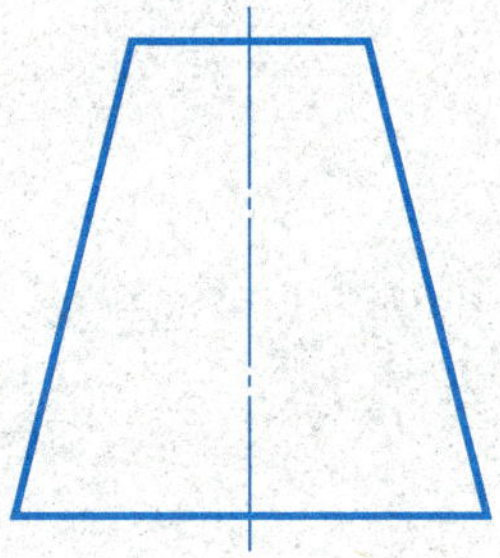

班级：________ 姓名：________ 学号：________ 日期：________

2.5 组合体的三视图

2.5.7 补齐几何体的尺寸（尺寸数值从图中量取整数）

(1)

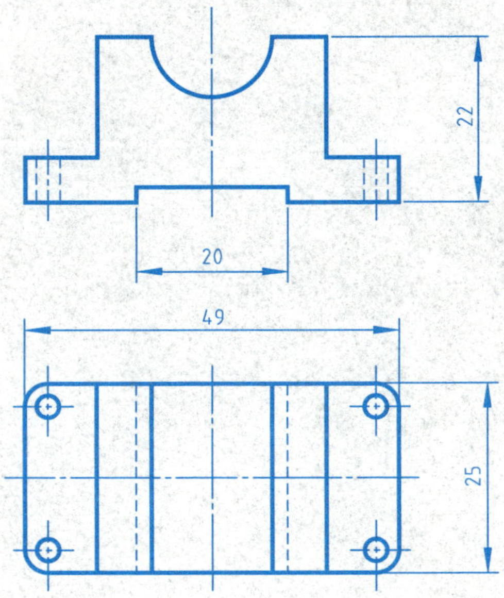

(2)

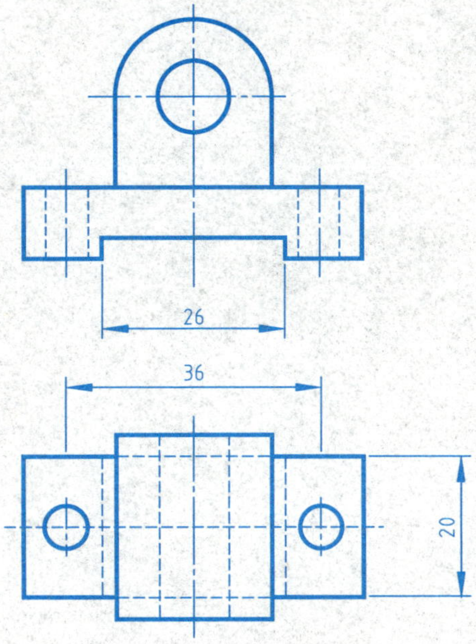

(3)

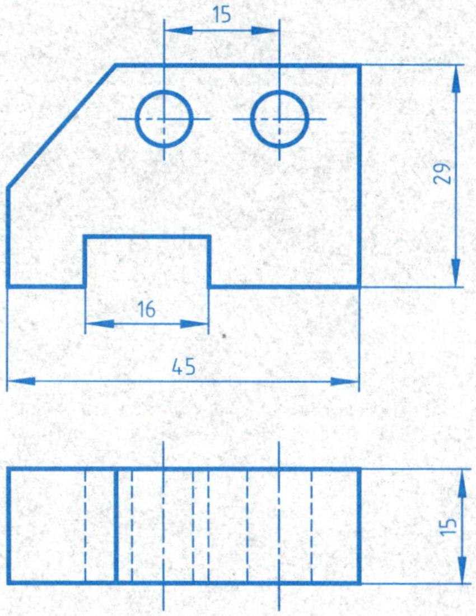

2.5.8 标注几何体的尺寸（尺寸数值按1∶1比例从图中量取，取整数）

(1)

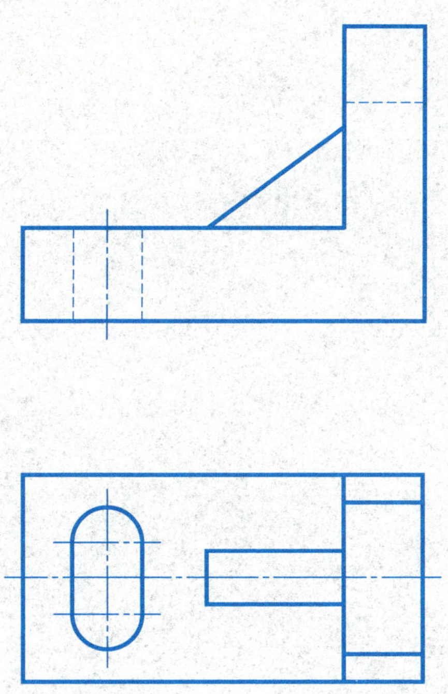

(2)

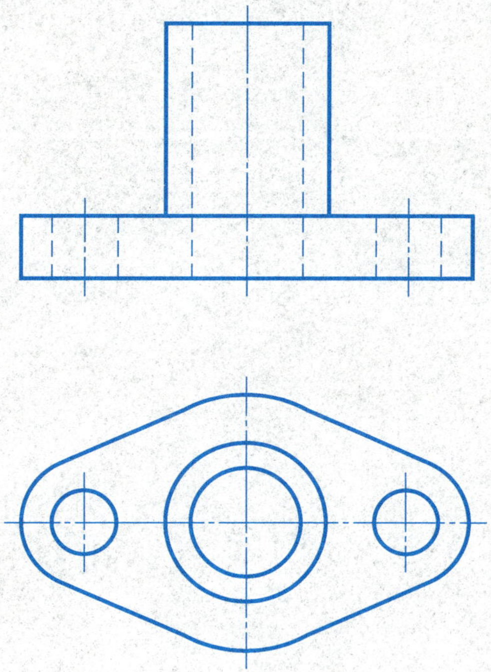

2.5.8 标注几何体的尺寸（尺寸数值按1∶1比例从图中量，取整数）

(3)

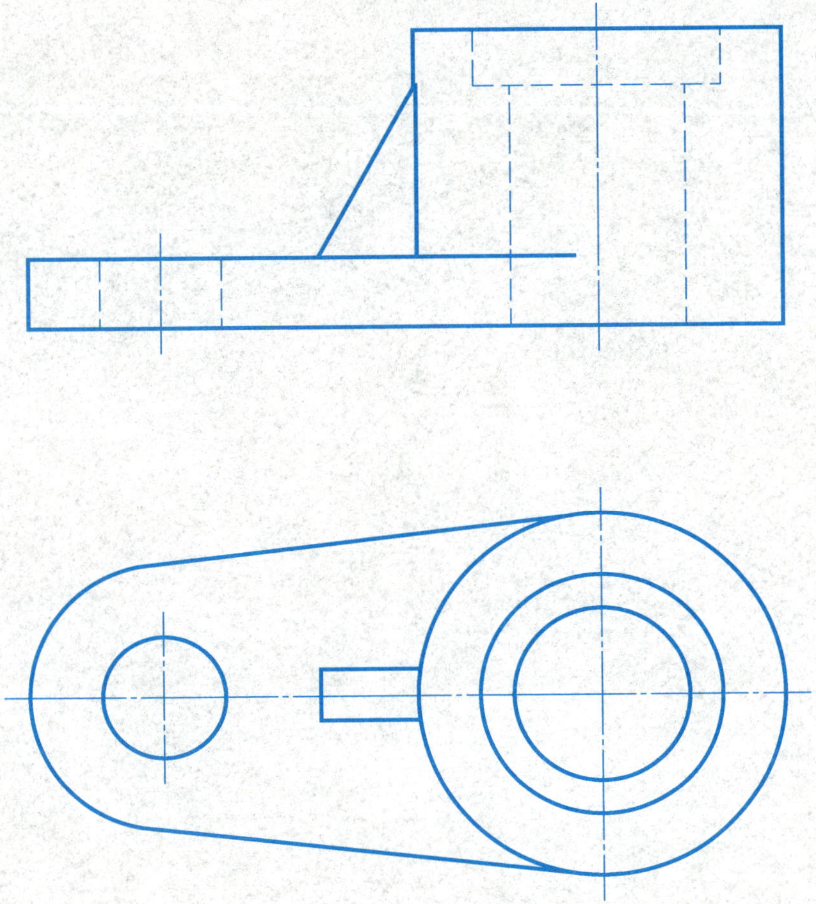

(4)

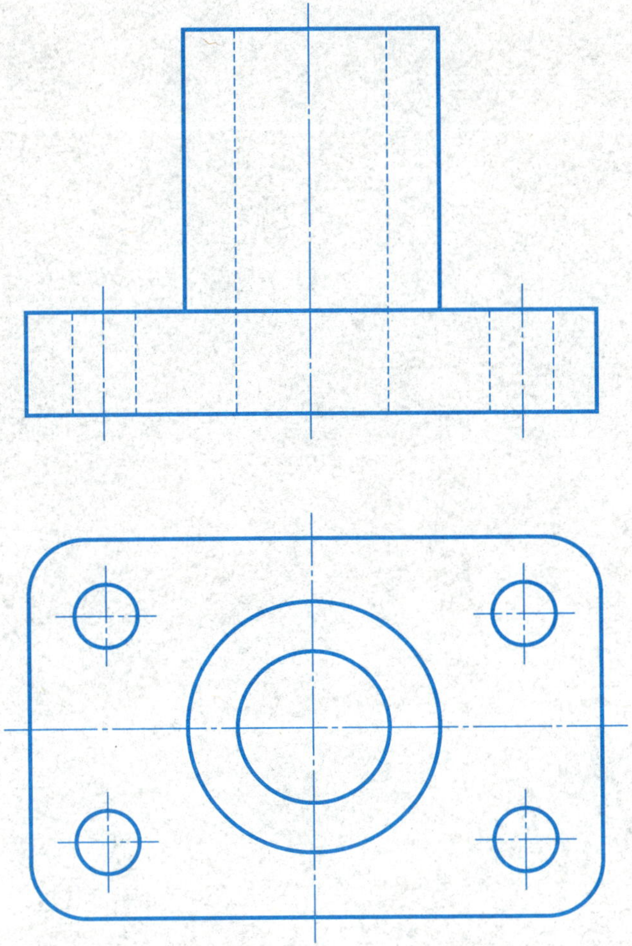

2.5.9 根据轴测图，在A3图纸上画出组合体三视图（未注孔深均为通孔），并标注尺寸

(1)

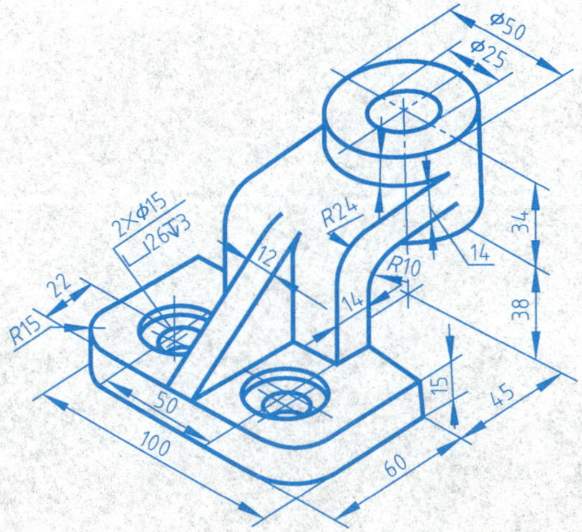

(2)

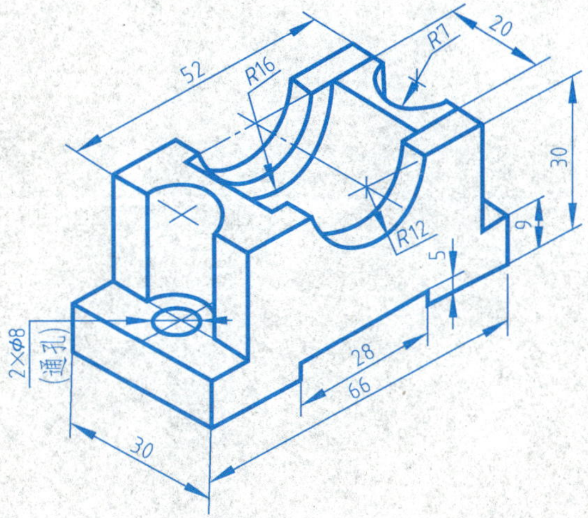

(3)

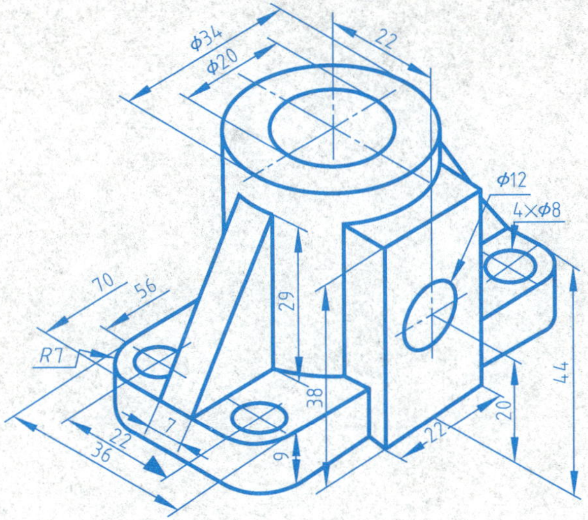

(4)

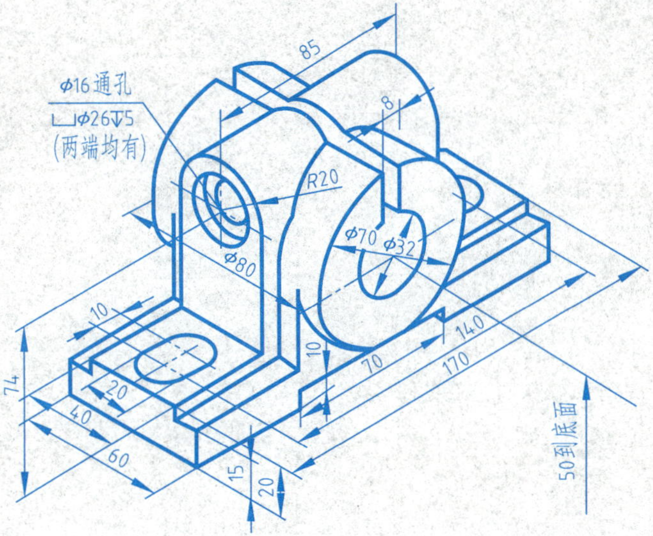

2.5.10 补画视图中所缺的图线

(1)

(2)

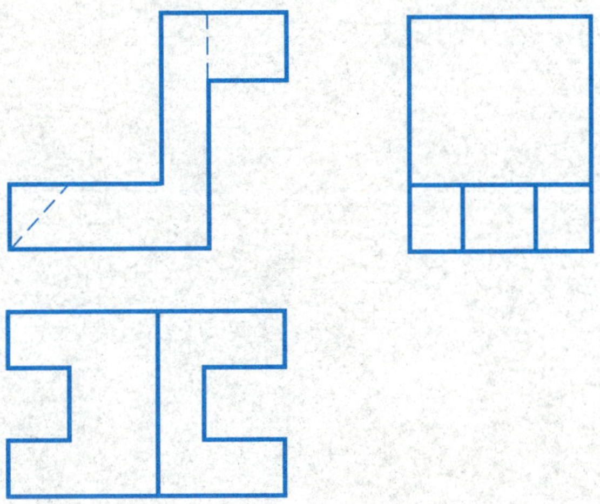

(3)

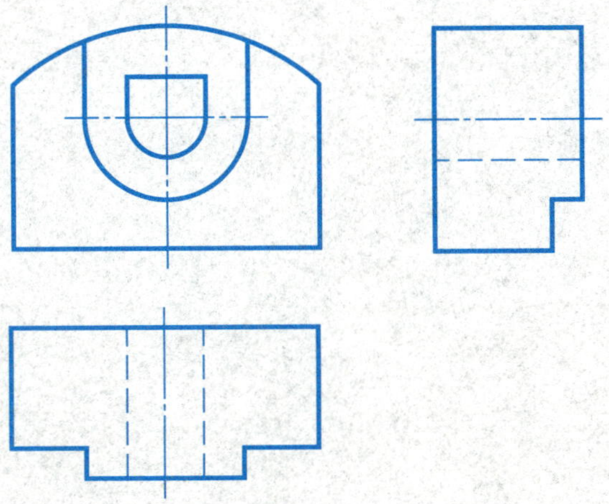

(4)

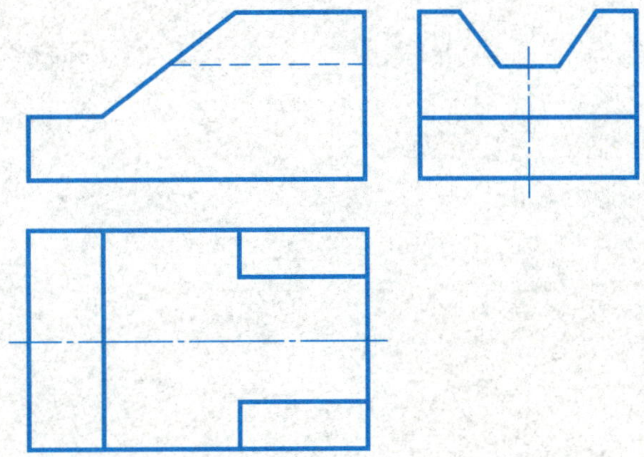

班级：________ 姓名：________ 学号：________ 日期：________

2.5.10 补画视图中所缺的图线

(5)

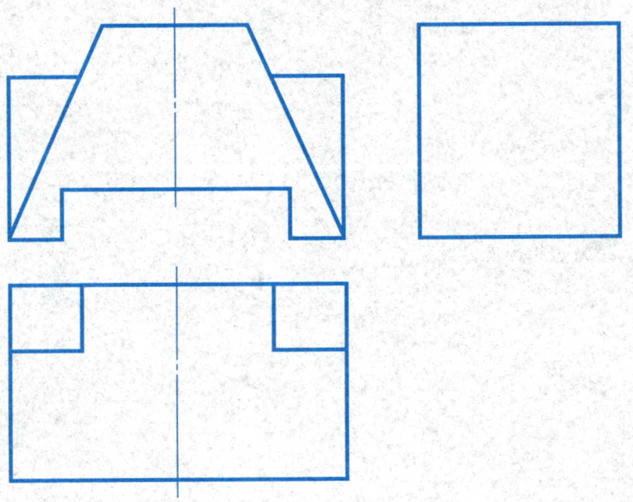

(6)

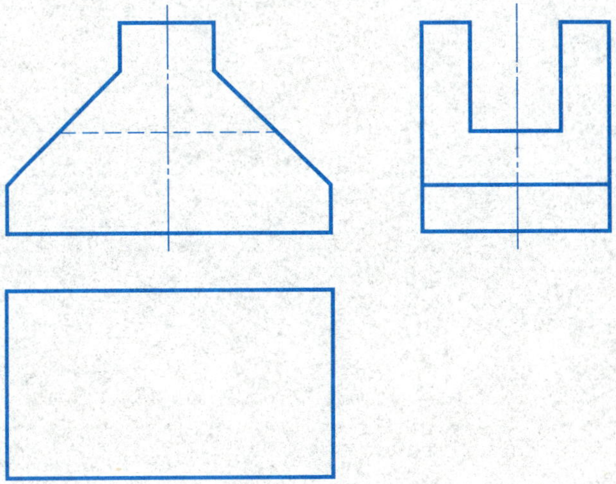

(7)

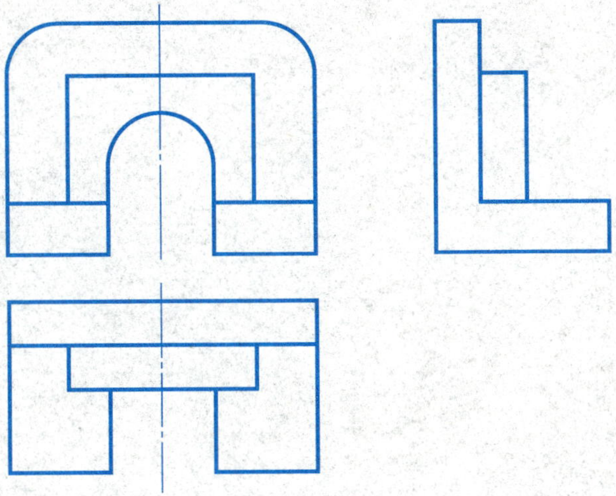

(8)

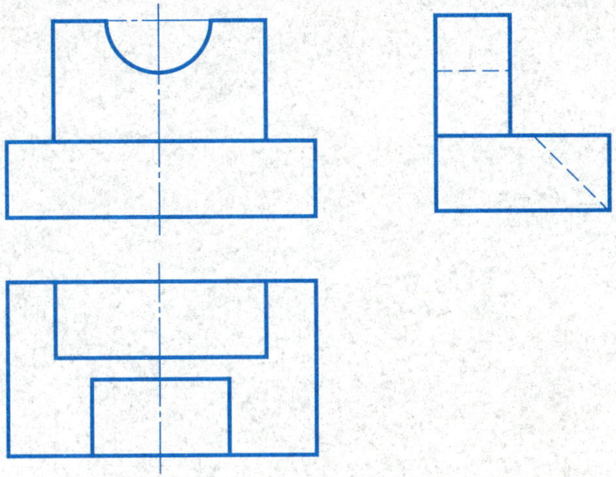

班级：________ 姓名：________ 学号：________ 日期：________

2.5.11 补画第三视图

(1)

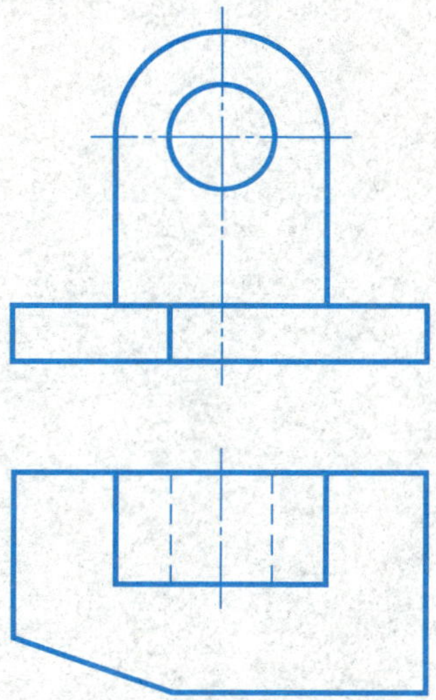

(2)

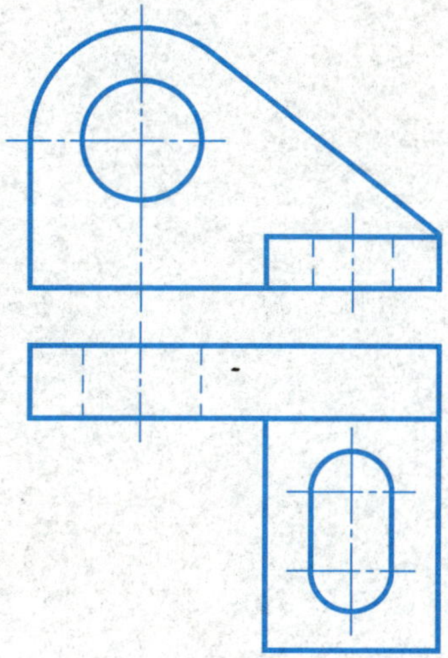

(3)

(4)

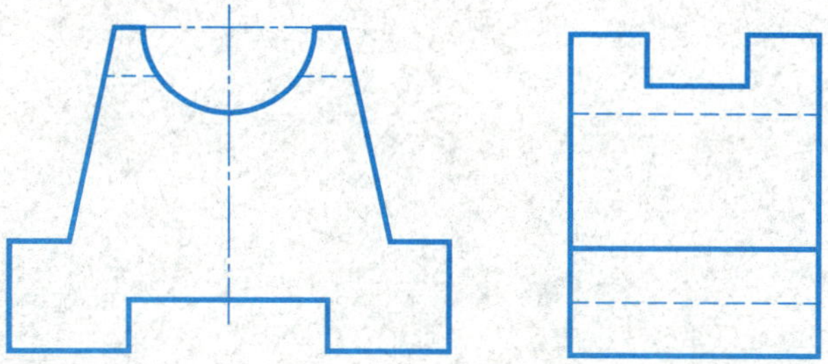

班级：________ 姓名：________ 学号：________ 日期：________

项目 3　机械图样

3.1　机械图样的绘制

3.1.1　基本视图

根据主、俯、左、右视图，补画后、仰视图。

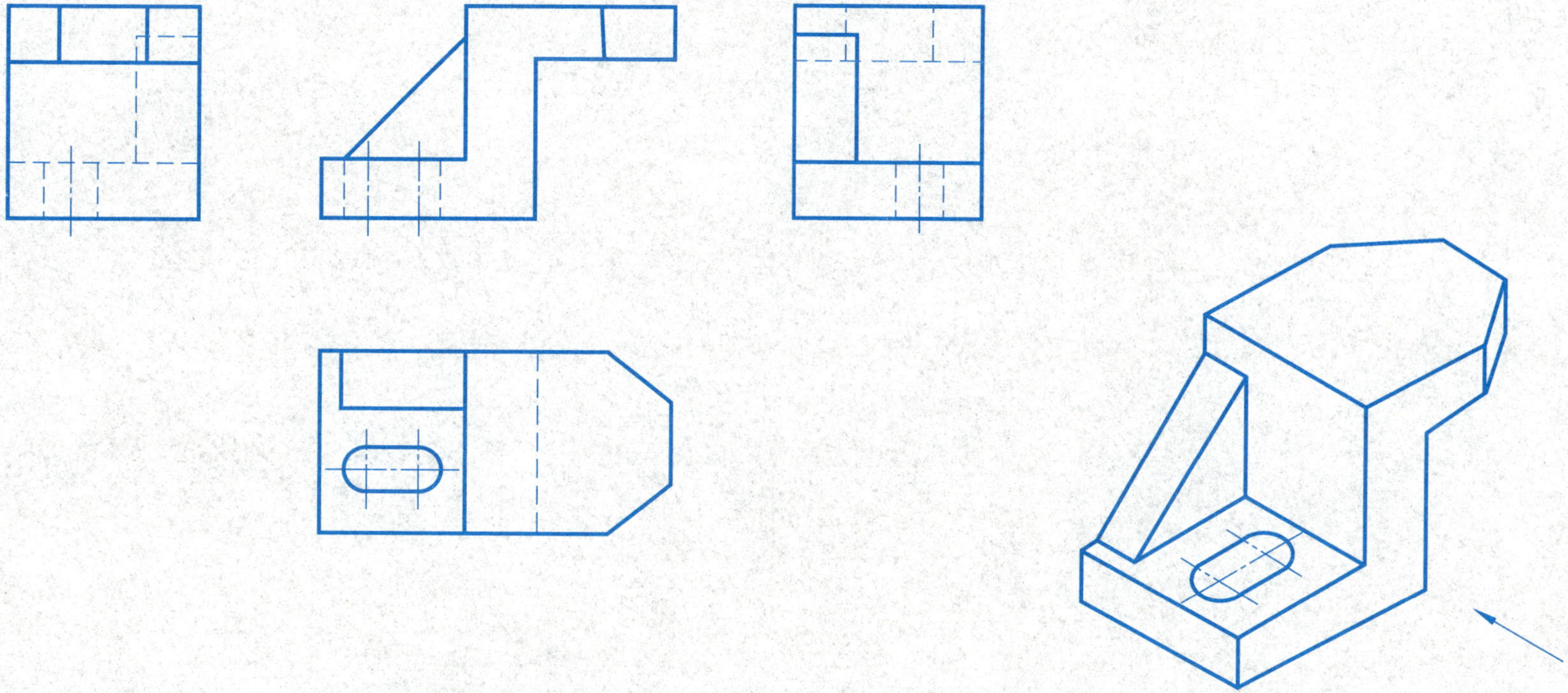

3.1.2 向视图

画出 A、B、C 向视图。

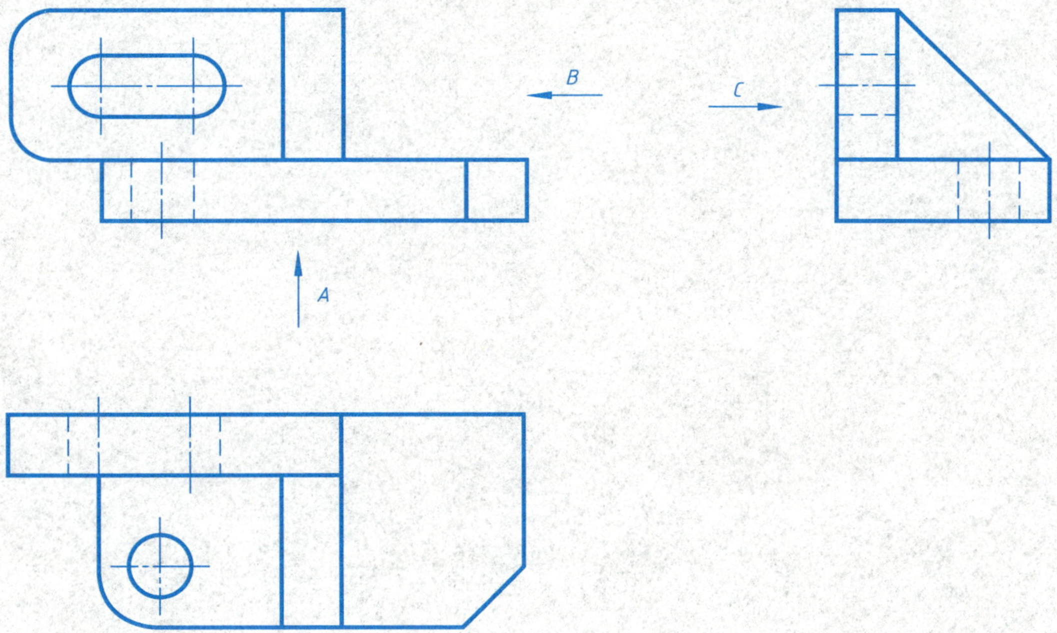

3.1.3 局部视图和斜视图

(1) 画出 A 向局部视图和 B 向斜视图。

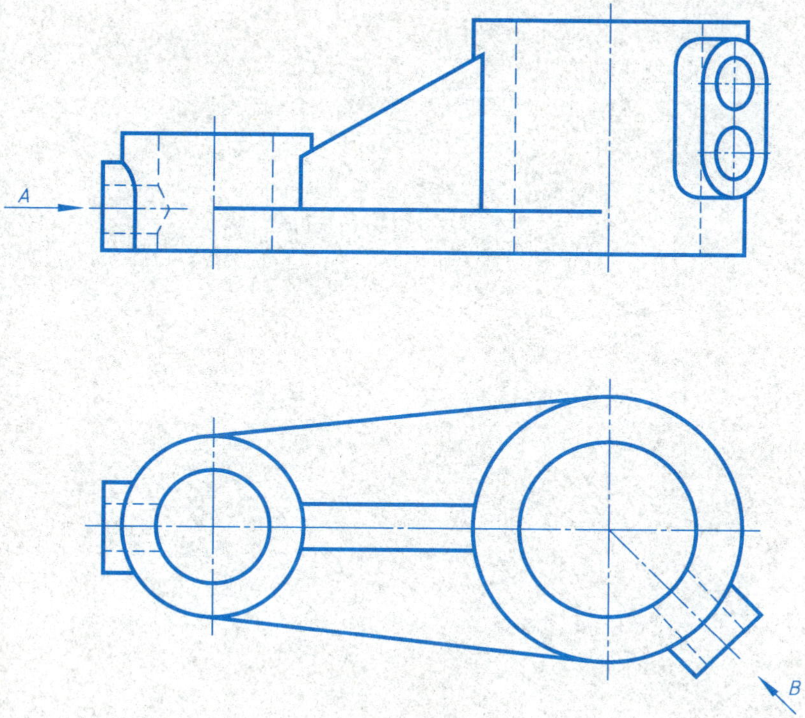

(2) 找出局部视图、斜视图的错误，并改正。

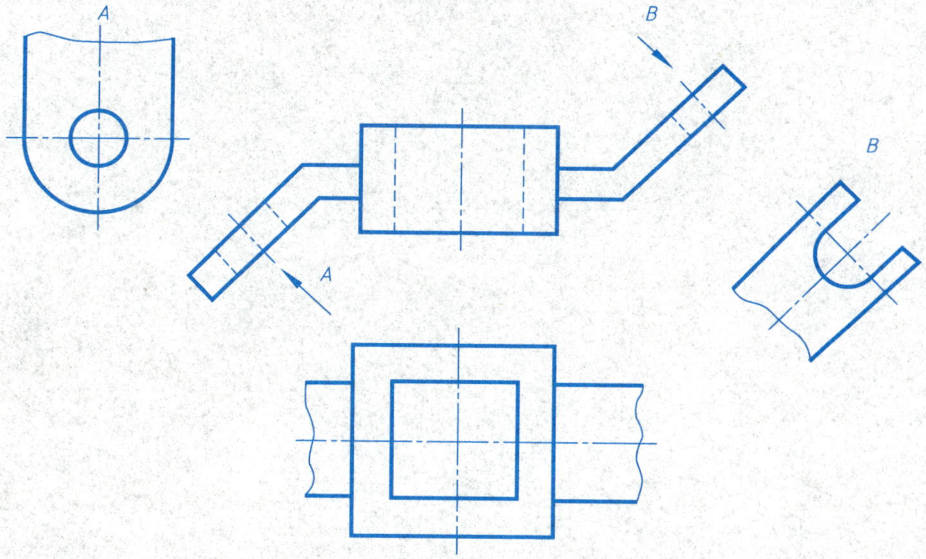

级：________ 姓名：________ 学号：________ 日期：________

3.1.3 局部视图和斜视图

（3）画出 A 向斜视图和 B 向局部视图。

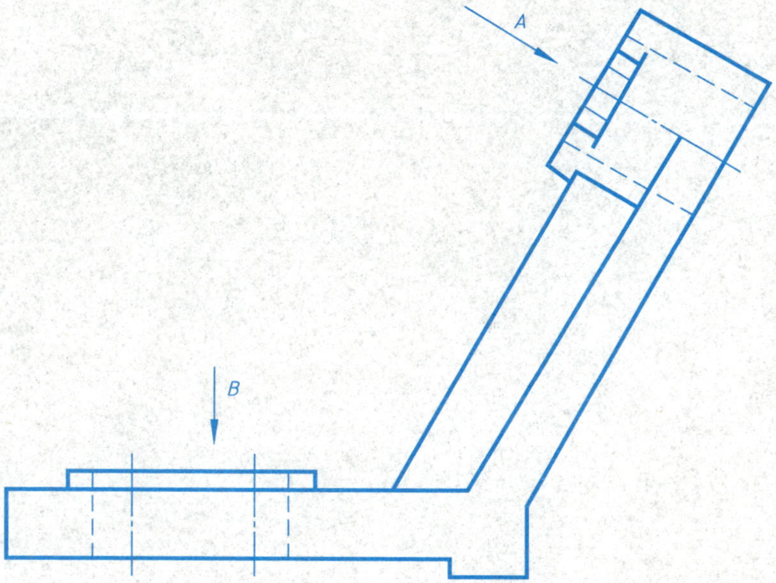

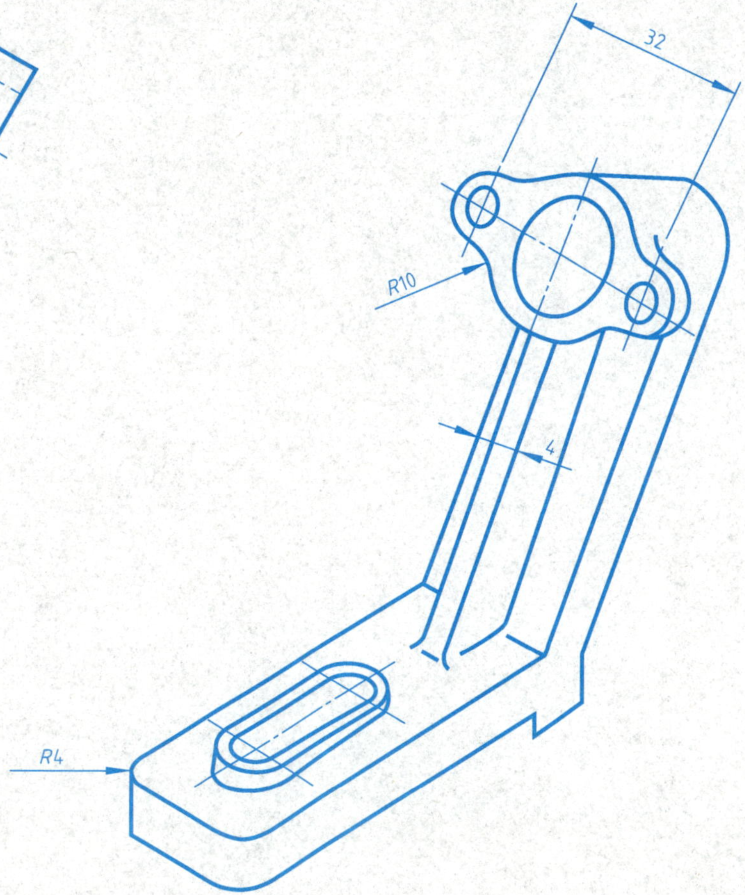

3.1.4 剖视图

(1) 补画全剖视图中所缺的图线。

①

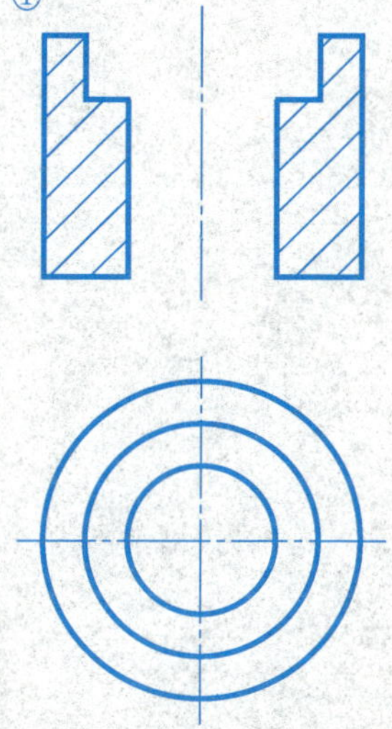

②

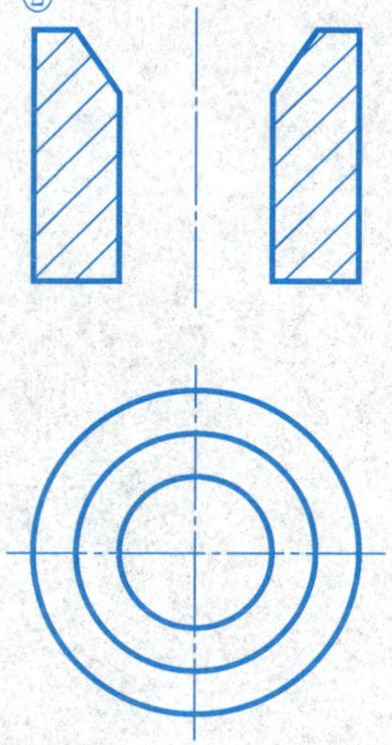

③

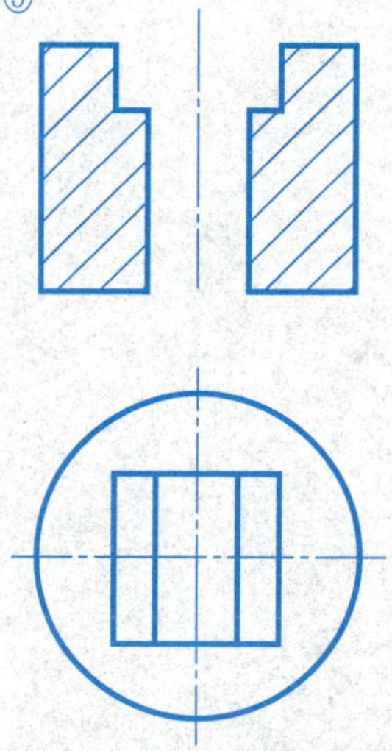

④

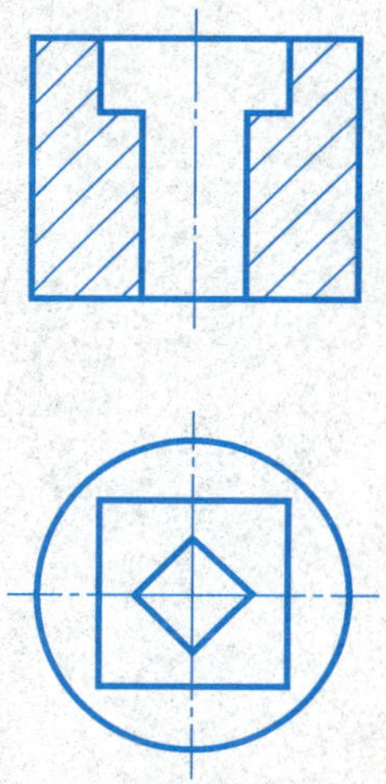

⑤

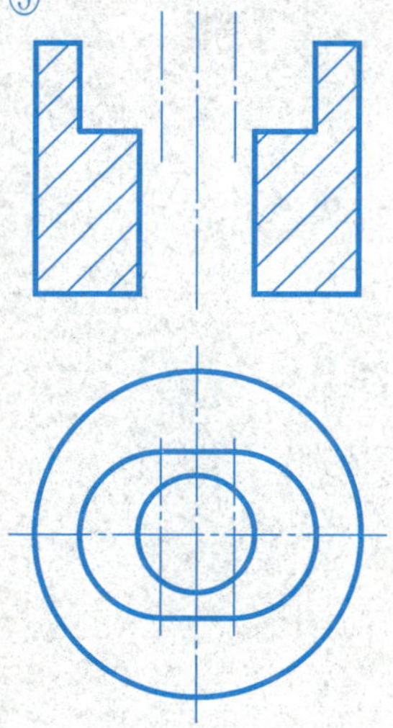

⑥

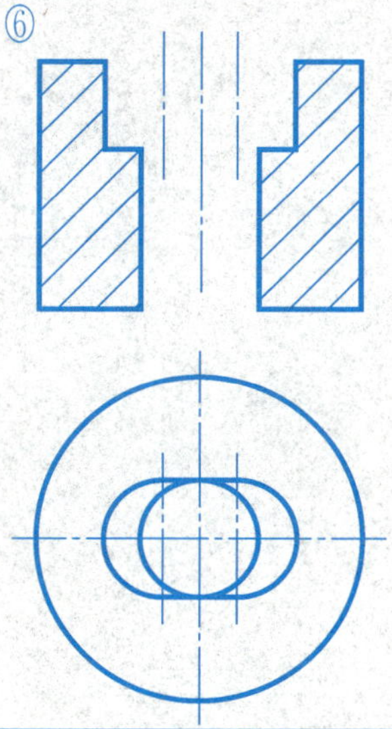

⑦

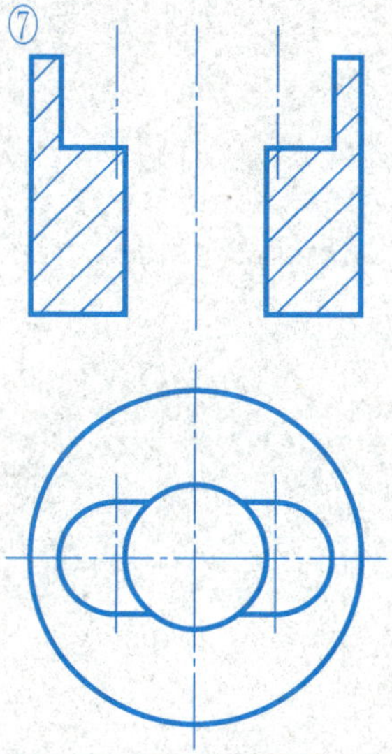

⑧

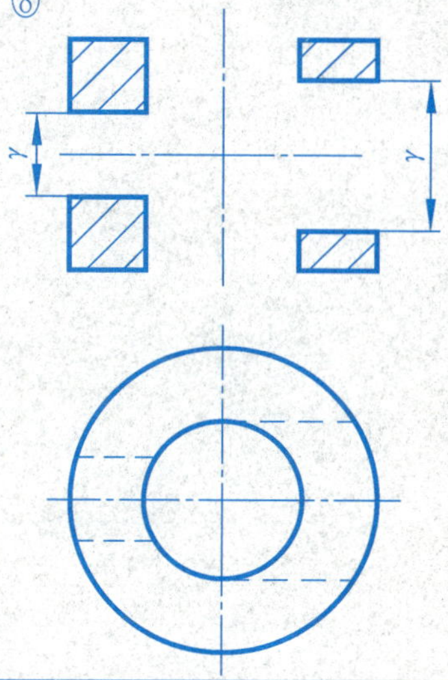

3.1.4 剖视图

(2) 根据立体图，将主视图画成全剖视图。

①

②

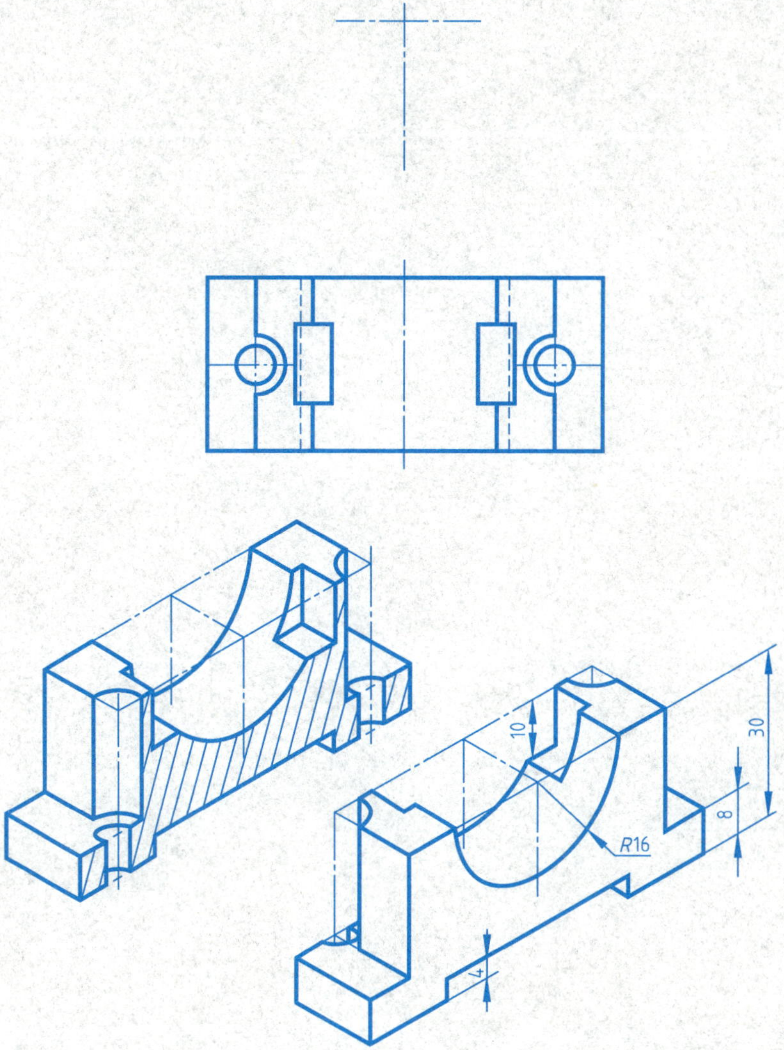

3.1.4 剖视图

(3) 在指定位置抄画主视图并将主视图画成全剖视图。

①

②

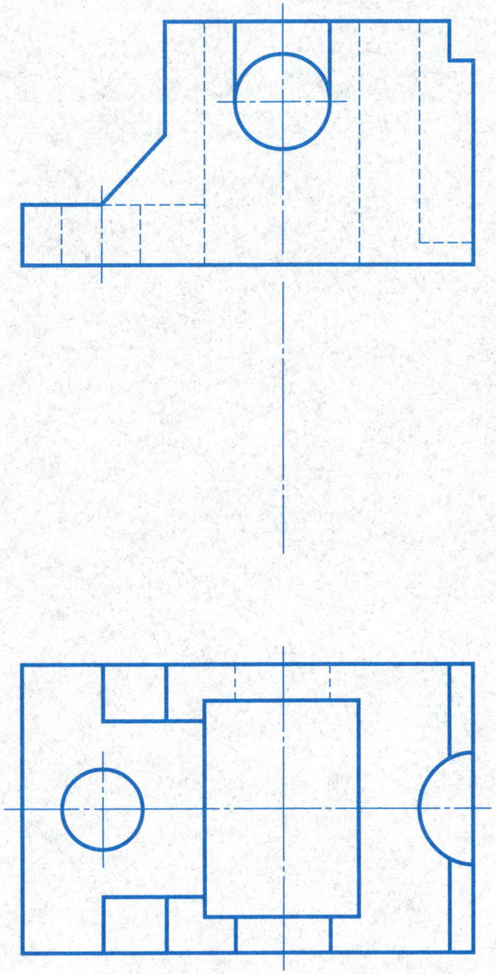

③

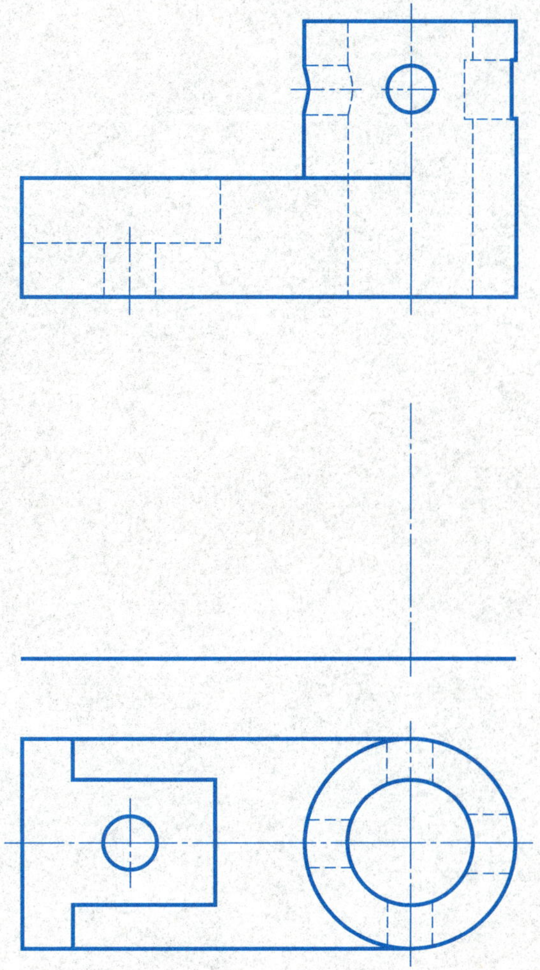

班级：________ 姓名：________ 学号：________ 日期：________

3.1.4 剖视图

(4) 画出所求得 A—A、B—B 全剖视图。

①

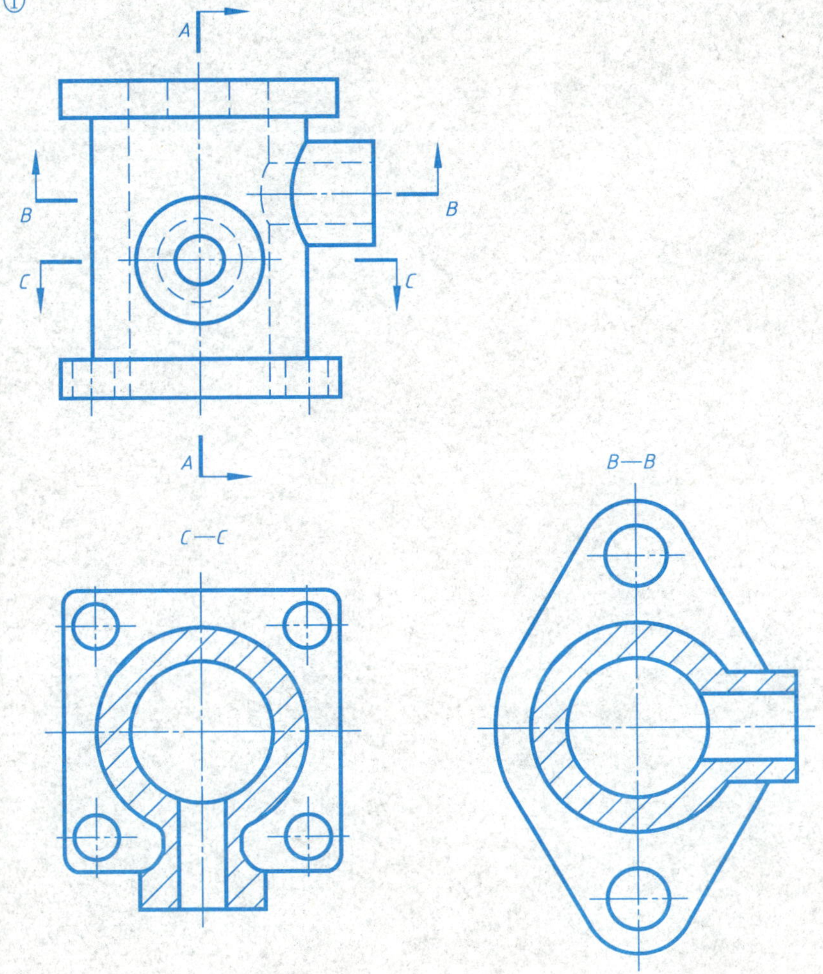

②

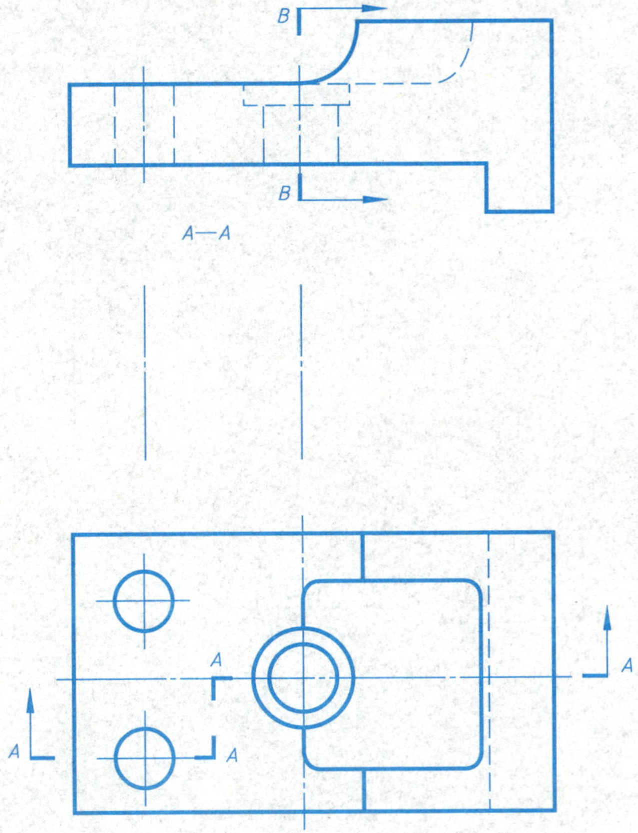

3.1.4 剖视图

(5) 补画半剖视图中漏画的线。

①

②

③

班级：________ 姓名：________ 学号：________ 日期：________

3.1.4 剖视图

（6）将主视图画成半剖视图。

①

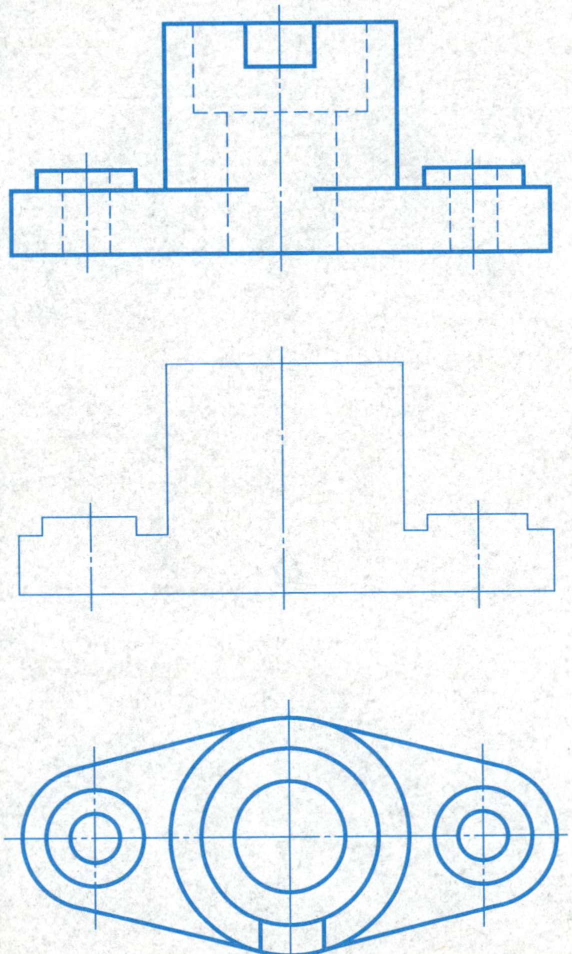

②

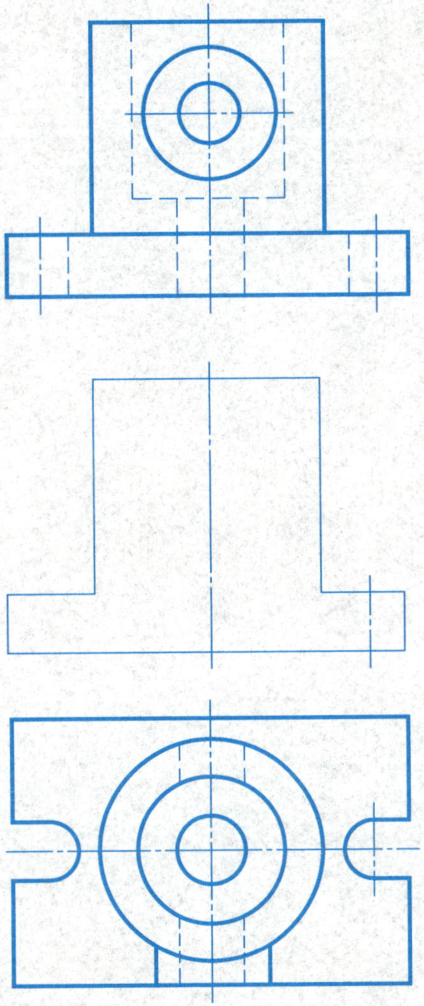

③

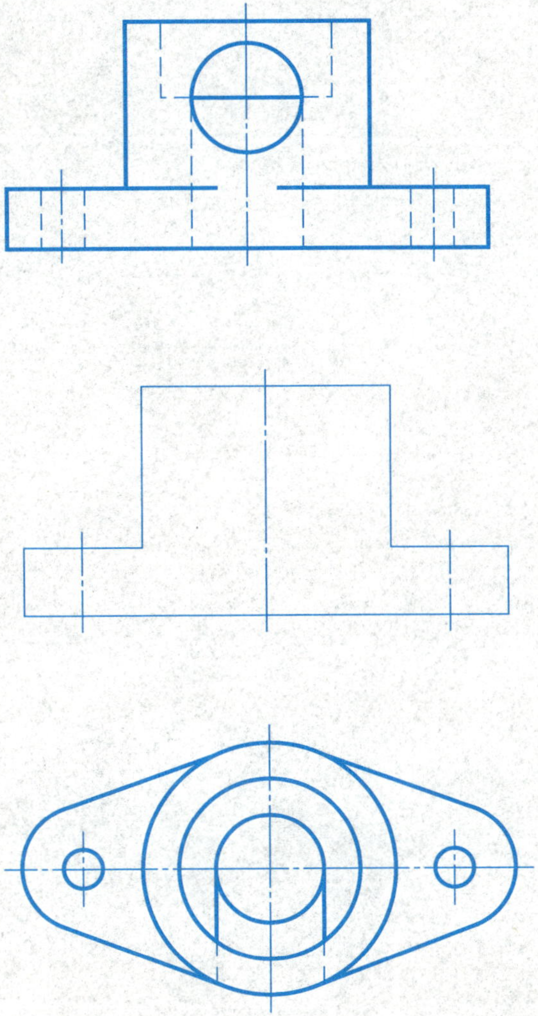

3.1.4 剖视图

(7) 把主视图画成全剖视图，左视图画成半剖视图。

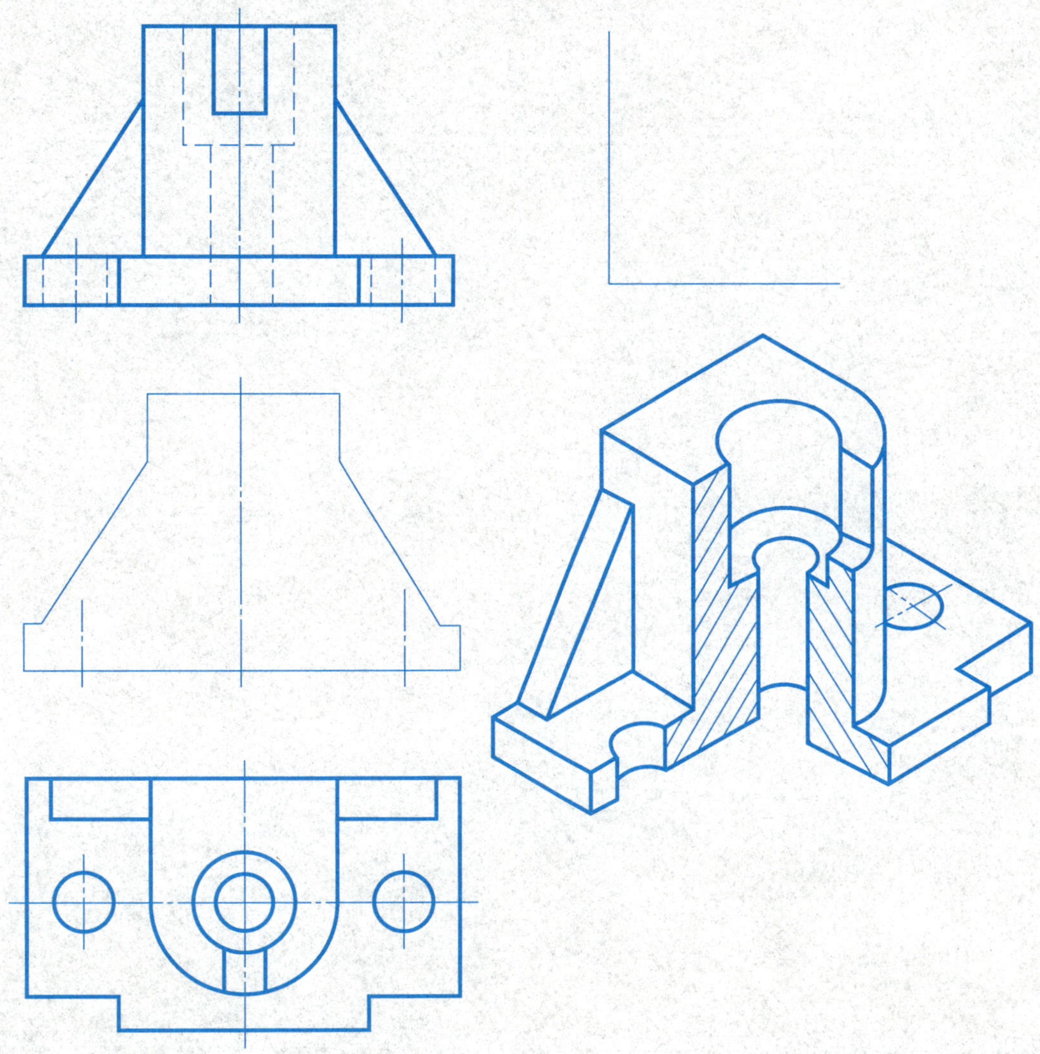

3.1.5 局部剖视图

(1) 在指定位置，将主视图画成局部剖视图。

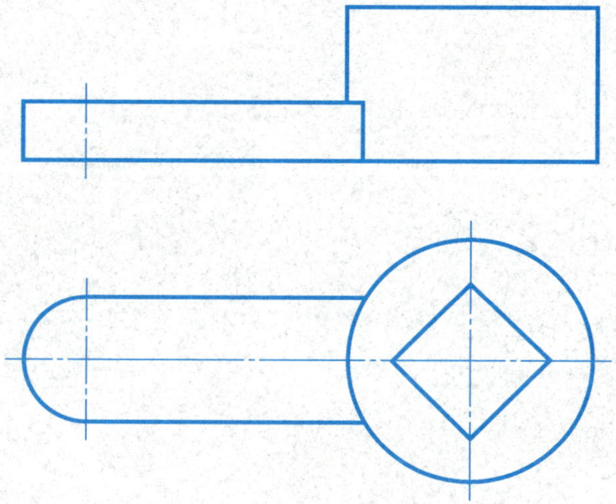

(2) 在指定位置，将主视图画成局部剖视图。

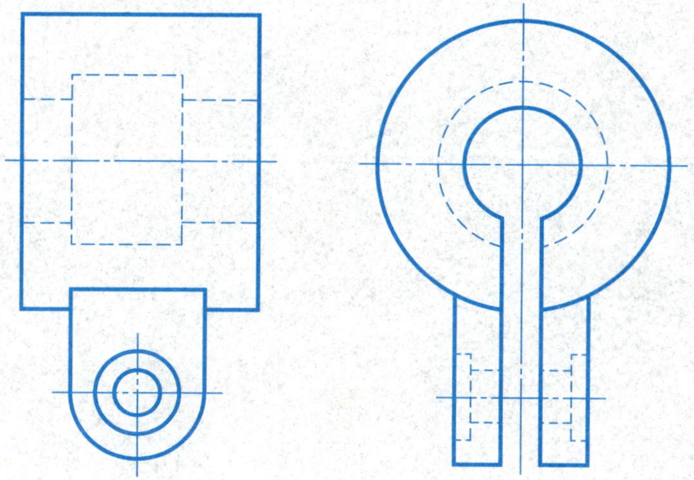

(3) 在指定位置，将主视图、俯视图画成局部剖视图。

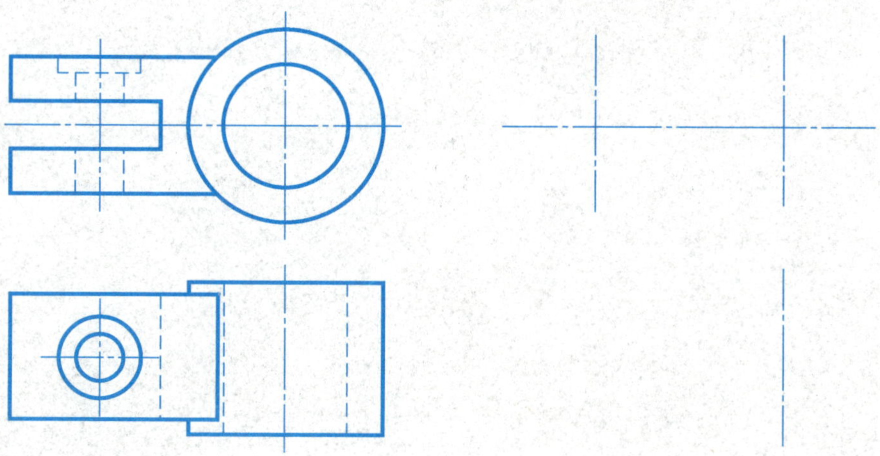

(4) 分析下列局部剖视图中的错误，在指定位置处画出正确的局部剖视图。

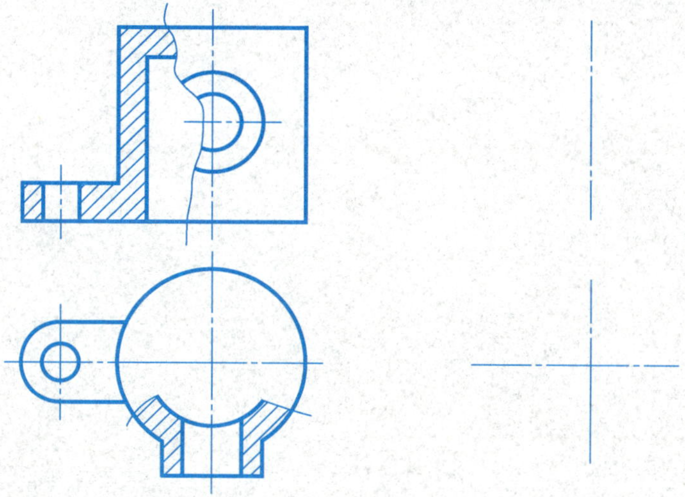

班级：________ 姓名：________ 学号：________ 日期：________

3.1.6 剖切面的种类

(1) 在指定位置处，画出用几个平行的剖切平面剖切得到的全剖视图。

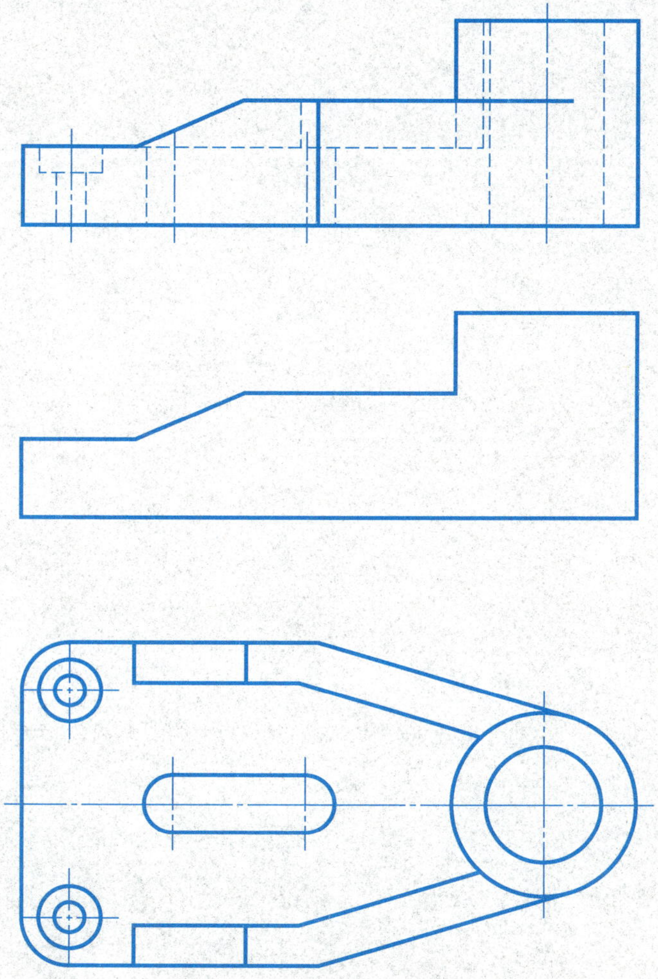

(2) 在指定位置处，画出用几个平行的剖切平面剖切得到的全剖视图。

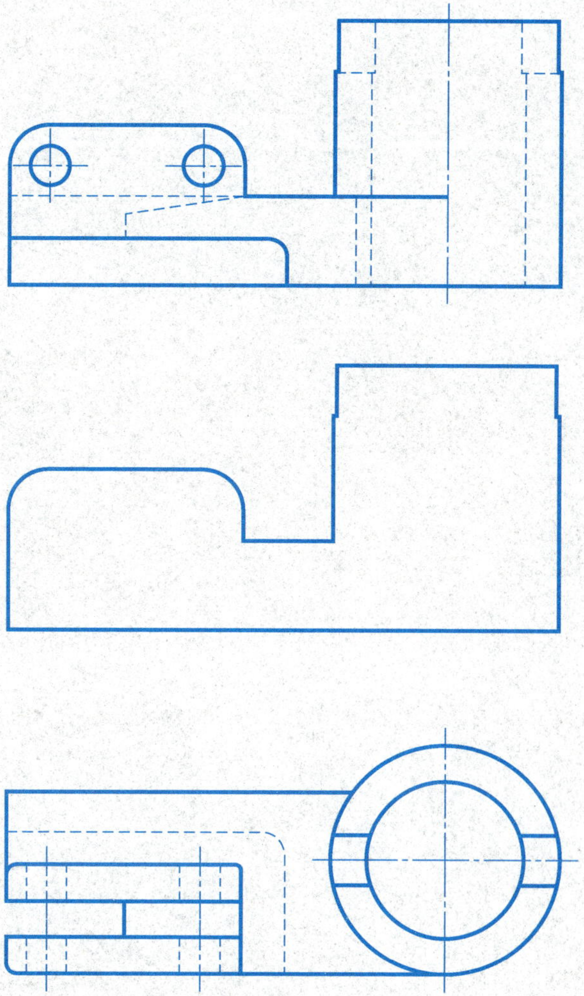

3.1.6 剖切面的种类

（3）在指定位置处，画出用相交的剖切平面剖切得到的全剖视图。

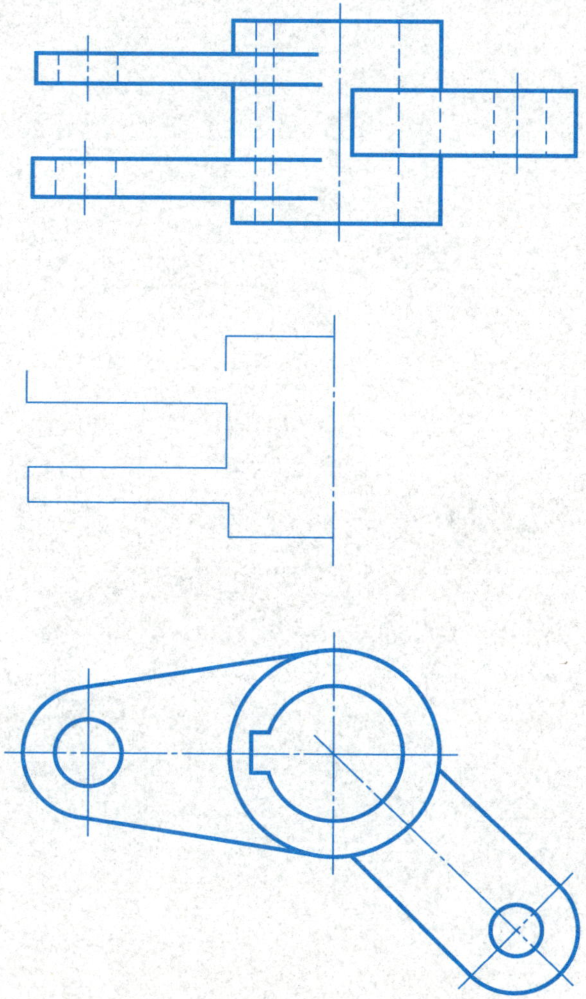

（4）在指定位置处，画出用相交的剖切平面剖切得到的全剖视图。

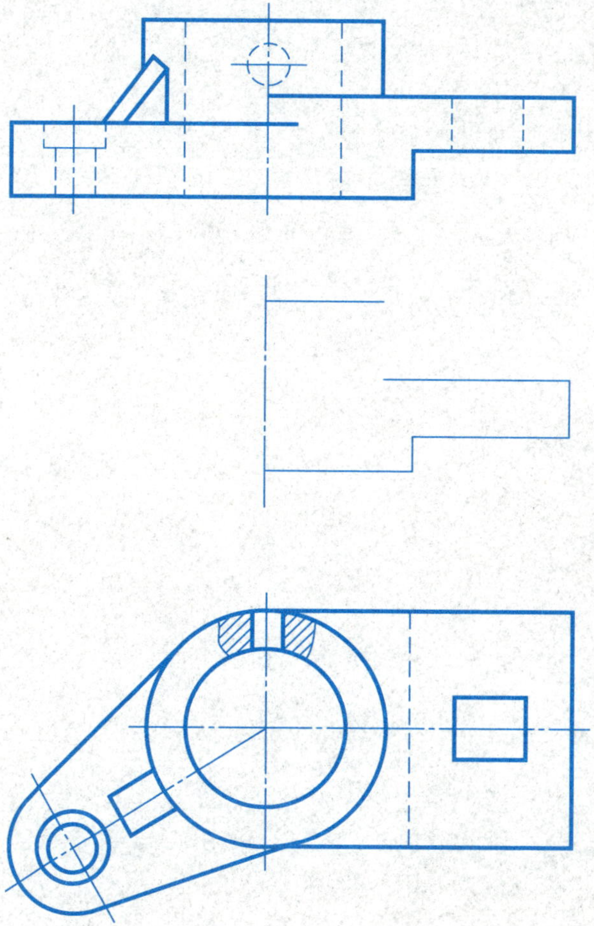

班级：________ 姓名：________ 学号：________ 日期：________

3.1.7 断面图

(1) 分析下面的断面图，在正确的断面图的下方写上“正确”二字。

①

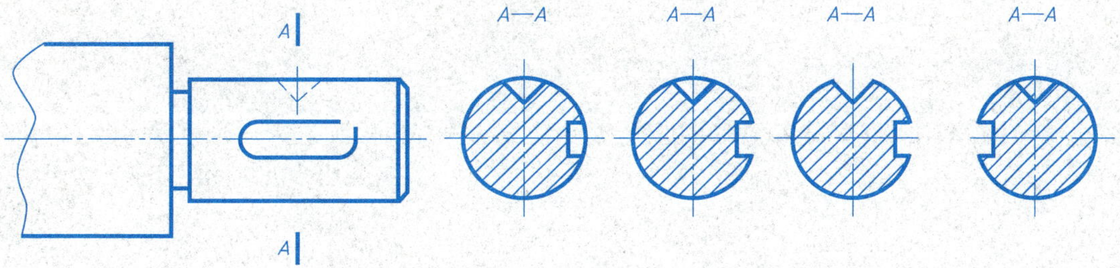

②

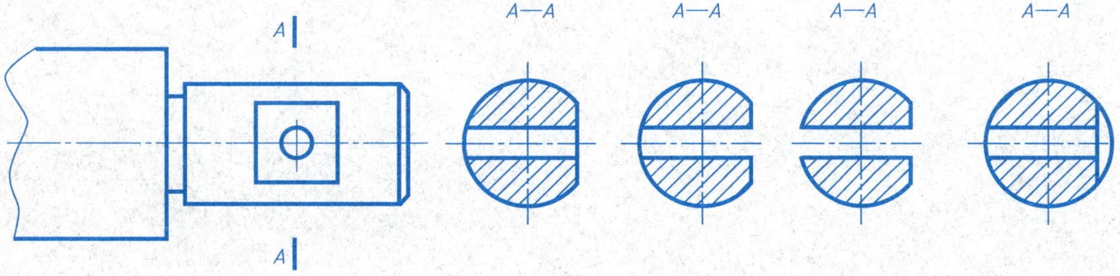

③

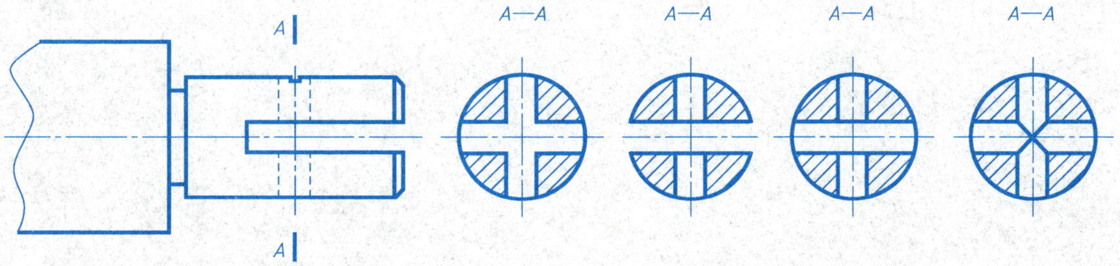

3.1.7 断面图

（2）在指定位置作移出断面图。左面键槽深4mm，右面键槽深3mm。

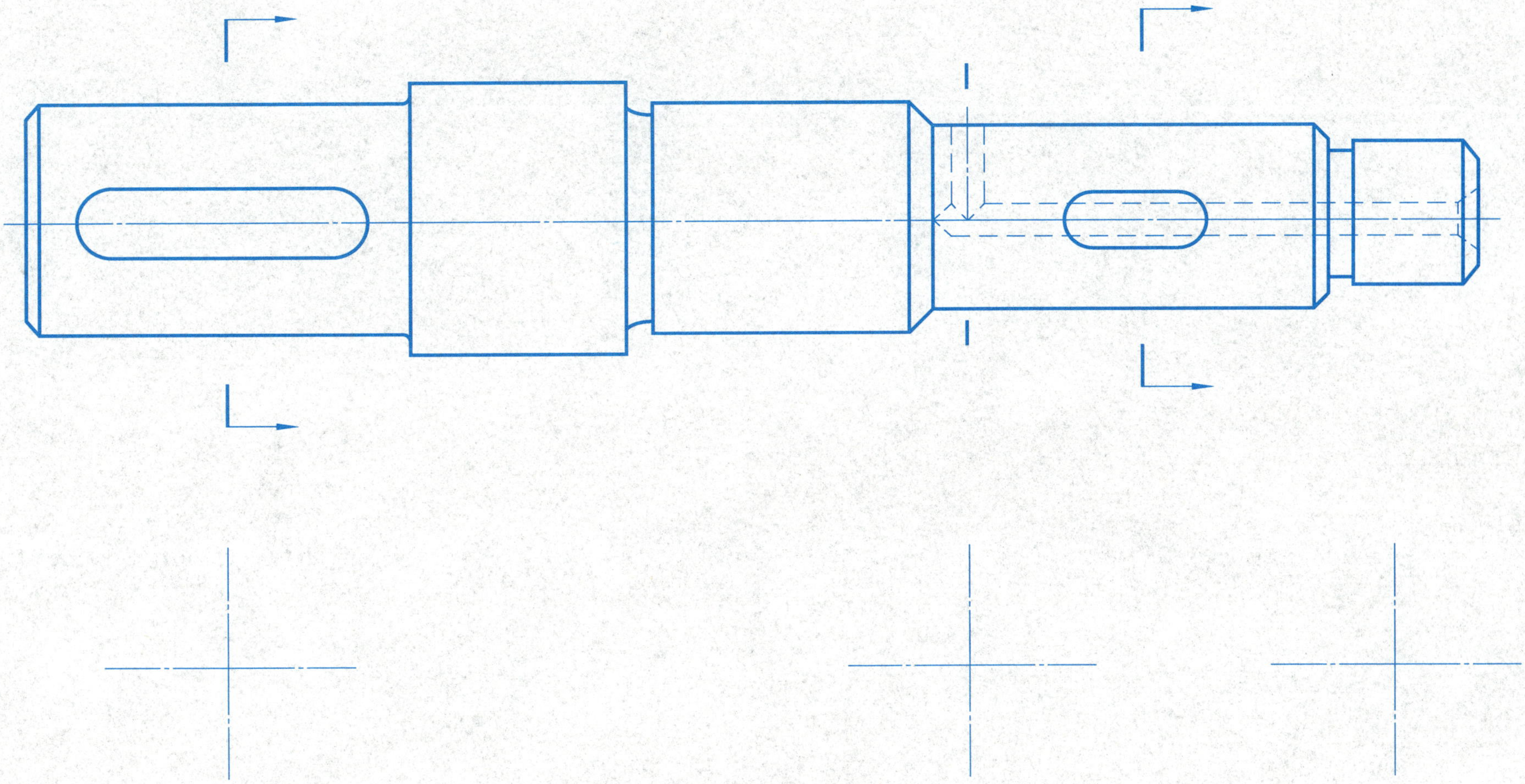

3.1.7 断面图

(3) 作重合断面。

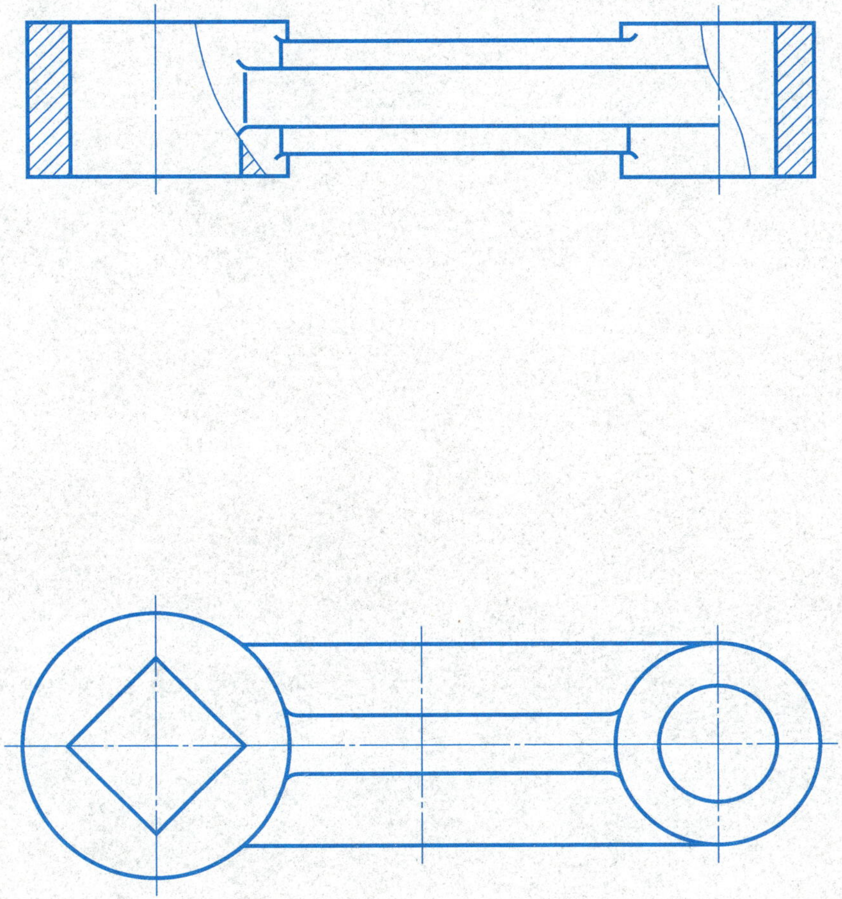

(4) 作移出断面。

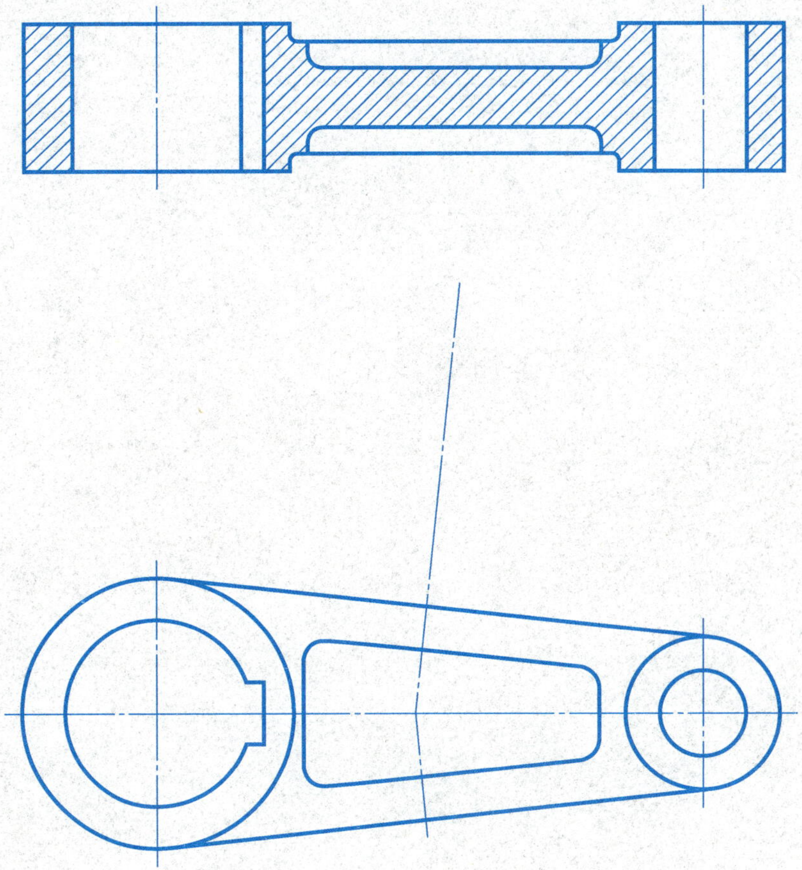

3.1.8 按简化画法的规定改正主视图

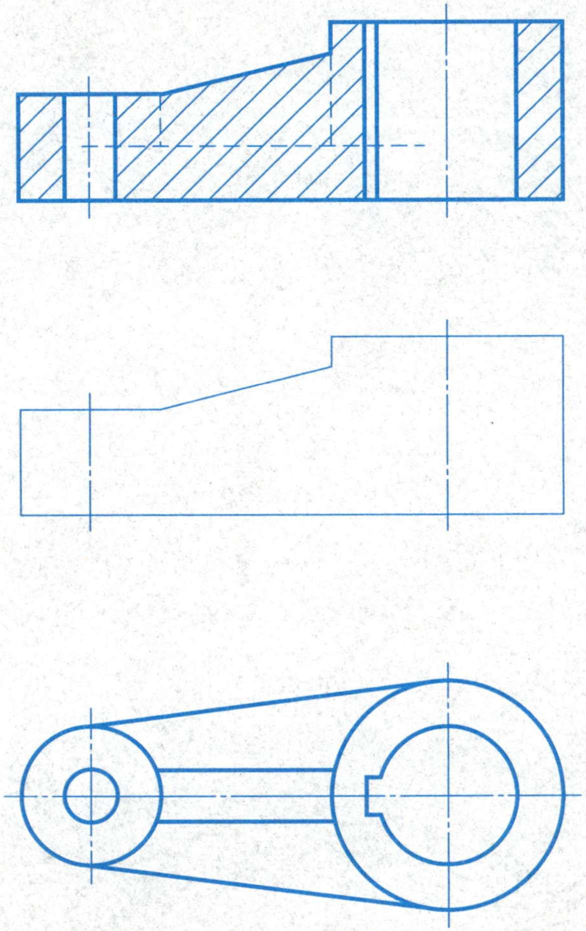

3.1.9 按剖视图的规定画法，将主视图画成全剖视图

班级：________ 姓名：________ 学号：________ 日期：________

3.1.10 看图回答问题（一）

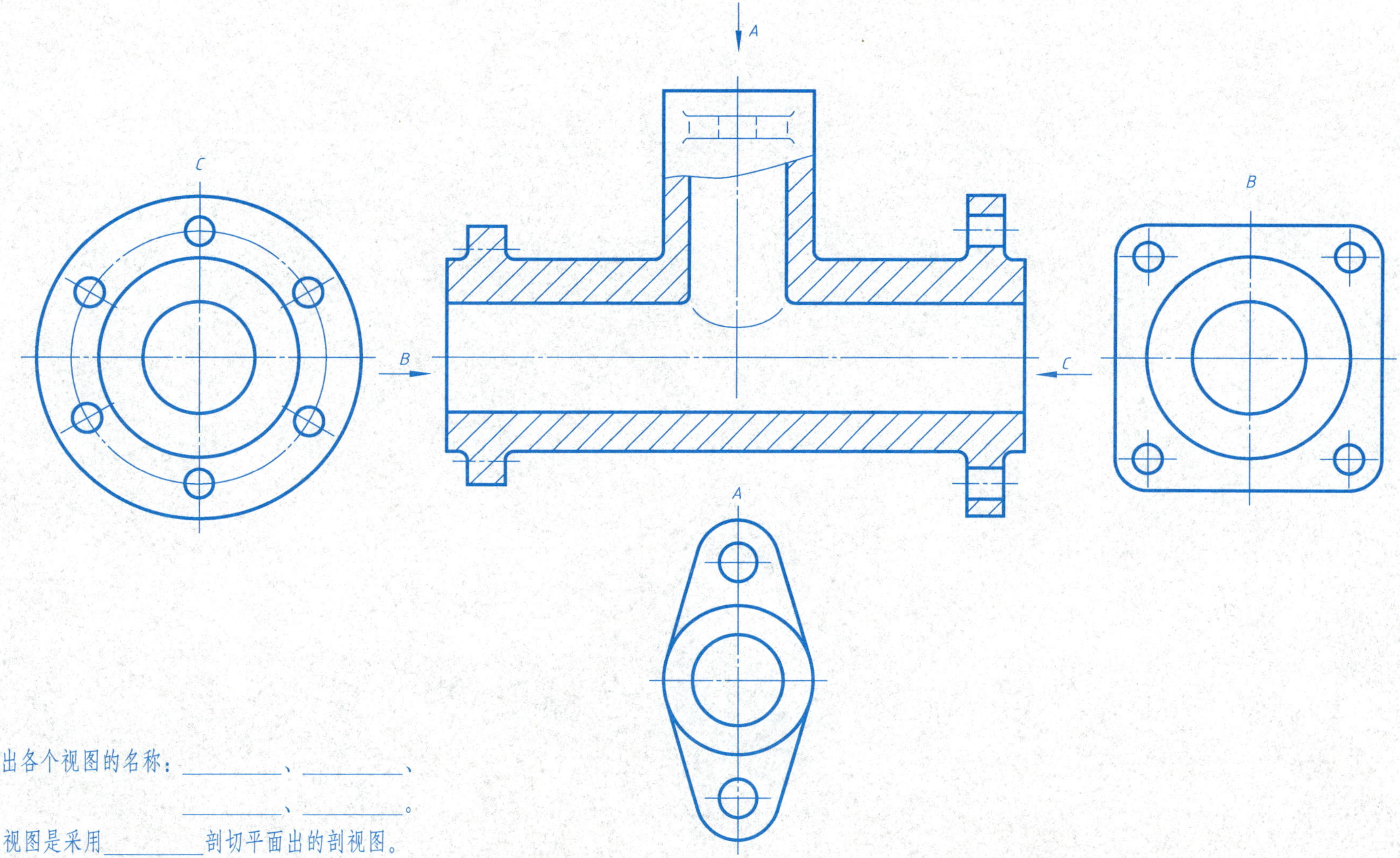

填空：

（1）说出各个视图的名称：________、________、

________、________。

（2）主视图是采用________剖切平面出的剖视图。

（3）剖切平面是通过零件的________部位剖切的。

班级：________ 姓名：________ 学号：________ 日期：________

3.1.11 看图回答问题（二）

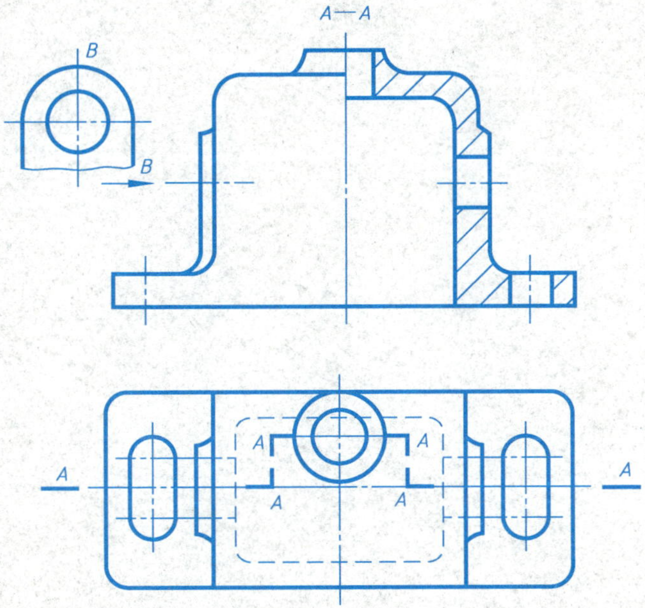

(a)

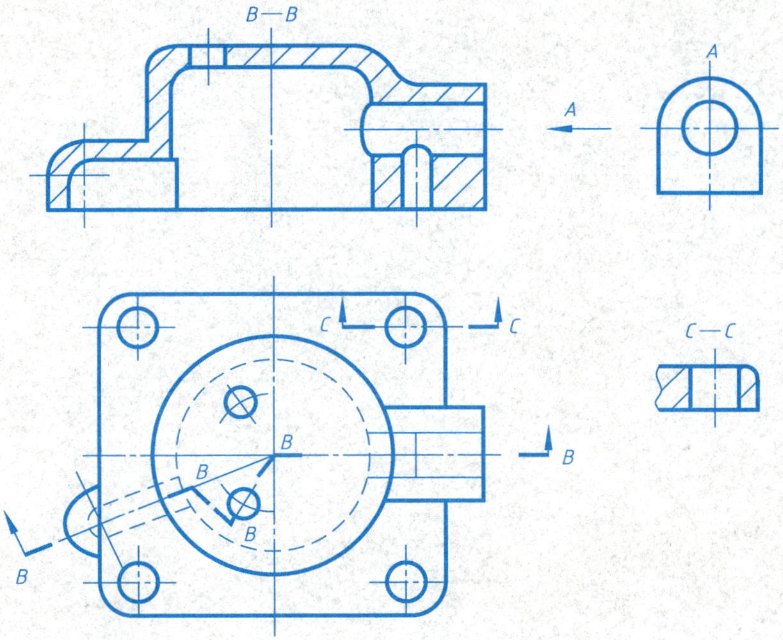

(b)

填空：

(1) 主视图是________剖视图，它是采用________剖切平面得到的。

(2) B 向视图为________视图。

(3) 说出各视图的主要表达目的。

A—A 主要表示________________，

B 向视图表示________________，

俯视图表示________________。

填空：

(1) 主视图是________剖视图，它是采用________________剖切面得到的。

(2) A 向视图为________视图，为什么不画出波浪线？答：________

(3) C—C 为________剖视图，C—C 剖切面的两端不画出箭头行吗？

答：________，因为________________

班级：________ 姓名：________ 学号：________ 日期：________

3.2 标准件的绘制

3.2.1 螺纹结构的规定画法与标记

（1）指出下列螺纹画法的错误，将正确的画在各图的下面。

①

②

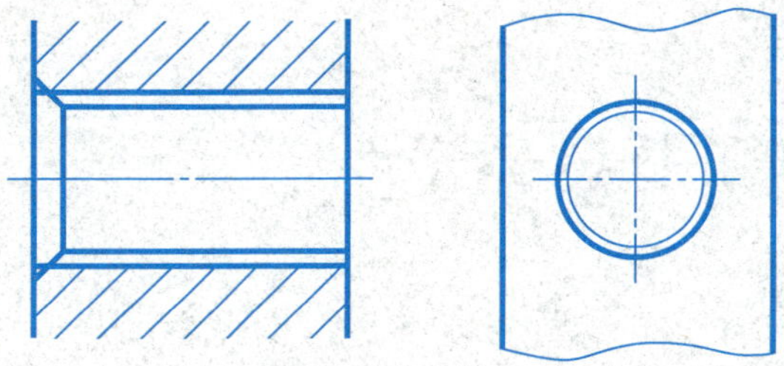

③

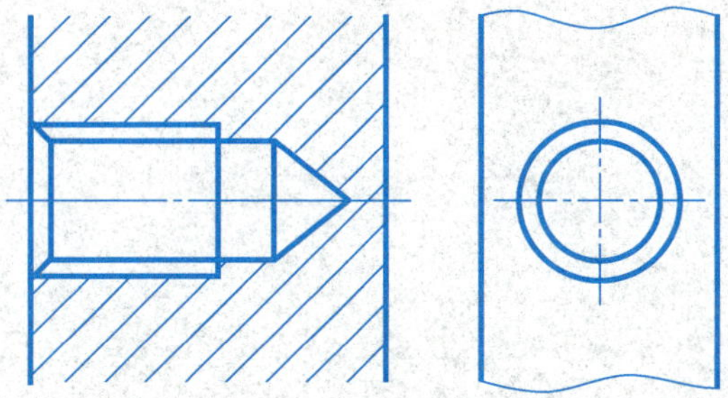

④

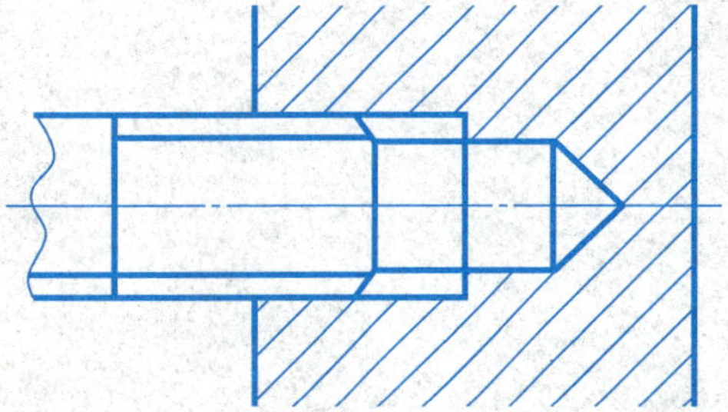

（2）螺纹标注。

①已知细牙普通螺纹，大径为20mm，中径和顶径的公差带代号为7H，右旋，中等旋合长度，在图上标注出螺纹的尺寸。

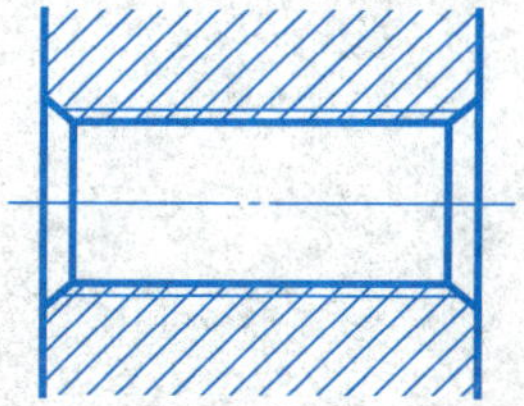

②根据下列标注填空。

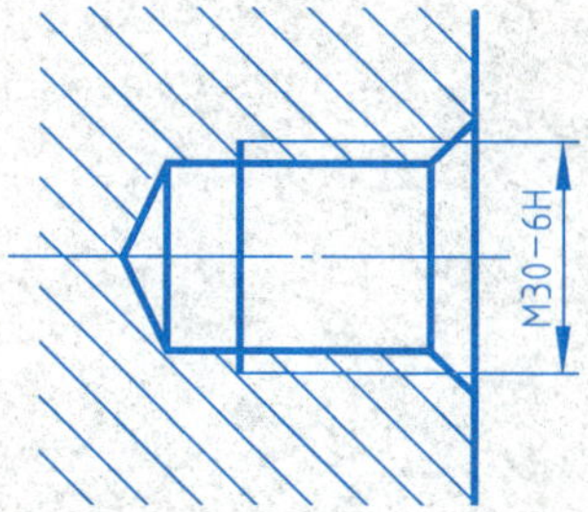

该螺纹为________；特征代号为________；

大径为________；小径为________；

螺距为________；旋向为________；

旋合长度为________。

3.2 标准件的绘制

3.2.1 螺纹结构的规定画法与标记

（3）据给定的螺纹标记，查教材附录填写下表。

标记	内容									
	螺纹种类	内、外螺纹	大径	小径	导程	螺距	公差带		旋合长度	旋向
							中径	顶径		
M20-6g	粗牙普通螺纹	外	20	17.294	2.5	2.5	6g	6g	中等	右
M10×1-6h										
M16-6g-LH										
M20×2-5H-S										
M24-6H										
M30-7g6g-L										
M8×1-7H-LH										
Rc2½-LH										
Rp4										
R_1¾LH										
G1¼A										
G1¼LH										

班级：__________ 姓名：__________ 学号：__________ 日期：__________

3.2.2 螺纹紧固件的连接画法及标记

(1) 用比例画法作螺栓和螺钉连接的三视图。其中主视图为全剖，俯、左视图为外形图，并写出标准件的规定标记。

① 已知螺栓 M16（GB/T 5782—2016）。

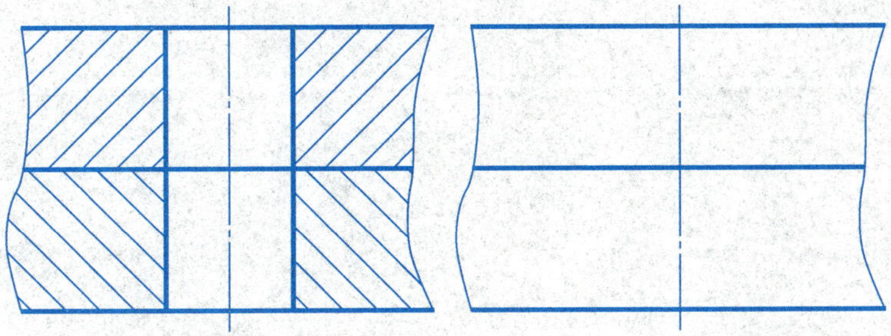

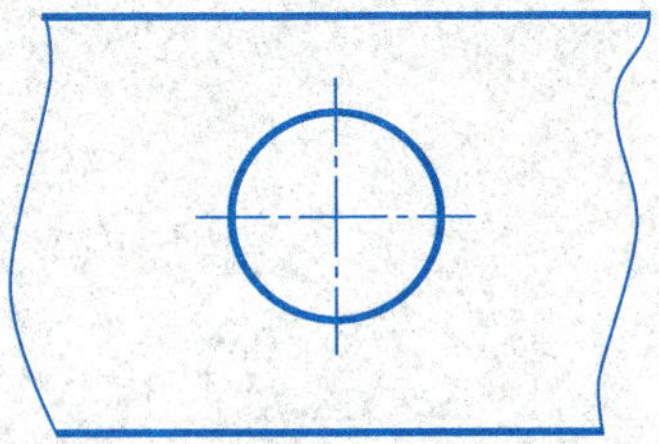

标记：螺栓__________；

螺母__________；

垫圈__________。

② 已知开槽沉头螺钉 M8×35（GB/T 68—2016）。

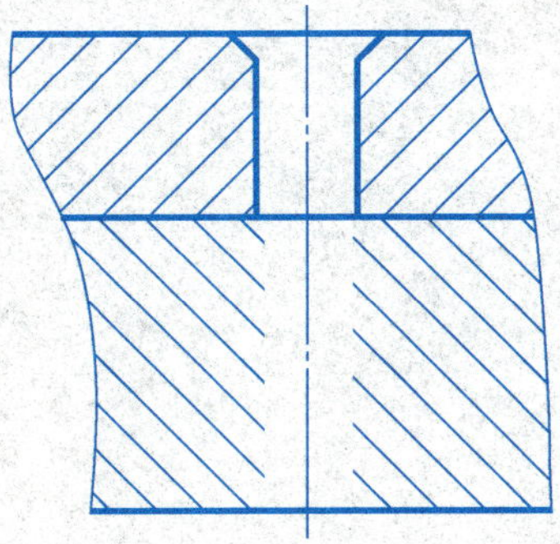

标记：螺钉__________。

班级：__________ 姓名：__________ 学号：__________ 日期：__________

3.2.2 螺纹紧固件的连接画法及标记

(2) 找出下列连接错误，并在右侧画出正确的连接图。

① 螺柱连接。

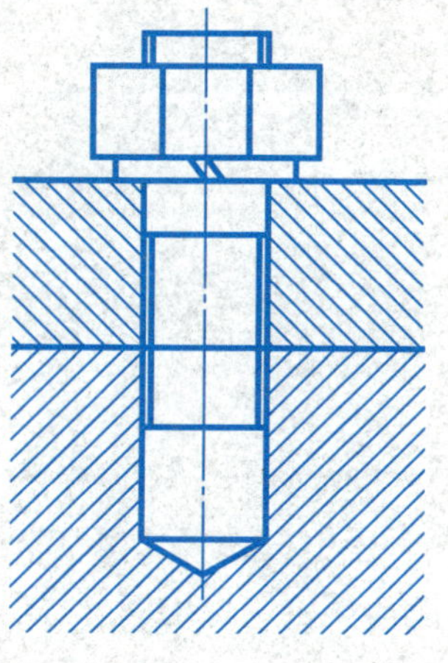

② 螺钉连接。

班级：________ 姓名：________ 学号：________ 日期：________

3.2.2 螺纹紧固件的连接画法及标记

(3) 在下图中圈出螺栓连接三视图中的错误，并在空白处画出正确的螺栓连接三视图。

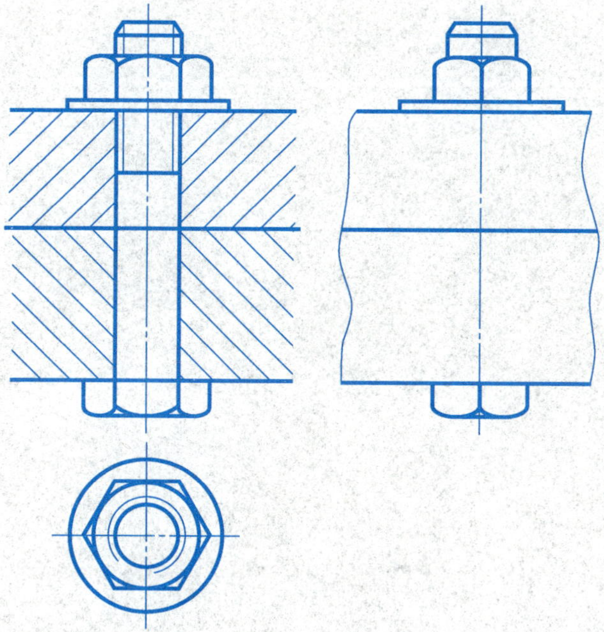

班级：________ 姓名：________ 学号：________ 日期：________

3.2.2 螺纹紧固件的连接画法及标记

（4）用 A3 图纸 1∶1 抄画螺栓、双头螺柱和开槽螺钉连接画法。并计算螺栓、螺柱、螺钉的公称长度，填写标件准规格及国标代号。带螺孔的被连接件材料为 HT150。

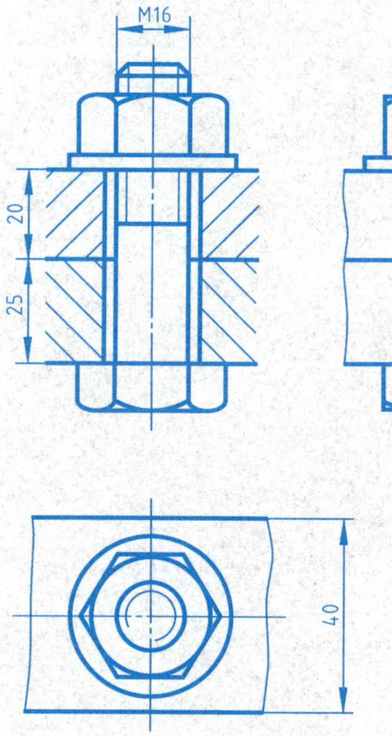

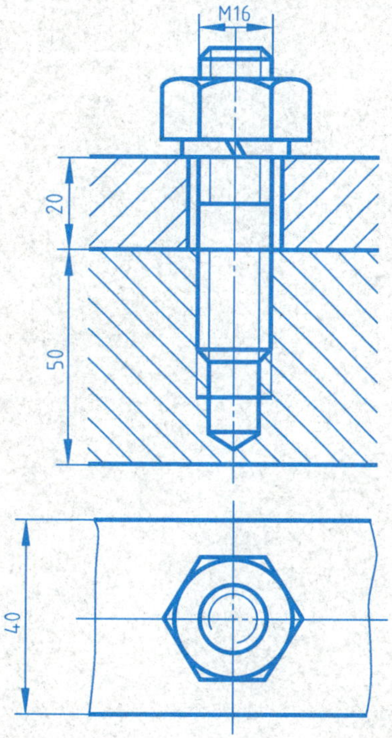

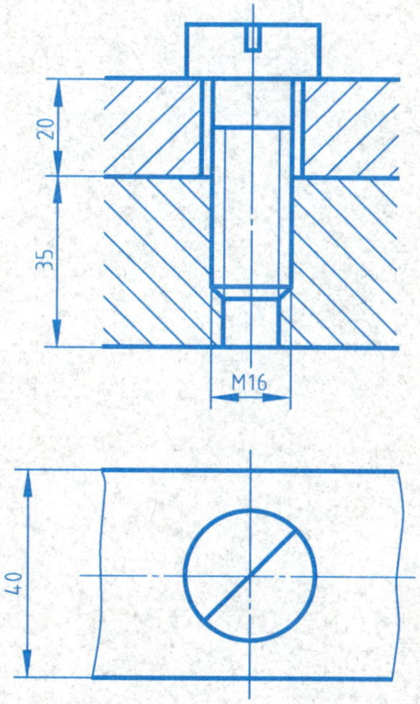

螺栓________________；

螺母________________；

垫圈________________。

螺柱________________；

螺母________________；

垫圈________________。

螺钉________________。

班级：__________ 姓名：__________ 学号：__________ 日期：__________

3.2.3 键连接

已知齿轮和轴，用A型普通平键连接轴和齿轮。已知轴、孔直径为ϕ 20mm。

(1) 写出键的规定标记。

(2) 查表确定键和键槽的尺寸，按1∶1的比例完成轴和齿轮的图形，并标注键槽的尺寸。

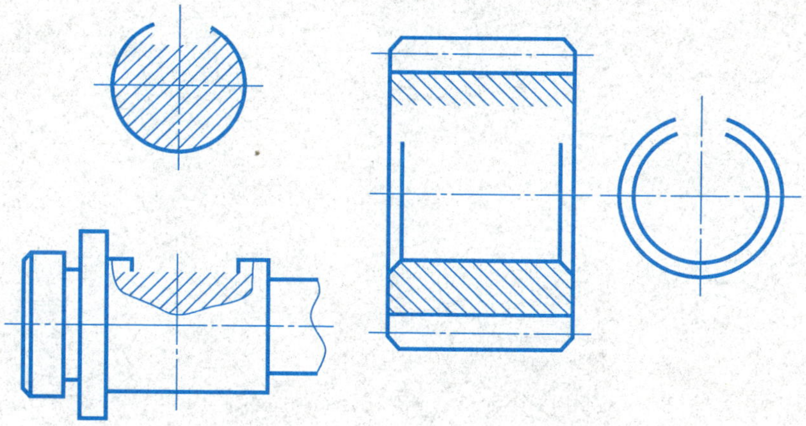

(3) 用键将轴和齿轮连接起来，补全其连接图形。

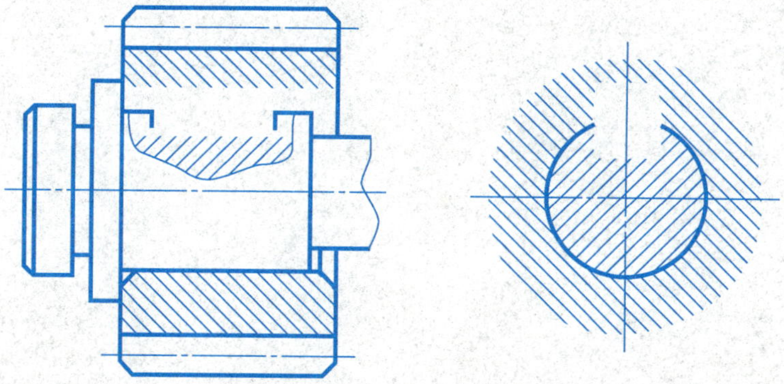

3.2.4 销连接

齿轮与轴用直径为10mm、公称长度为32mm的A型圆柱销连接，画全销连接的剖视，并写出圆柱销的规定标记。

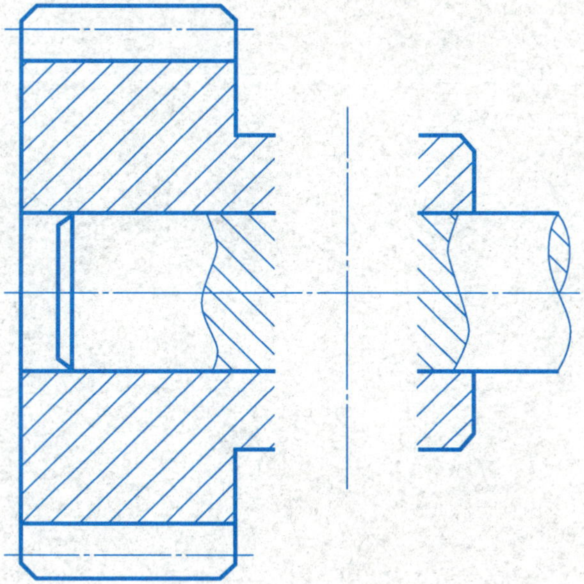

班级：________ 姓名：________ 学号：________ 日期：________

3.2.5 绘制齿轮

(1) 已知标准直尺圆柱齿轮：m=2，z=30，计算各部分尺寸，画其两视图。

$d=$ ________ $d_a=$ ________ $d_f=$ ________

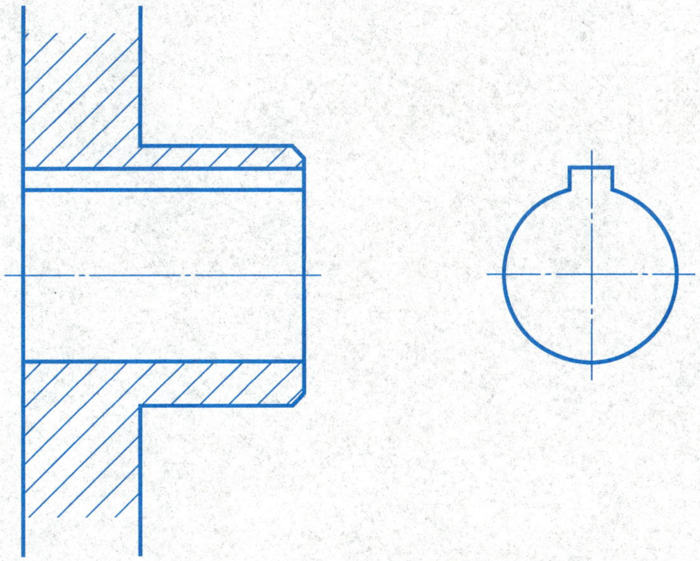

班级：____________ 姓名：____________ 学号：____________ 日期：____________

3.2.5 绘制齿轮

（2）由装配图画出标准直齿圆柱齿轮的零件图。已知：m=3，z=33（分度圆直径及齿根圆直径要计算，键槽尺寸要查表，其余尺寸按1∶1从图上量取）。

3.2.6 轴承

用 1∶1 画出深沟球轴承 6205 和深沟球轴承 6202（规定画法）。

王级：＿＿＿＿＿ 姓名：＿＿＿＿＿ 学号：＿＿＿＿＿ 日期：＿＿＿＿＿

3.2.7 弹簧

已知圆柱螺旋压缩弹簧的簧丝直径 $d=8$mm，弹簧中径 $D=46$mm，节距 $t=10$mm，自有高度 $H_0=104$mm，支撑圈数 $n_2=2.5$ 右旋。用 1∶1 画出剖切面通过簧丝轴线的全剖视图。

班级：________ 姓名：________ 学号：________ 日期：________

3.3.1 零件图的视图表达方法

(1) 根据零件轴测图，选择正确的表达方案，绘制零件草图（不标注尺寸）。

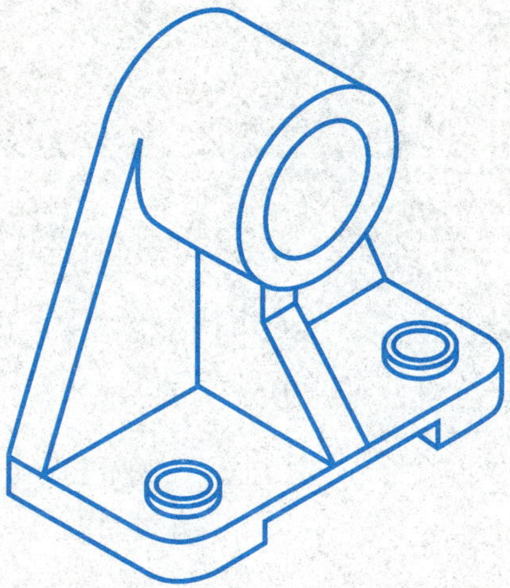

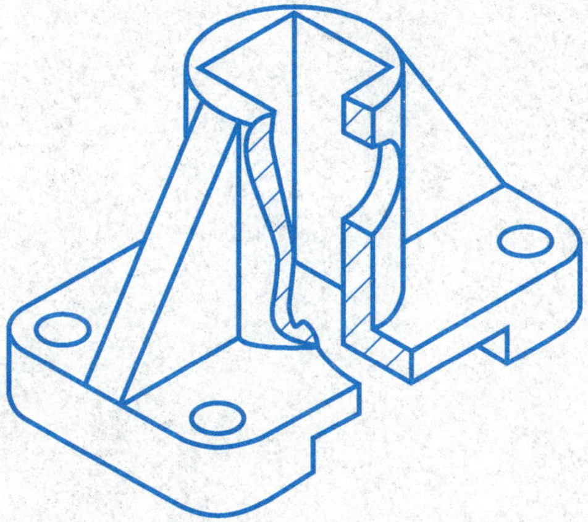

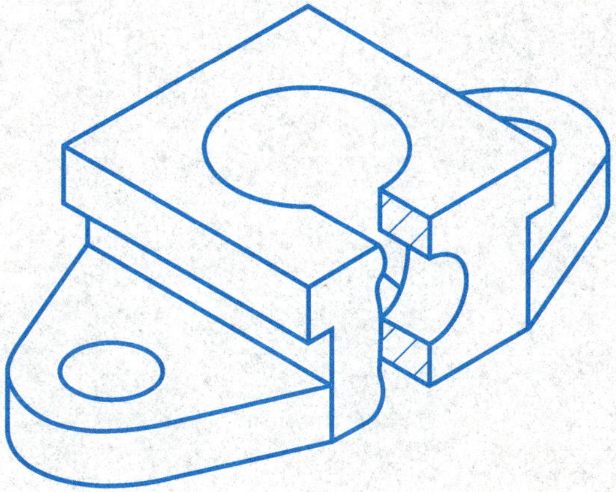

3.3 零件图的识读与绘制

3.3.1 零件图的视图表达方法

（2）已知下列零件的轴测图，选择正确的表达方案，在A3图纸上1∶1绘制零件图并标注尺寸。

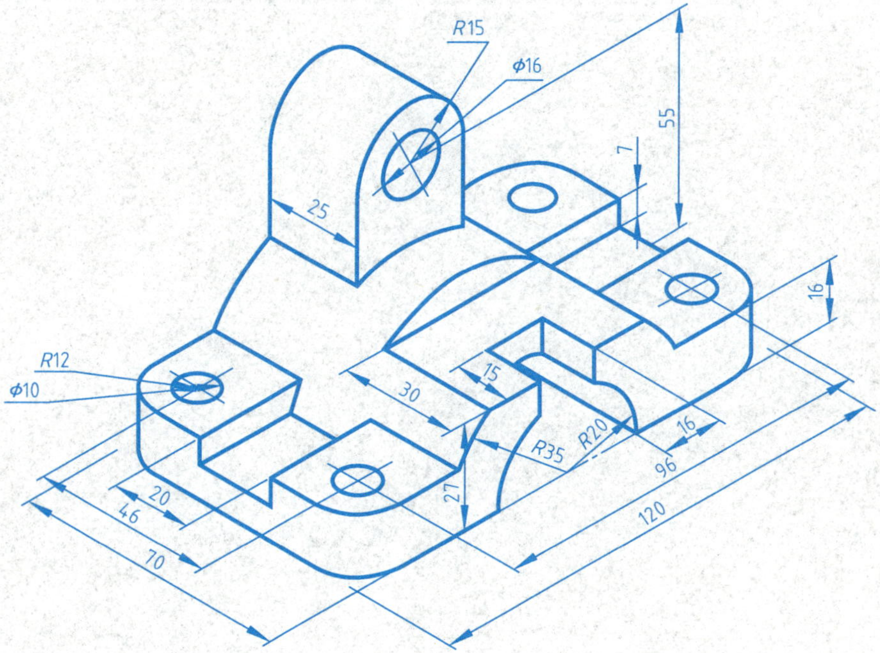

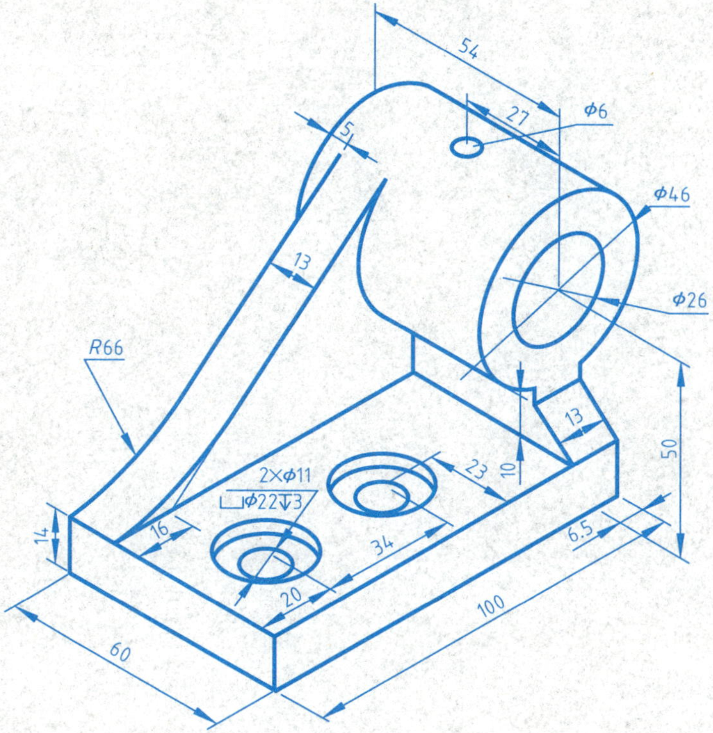

3.3.1 零件图的视图表达方法

(3) 对所给零件进行构型分析，选择适当的表达方案，完整清晰地表达零件。

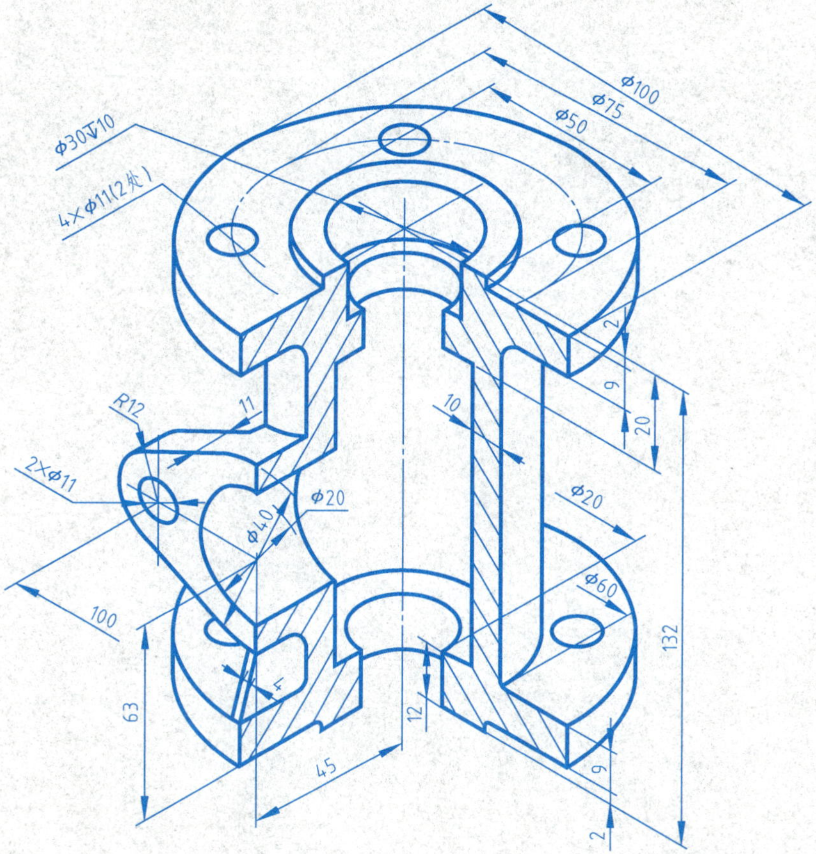

3.3 零件图的识读与绘制

3.3.1 零件图的视图表达方法

（4）根据所给零件的轴测图，对零件进行构型分析，选择适当的表达方案，绘制零件草图，并标注尺寸及技术要求。

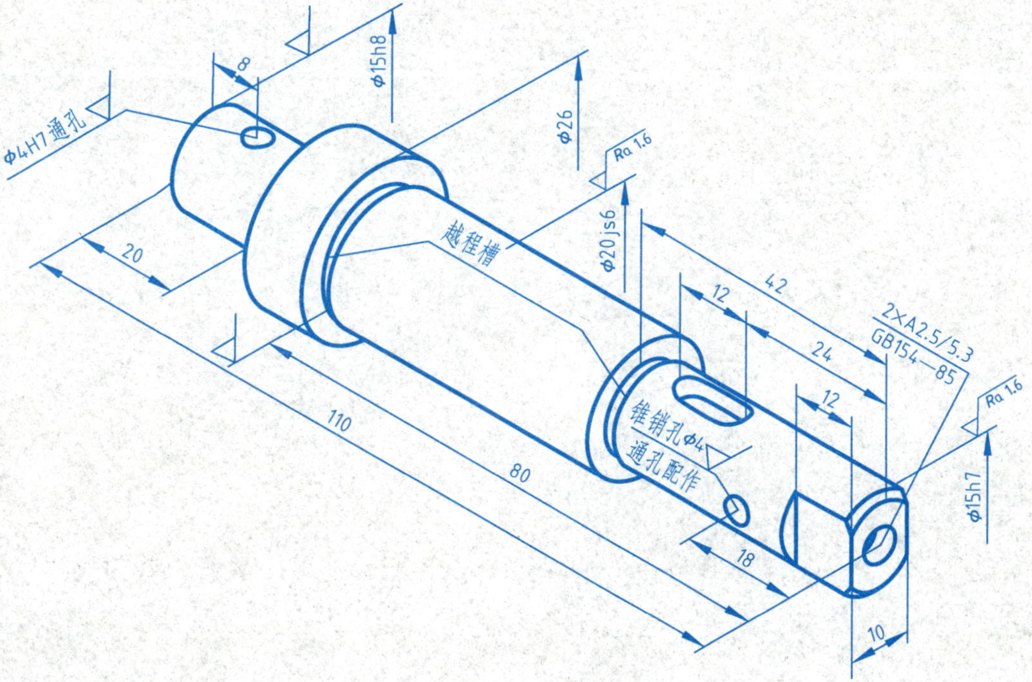

技术要求：　　√Ra 25 (√Ra 1.6 √Ra 3.2)

1.调质处理。

2.轴两端未注倒角C1。　　√ = √Ra 3.2

3.3.2 零件图的技术要求

(1) 将指定的表面结构用代号标注在图上。

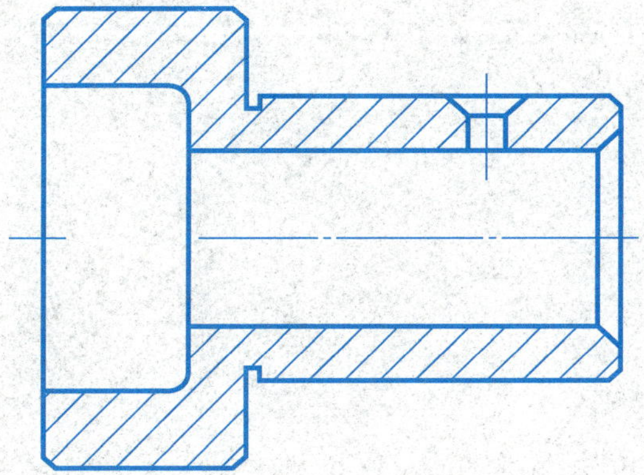

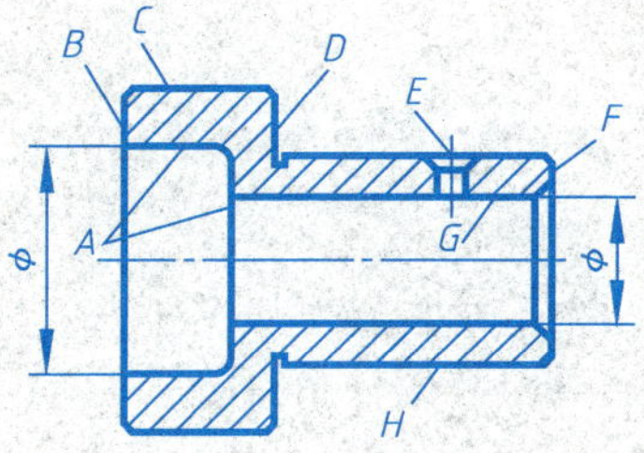

A面	Ra 25
B面	Ra 3.2
C面	Ra 3.2
D面	Ra 3.2
E孔面	Ra 12.5
F面	Ra 12.5
G面	Ra 0.8
H面	Ra 3.2
其余面	Ra 25

(2) 解释配合代号的含义，并查出极限偏差数值，标注在零件图上。

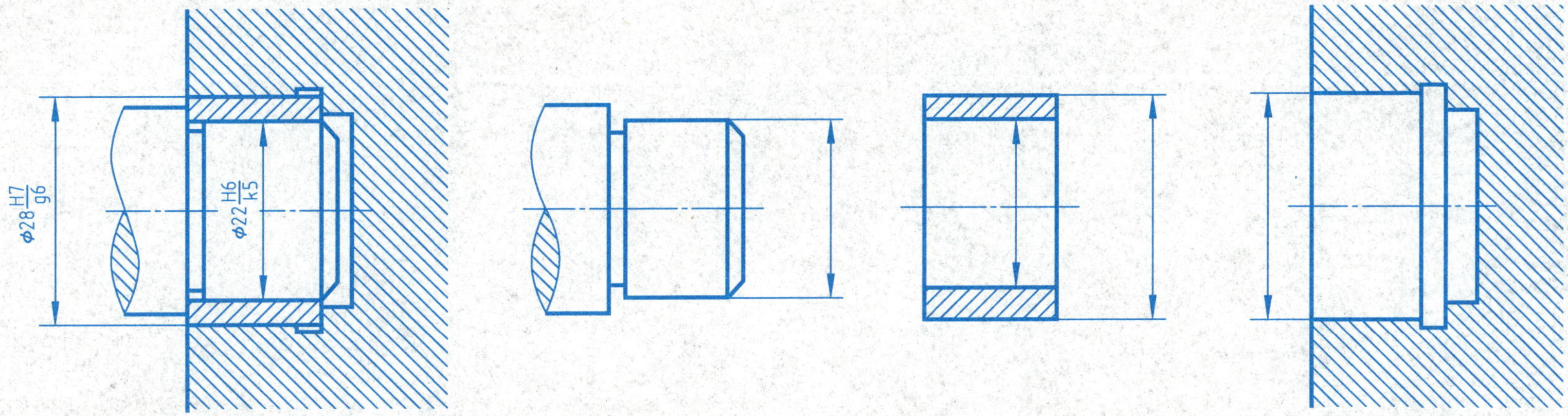

轴　　轴套　　泵体

① 轴套对泵体孔$\left(\phi 28\frac{H7}{g6}\right)$：基本尺寸为________，基_____制，公差等级为________，________配合。

② 轴套的上偏差为________，下偏差为________；泵体的上偏差为________，下偏差为________。

③ 轴套对轴径$\left(\phi 22\frac{H6}{k5}\right)$：基本尺寸为________，基_____制，公差等级为________，________配合。

④ 轴套的上偏差为________，下偏差为________；轴径的上偏差为________，下偏差为________。

3.3.2 零件图的技术要求

（3）解释图中形位公差代号的含义。

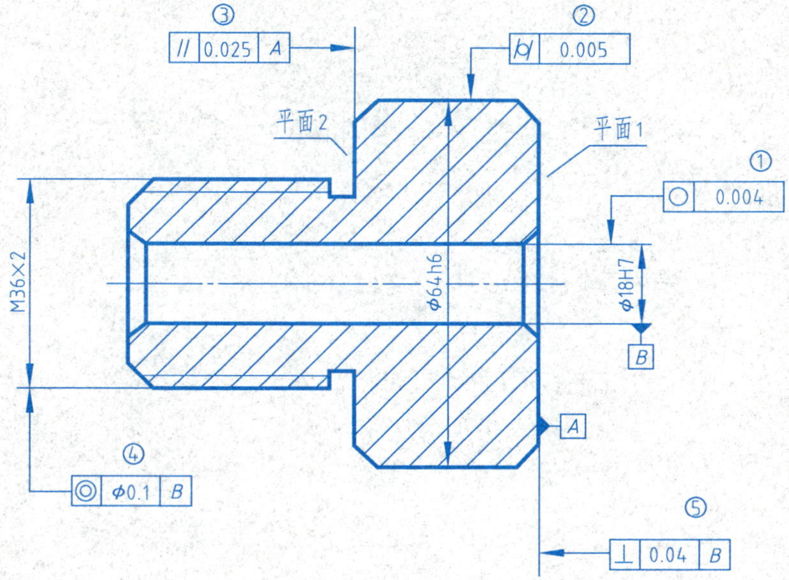

框格①的含义：被测要素是________

公差项目是________

公差值是________

框格②的含义：被测要素是________

公差项目是________

公差值是________

框格③的含义：被测要素是________

公差项目是________

公差值是________

框格④的含义：被测要素是________

公差项目是________

公差值是________

框格⑤的含义：被测要素是________

公差项目是________

公差值是________

3.3.3 零件图的识读

(1) 读轴零件图，回答问题。

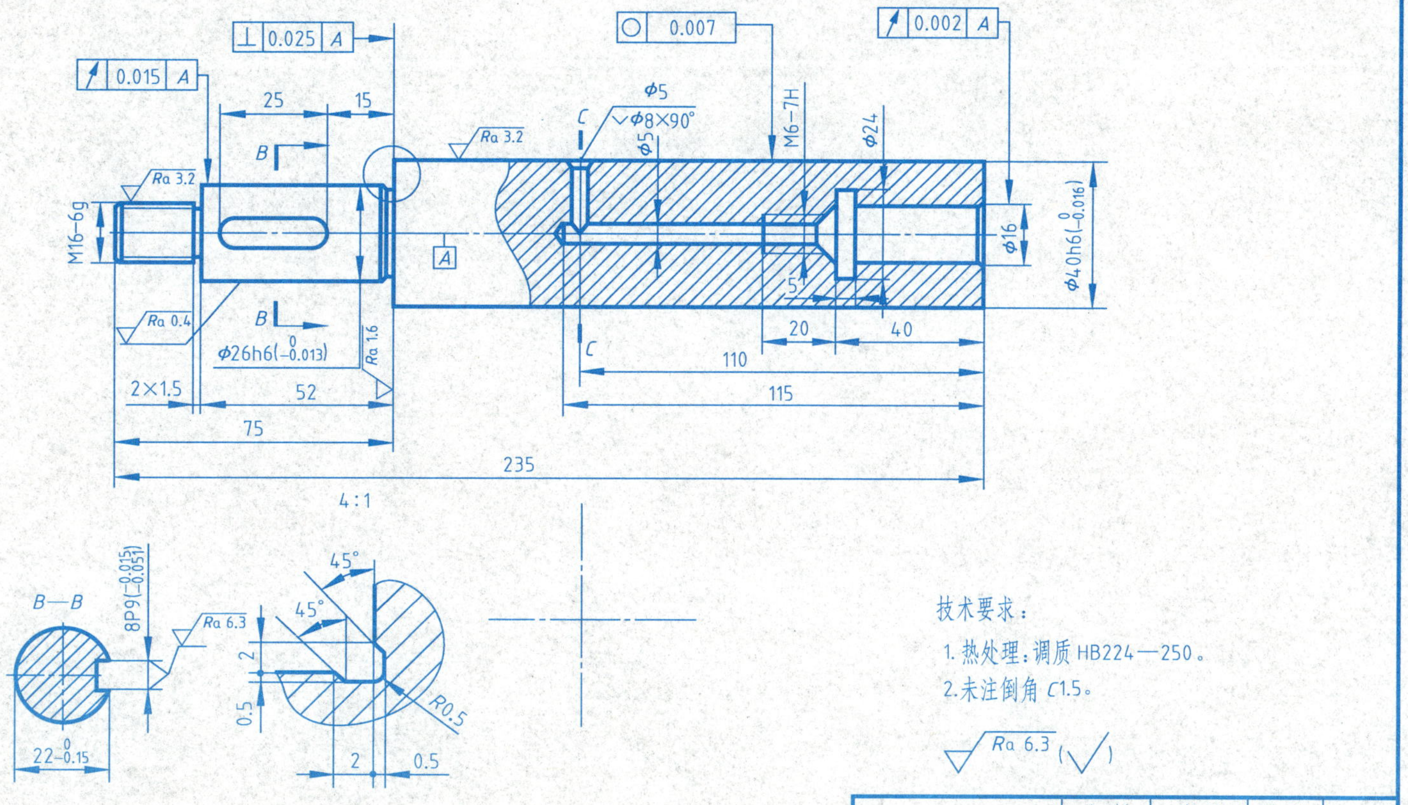

主 轴	比 例	数 量	材 料	图 号
	1:1.5	1	45	
设 计				
审 核				

3.3.3 零件图的识读

（2）读轴零件图，回答问题。

① 该零件属于________类零件，材料________，绘图比例________。

② 该零件图采用________个基本视图表达零件的结构和形状，主视图采用________剖视，表达轴的内部结构；此外采用________表达退刀槽结构；采用________表达键槽处断面形状。

③ 沉孔的定形尺寸________，为其定位尺寸为________。

④ 键槽长度为________，宽度为________，长度方向定位尺寸为________，注出 $22_{-0.15}^{0}$ 是便于________。

⑤ $\phi 40h6_{-0.016}^{0}$ 的基本尺寸为________，最大极限尺寸是________，最小极限尺寸是________，公差为________，上偏差是________，下偏差是________。

⑥ 零件上 40h6 这段的长度是________，其表面粗糙度要求为________，该轴的表面粗糙度要求最高的 Ra 值为________。

⑦ 在图中指定位置画出 C—C 断面图。

⑧ 说明形位公差代号 | ○ | 0.007 | 的含义，公差项目________，公差数值________，被测要素________。

⑨ 2×1.5 表示________________________。

3.3.3 零件图的识读

(3) 读端盖零件图，回答问题。

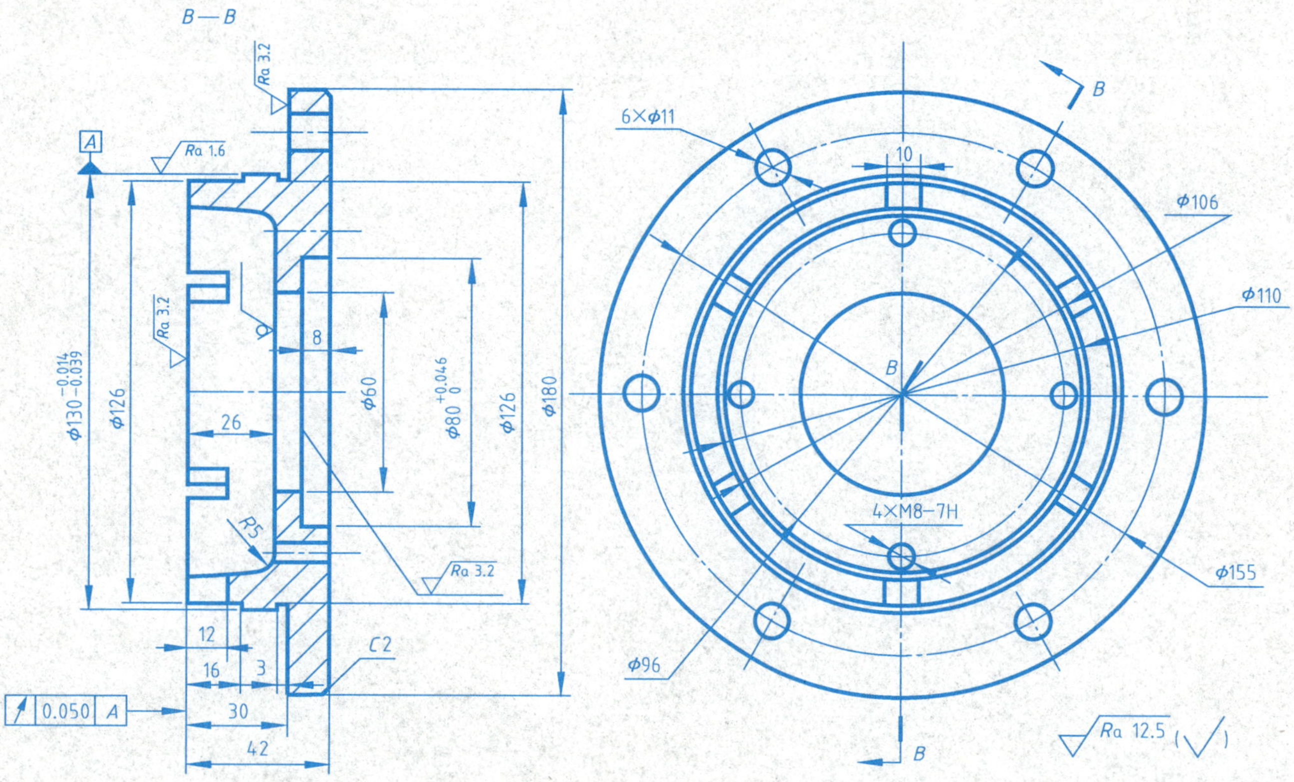

技术要求：

铸件不得有砂眼、裂纹。

端盖	比例	数量	材料	图号
	1:2	1	HT200	
设计				
审核				

3.3 零件图的识读与绘制

3.3.3 零件图的识读

（4）读端盖零件图，回答问题。

① 该零件属于________类零件，材料________，绘图比例________。

② 该零件图采用________个基本视图。主视图采用________剖视，它的剖切位置在________视图中注明，剖切面的种类________。

③ 端盖左端共有________个槽，槽宽为________，槽深为________。

④ $\phi130_{-0.039}^{-0.014}$ 的基本尺寸为________，最大极限尺寸为________，最小极限尺寸为________，上偏差为________，下偏差为________，公差是________。

⑤ $\phi130_{-0.039}^{-0.014}$ 外圆柱面的表面粗糙度 Ra 的上限值为________________。

⑥ 4×M8-7H，其中：4 表示________，M 表示________，8 表示________，7H 表示________。

⑦ | ↗ | 0.050 | A | 表示：被测要素为________，基准要素为________，公差项目为________，公差值为________。

3.3.3 零件图的识读

（5）读托架零件图，回答问题。

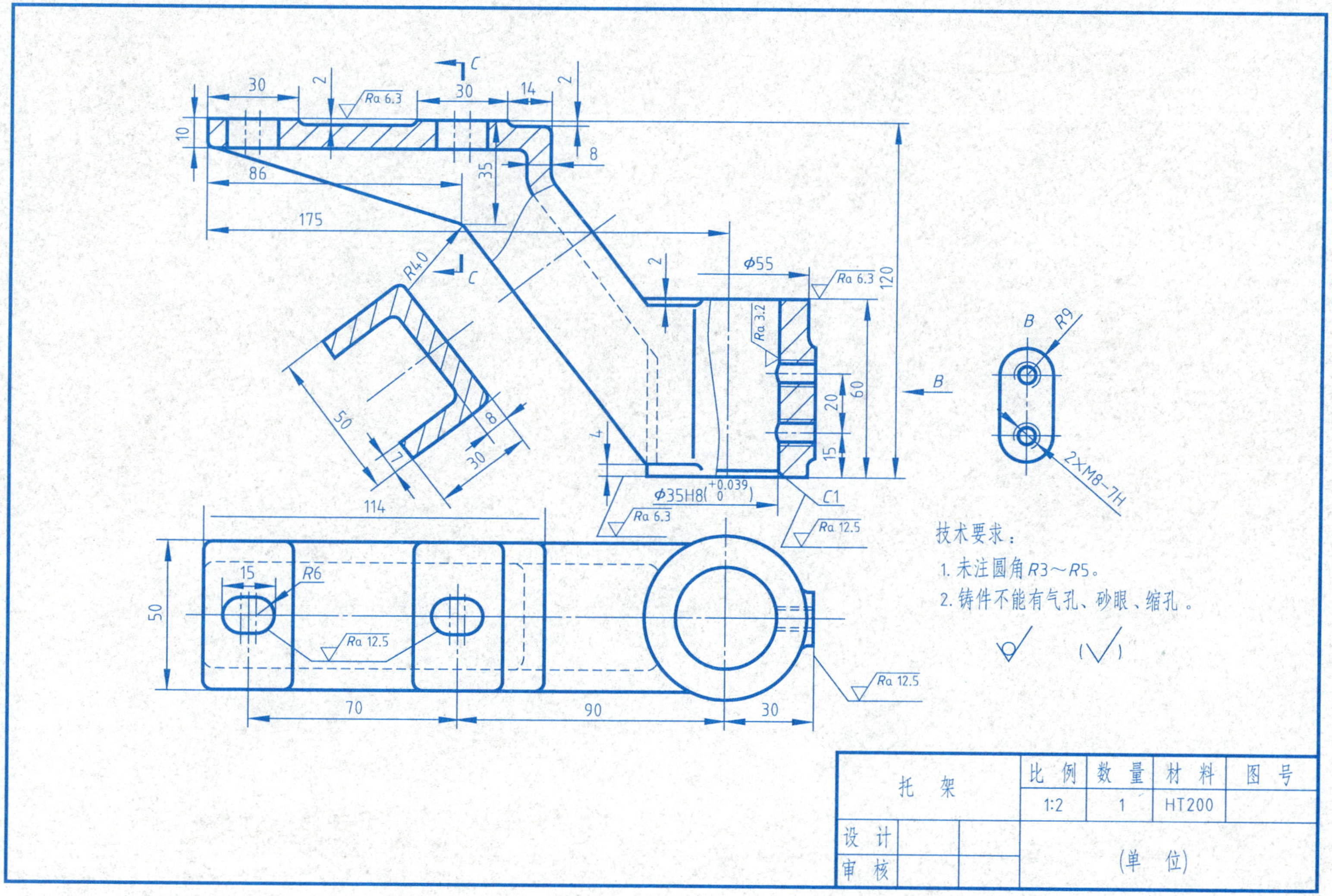

3.3.3 零件图的识读

（6）读托架零件图，回答问题。

① 该零件属于________类零件，材料________，绘图比例________。

② 零件所用的四个视图分别是________、________、________、________。

③ 该零件图采用________个基本视图。主视图采用________剖视。

④ 零件的主要尺寸基准，长度________、高度________、宽度________。

⑤ $\phi 35H8^{+0.039}_{0}$ 的基本尺寸为________，H表示________，8表示________，最大极限尺寸为________，最小极限尺寸为________，上偏差为________，下偏差为________，公差值是________。

⑥ $\phi 130^{-0.014}_{-0.039}$ 外圆柱面的表面粗糙度 Ra 的上限值为________。

⑦ 图中标注 2×M8-7H 表示：________有________个这种孔，孔的定位尺寸是________。

⑧ 在给定位置按原图比例画出 C—C 剖视图。

3.3.3 零件图的识读

（7）读泵体零件图，回答问题。

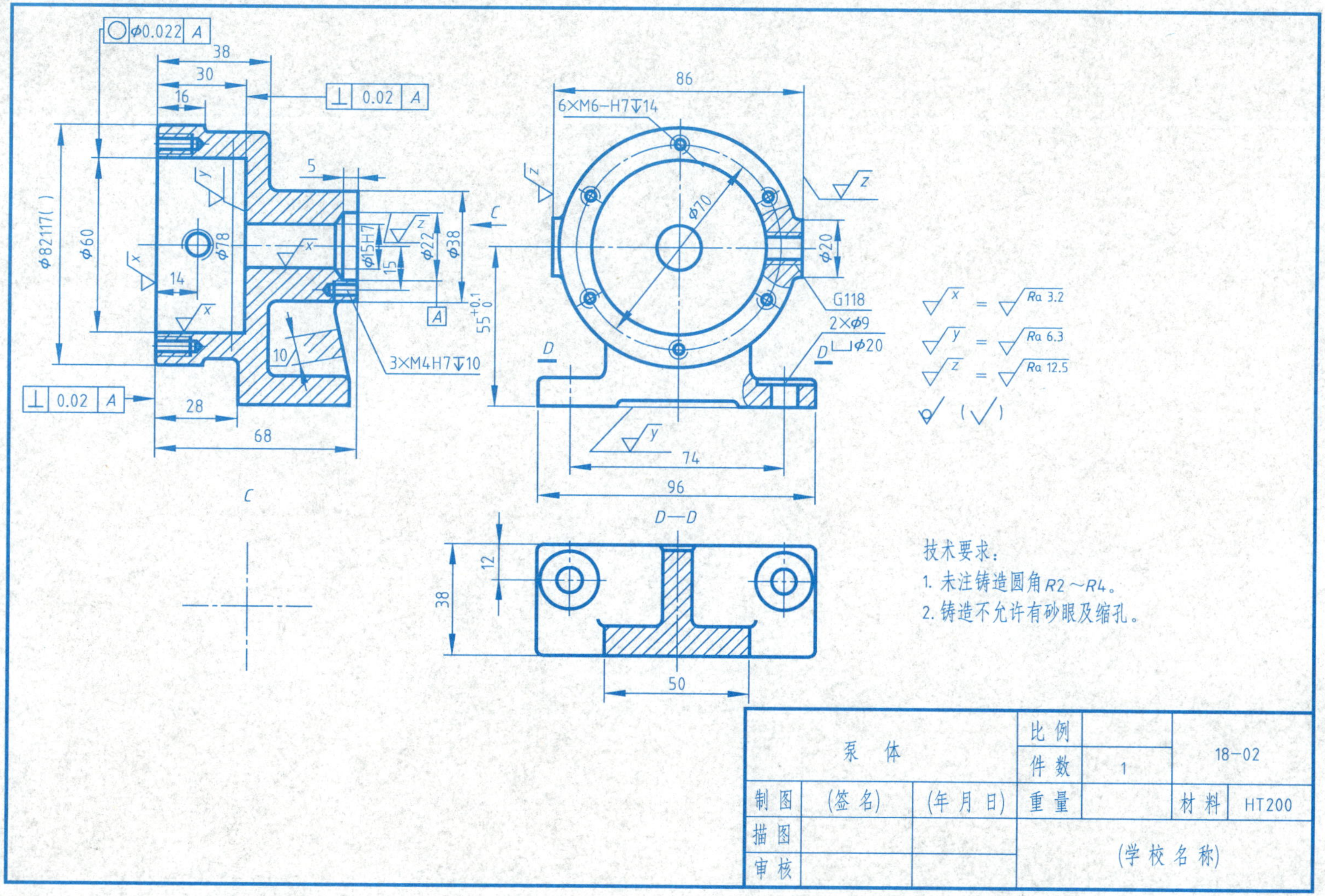

班级：________ 姓名：________ 学号：________ 日期：________

3.3.3 零件图的识读

(8) 读泵体零件图，回答问题。

① 该零件属于________类零件，材料________，绘图比例________。

② 该零件图采用________个基本视图。主视图采用________剖视。

③ 零件的主要尺寸基准，长度________、高度________、宽度________。

④ *D*—*D* 是__________________________剖视图。

⑤ ϕ60H7 中，ϕ60 表示________尺寸，H 表示________，7 表示________，最大极限尺寸为________，最小极限尺寸为________，上偏差为________，下偏差为________，公差值是________。

⑥ G1/8 表示__________________________。

⑦ 说明 | ⊥ | 0.02 | *A* | 中，⊥ 表示________，0.02 表示________，*A* 表示________。

3.4.1 装配图的识读

(1) 根据给定的螺纹标记，查教材附录填写下表。读钻模装配图，并完成下题。

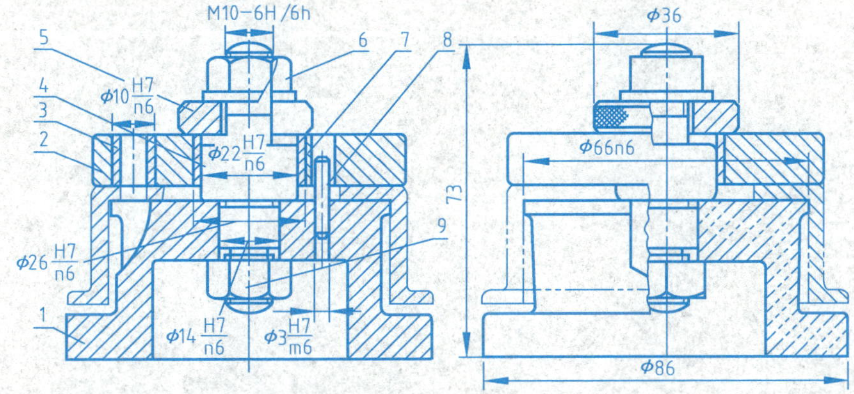

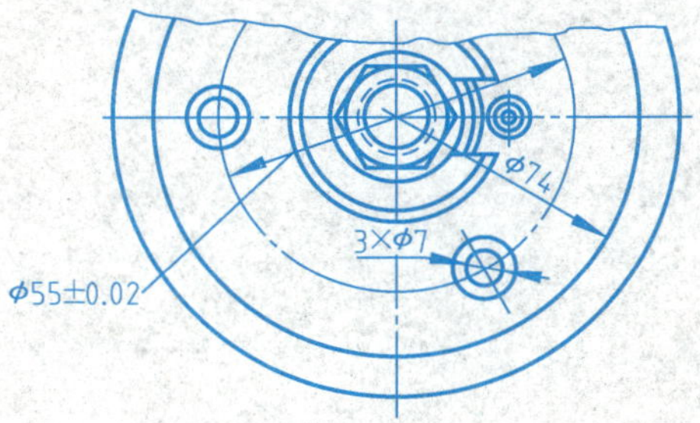

说明：

钻模用于装夹、定位工件，以便钻头在工件上钻孔。将工件装在钻模上，即可用钻头钻孔。在钻完孔后旋松特制螺母，取出开口垫圈，即可将钻模板取出，从而拿出工件。

序号	零件名称	数量	材料	(备注)
9	螺母 M10	1	35	GB 6170—86
8	销 A3×28	1	40	GB 119—86
7	衬套	1	45	
6	特制螺母	1	35	
5	开口垫圈	1	40	
4	轴	1	40	
3	钻套	1	T8	
2	钻模板	1	40	
1	底座	1	HT200	

钻模	比例	重量	第 张	(图号)
			共 张	
制图				
校核				

3.4.1 装配图的识读

（2）根据给定的螺纹标记，查教材附录填写下表。

① 看懂钻模装配图，回答下列问题：

a. 本装配图共用________个图形表达，主视图采用剖视，左视图采用________剖视。

b. 图中的双点画线表示________零件，该零件上有________处需要钻孔。

c. 件 8 的作用是定位件________与件________的相对位置。

d. ϕ H7/n6 表示件________与件________之间的配合是________制________配合，公差等级________级。

在零件图上标注这一尺寸时，孔的尺寸是________，轴的尺寸是________。

e. 件 1 在主视图的左上角空白处的结构在该零件上共有________，其作用是________。

f. 明细栏中，HT200 表示________，35 表示________。

② 画出件 1 的一组图形。

3.4.1 装配图的识读

(3) 根据给定的螺纹标记，查教材附录填写下表。

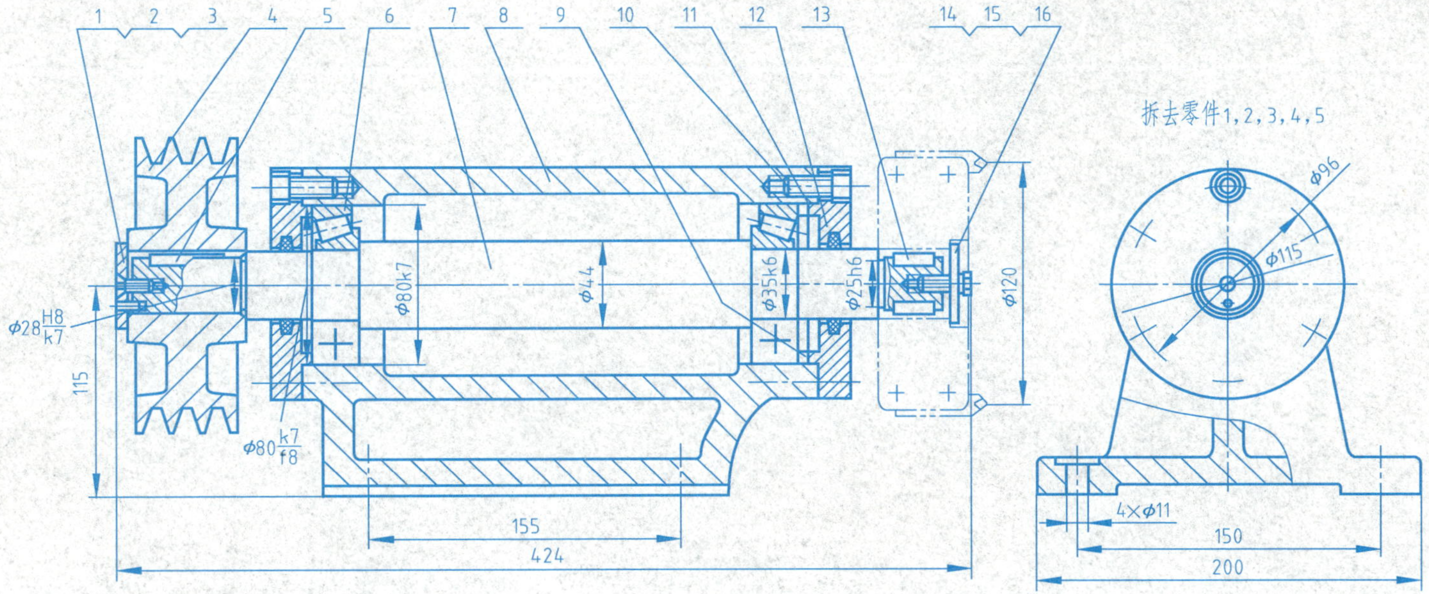

16	垫圈 6	1	65Mn	GB/T 93	6	轴承 30307	2		GB/T 294
15	螺栓 M6×20	1	Q235-A	GB/T 5783	5	键 8×40	1	45	GB/T 1096
14	挡圈 B32	1	35	GB/T 892	4	V带轮	1	HT150	
13	键 6×20	2	45	GB/T 1096	3	销 3×12	1	35	GB/T 119.1
12	毛毡 25	2	222-36	无图	2	螺钉 M6×18	1	Q235-A	GB/T 68
11	端盖	2	HT200		1	挡圈 35	1	Q235-A	GB/T 891
10	螺钉 M6×20	12	Q235-A	GB/T 70.1	序号	名 称	数量	材 料	附 注
9	调整环	1	35		制图	日期	铣 刀 头		比例 1:2
8	座体	1	HT200		审核				
7	轴	1	45		(学校名称)				

班级：________ 姓名：________ 学号：________ 日期：________

3.4.1 装配图的识读

(4) 看懂铣刀头装配图，回答下列问题。

① 下面列出了视图名称及表达方法，请在有关系的两者间画线。

主视图	局部视图
	全剖视图
左视图	拆卸画法
	假想画法

② 图中规格尺寸是________，安装尺寸是________，$\phi 28\frac{H8}{k7}$属________尺寸。

③ 尺寸$\phi 80\frac{k7}{f8}$中 k7 是________号件的公差代号，f8 是________号件的公差代号。

④ 5 号件、13 号件的名称是________，其作用是________________________。

⑤ 8 号件与 11 号件的连接是靠________号件，共________个，其分布情况可从________图看到。

⑥ 12 号件的作用是________________________。

⑦ 4 号件是通过________号件与 7 号件连接在一起。

⑧ 按带动铣刀盘转动的传动顺序依次写出零件序号。

⑨ 11 号件的正确主视图的代号是________（右上角）。

班级：________ 姓名：________ 学号：________ 日期：________

3.4.2 装配图的绘制

(1) 根据零件图拼画轴承架装配图，作业图纸和比例自定。

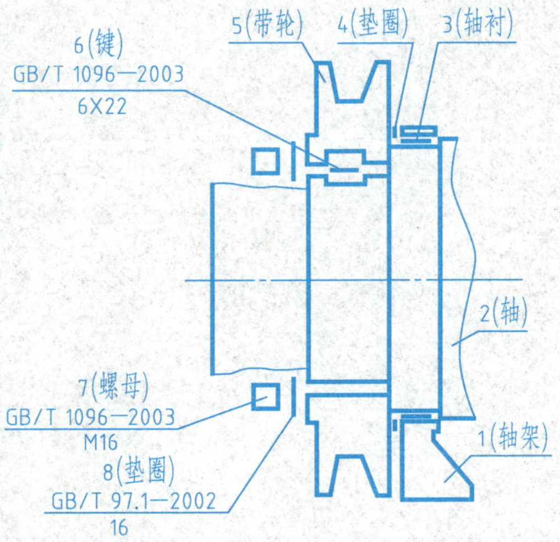

说明：

轴2配以轴衬3后与轴架1装配，带轮5用键6连接于轴上，带轮的两侧衬以垫圈4和垫圈8，并用螺母7紧固。

技术要求：

1. 装配后，要求转动灵活。
2. 使用时，在件1与件2、件5的接触面上滴机油。

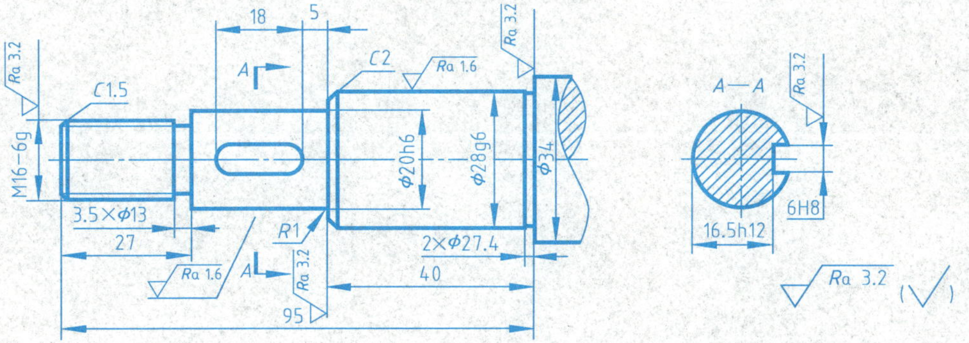

2	轴	1	30	1:1
件号	名称	数量	材料	比例

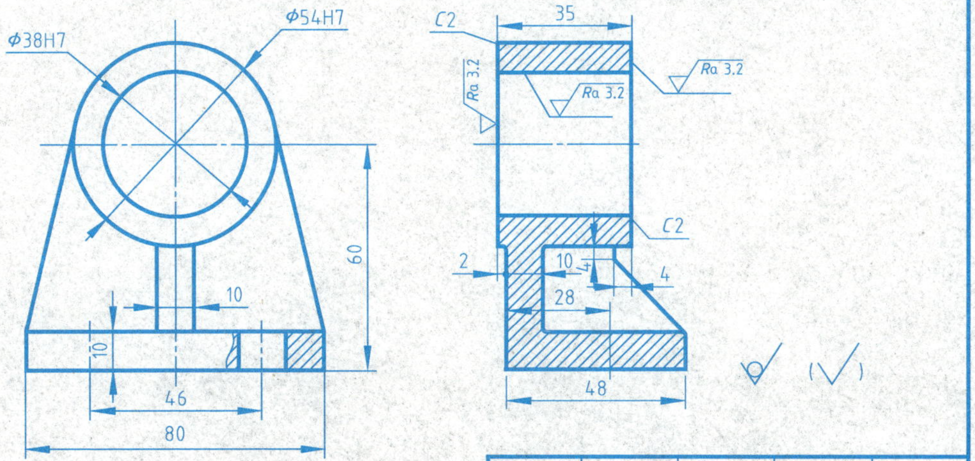

1	轴架	1	30	1:1
件号	名称	数量	材料	比例

3.4.2 装配图的绘制

（2）根据零件图拼画轴承架装配图，作业图纸和比例自定。

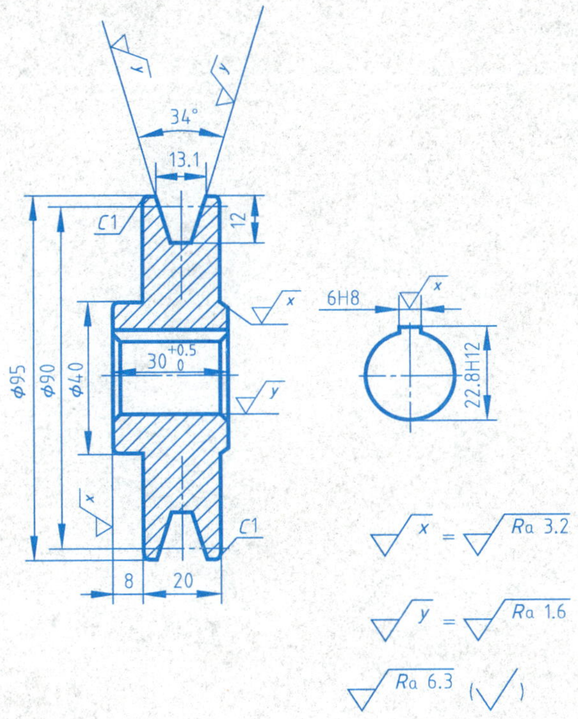

5	带 轮	1	HT150	1:1
件 号	名 称	数 量	材 料	比 例

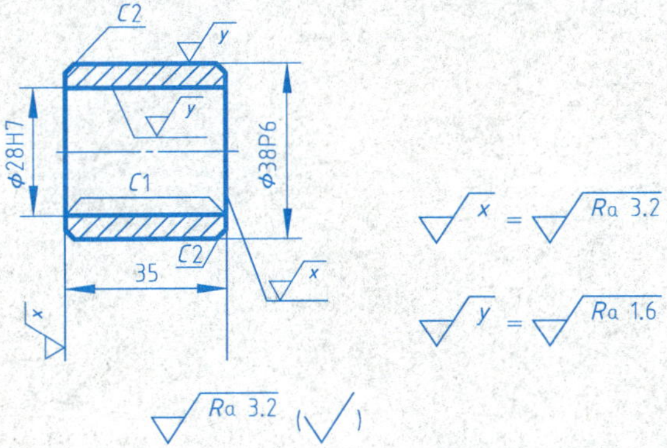

3	轴 衬	2	青 铜	1:1
件 号	名 称	数 量	材 料	比 例

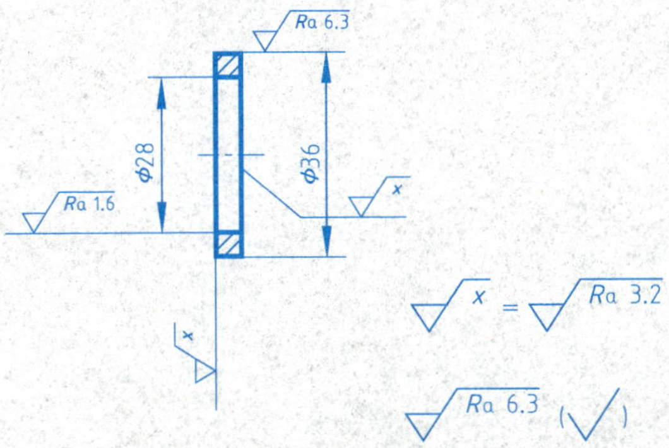

4	垫 圈	1	Q235	1:1
件 号	名 称	数 量	材 料	比 例